STROPPE u. a.

PHYSIK • Beispiele und Aufgaben 1

Prof. Dr. sc. nat. Dr.-Ing. *Heribert Stroppe*
Dr. rer. nat. habil. *Peter Streitenberger*
Dr. rer. nat. *Eckard Specht*

PHYSIK

Beispiele und Aufgaben

Band 1

Mechanik – Wärmelehre

4., aktualisierte Auflage

Mit 261 durchgerechneten Beispielen, 209 Zusatzaufgaben und 150 Bildern

Fachbuchverlag Leipzig
im Carl Hanser Verlag

Bibliografische Information der Deutschen Nationalbibliothek

Die Deutsche Nationalbibliothek verzeichnet diese Publikation in der Deutschen Nationalbibliografie; detaillierte bibliografische Daten sind im Internet über http://dnb.d-nb.de abrufbar.

ISBN 978-3-446-42603-0

Umschlagbild: Versuch mit den Magdeburger Halbkugeln
Bronzerelief am Otto-von-Guericke-Denkmal in Magdeburg (Foto: Jochen Horn, Leipzig)

Fachbuchverlag Leipzig im Carl Hanser Verlag

www.hanser-fachbuch.de
Lektorat: Dipl.-Phys. Jochen Horn
Herstellung: Katrin Wulst
Satz: Dr. Eckard Specht, Magdeburg, Dr. Michael Specht, Leipzig
Grafik: Holger Gräfe, Dr. Eckard Specht, Magdeburg
Druck und Bindung: Friedrich Pustet KG, Regensburg
Printed in Germany

Vorwort

Das vorliegende Buch ist ein Arbeits- und Übungsbuch (in zwei Bänden) für die physikalische Grundlagenausbildung von Studenten natur- und ingenieurwissenschaftlicher Studiengänge an Hoch- und Fachhochschulen; es schließt in Inhalt, Darstellung und Niveau eng an das im gleichen Verlag bereits in großer Auflagenzahl erschienene Lehrbuch STROPPE „PHYSIK für Studierende der Natur- und Ingenieurwissenschaften" an, ist aber unabhängig von diesem und in Verbindung auch mit jedem anderen Physiklehrbuch verwendbar.

Das Buch unterscheidet sich in mancherlei Hinsicht von anderen Aufgabensammlungen zur Physik: Gegliedert und didaktisch aufbereitet nach Art eines Lehrbuches wird hier der in einer Anfängervorlesung üblicherweise behandelte Stoff aus dem Gesamtgebiet der Physik anhand von gezielt ausgewählten Beispielen (als Aufgaben formuliert) wiederholt, gefestigt und vertieft, wobei jeweils der gesamte Lösungsweg und vollständige Rechengang – vom Ansatz bis zum allgemeinen und zahlenmäßigen Ergebnis – sowie die einschlägigen physikalischen Gesetze ausführlich dargestellt und erläutert werden.

Dabei war es nicht unser Bestreben, möglichst viele (und spektakuläre) Beispiele anzubieten, sondern es wurde vielmehr versucht, in der gebotenen Kürze die jeweils zu einem Abschnitt bzw. Kapitel gehörigen wesentlichen Inhalte möglichst abzudecken und dabei das Grundsätzliche zu betonen. Aus diesem Grunde erscheinen nicht vordergründig nur unmittelbar praxisbezogene Aufgaben und aktuelle Beispiele, sondern auch solche mit im Laufe der Zeit „klassisch" gewordener, aber das formale Denken fördernder Fragestellung. Zur Selbstkontrolle werden in jedem Abschnitt Zusatzaufgaben gestellt, für die entweder nur das Endergebnis oder – bei etwas schwierigeren Aufgaben – zusätzlich der Lösungsweg angegeben ist.

Der Schwierigkeitsgrad ist bewusst unterschiedlich gewählt; neben sehr einfachen Aufgaben finden sich mitunter recht anspruchsvolle. Erfahrungsgemäß sind die Schwierigkeiten, mit denen der Student (und somit indirekt auch der Dozent) anfänglich zu kämpfen hat, neben physikalischer vor allem mathematischer Natur. Dies betrifft hauptsächlich die für viele Aufgaben unerlässliche Differential- und Integralrechnung, die Vektorrechnung und das Rechnen mit komplexen Zahlen. Zwar hat hier die Schule eine gewisse Vorarbeit geleistet, aber häufig reichen die Kenntnisse und die Übung in der praktischen Handhabung des mathematischen Rüstzeuges nicht aus. Dies war für uns ein wesentlicher Grund, weshalb der Rechengang ausführlich dargestellt wurde. Vor allem aber wird dadurch ein besseres Verständnis und ein tieferer Einblick in den theoretischen Gehalt der physikalischen Gesetzmäßigkeiten erreicht.

Der Studierende soll sich aber keinesfalls entmutigen lassen, wenn er eine Aufgabe nicht oder nur unter Zuhilfenahme der kompletten Lösung meistern kann; auch diese muss erst einmal „verarbeitet" werden, und wenn ihm das gelingt, ist eigentlich das Anliegen schon erreicht.

Ein Buch mit so viel Formeln und Zahlen ist a priori nie frei von Fehlern. Für Hinweise auf solche – zahlenmäßiger wie grundsätzlicher Art – sowie für Anregungen zur Verbesserung des Werkes sind die Verfasser stets dankbar.

In der vorliegenden 4. Auflage wurden in einer Reihe von Fällen Änderungen vorgenommen, die dem Vorlesungs- und Prüfungsstoff und den didaktischen Erfordernissen besser gerecht werden. Weiterhin wurden die fundamentalen physikalischen Konstanten an die von der CODATA 2010 empfohlenen Werte angepasst.

Für die Anfertigung der Bilder danken wir Herrn H. GRÄFE sowie Dr. M. SPECHT für die Mithilfe beim Satz.
Dem Fachbuchverlag Leipzig sowie dem Carl Hanser Verlag München danken wir an dieser Stelle für über zwei Jahrzehnte gedeihlicher Zusammenarbeit, bei der Herausgabe dieses Buches im Besonderen Herrn Dipl.-Phys. J. HORN, Leipzig.

Magdeburg — Die Autoren

Hinweise

In diesem Buch werden ausschließlich die gesetzlich vorgeschriebenen SI-Einheiten sowie gültige SI-fremde Einheiten verwendet (vgl. die Tabellen auf der hinteren Einband-Innenseite). Die Verwendung von SI-Einheiten bietet den Vorteil, dass alle Größengleichungen auch als Zahlenwertgleichungen benutzt werden können, sofern alle Größen in *kohärenten* SI-Einheiten (welche aus den Basiseinheiten des SI ohne Zahlenfaktoren gebildet sind) in die entsprechenden Beziehungen eingesetzt werden. Auch darf nicht vergessen werden, alle *Vorsätze* von Einheiten, wie z. B. beim km, mA oder GJ, in die entsprechenden dezimalen Vielfachen oder Teile zu „übersetzen", also in 10^3 m, 10^{-3} A und 10^9 J (außer beim kg als Basiseinheit). Ist also z. B. die Geschwindigkeit $v = 90$ km/h gegeben, so ist dafür der Wert (90/3,6) m/s = 25 m/s einzusetzen, oder anstelle von $\varrho = 7{,}8$ g/cm^3 für die Dichte von Eisen der Wert $7{,}8 \cdot 10^3$ kg/m^3, anstelle von $p_0 = 1{,}013\,25$ bar für den Normluftdruck $1{,}013\,25 \cdot 10^5$ Pa (Pascal) usw. Wird dies alles beachtet, erhält man auch die Ergebnisgröße automatisch in der ihr zukommenden kohärenten SI-Einheit.

Für die Zahlenrechnungen genügt ein einfacher Taschenrechner mit den wichtigsten mathematischen Funktionen. Sind im Lösungstext gerundete numerische Zwischenergebnisse angegeben, werden zur weiteren Rechnung dennoch die exakten Zahlenwerte im Rahmen der Taschenrechner-Genauigkeit verwendet.

Die Aufgabenstellungen sind so abgefasst, dass sie keine überflüssigen Angaben enthalten. Manchmal sind bestimmte Konstanten wie Gravitationskonstante, Gaskonstante usw. mit angegeben, in der Regel zu Beginn des Abschnittes, in dem sie erstmals auftreten. Fehlen solche Angaben, so bedeutet das nicht, dass diese für die Lösung nicht benötigt werden. Auf der vorderen Einband-Innenseite sind alle (in diesem Band) vorkommenden Konstanten nochmals zusammengestellt.

Inhaltsverzeichnis

Band 1:
Mechanik – Wärmelehre

KINEMATIK 9

1–17 Geradlinige Bewegung. Geschwindigkeit und Beschleunigung 9
18–26 Fall- und Steigbewegung. Senkrechter Wurf 11
27–39 Überlagerung von Bewegungen. Schiefer Wurf 12
40–56 Kreisbewegung 14

DYNAMIK 16

57–74 NEWTONsche Bewegungsgesetze 16
75–85 Reibung 19
86–97 Trägheitskräfte 20
98–113 Inertialsysteme. Relativistische Mechanik 22
114–134 Arbeit, Energie, Leistung 24
135–147 Gravitationsgesetz. KEPLERsche Gesetze 27
148–164 Impuls und Stoß 28

STATIK UND DYNAMIK DES STARREN KÖRPERS 31

165–176 Zusammensetzung und Zerlegung von Kräften. Kräftegleichgewicht 31
177–189 Drehmoment. Statisches Gleichgewicht 33
190–198 Schwerpunkt (Massenmittelpunkt). Gleichgewichtsarten 35
199–213 Massenträgheitsmoment. Rotationsbewegung 36
214–223 Arbeit, Energie und Leistung bei Rotation 38

ELASTIZITÄT FESTER KÖRPER 39

224–237 Spannung, Dehnung, Scherung. HOOKEsches Gesetz 39
238–242 Dehnungsarbeit. Volumenelastizität 41

MECHANIK DER FLÜSSIGKEITEN UND GASE 42

243–258 Druck in Flüssigkeiten und Gasen 42
259–271 Auftrieb 44
272–281 Oberflächenspannung, Oberflächenenergie, Kapillarität 45
282–296 Strömung idealer Fluide 46
297–310 Strömung realer Fluide 48

TEMPERATUR UND WÄRME 50
311–315 Temperatur, Thermometrie 50
316–325 Thermische Ausdehnung fester und flüssiger Körper 51
326–338 Thermische Zustandsgleichung des idealen Gases 52
339–350 Wärme. Spezifische Wärmekapazität. Kalorimetrie 54

HAUPTSÄTZE DER THERMODYNAMIK 56
351–366 I. Hauptsatz. Zustandsänderungen der Gase 56
367–381 Kreisprozesse, Energieumwandlungen 59
382–398 II. Hauptsatz. Entropie 62

REALE GASE. PHASENUMWANDLUNGEN 65
399–409 VAN-DER-WAALSsche Zustandsgleichung 65
410–422 Phasenumwandlungen 66
423–429 Lösungen 68

GASKINETIK. AUSGLEICHSVORGÄNGE 69
430–449 Kinetische Gastheorie 69
450–462 Wärmeübertragung 72
463–470 Diffusion 74

Lösungen der Aufgaben 76

Sachwortverzeichnis 157

Band 2:

Elektrizität und Magnetismus – Schwingungen und Wellen – Atom- und Kernphysik

ELEKTRISCHES FELD

GLEICHSTROMKREIS

MAGNETISCHES FELD

ELEKTROMAGNETISCHE INDUKTION. WECHSELSTROMKREIS

SCHWINGUNGEN UND WELLEN

OPTIK

ATOME UND ATOMKERNE

KINEMATIK

Geradlinige Bewegung. Geschwindigkeit und Beschleunigung

1 *Mittlere Geschwindigkeit*

Ein Fahrzeug legt die erste Hälfte a) seiner Fahrzeit, b) seines Weges mit der Geschwindigkeit 40 km/h zurück, die zweite Hälfte mit 60 km/h. Wie groß ist im Fall a) und im Fall b) die mittlere Geschwindigkeit?

2 *Anfangs- und Endgeschwindigkeit*

Auf einem Streckenabschnitt von 300 m verdoppelt ein Fahrzeug bei gleichmäßiger Beschleunigung innerhalb von 20 Sekunden seine Geschwindigkeit. Wie groß sind Anfangs- und Endgeschwindigkeit?

3 *Gleichmäßig verzögerte Bewegung*

Mit welcher Anfangsgeschwindigkeit fährt ein Kraftfahrer, der vom Zeitpunkt des Erkennens eines Hindernisses und anschließender Notbremsung noch insgesamt 35 m zurücklegt, wenn die Reaktionszeit 0,8 s und die Bremsverzögerung $-6{,}5\ \mathrm{m/s^2}$ beträgt? Wie lange dauert der Anhaltevorgang?

4 *Kürzeste Fahrzeit*

Ein Personenkraftwagen soll aus dem Stand einen 518 m entfernten Zielpunkt in kürzester Zeit erreichen und dort wieder zum Stillstand kommen. Die maximale Startbeschleunigung beträgt $a_1 = 2{,}4\ \mathrm{m/s^2}$, die maximale Bremsverzögerung $a_2 = -5{,}0\ \mathrm{m/s^2}$. a) Welche Höchstgeschwindigkeit v_1 erreicht das Fahrzeug? b) Wie groß sind Beschleunigungsstrecke und Bremsweg? c) Welche Zeit wird für die gesamte Strecke mindestens benötigt? d) Was erhält man, wenn der PKW nur 130 km/h schafft?

5 *Beschleunigungsstrecken*

Wie groß sind Anfangsgeschwindigkeit und Beschleunigung eines Körpers, der in der sechsten Sekunde 6 m und in der elften Sekunde 8 m zurücklegt?

6 *Einholvorgang*

Ein Fahrzeug A startet mit der Anfangsgeschwindigkeit $v_{0\mathrm{A}} = 2\ \mathrm{m/s}$ und einer konstanten Beschleunigung a. 10 Sekunden danach startet vom gleichen Punkt aus ein zweites Fahrzeug B mit der Anfangsgeschwindigkeit $v_{0\mathrm{B}} = 12\ \mathrm{m/s}$ und der gleichen Beschleunigung. a) Wie weit ist bei einer Beschleunigung von $a = 0{,}5\ \mathrm{m/s^2}$ A von B schon entfernt, wenn B startet? b) Welche Zeit t_1 benötigt B bei der gleichen Beschleunigung, um A einzuholen? c) Welche Strecke haben die beiden Fahrzeuge bis dahin zurückgelegt? d) Wie groß darf die Beschleunigung a der beiden Fahrzeuge maximal sein, damit A von B überhaupt eingeholt werden kann?

7 *Weg-Zeit-Gesetz*

Die Abhängigkeit des von einem Körper durchlaufenen Weges s von der Zeit t ist durch $s = A + Bt + Ct^2$ gegeben, wobei $B = 2\ \mathrm{m/s}$ und $C = 1\ \mathrm{m/s^2}$ ist. Gesucht sind a) die mittlere Geschwindigkeit und b) die mittlere Beschleunigung des Körpers für die erste, zweite und dritte Sekunde seiner Bewegung.

8 *Ungleichmäßig beschleunigte Bewegung (1)*
Ein Wagen fährt auf einen mit Pufferfedern versehenen Prellbock auf. Die momentane Bremsverzögerung a ist der momentanen Stauchung x der Pufferfedern proportional: $a = -\beta x$ mit $\beta = 2 \cdot 10^3\,\mathrm{s}^{-2}$. a) Um welchen Betrag x_1 werden die Federn zusammengedrückt, wenn der Wagen mit der Geschwindigkeit $v_0 = 16{,}2$ km/h auf den Prellbock auffährt? b) Wie groß ist die mittlere Bremsverzögerung?

9 *Ungleichmäßig beschleunigte Bewegung (2)*
Ein Flugzeug wird nach dem Aufsetzen auf der Landebahn durch Bremsfallschirme abgebremst. Die durch den Luftwiderstand hervorgerufene Bremsverzögerung sei dem Quadrat der Geschwindigkeit proportional: $a = -kv^2$ mit $k = 0{,}04\,\mathrm{m}^{-1}$. a) In welcher Zeit t_1 verringert sich die Geschwindigkeit des Flugzeuges von anfänglich $v_0 = 50$ m/s auf $v_1 = 1$ m/s (Schritttempo), wenn der Bremsvorgang ausschließlich durch den Luftwiderstand bewirkt wird? b) Welche Strecke s_1 legt es in dieser Zeit zurück?

ZUSATZAUFGABEN

10 Eine Minute nach Abfahrt eines Fahrzeuges A mit der konstanten Geschwindigkeit $v_1 = 54$ km/h startet am gleichen Ort ein zweites Fahrzeug B, welches mit der konstanten Geschwindigkeit $v_2 = 72$ km/h dem Fahrzeug A hinterherfährt. a) Nach welcher Zeit und b) in welcher Entfernung vom Ausgangsort wird A von B eingeholt?

11 Ein Projektil wird mit einer Mündungsgeschwindigkeit von 600 m/s abgefeuert. Man bestimme die Durchschnittsbeschleunigung im Geschützrohr, wenn dieses eine Länge von 150 cm hat!

12 Die Entfernung zwischen zwei U-Bahn-Stationen beträgt 1,5 km. In der ersten Hälfte dieses Weges fährt der Zug gleichmäßig beschleunigt, in der zweiten Hälfte gleichmäßig verzögert, wobei die Verzögerung betragsmäßig gleich der Größe der Beschleunigung ist. Die Maximalgeschwindigkeit des Zuges beträgt 50 km/h. Gesucht sind a) die Größe der Beschleunigung bzw. Verzögerung, b) die Dauer der Fahrt zwischen den Stationen.

13 Ein Fahrzeug habe die Anfangsgeschwindigkeit $v_0 = 36$ km/h und legt innerhalb der nächsten 5 Sekunden die Strecke 67,5 m zurück. a) Wie groß ist die Beschleunigung? b) Welche Geschwindigkeit hat das Fahrzeug dann?

14 Ein Personenkraftwagen, der mit 72 km/h fährt, bremst vor einer Gefahrenstelle und verringert innerhalb von 5 Sekunden seine Geschwindigkeit gleichmäßig auf 18 km/h. Man bestimme a) die Verzögerung, b) die Strecke, die das Fahrzeug während der fünften Sekunde zurücklegt!

15 Bevor es den Erdboden verlässt, legt ein Flugzeug auf der Startbahn nach dem Start in 12 s einen Weg von 720 m mit konstanter Beschleunigung zurück. Gesucht sind a) die Beschleunigung, b) die Geschwindigkeit, mit der es den Erdboden verlässt, c) der in der ersten und in der zwölften Sekunde zurückgelegte Weg.

16 Das Weg-Zeit-Gesetz einer Bewegung ist durch die Gleichung $s = A + Bt + Ct^2 + Dt^3$ gegeben, wobei $C = 0{,}14\,\mathrm{m/s^2}$ und $D = 0{,}01\,\mathrm{m/s^3}$ ist. a) Wie viel Sekunden nach Beginn der

Bewegung beträgt die Beschleunigung 1 m/s^2? b) Wie groß ist die mittlere Beschleunigung bis zu diesem Zeitpunkt?

17 Ein elektrischer Triebwagen fährt mit gleichförmig zunehmender (zeitproportionaler) Beschleunigung an. Nach $t_1 = 100$ s beträgt diese $a_1 = 0{,}6$ m/s^2. Wie groß sind zu diesem Zeitpunkt die Geschwindigkeit des Triebwagens und der zurückgelegte Weg?

Fall- und Steigbewegung. Senkrechter Wurf

18 *Freier Fall (1)*
An einer senkrecht hängenden Schnur sind in bestimmten Abständen Kugeln befestigt, wobei sich die unterste Kugel in der Höhe h_1 über dem Boden befindet. Wie groß sind die Abstände benachbarter Kugeln, wenn die Kugeln in gleichen Zeitabständen Δt auf dem Boden auftreffen, nachdem die Schnur losgelassen wurde?

19 *Freier Fall (2)*
Ein frei fallender Körper passiert zwei 10 m untereinander liegende Messstellen im zeitlichen Abstand von 0,7 s. Aus welcher Höhe über dem oberen Messpunkt wurde der Körper losgelassen, und welche Geschwindigkeit hat er in den beiden Messpunkten? Luftwiderstand wird vernachlässigt.

20 *Senkrechter Wurf nach oben*
Eine ballistische Rakete wird mit einer Geschwindigkeit von 490 m/s senkrecht nach oben abgefeuert. Man berechne a) die Steigzeit der Rakete bis zur maximal erreichten Höhe, b) die maximale Höhe, c) die Momentangeschwindigkeit nach 40 s und nach 60 s, d) die Zeit, in der die Rakete eine Höhe von 7840 m erreicht! Die Rakete wird von Beginn ihrer Steigbewegung an als Wurfgeschoss betrachtet. Luftwiderstand wird vernachlässigt.

21 *Steigbewegung auf der schiefen Ebene*
Ein Skispringer fährt nach dem Aufsetzen mit einer Anfangsgeschwindigkeit von 72 km/h einen Hang hinauf, der eine Steigung von 30° hat. a) Welchen Weg legt er bis zum obersten erreichten Punkt auf der schiefen Ebene zurück? b) Welche Zeit benötigt er dazu? Reibung wird vernachlässigt.

ZUSATZAUFGABEN

22 Ein Personenkraftwagen fährt mit 36 km/h gegen eine Mauer. Aus welcher Höhe müsste er fallen, damit der Aufprall genauso stark wird?

23 Zum Zeitpunkt null wird ein Körper *1* aus einer Höhe von 800 m fallengelassen. Zum gleichen Zeitpunkt wird ein zweiter Körper *2* vom Boden aus mit der Anfangsgeschwindigkeit $v_0 = 200$ m/s nach oben geschossen. Nach welcher Zeit und in welcher Höhe begegnen sich die Körper? Luftreibung wird vernachlässigt.

24 Aus einem Ballon, der sich in 300 m Höhe befindet, wird Ballast abgeworfen. Nach welcher Zeit erreicht dieser den Erdboden, wenn der Ballon mit der Geschwindigkeit 5 m/s a) sinkt, b) steigt? Luftwiderstand wird vernachlässigt.

25 Ein Schlitten gleitet reibungsfrei einen Hang hinab, der ein Gefälle von 30° hat. a) Man berechne die Geschwindigkeit des Schlittens, nachdem dieser aus dem Stand eine Strecke von 20 m zurückgelegt hat! b) Wie lange dauert die Fahrt bis dorthin?

26 Ein von einem Turm mit $v_0 = 10$ m/s senkrecht nach unten geworfener Gegenstand trifft nach 2 s auf dem Erdboden auf. Gesucht sind die Auftreffgeschwindigkeit v und die Höhe des Turmes h.

Überlagerung von Bewegungen. Schiefer Wurf

27 *Superpositionsprinzip (1)*
Ein Boot setzt mit der Geschwindigkeit 2 m/s senkrecht zum Ufer über einen Fluss von 210 m Breite. Die Strömung treibt es dabei 63 m ab. a) Gesucht ist die Strömungsgeschwindigkeit des Flusses, die Geschwindigkeit des Bootes gegenüber dem Ufer nach Größe und Richtung sowie die Zeit zum Übersetzen. b) Unter welchem Winkel muss gegengesteuert werden, um auf kürzestem Wege das gegenüber liegende Ufer zu erreichen? Wie lange dauert die Überfahrt? c) Unter welchem Winkel muss man steuern, um in der kürzesten Zeit das andere Ufer zu erreichen? Wie lange dauert dann die Überfahrt?

28 *Superpositionsprinzip (2)*
(Bild) Man berechne den Abtrieb s eines Bootes beim senkrechten Überqueren eines Flusses der Breite $B = 210$ m bei einer Geschwindigkeit des Bootes von $v_B = 2$ m/s! Im Unterschied zu Aufgabe 27 ist jetzt die Strömungsgeschwindigkeit nicht über die gesamte Flussbreite konstant, sondern fällt nach

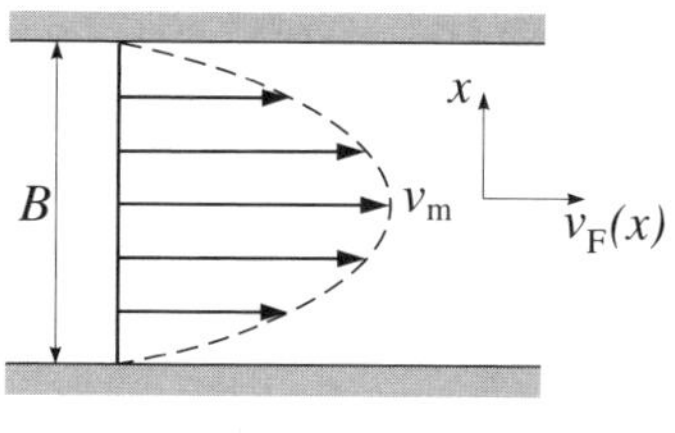

$$v_F(x) = v_m \left(1 - \frac{4x^2}{B^2}\right)$$

vom Maximalwert $v_m = 0{,}6$ m/s in Flussmitte ($x = 0$) auf null am Ufer ($x = \pm B/2$) ab.

29 *Horizontaler Wurf*
Ein Wasserstrahl, der horizontal aus einer Rohrleitung ausströmt, trifft 2 m unterhalb und 4 m entfernt von der Austrittsöffnung gegen eine senkrechte Wand. a) Wie groß ist die Ausströmgeschwindigkeit aus der Rohröffnung? b) Mit welcher Geschwindigkeit und unter welchem Winkel trifft der Strahl auf die Wand?

30 *Gleichung der Wurfparabel*
(Bild) Man leite die Gleichung der Bahnkurve $z = z(x)$ für den schiefen Wurf eines Körpers mit der Anfangsgeschwindigkeit v_0 und dem Abwurfwinkel α_0 her! Man stelle zunächst für jede der beiden Teilbewegungen in horizontaler Richtung (x) und vertikaler Richtung (z), welche sich zur resultierenden Bewegung des Körpers überlagern, das zugehörige Weg-Zeit-Gesetz $x = x(t)$ bzw. $z = z(t)$ auf und eliminiere daraus die Zeit t. Die Komponenten von $\boldsymbol{v}_0$, v_{0x} und v_{0z}, drücke man durch v_0 und α_0 aus.

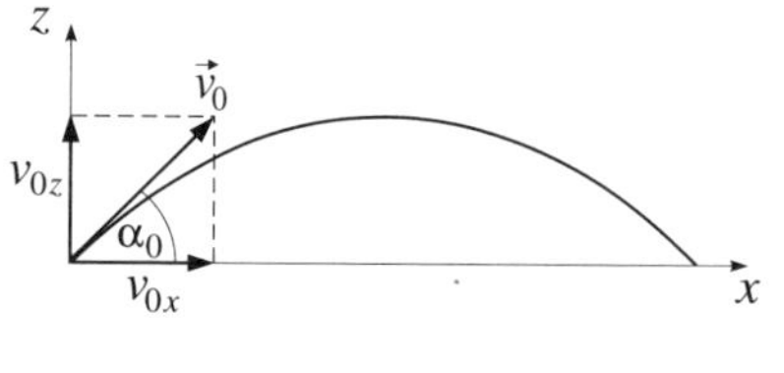

31 *Schiefer Wurf (1)*
Eine ballistische Interkontinentalrakete mit einer Reichweite von 8000 km werde aus dieser Entfernung abgefeuert. Sie kann vom Zielpunkt aus erst registriert werden, nachdem sie die halbe Entfernung zurückgelegt hat. (Näherungsweise Behandlung als Wurfgeschoss; Erdkrümmung und Luftwiderstand werden vernachlässigt.) a) Mit welcher Geschwindigkeit fliegt die Rakete, nachdem sie registriert wurde? b) Wie groß ist die verbleibende Vorwarnzeit? c) Mit welcher Geschwindigkeit würde sie ihr Ziel erreichen? d) Wie groß ist die maximale Höhe? Gleichung der Bahnkurve s. Aufgabe 30 (Lösung).

32 *Schiefer Wurf (2)*
a) Wie groß muss der Abschusswinkel α_0 eines Wurfgeschosses bei vorgegebener (hinreichend großer) Anfangsgeschwindigkeit v_0 sein, wenn ein bestimmter Zielpunkt mit der horizontalen Entfernung x_1 und der Höhe z_1 erreicht werden soll? Gleichung der Flugbahn s. Aufgabe 30 (Lösung). – *Anleitung:* Leiten Sie einen allgemeinen Ausdruck für $\tan\alpha_0$ her. Benutzen Sie dazu die Umformung $1/\cos^2\alpha_0 = 1 + \tan^2\alpha_0$!
b) Stellen Sie fest, ob mit $v_0 = 110$ m/s und einem geeigneten Abschusswinkel α_0 ein Ziel mit den Koordinaten $x_1 = 995$ m, $z_1 = 450$ m erreicht werden kann. Das Geschütz befindet sich im Koordinatenursprung. – *Anleitung:* Diskutieren Sie das unter a) erhaltene Ergebnis hinsichtlich reeller Lösungen für $\tan\alpha_0$!
c) Berechnen Sie die erforderliche Mindest-Anfangsgeschwindigkeit des Geschosses und den zugehörigen Abschusswinkel für die unter b) angegebenen Zielkoordinaten! Wird das Ziel bei dieser Geschossgeschwindigkeit vor oder nach Überschreiten des Gipfels der Flugbahn erreicht? Luftwiderstand wird vernachlässigt.

33 *Schiefer Wurf (3)*
Welche Weite kann eine Kugel, die von einer Kugelstoßerin aus 1,70 m Höhe über dem Erdboden mit der Geschwindigkeit 13,5 m/s fortgeschleudert wird, maximal erreichen? Unter welchem Winkel gegenüber der Horizontalen muss die Kugel gestoßen werden?

ZUSATZAUFGABEN

34 Ein Flugzeug legt eine Entfernung von 300 km in Richtung Osten zurück. Die Windgeschwindigkeit beträgt 20 m/s, die Geschwindigkeit des Flugzeuges relativ zur Luft 600 km/h. Wie lange dauert der Flug, wenn der Wind a) von Osten nach Westen, b) von Süden nach Norden, c) von Westen nach Osten weht?

35 In einem Gewässer nimmt die Strömungsgeschwindigkeit linear mit der Entfernung x vom Ufer zu. Bei $x_1 = 50$ m beträgt sie $v_1 = 3{,}6$ km/h. Ein Boot fährt senkrecht zum Ufer mit der Geschwindigkeit $v_B = 9{,}0$ km/h. a) Wie groß ist die Abdrift des Bootes in 40 m und in 50 m Entfernung vom Ufer? b) Wie lange dauert jeweils die Fahrt vom Ufer bis dorthin?

36 Von einem Flugzeug wird ein Gegenstand abgeworfen, welcher nach 14,28 s in einer horizontalen Entfernung von 3,57 km vom Ort des Abwurfs die Erde erreicht. a) Welche Höhe, b) welche Geschwindigkeit hatte das Flugzeug zum Zeitpunkt des Abwurfs? c) Mit welcher Geschwindigkeit und d) unter welchem Winkel gegenüber der Horizontalen trifft der Gegenstand auf der Erde auf? e) Über welchem Punkt der Erde befindet sich dann das Flugzeug? Luftwiderstand wird vernachlässigt.

37 Von einem 25 m hohen Turm wird ein Stein mit $v_0 = 15$ m/s unter dem Winkel $\alpha_0 = 30°$ gegenüber der Horizontalen geworfen. a) Nach welcher Zeit, b) in welcher Entfernung vom Turm, c) mit welcher Geschwindigkeit, d) unter welchem Winkel trifft er auf dem Erdboden auf? Luftwiderstand wird vernachlässigt.

38 (Bild) Ein Punkt gleitet reibungsfrei auf einer schiefen Ebene variabler Höhe h, aber fester Breite d hinab. Mit zunehmender Höhe bzw. Neigung α der Ebene wird zwar die Beschleunigung größer, der zurückzulegende Weg s jedoch länger, mit abnehmender Höhe ist es genau umgekehrt. Bei welcher Höhe h benötigt die Punktmasse die kürzeste Zeit?

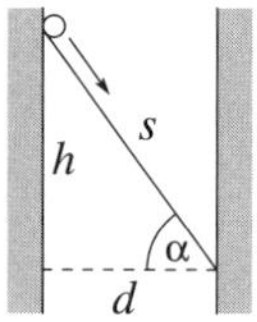

39 Ein Hochspringer, dessen Schwerpunkt 1,10 m über dem Boden liegt und der eine Absprunggeschwindigkeit von 4,3 m/s schafft, will mit einem Rollsprung 1,80 m überspringen. a) Wie weit vor der Latte und b) unter welchem Winkel gegenüber der Horizontalen muss er abspringen?

Kreisbewegung

40 *Grad- und Bogenmaß*
Der an einem Fadenpendel der Länge 1 m hängende kleine Pendelkörper beschreibt bei seinen Schwingungen einen 20 cm langen Bogen. Man gebe den vom Faden überstrichenen Winkel φ im Bogen- und im Gradmaß an!

41 *Drehzahl und Winkelgeschwindigkeit*
Um die Geschwindigkeit v eines Geschosses zu bestimmen, wird dieses durch zwei Pappscheiben geschossen, die im Abstand von 50 cm auf gemeinsamer Welle mit 1600 Umdrehungen je Minute rotieren. Das Geschoss, das parallel zur Drehachse fliegt, durchschlägt beide Scheiben, wobei das Loch in der zweiten Scheibe um den Drehwinkel 15° gegenüber dem Loch in der ersten Scheibe versetzt ist. Wie groß ist v?

42 *Umlaufzeit*
Nach jeweils welcher Zeit decken sich Minuten- und Stundenzeiger der Uhr?

43 *Drehzahl und Umfangsgeschwindigkeit*
Zwei auf gemeinsamer Welle einer Transmission sitzende, fest miteinander verbundene Riemenscheiben unterscheiden sich in ihrem Durchmesser um $\Delta D = 15$ cm. Die Geschwindigkeit des Treibriemens auf der großen Scheibe beträgt $v_1 = 8$ m/s, die Drehzahl ist $n = 382\ \text{min}^{-1}$. Wie groß ist die Geschwindigkeit v_2 des Riemens auf der kleineren Scheibe, und welche Durchmesser haben die Scheiben?

44 *Geschwindigkeits- und Beschleunigungsvektor*
a) Für die gleichförmige Kreisbewegung berechne man in allgemeiner Form die x- und y-Komponente des Geschwindigkeits- und Beschleunigungsvektors in Abhängigkeit von der Zeit t sowie den Betrag beider Vektoren! b) Der Radius der Kreisbahn sei $r = 1$ m und die Winkelgeschwindigkeit $\omega = 1$ rad/s. Geben Sie die Komponenten beider Vektoren für die Zeitpunkte $t = 0$ (entsprechend $\varphi = 0$), $T/4$, $T/2$ und $3T/4$ (T Umlaufzeit) zahlenmäßig an, und treffen Sie eine allgemeine Aussage über die Richtung der Vektoren!

45 *Radial- und Tangentialbeschleunigung*
Ein Fahrzeug fährt mit der Geschwindigkeit $v_0 = 30$ km/h in eine 90-Grad-Kurve vom Radius $R = 50$ m ein und beschleunigt beim Durchfahren der Kurve gleichmäßig. Die größte Radialbeschleunigung ist $a_r = 3{,}86$ m/s^2. a) Mit welcher Geschwindigkeit v_1 verlässt es die Kurve? b) Geben Sie Größe und Richtung der maximalen Beschleunigung a an!

46 *Winkelbeschleunigung*
Ein mit der Drehzahl 3600 min^{-1} laufender Elektromotor kommt nach dem Abschalten innerhalb von 10 s zum Stillstand. a) Wie groß ist die Winkelbeschleunigung beim Auslaufen? b) Wie viel Umdrehungen führt der Motor nach dem Abschalten noch aus?

47 *Winkel-, Radial- und Tangentialbeschleunigung*
Eine Zentrifuge soll aus dem Stillstand bei der Winkelbeschleunigung $\alpha = 31{,}6$ rad/s^2 eine solche Drehzahl erreichen, dass auf ein 10 cm von der Drehachse entferntes Teilchen eine Zentrifugalbeschleunigung vom 1000-fachen der Fallbeschleunigung g wirkt. a) Wie groß ist die erforderliche Drehzahl? b) Wie groß sind dann Bahngeschwindigkeit und Bahnbeschleunigung des Teilchens? c) Wie lange dauert der Beschleunigungsvorgang? d) Wie viel Umdrehungen sind bis zum Erreichen der geforderten Drehzahl notwendig?

48 *Drehwinkel-Zeit-Gesetz (1)*
Ein Teilchen rotiert auf einer Kreisbahn vom Radius $r = 0{,}1$ m. Die Abhängigkeit des Drehwinkels von der Zeit ist durch die Gleichung $\varphi = A + Bt + Ct^3$ gegeben, wobei $B = 2$ rad/s und $C = 1$ rad/s^3 ist. Gesucht sind für den Zeitpunkt $t = 2$ s nach Beginn der Bewegung a) die Winkelgeschwindigkeit, b) die Bahngeschwindigkeit, c) die Winkelbeschleunigung, d) die Bahnbeschleunigung (Tangentialbeschleunigung), e) die Radialbeschleunigung.

49 *Drehwinkel-Zeit-Gesetz (2)*
Ein Punkt bewegt sich mit der konstanten Geschwindigkeit $v = 0{,}2$ m/s auf einer Kugel entlang eines Meridians vom Nordpol zum Südpol. Dabei wächst der Kugelradius gemäß $r(t) = ut + r_0$ mit $u = 1$ m/s; zum Zeitpunkt $t = 0$, wenn der Punkt am Nordpol startet, beträgt er $r_0 = 1$ m. a) Nach welcher Zeit t_1 erreicht der Punkt den Südpol? b) Zur Zeit $t = 0$ startet auch am Südpol ein Punkt, der sich mit der gleichen Geschwindigkeit v auf demselben Meridian in Richtung Nordpol bewegt. Nach welcher Zeit t_2 begegnen sich beide Punkte?

ZUSATZAUFGABEN

50 Welchen Wert haben die Winkel a) 1 rad und 1,571 rad im Gradmaß, b) 30°, 45° und 60° im Bogenmaß (ausgedrückt in Teilen von π)?

51 Ein Rad mit dem Radius 0,5 m macht 300 Umdrehungen je Minute. Man bestimme a) die Winkelgeschwindigkeit, b) die Umfangsgeschwindigkeit!

52 Die Pedalen eines Fahrrades werden mit einer Drehzahl von $n = 120$ min^{-1} getreten. a) Welche Winkelgeschwindigkeit ergibt sich für das Hinterrad, wenn das Kettenrad 44 und der Zahnkranz 20 Zähne hat? b) Wie viel Kilometer legt der Fahrer in einer Stunde zurück? Der Raddurchmesser beträgt 70 cm.

53 Mit welcher Geschwindigkeit muss ein Flugzeug über dem Äquator von Ost nach West fliegen, wenn den Passagieren die Sonne am Himmel als feststehend erscheinen soll? Erdradius $R = 6378$ km.

54 Der Transmissionsriemen auf einem Rad vom Durchmesser 1,2 m hat 5 s nach dem Anlaufen eine Geschwindigkeit von 30 m/s. Wie viel Umdrehungen hat das Rad in dieser Zeit ausgeführt?

55 Innerhalb von 5 Sekunden, während 120 Umdrehungen stattfinden, wächst die Drehzahl eines Rotors gleichmäßig auf das Doppelte ihres anfänglichen Wertes. Wie groß ist die Drehzahl zu Beginn?

56 Ein Punkt läuft auf einer Kreisbahn vom Radius $R = 50$ cm mit konstanter Winkelgeschwindigkeit $\omega = 2$ rad/s um. Man berechne die x- und y-Komponente sowie den Betrag des Geschwindigkeits- und Beschleunigungsvektors für einen Drehwinkel gegenüber der x-Achse von 60°!

DYNAMIK

Newtonsche Bewegungsgesetze

57 *1. Newtonsches Axiom*
Wie groß ist die an einem Körper der Masse m angreifende resultierende Kraft, wenn sich dieser mit konstanter Geschwindigkeit v auf gerader Bahn bewegt?

58 *2. und 3. Newtonsches Axiom*
(Bild) Auf einer reibungsfreien Unterlage liegen dicht aneinander zwei Blöcke A und B mit den Massen m_A und m_B. Auf Block A wirkt eine Kraft F, die über ihn auf Block B übertragen wird. Nach dem 3. NEWTONschen Axiom übt Block B eine gleich große, aber entgegengerichtete Kraft $-F$ auf Block A aus. Die Gesamtkraft auf A wäre also $F_{ges} = F + (-F) = 0$, und nach dem 2. NEWTONschen Axiom wäre demzufolge auch seine Beschleunigung $a = F_{ges}/m_A = 0$. Hieraus wäre zu schließen, dass Block A nicht beschleunigt werden kann, unabhängig davon, wie groß F auch sei. Worin liegt der Fehler? Wie groß ist die Beschleunigung wirklich, und wie groß ist die Gesamtkraft auf Block A und auf Block B, wenn $F = 10$ N, $m_A = 2$ kg und $m_B = 3$ kg?

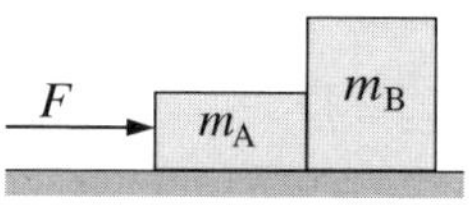

59 *Grundgesetz der Dynamik (2. Newtonsches Axiom)*
(Bild) Die Lok eines aus insgesamt drei Wagen von je $m = 15$ t Masse bestehenden Güterzuges entwickelt gegenüber den Schienen eine Antriebskraft von $F = 45$ kN. Die Reibung wirkt auf jeden Wagen als Bremskraft von $F_R = 700$ N. Wie groß ist a) die Beschleunigung des Zuges, b) die Zugkraft F_1 zwischen den beiden ersten Wagen, c) die Zugkraft F_2 zwischen dem zweiten und dem dritten Wagen?

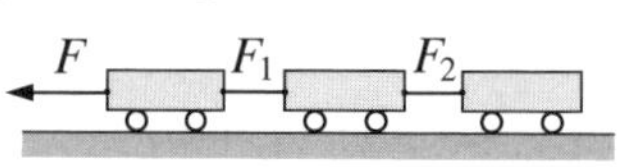

60 *Beschleunigung gegen die Schwerkraft*
Welche Kraft muss auf eine Masse von 2 kg senkrecht nach oben ausgeübt werden, damit diese a) mit einer Beschleunigung von (nur) 3 m/s^2 fällt, b) sich mit der Beschleunigung 3 m/s^2 nach oben bewegt?

61 *Bremskraft*

Ein Truck mit einer Masse von 20 t und einer Geschwindigkeit von 54 km/h wird mit 0,3 m/s^2 Verzögerung gleichmäßig bis zum Stillstand abgebremst. a) Wie groß ist die Bremskraft zwischen Truck und Fahrbahn? b) Nach welcher Zeit bleibt der Truck stehen? c) Welchen Weg legt er bis zum Stillstand zurück? Reibungswiderstände werden vernachlässigt.

62 *Druckkraft*

Ein aus einem Rohr horizontal austretender Wasserstrahl trifft auf eine unmittelbar hinter der Austrittsöffnung senkrecht zum Strahl aufgestellte ebene Druckplatte und übt auf diese eine Kraft von 30 N aus. Die sekundlich ausströmende Wassermenge wird zu 1,5 l ermittelt. Man bestimme die Ausströmgeschwindigkeit des Strahls! Dichte von Wasser $\varrho = 10^3$ kg/m^3.

63 *Federkraft*

(Bild) Wird auf die leere Schale einer Tellerfederwaage (Masse der Waagschale $m_0 = 200$ g) ein Massenstück $m_1 = 5$ kg gelegt, so erfährt sie eine Auslenkung aus der Ruhelage um $x_1 = 100$ mm. Nach Herunternehmen von m_1 und Auflegen einer zweiten Masse $m_2 = 400$ g beträgt die Auslenkung x_2. Um welche Strecke Δx darf man die Schale dann noch niederdrücken, wenn m_2 nach dem Loslassen während der anschließenden Schwingung im oberen Umkehrpunkt gerade noch nicht von der Waagschale abheben soll?

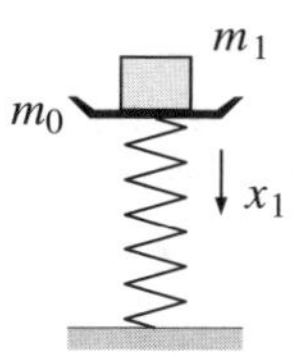

64 *Beschleunigung bei konstanter Kraft und veränderlicher Masse*

Ein Tankfahrzeug mit der Anfangsmasse $m_0 = 10$ t, welches (nach Abzug aller Reibungs- und Fahrwiderstände) durch eine konstante Kraft $F_0 = 500$ N angetrieben wird und bei der Geschwindigkeit null startet, verliert stetig an Flüssigkeit (Loch im Boden des Tankwagens). Der zeitlich konstante und mit Beginn der Bewegung einsetzende Masseverlust beträgt $\mu = 15$ kg/s. a) Welche Geschwindigkeit hat das Fahrzeug nach $t_1 = 5$ min Fahrt? b) Welche Geschwindigkeit wäre ohne Masseverlust erreicht worden?

65 *Bewegung bei konstanter Antriebskraft und geschwindigkeitsproportionaler Bremskraft*

Man stelle die Bewegungsgleichung für ein Sandkorn auf, welches in Wasser unter dem Einfluss der Schwerkraft, der Auftriebskraft und einer zur Geschwindigkeit v proportionalen Reibungskraft $F_R = 6\pi\eta Rv$ zu Boden sinkt! Dabei ist $\eta = 0{,}001$ N s/m^2 die dynamische Viskosität des Wassers. Der Radius der kugelförmig angenommenen Sandkörner sei $R = 100$ µm, ihre Dichte $\varrho = 2{,}65 \cdot 10^3$ kg/m^3; Dichte von Wasser $\varrho_W = 10^3$ kg/m^3.
a) Wie groß ist die sich einstellende konstante (maximale) Sinkgeschwindigkeit v_S? b) Welche Abhängigkeit besteht zwischen der momentanen Sinkgeschwindigkeit v und der Zeit t? Nach welcher Zeit wird v_S praktisch erreicht? c) Wie groß ist die anfängliche Sinkbeschleunigung?

66 *Harmonische Schwingung*

Wie viel Schwingungen je Sekunde führt die leere Tellerfederwaage von Aufgabe 63 aus, wenn sie niedergedrückt und dann wieder losgelassen wird?

ZUSATZAUFGABEN

67 Ein D-Zug (Masse 400 t) fährt mit einer Geschwindigkeit von 108 km/h. Er wird auf einer Strecke von 360 m mit konstanter Verzögerung zum Stehen gebracht. Welche Bremskraft zwischen Zug und Schiene tritt auf?

68 (Bild) Drei dicht aneinanderliegende gleiche Blöcke A, B und C (Masse m) werden längs einer reibungsfreien Unterlage durch eine Kraft F, die am Block A angreift, fortgeschoben. a) Welche Gesamtkraft wirkt auf Block A in vertikaler Richtung? b) Welche Gesamtkraft wirkt auf Block A längs der Unterlage? c) Wie groß ist die Beschleunigung von Block C? d) Wie groß ist die Kraft von Block A auf Block B?

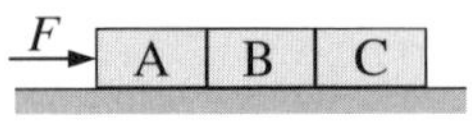

69 Welche Zeitspanne muss ein Wagen von 12 t Masse aus dem Stand auf horizontaler Strecke angeschoben werden, damit er bei einer Schubkraft von 1,5 kN eine Geschwindigkeit von 7,2 km/h erreicht, a) ohne Berücksichtigung von Reibung, b) bei einer Fahrwiderstandszahl $\mu_F = 0{,}01$ (= Reibungskraft/Normalkraft auf die Schiene)?

70 (Bild) Auf die drei Massen, von denen m_3 auf einer waagrechten Ebene reibungsfrei gleiten kann, wirken zum einen die Gewichtskräfte von m_1 und m_2, zum anderen (in entgegengesetzter Richtung) die Seilkräfte F_1 und F_2. Es sei $m_2 \neq m_1$. a) Wie groß sind die an m_1 und an m_2 angreifenden Kräfte? b) Wie groß ist die auf m_3 wirkende Kraft, wenn diese mit der Hand festgehalten wird? Wie groß ist in diesem Falle F_1? c) Wie groß ist F_1, wenn m_1 festgehalten wird? d) Was ergibt sich für F_1 und F_2, wenn $m_1 = m_2 = m$? Wie groß ist dann die Kraft auf m_3? e) Es sei $m_1 = 3$ kg, $m_2 = 5$ kg und $m_3 = 2$ kg. Wie groß ist die Beschleunigung der Massen, wenn sie sich frei bewegen können?

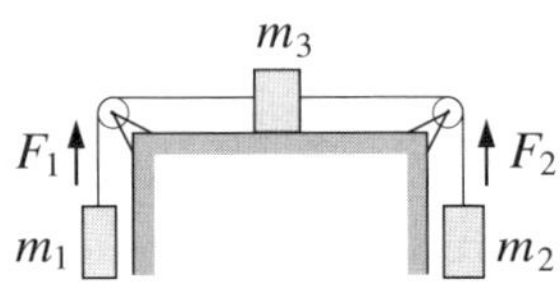

71 (Bild) Bei der Anordnung zweier über Seil und Rolle miteinander verbundener Massen $m_1 = 2$ kg und $m_2 = 3$ kg wird eine Abwärtsbewegung von m_1 beobachtet. Der Neigungswinkel der schiefen Ebene beträgt $\alpha = 30°$. a) Mit welcher Beschleunigung bewegen sich die Massen? Wie müssen b) m_1 verkleinert, c) α vergrößert werden, damit sich das System mit konstanter Geschwindigkeit bewegt, nachdem es einmal in Bewegung gekommen ist? Massen von Rolle und Seil sowie Reibung werden vernachlässigt.

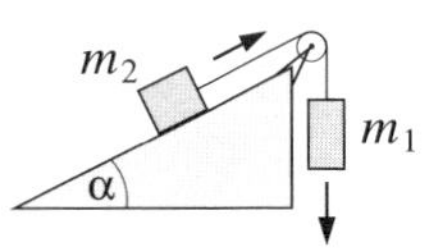

72 Wasserkraftwerke nutzen die potentielle Energie des Wassers zum Antrieb ihrer Turbinen. Man berechne die auf die Schaufeln des Turbinenlaufrades ausgeübte Kraft, wenn durch das Fallrohr mit einem Höhenunterschied von 18 m je Sekunde 50 m^3 Wasser zur Turbine gelangen! Umlenkverluste werden vernachlässigt. Dichte von Wasser: $\varrho = 10^3$ kg/m^3.

73 Bei dem historischen Versuch OTTO VON GUERICKES (1659) mit den „Magdeburger Halbkugeln“ zum Nachweis des atmosphärischen Luftdruckes wurden zwei Halbkugelschalen luftdicht aneinander gelegt und nahezu luftleer gepumpt, wodurch diese mit einer Kraft von 12 kN aneinander gepresst wurden. Durch die Zugkraft von zwei Gruppen von Pferden, je eine Gruppe an jeder Halbkugel, sollten sie voneinander getrennt werden. Wie viel Pferde in jeder Gruppe werden dazu benötigt, wenn jedes Pferd eine durchschnittliche Zugkraft von 1,5 kN entwickelt und alle Pferde gleichzeitig anziehen?

74 Ein zylindrischer Körper (Masse $m = 200$ g, Durchmesser $d = 10$ cm) schwimmt auf einer Flüssigkeit. Taucht man ihn tiefer in die Flüssigkeit ein und lässt ihn dann wieder los, führt er je Sekunde 3 Schwingungen um seine Schwimmgleichgewichtslage aus. Wie groß ist die Dichte ϱ der Flüssigkeit?

Reibung

75 *Gleitreibung und Haftreibung*

Weshalb ist der Bremsweg eines Fahrzeuges mit blockierten Rädern länger als mit rollenden Rädern?

76 *Gleitreibungszahl und Haftreibungszahl (1)*

(Bild) An einem 25 kg schweren Block, der auf einer horizontalen Unterlage ruht, greift unter dem Winkel von $\alpha = 30°$ für die Dauer von 2,5 s die Schubkraft $F = 200$ N an. Der Block erhält dadurch eine Geschwindigkeit von 7,4 m/s. a) Wie groß ist die Gleitreibungszahl μ? b) Wie groß wäre die Haftreibungszahl μ_0, wenn unter den angegebenen Bedingungen der Block gerade noch nicht gleiten würde ($v = 0$ bzw. $a = 0$)? c) Wie groß darf α höchstens sein, um bei $\mu_0 = 0{,}4$ die Haftreibung zu überwinden?

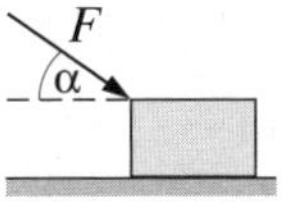

77 *Gleitreibungszahl und Haftreibungszahl (2)*

Ein Körper erhält beim Herabgleiten auf einer schiefen Ebene mit einem Neigungswinkel von 20° eine Beschleunigung von 1,5 m/s^2. Wie groß ist die Gleitreibungszahl μ und für den Grenzfall die Haftreibungszahl μ_0?

78 *Haftreibung und Fahrwiderstand*

Welche Anhängelast G kann die 785 kN schwere Lokomotive eines Eisenbahnzuges mit konstanter Geschwindigkeit a) auf waagrechter Strecke, b) bei 2,1% Steigung ziehen, ohne zu rutschen? c) Welche Beschleunigung wird mit der unter b) berechneten Last G auf waagrechter Strecke erreicht? Die Haftreibungszahl ist $\mu_0 = 0{,}15$ und die Fahrwiderstandszahl, welche bei rollenden Rädern die Gleitreibung in den Achslagern sowie die Rollreibung am Boden erfasst, $\mu_F = 0{,}002$.

79 *Reibung bei beschleunigter Relativbewegung*

Auf einer waagrechten Platte liegt eine Münze. Durch Freigeben einer mit der Platte verbundenen und gespannten Feder zum Zeitpunkt $t = 0$ wird die Platte in horizontaler Richtung ruckartig beschleunigt, wobei die Beschleunigung von ihrem Maximalwert $a_0 = 8$ m/s^2 bei $t = 0$ gemäß der Beziehung $a(t) = a_0 \cos(t/\tau)$ auf null abfällt ($\tau = 0{,}3$ s). Wie lange und um welche Strecke rutscht die Münze auf ihrer Unterlage, während sich die Feder entspannt? Die Haftreibungszahl ist $\mu_0 = 0{,}6$, die Gleitreibungszahl $\mu = 0{,}5$.

80 *Seilreibung*

An den Enden eines Seiles, das mehrmals um ein waagrecht gehaltertes Rohr gewickelt ist, hängen Gewichte von $G_1 = 15$ N und $G_2 = 5$ kN. Wie viel Windungen sind mindestens nötig, damit das Seil unter der beiderseits ungleichen Last nicht rutscht? Haftreibungszahl $\mu_0 = 0{,}4$.

ZUSATZAUFGABEN

81 Auf einen 50 kg schweren Betonblock, der auf einer horizontalen Unterlage ruht, wirkt 5 s lang eine horizontale Kraft von 250 N. Die Gleitreibungszahl zwischen Block und Unterlage beträgt 0,4. a) Welche Geschwindigkeit hat der Block am Ende der Krafteinwirkung? b) Wie groß ist die Haftreibungszahl μ_0, wenn der Block bei dieser Kraft gerade noch nicht rutscht?

82 Ein Radfahrer lässt sich bei einer Geschwindigkeit von 30 km/h auf einer horizontalen Straße ausrollen und legt dabei noch einen Weg von 220 m zurück. Wie groß ist die mittlere Fahrwiderstandszahl μ_F? Luftwiderstand bleibt unberücksichtigt.

83 Mit welcher Beschleunigung bewegen sich die Massen im Bild zu Aufgabe 71 $m_1 = 2$ kg und $m_2 = 3$ kg für den Fall, dass die Masse m_2 auf der schiefen Ebene (Neigungswinkel $\alpha = 30°$) eine Gleitreibung mit $\mu = 0{,}04$ erfährt? Massen von Rolle und Seil werden vernachlässigt.

84 Ein Fahrzeug fährt durch eine Kurve vom Krümmungsradius $r = 60$ m. Die Haftreibungszahl zwischen Reifen und Straße beträgt $\mu_0 = 0{,}55$. Mit welcher Geschwindigkeit darf das Fahrzeug maximal fahren, damit es in der Kurve nicht wegrutscht?

85 Ein Glas vom Durchmesser $D = 10$ cm wird von einer Karte bedeckt, auf der in der Mitte eine kleine Münze (Durchmesser $d = 19$ mm) liegt. Mit welcher Beschleunigung muss die Karte unter der Münze weggezogen werden, damit bei einer Gleitreibungszahl $\mu = 0{,}2$ die Münze ohne anzustoßen ins Glas fällt?

Trägheitskräfte

86 *Massenträgheit, Trägheitskraft*

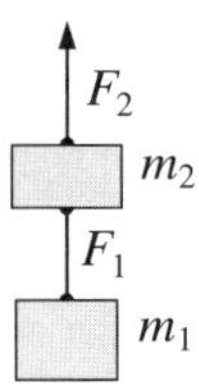

(Bild) Zwei Massen $m_1 = 4$ kg und $m_2 = 1$ kg, die an Fäden übereinander aufgehängt sind, erhalten durch ruckartiges Ziehen am oberen Faden eine Aufwärtsbeschleunigung. Beide Fäden haben eine Reißfestigkeit von $F_0 = 59$ N. a) Für welchen der beiden Fäden wird bei wachsender Beschleunigung die Reißfestigkeit zuerst erreicht? Bei welcher Beschleunigung ist dies der Fall? b) Welche Festigkeit F_0' müsste der höher belastete Faden haben, wenn beide Fäden gleichzeitig reißen sollen?

87 *Beschleunigtes System dreier Massen*

Das Bild in Aufgabe 70 zeigt drei über Rollen miteinander verbundene Massen $m_1 = 3$ kg, $m_2 = 5$ kg und $m_3 = 2$ kg. a) Wie groß sind dort die Seilkräfte F_1 und F_2 links- und rechtsseitig von m_3, wenn sich alle Massen frei bewegen können? b) Welche Kraft wirkt auf m_3? c) Wie groß sind die Seilkräfte für den Fall, dass m_1 und m_2 gleich groß sind? Wie groß ist in diesem Fall die Kraft auf m_3? Massen der Seile und Rollen sowie Reibung werden vernachlässigt.

88 *Fliehkraft (1)*

(Bild) Ein Wagen gleitet aus einer Höhe h reibungsfrei auf einer schiefen Ebene herab und vollführt danach auf der Innenseite einer kreisförmigen Schleifenbahn vom Radius R einen Looping. Welche Kraft wirkt auf die Insassen des Wagens senkrecht zur Bahn (in Vielfachen ihres Eigengewichts G) a) beim Durchfahren des untersten Punktes *1* und b) im höchsten Punkt *2* der Schleife, wenn der Wagen in einer Höhe von $h = 3R$ startet? c) Welche Ausgangshöhe muss gewählt werden, damit der Wagen die Fahrt durch die Schleife gerade schafft, ohne den Kontakt mit der Fahrbahn zu verlieren? Wie groß ist dann die Kraft im untersten Punkt *1*?

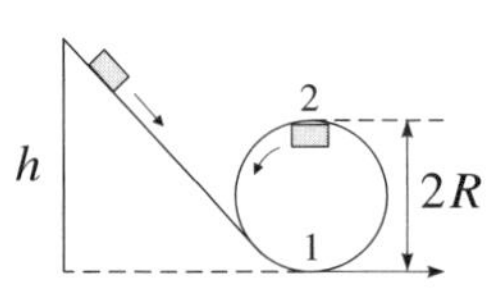

89 *Fliehkraft (2)*

Eine Flüssigkeit, die sich in einem zylindrischen Gefäß befindet, wird in Rotation um die Zylinderachse versetzt. Die Flüssigkeitsoberfläche nimmt dadurch eine nach innen gewölbte rotationssymmetrische Form an. Durch welche mathematische Funktion wird das Oberflächenprofil in der Schnittfläche durch die Zylinderachse beschrieben? – *Anleitung:* Man betrachte die Kräfte, die an einem im Abstand x von der Drehachse (y-Achse) rotierenden Flüssigkeitsteilchen der Oberfläche angreifen. Ihre Resultierende steht im betreffenden Punkt senkrecht zur Oberfläche, wodurch die Tangentenrichtung $\tan\varphi = \mathrm{d}y/\mathrm{d}x$ an das Oberflächenprofil in diesem Punkt festgelegt ist. Innere Reibung wird vernachlässigt.

90 *Corioliskraft*

(Bild) Die rotierende Erde verbinden wir mit einem mitbewegten Koordinatensystem $S'(x', y', z')$ mit $\boldsymbol{i}', \boldsymbol{j}', \boldsymbol{k}'$ als Einheitsvektoren in Richtung der Koordinatenachsen, wobei die z'-Richtung mit der Richtung der Drehachse zusammenfällt. In einem Punkt P auf dem Äquator bewegen sich drei Körper (Masse m) mit den Geschwindigkeiten a) $\boldsymbol{v}'_1 = v'\boldsymbol{i}'$, b) $\boldsymbol{v}'_2 = v'\boldsymbol{j}'$, c) $\boldsymbol{v}'_3 = v'\boldsymbol{k}'$. d) Ein vierter Körper bewegt sich auf der nördlichen Halbkugel entlang des durch P gehenden Meridians in Richtung Nordpol, e) ein fünfter Körper auf der südlichen Halbkugel in Richtung Südpol. Man gebe die entsprechenden CORIOLIS-Kräfte an!

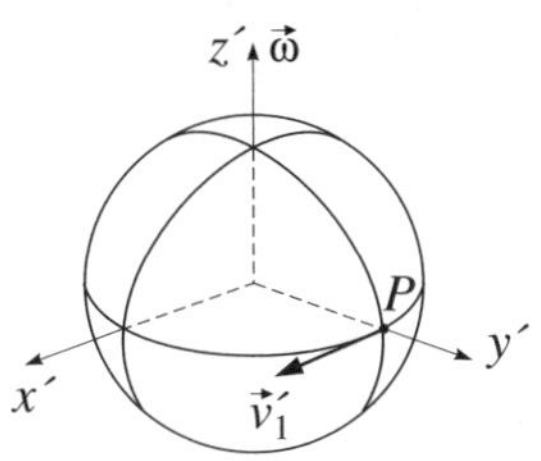

91 *Bahnabweichung durch Corioliskraft (1)*

Ein Geschoss fliegt über ein Gebiet 45° nördlicher Breite mit der konstanten Relativgeschwindigkeit gegenüber der Erde $v' = 500$ m/s in nördliche Richtung. Man bestimme die seitliche Abweichung des Geschosses von der Meridianrichtung infolge des Wirkens der CORIOLIS-Kraft für eine Flugstrecke von $s = 30$ km! Voraussetzungen: Schuss näherungsweise parallel zur Erdoberfläche, Vernachlässigung von Erdanziehung und Luftreibung.

92 *Bahnabweichung durch Corioliskraft (2)*

Ein an einem Ort 53° nördlicher Breite aufgestelltes Geschütz feuert ein Geschoss senkrecht nach oben ab. Nach $T = 130$ s trifft es – infolge des Wirkens der CORIOLIS-Kraft – mit einer seitlichen Abweichung x vom Geschütz wieder am Erdboden auf. Wie groß ist diese? Luftwiderstand wird vernachlässigt.

ZUSATZAUFGABEN

93 (Bild) Zwei Massen $m_1 = 1$ kg und $m_2 = 3$ kg sind durch ein über eine reibungsfreie Rolle führendes Seil miteinander verbunden. Die Massen von Rolle und Seil werden vernachlässigt. a) Welche Kraft wird benötigt, um m_1 auf der Unterlage zu halten? b) Wie groß ist die Zugkraft im Seil, wenn m_1 auf der Unterlage festgehalten wird? c) Wie groß ist die Seilkraft, wenn m_1 losgelassen wird?

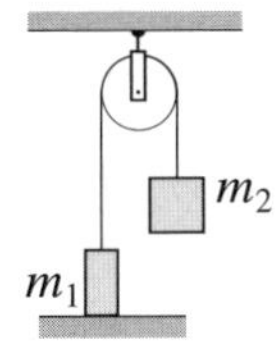

94 Bei der in Aufgabe 71 (Bild) gezeigten Anordnung zweier über Seil und Rolle miteinander verbundener Massen $m_1 = 2$ kg und $m_2 = 3$ kg (Neigung der schiefen Ebene 30°) wird eine Abwärtsbewegung von m_1 beobachtet. Wie groß ist die Seilkraft, wenn m_2 auf der schiefen Ebene eine Gleitreibung mit $\mu = 0{,}04$ erfährt?

95 (Bild) Vom höchsten Punkt einer Halbkugel beginnt eine Punktmasse aus der Ruhelage reibungsfrei hinabzugleiten. Mit fortschreitender Bewegung wächst die Fliehkraft stetig an, während die Normalkomponente der Gewichtskraft abnimmt. Bei welchem Winkel φ löst sich die Punktmasse von der Oberfläche der Halbkugel?

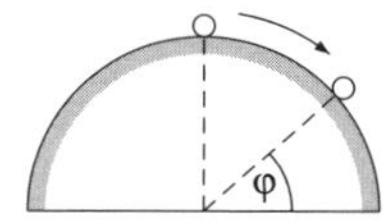

96 Eine an einer dünnen Schnur der Länge $l = 0{,}5$ m hängende Kugel bewegt sich mit gleich bleibender Geschwindigkeit auf einer horizontalen Kreisbahn, wobei die Schnur mit der Lotrechten den Winkel $\varphi = 30°$ einschließt (konisches Pendel). Welche Geschwindigkeit hat die Kugel? Wie groß ist ihre Umlaufdauer?

97 Über einem Ort 50° nördlicher Breite sinkt ein Fallschirmspringer die letzten 1500 m vor der Landung mit der konstanten Geschwindigkeit $v' = 5$ m/s zur Erde. Welche Abweichung von der Vertikalen ergibt sich bei dieser Fallhöhe für den Auftreffpunkt auf der Erde nach Größe und Richtung infolge des Wirkens der CORIOLIS-Kraft? Winde und andere Luftströmungen werden ausgeschlossen.

Inertialsysteme. Relativistische Mechanik

98 *Galilei-Transformation*
In einem mit der konstanten Geschwindigkeit v fahrenden Eisenbahnwagen fällt ein Körper zu Boden. Welche Bahn beschreibt der Körper a) von einem Mitfahrenden aus gesehen, b) von einem Beobachter auf dem Bahnsteig aus gesehen?

99 *Lorentz-Transformation*
Eine im Ursprung des Inertialsystems Σ mit den Orts- und Zeitkoordinaten x, y, z, t befindliche punktförmige Lichtquelle sendet zum Zeitpunkt $t = 0$ einen Lichtblitz aus. Die von ihr ausgehende Wellenfront ist die Kugelfläche $x^2+y^2+z^2 = c^2t^2$, deren Radius ct sich mit der Lichtgeschwindigkeit c ausdehnt. Beschreiben Sie diesen Vorgang in Bezug auf ein zu Σ achsenparalleles Inertialsystem $\Sigma'(x', y', z', t')$, welches sich gegenüber Σ mit der Relativgeschwindigkeit v in x- bzw. x'-Richtung bewegt, durch Ausführung der LORENTZ-Transformation, und interpretieren Sie das Ergebnis!

100 *Relativistische Längenkontraktion*
Ein Raumfahrer fliegt mit 60% der Lichtgeschwindigkeit an einem Beobachter vorbei. Dieser registriert als Länge des Cockpitfensters in Flugrichtung 80 cm. Ebenso misst der Raumfahrer für das Fenster des Beobachters eine Länge von 80 cm. Welche Länge haben die Fenster von Raumfahrer und Beobachter in ihren eigenen Bezugssystemen?

101 *Relativistische Zeitdilatation*
In einem Synchrozyklotron hochbeschleunigte Protonen treffen auf ein im Innern befindliches Target und erzeugen dadurch einen Strahl von π-Mesonen, die eine Geschwindigkeit von 80% der Vakuum-Lichtgeschwindigkeit c haben. Die mittlere Lebensdauer dieser instabilen Teilchen beträgt $2{,}60 \cdot 10^{-8}$ s. Welche Strecke legen sie in dieser Zeit zurück?

102 *Zeitdilatation und Längenkontraktion*
Mit einem Raumschiff, das annähernd Lichtgeschwindigkeit erreicht, soll von der Erde aus eine Mission zum nächsten Fixstern, dem 4,3 Lichtjahre entfernten α Centauri, unternommen werden. a) Wie groß ist die (konstant angenommene) Geschwindigkeit des Raumschiffes, wenn die Flugdauer – gemessen mit den Borduhren der Raumfahrer – 1,25 Jahre beträgt? b) Wie lange dauert der Flug im Zeitmaß der Erdenbewohner? – *Anmerkung:* 1 Lichtjahr (1 ly) ist die Entfernung, die das Licht in einem Jahr (1 a) zurücklegt, mit c als Lichtgeschwindigkeit also $1\,\mathrm{ly} = (1\,\mathrm{a})c = 9{,}46 \cdot 10^{15}\,\mathrm{m}$.

103 *Zeitdauer zwischen zwei Ereignissen*
Eine Aussage der speziellen Relativitätstheorie besteht darin, dass sich der zeitliche Abstand zweier aufeinander folgender Ereignisse in einem Inertialsystem Σ für einen relativ dazu bewegten Beobachter (Inertialsystem Σ') ändert. In Σ finde am Ort x_1 zum Zeitpunkt t_1 ein Ereignis statt, welches ein zweites Ereignis an einem weiter entfernt gelegenen Ort $x_2 > x_1$ zu einem späteren Zeitpunkt t_2 zur Folge hat. (Man denke z. B. an das Anbrennen einer Zündschnur und die hierdurch ausgelöste Explosion einer Sprengladung.) Man untersuche, ob in einem anderen Inertialsystem Σ' eine Umkehrung der zeitlichen Reihenfolge beider Ereignisse beobachtet werden kann.
Anleitung: Finden Sie mit Hilfe der LORENTZ-Transformation (s. Aufgabe 99, Lösung) einen Ausdruck für die Zeitdifferenz $t_2' - t_1'$ und beachten Sie, dass $(x_2 - x_1)/(t_2 - t_1) = v_S$ die „Signalgeschwindigkeit“ ist, mit der im genannten Beispiel die Zündflamme fortschreiten kann. Wie groß müsste v_S für den zu untersuchenden Fall $t_2' < t_1'$ sein?

104 *Relativistische Addition von Geschwindigkeiten*
Ein freies Neutron ist ein instabiles Teilchen, das in ein Proton, ein Elektron und ein Antineutrino zerfällt. Das Neutron habe im Laborsystem im Moment seines Zerfalls eine Geschwindigkeit von $0{,}9c$ (c Lichtgeschwindigkeit), das entstehende Elektron gegenüber dem zerfallenden Neutron die Geschwindigkeit $0{,}8c$, und es bewege sich in der gleichen Richtung wie das Neutron. Welche Geschwindigkeit misst der Experimentator für das Elektron? Welche Geschwindigkeit würde eine nichtrelativistische Rechnung ergeben?

105 *Impulsmasse, relativistischer Impuls*
In einem Teilchenbeschleuniger werden Protonen auf die Geschwindigkeit $0{,}8c$ gebracht (c Lichtgeschwindigkeit). a) Um wie viel Prozent vergrößert sich ihre Masse? b) Welchen Impuls haben die Protonen dann (in Vielfachen des nichtrelativistischen Impulses)?

106 *Relativistische Bewegungsgleichung*
Auf ein Teilchen der Ruhmasse m_0 wirkt vom Zeitpunkt $t = 0$ an in x-Richtung eine konstante Kraft $F = m_0 a$. Welche Geschwindigkeit v hat das Teilchen zu einem beliebig späteren Zeitpunkt t a) bei klassischer (nichtrelativistischer) Betrachtung, b) nach relativistischer Rechnung? c) Nach welcher Zeit $t = t_1$ würde das Teilchen bei nichtrelativistischer Betrachtung die Geschwindigkeit $v_1 = c$ (Lichtgeschwindigkeit) erreichen? Wie groß ist dann die wahre Geschwindigkeit? – *Anleitung:* Gehen Sie bei der Beantwortung von b) vom Grundgesetz der Dynamik $\mathrm{d}p/\mathrm{d}t = F$ aus, wobei $p = mv$ mit $m = m_0/\sqrt{1 - (v^2/c^2)}$ der relativistische Impuls ist!

107 *Zwillingsparadoxon*
Von den Zwillingsbrüdern A und B unternimmt B mit einem Raumschiff, das mit einer Dauerbeschleunigung von $a = 10\,\mathrm{m/s^2} \approx g$ fliegt, eine nach seiner Uhr zwölfjährige Reise ins

All. Die Gesamtstrecke für Hin- und Rückreise besteht aus zwei Beschleunigungs- und zwei ebenso langen Bremsabschnitten von je dreijähriger Dauer. a) Welche Geschwindigkeit erreicht das Raumschiff bis zum Ende der Beschleunigungsphase? b) Welcher Altersunterschied besteht zwischen dem daheimgebliebenen Zwilling A und seinem Bruder B nach dessen Rückkehr zur Erde? c) Wie weit hatte sich B von der Erde entfernt?

ZUSATZAUFGABEN

108 Ein an einer Schraubenfeder hängender kleiner Massekörper führt in lotrechter Richtung Schwingungen aus, die dem Weg-Zeit-Gesetz $z = z_0 \sin \omega t$ gehorchen (ω Konstante). Ein Beobachter bewegt sich mit der konstanten Geschwindigkeit v in horizontaler Richtung (x-Richtung) an dem schwingenden Körper vorbei. Welche Bahnkurve des schwingenden Körpers nimmt er wahr?

109 Ein Elektron durchläuft mit der Geschwindigkeit $0{,}866c$ (c Lichtgeschwindigkeit) eine 10 m lange Messstrecke. a) Wie lang ist diese Strecke im Bezugssystem des Elektrons? b) Welche Eigenzeit benötigt es dazu?

110 Ein Stab der Länge $l = 1{,}00$ m bewege sich parallel zu seiner Längsrichtung. Ein Beobachter misst eine Länge von 0,60 m. Wie groß ist die Geschwindigkeit des Stabes relativ zum Beobachter?

111 In Aufgabe 104 bewegt sich das beim Zerfall des Neutrons entstehende Elektron in der gleichen Richtung wie das Neutron. Welche Geschwindigkeit misst der Experimentator für das Elektron, wenn es sich in entgegengesetzter Richtung wie das Neutron bewegt?

112 Zwei Teilchen bewegen sich gegenüber einem festen Bezugspunkt in entgegengesetzter Richtung, das eine mit der Geschwindigkeit $0{,}6c$ (c Lichtgeschwindigkeit) nach links, das andere mit $0{,}8c$ nach rechts. Wie groß ist, von einem der Teilchen aus gesehen, ihre Relativgeschwindigkeit?

113 Bei welcher Geschwindigkeit wächst die Masse eines Teilchens auf das Zehnfache der Ruhmasse an?

Arbeit, Energie, Leistung

114 *Arbeit als Skalarprodukt*
a) Man gebe das Differential der Arbeit $\mathrm{d}W$ für den Kraftvektor $\boldsymbol{F}$ mit den Komponenten F_x, F_y, F_z und den infinitesimalen Verschiebungsvektor $\mathrm{d}\boldsymbol{r}$ mit den Komponenten $\mathrm{d}x$, $\mathrm{d}y$, $\mathrm{d}z$ an! b) Wie berechnet sich der Winkel, den $\boldsymbol{F}$ und $\mathrm{d}\boldsymbol{r}$ miteinander einschließen, direkt aus den Komponenten beider Vektoren?

115 *Hub- und Reibungsarbeit (1)*
Eine Betonplatte (Dichte $\varrho = 2{,}2 \cdot 10^3$ kg/m^3) mit den Abmessungen $2{,}0 \times 1{,}0 \times 0{,}2$ m^3 wird über eine um 30° geneigte Ebene aus einer 5 m tiefen Baugrube gezogen. Die Gleitreibungszahl beträgt $\mu = 0{,}25$. Man berechne die aufzuwendende Arbeit!

116 *Hub- und Reibungsarbeit (2)*
Ein 2 m langer und 6,5 kg schwerer Teppich, der zu einem Teil seiner Länge auf einer Tischplatte liegt und dessen restliche Länge über die Tischkante frei nach unten hängt, wird an seinem oberen Ende ganz auf die Platte gezogen. Dabei wird die Arbeit 30,3 J verrichtet. Die Gleitreibungszahl ist $\mu = 0{,}3$. Welches Teilstück der Teppichlänge befand sich zuvor bereits auf der Tischplatte?

117 *Ausdehnungsarbeit*
Der Überdruck in einer Seifenblase (Innendruck gegenüber Außendruck) berechnet sich nach $p = 4\sigma/R$ mit R als Radius der Blase und σ als Oberflächenspannung der Flüssigkeit. Beim Aufblasen (Vergrößerung des Blasenvolumens um $\mathrm{d}V$) ist die Arbeit $\mathrm{d}W = p\,\mathrm{d}V$ zu verrichten. a) Man berechne die für die Bildung von 100 Seifenblasen mit dem Durchmesser 10 cm notwendige Arbeit ($\sigma = 0{,}064$ N/m)! b) Welcher Zusammenhang besteht zwischen der verrichteten Arbeit und der neugebildeten Oberfläche?

118 *Dehnungsarbeit*
Eine anfänglich durch die Kraft $F_1 = 1$ N gedehnte Schraubenfeder wird um weitere 10 cm gedehnt. Dazu ist die Arbeit $W = 0{,}55$ J aufzuwenden. a) Welche Auslenkung x_1 wies die Feder anfänglich auf? b) Wie groß sind Federkonstante k und Endkraft F_2?

119 *Beschleunigungsarbeit*
Ein Aufzug mit der Masse 2,0 t soll aus dem Stillstand so nach oben bewegt werden, dass er nach 50 m eine Geschwindigkeit von 10 m/s hat. Reibung wird vernachlässigt. Man berechne die aufzuwendende Arbeit!

120 *Potentielle und kinetische Energie*
Beim Rangieren wird ein Güterwagen abgestoßen und rollt danach einen Abrollberg der Länge $s_1 = 30$ m mit einem Neigungswinkel von $\alpha = 3°$ hinab. Auf der anschließenden horizontalen Strecke bleibt er nach $s_2 = 80$ m stehen. Man berechne die Anfangsgeschwindigkeit v_0 des Wagens zu Beginn des Abrollvorgangs! Die Fahrwiderstandszahl (Rollreibung) beträgt $\mu_F = 0{,}02$.

121 *Energieerhaltungssatz (1)*
Ein Fadenpendel der Länge $l = 1$ m mit einem Pendelkörper der Masse $m = 100$ g führt Schwingungen aus. Der Auslenkwinkel φ, den der (gewichtslose) Aufhängefaden mit der Lotrechten einschließt, beträgt maximal 60°. Geben Sie die potentielle und die kinetische Energie des Pendelkörpers sowie seine Geschwindigkeit für die Auslenkungen $\varphi = 0°$, 30° und 60° an! Als Nullpunkt der potentiellen Energie wird die Gleichgewichtslage gewählt.

122 *Energieerhaltungssatz (2)*
Ein Körper von 0,5 kg Masse fällt aus 4 m Höhe auf das Ende einer senkrecht stehenden Schraubenfeder, die den Fall bremst (Federkonstante $k = 1$ kN/m). a) Um welchen Betrag wird die Feder maximal zusammengedrückt? b) Welche Geschwindigkeit hat der Körper, wenn die Feder bis zur Hälfte ihrer maximalen Stauchung zusammengedrückt ist? c) Wie groß ist die maximale Geschwindigkeit des Körpers? Die Masse der Feder wird vernachlässigt.

123 *Momentane und durchschnittliche Leistung (1)*
a) Man vergleiche die Momentanleistung P mit der Durchschnittsleistung $\overline{P}$ eines Motors, dessen Antriebskraft F ein Fahrzeug aus dem Stand gleichmäßig auf die Geschwindigkeit v beschleunigt! b) Wie verhält sich die Antriebskraft zur Geschwindigkeit des Fahrzeuges, wenn

das Anfahren bei konstanter Motorleistung erfolgt? c) Wie groß ist P, wenn das Fahrzeug (m = 1300 kg) in 7,6 s von null auf 100 km/h beschleunigt?

124 *Momentane und durchschnittliche Leistung (2)*
Der Luftwiderstand eines Kraftwagens wächst mit dem Quadrat seiner Geschwindigkeit: $F = \beta v^2$. Die Konstante habe den Wert $\beta = 0{,}6\,\mathrm{N/(m/s)^2}$. Man berechne a) die zur Überwindung des Luftwiderstandes erforderliche momentane Antriebsleistung bei $v = 100$ km/h, b) die dafür notwendige durchschnittliche Antriebsleistung bei der Beschleunigung des Kraftwagens von null auf 100 km/h!

ZUSATZAUFGABEN

125 Eine Kraft $\boldsymbol{F} = (2\boldsymbol{i} - \boldsymbol{j} - 3\boldsymbol{k})$ N greift an einer Punktmasse an und ruft die Verschiebung $\boldsymbol{s} = (3\boldsymbol{i} + 2\boldsymbol{j} - 5\boldsymbol{k})$ m hervor. a) Man berechne die verrichtete Arbeit W direkt aus den Komponenten beider Vektoren! b) Wie groß sind die Beträge von $\boldsymbol{F}$ und $\boldsymbol{s}$, und welchen Winkel α schließen $\boldsymbol{F}$ und $\boldsymbol{s}$ miteinander ein?

126 Wie groß ist die Hubarbeit, die ein Bergsteiger mit der Masse 90 kg (Eigenmasse plus Gepäck) aufbringen muss, wenn er von einem in 300 m Höhe liegenden Ort aus auf einen Gipfel von 1600 m steigt und dabei insgesamt eine Wegstrecke von 3,5 km zurücklegt?

127 Ein Aggregat pumpt je Minute 0,4 $\mathrm{m^3}$ Wasser in einen 10 m über dem Ansaugrohr gelegenen Tank. a) Welche Hubarbeit wird dabei vom Aggregat in einer Stunde verrichtet? b) Wie groß ist dessen Leistung?

128 Eine Stahlkette von 10 m Länge und 6 kg Masse je Meter hängt senkrecht nach unten. Man berechne die zum Aufwinden der Kette benötigte Arbeit!

129 Eine senkrecht hängende Schraubenfeder wird durch Anhängen einer Masse von 1 kg um 2 cm gedehnt. a) Welche Arbeit muss aufgewendet werden, um die so vorbelastete Feder um weitere 3 cm zu dehnen? b) Welche Masse muss dafür zusätzlich angehängt werden?

130 Ein Geschoss wird senkrecht nach oben abgefeuert. In der Höhe $h = 2000$ m sind dessen potentielle und kinetische Energie gleich groß ($E_\mathrm{p} = 0$ bei $h = 0$). Wie groß ist die Geschwindigkeit v in der Höhe h und welche Anfangsgeschwindigkeit v_0 hatte es?

131 Welche maximale Beschleunigung kann ein Kraftwagen der Masse 1400 kg bei der Geschwindigkeit 72 km/h und voller Leistung von 50 kW entwickeln, wenn der Fahrwiderstand 600 N beträgt?

132 Ein Motor von 5 kW Leistung und 90% Wirkungsgrad treibt einen Kran an, der einen Wirkungsgrad von 40% hat. Mit welcher konstanten Geschwindigkeit hebt der Kran einen 400-kg-Ballen?

133 Ein 50 t schwerer Güterwagen wird mit der Geschwindigkeit 18 km/h eine 1,2% geneigte Ebene hochgezogen. a) Man bestimme die dafür erforderliche Leistung! b) Wie groß ist die Gesamtleistung, falls der Fahrwiderstand des Zuges 40 N je Tonne beträgt?

134 Angenommen, die Kraft auf ein Teilchen nehme mit dem Quadrat des Abstandes zum Ursprung zu: $F = \beta x^2$. Wie groß ist die Zunahme an potentieller Energie ΔE_p bei einer Verschiebung des Teilchens von $x = 0$ bis $x = x_1$?

Gravitationsgesetz. Keplersche Gesetze

135 *Fallbeschleunigung*
Der Durchmesser des Mondes beträgt 0,273 Erddurchmesser, seine Masse das 0,0123-fache der Masse der Erde. Welchen Wert hat die Fallbeschleunigung auf der Mondoberfläche?

136 *1. und 2. Keplersches Gesetz*
Beim Periheldurchgang des Kometen Halley im Februar 1986 wurden seine Bahnelemente genau bestimmt: Perihelabstand $r_P = 8{,}784 \cdot 10^{10}$ m, numerische Exzentrizität $\varepsilon = 0{,}9673$, Umlaufzeit $T = 76{,}0289$ a. Berechnen Sie daraus den Aphelabstand r_A, die Halbachsen a und b der Bahnellipse sowie die Geschwindigkeiten im Perihel und Aphel v_P und v_A!

137 *3. Keplersches Gesetz*
Der Planet Mars (Masse $M = 6{,}44 \cdot 10^{23}$ kg) hat zwei Monde, Phobos und Deimos. Der erste befindet sich in der Entfernung $r_1 = 9370$ km vom Mittelpunkt des Mars, der zweite in der Entfernung $r_2 = 23\,520$ km. Gesucht sind die Umlaufzeiten der beiden Trabanten. Gravitationskonstante $\gamma = 6{,}674 \cdot 10^{-11}$ N m²/kg².

138 *Energie- und Drehimpulserhaltung im Gravitationsfeld*
(Bild) Von der Erde (E) wird in Richtung ihrer Bahnbewegung um die Sonne eine Sonde (S) zum Mars (M) gestartet. Die Umlaufbahnen der beiden Planeten werden wegen ihrer geringen Exzentrizität näherungsweise als Kreisbahnen angenommen. Die Sonde bewegt sich entlang der gestrichelt gezeichneten Ellipse, deren große Achse gleich der Summe der Entfernungen Erde–Sonne (Perihelabstand der Sonde $r_P = 1{,}5 \cdot 10^{11}$ m) und Sonne–Mars (Aphelabstand der Sonde $r_A = 2{,}28 \cdot 10^{11}$ m) ist. a) Man berechne die Flugdauer der Sonde! b) Wie groß muss die Einschussgeschwindigkeit der Sonde in die Umlaufbahn sein, und wie groß ist die Geschwindigkeit, mit der die Sonde den Mars erreicht? Die Anziehungskraft des Mars soll bis dahin unberücksichtigt bleiben. Sonnenmasse $M = 1{,}99 \cdot 10^{30}$ kg.

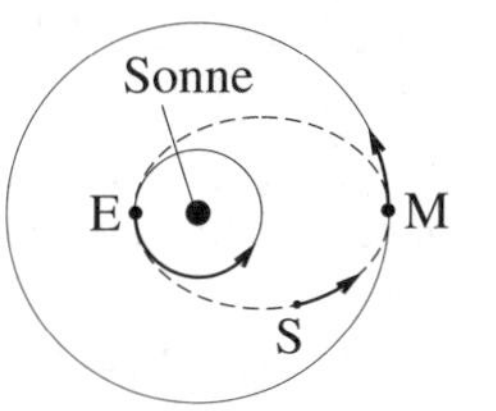

139 *1. kosmische Geschwindigkeit*
Leiten Sie eine allgemeine Beziehung a) für die Umlaufdauer T, b) für die Bahngeschwindigkeit eines Erdsatelliten auf einer Kreisbahn in Abhängigkeit von der Höhe h her, in der außer h die Fallbeschleunigung an der Erdoberfläche g und der Erdradius R vorkommen! c) Berechnen Sie daraus die 1. kosmische Geschwindigkeit (Kreisbahngeschwindigkeit) v_1 sowie die Umlaufdauer T_1 unmittelbar an der Erdoberfläche! d) Welche Werte erhält man für den Mond mit $h = 384\,400 \text{ km} - R$? e) Lässt sich von der Umlaufdauer T_1 auf die mittlere Dichte der Erde schließen? Erdradius $R = 6378$ km.

140 *2. und 3. kosmische Geschwindigkeit*
Welche Geschwindigkeit muss ein Raumflugkörper, der auf der Erde gestartet wird, mindestens haben, um a) sich aus dem Anziehungsbereich der Erde befreien zu können und als selbständiger Himmelskörper auf der gleichen Umlaufbahn wie die Erde die Sonne zu umkreisen (2.

kosmische Geschwindigkeit v_2), b) von der Erde aus das Sonnensystem ganz zu verlassen (3. kosmische Geschwindigkeit v_3)? Erdradius $R_E = 6{,}378 \cdot 10^6$ m, Erdbahnradius um die Sonne $r_E = 1{,}5 \cdot 10^{11}$ m, Umlaufzeit der Erde um die Sonne $T_E = 365{,}24$ d, Sonnenmasse $M_S = 1{,}99 \cdot 10^{30}$ kg.

ZUSATZAUFGABEN

141 Bei welcher (kürzeren) Tagesdauer würden lose Gegenstände am Erdäquator beginnen abzuheben? Mittlere Dichte der Erde $\varrho = 5500\ \mathrm{kg/m^3}$.

142 Die mittlere Entfernung Erde–Sonne beträgt $r = 149{,}6 \cdot 10^9$ m. Man berechne daraus sowie aus der Erdumlaufzeit die Masse der Sonne!

143 An einem bestimmten Punkt zwischen Erde und Mond ist die resultierende Gravitationskraft auf ein Raumschiff gleich null. a) In welcher Entfernung x vom Erdmittelpunkt liegt dieser Punkt? b) Mit wie viel Prozent der 2. kosmischen Geschwindigkeit muss ein Körper starten, um diesen Punkt gerade zu erreichen? Massenverhältnis Erde/Mond $\mu = 81{,}3$; mittlere Entfernung Erde–Mond $r = 384\,400$ km; Erdradius $R = 6378$ km.

144 Ein Apollo-Raumschiff umkreist den Mond kurz vor der Landung in einer Höhe von $h = 20$ km. Wie groß ist a) die Dauer eines Umlaufs, b) die Bahngeschwindigkeit des Raumschiffs? Masse des Mondes $M_M = 7{,}35 \cdot 10^{22}$ kg, Mondradius $R_M = 1738$ km.

145 Der Planet Merkur hat auf seiner elliptischen Umlaufbahn um die Sonne den Perihelabstand $r_P = 46{,}0 \cdot 10^9$ m und den Aphelabstand $r_A = 69{,}8 \cdot 10^9$ m. Wie lange dauert ein Jahr auf dem Merkur? Mittlerer Erdbahnradius (große Halbachse) $a_E = 1{,}5 \cdot 10^{11}$ m.

146 Berechnen Sie die Höhe eines Erd-Synchronsatelliten, der über einem bestimmten Ort am Äquator scheinbar stillsteht, aus der Fallbeschleunigung an der Erdoberfläche g, dem Erdradius R und der Umdrehungsdauer T_0 der Erde um ihre Achse! Welche Bahngeschwindigkeit hat der Satellit?

147 a) Man berechne die Geschwindigkeit, mit der zwei Kugeln (Durchmesser 10 cm, Masse 10 kg) im Weltall – fernab von anderen Massen – infolge ihrer gegenseitigen Gravitationskräfte aufeinander prallen! b) Welche Zeit benötigen sie dazu? Anfangsbedingungen zur Zeit $t = 0$: Mittelpunktsabstand $2r_0 = 1$ m; $v_0 = 0$.

Impuls und Stoß

148 *Impuls, Impulsänderung*
Ein Molekül mit der Masse $m = 4{,}65 \cdot 10^{-26}$ kg (Stickstoff), das mit der Geschwindigkeit $v = 600$ m/s fliegt, stößt unter einem Winkel von $\alpha = 60°$ gegenüber der Normalen auf eine Gefäßwand und wird von ihr ohne Geschwindigkeitsverlust unter dem gleichen Winkel elastisch reflektiert. Gesucht ist der Impuls nach Größe und Richtung, der auf die Wand übertragen wird.

149 *Impulserhaltungssatz. Rückstoß*

Von einem auf Schienen reibungsfrei fahrbaren Geschütz (Masse einschließlich der fahrbaren Lafette $m_1 = 2$ t) wird ein Geschoss der Masse $m_2 = 5$ kg in Richtung der Schienen abgefeuert. Die Geschossgeschwindigkeit relativ zum Geschütz beträgt $v_0 = 500$ m/s. Welche Geschwindigkeit v_1' erhält das Geschütz unmittelbar nach dem Schuss, wenn es sich a) ursprünglich in Ruhe befindet, b) mit der Geschwindigkeit $v_1 = 14{,}5$ km/h in diejenige Richtung bewegt, in die auch das Geschoss abgefeuert wird, c) mit der Geschwindigkeit v_1 in die der Schussrichtung entgegengesetzte Richtung bewegt? d) Um welche Strecke rollt das ursprünglich in Ruhe befindliche Geschütz beim Schuss zurück, wenn die Fahrwiderstandszahl $\mu_F = 0{,}002$ beträgt?

150 *Elastischer Stoß*

Drei elastische Kugeln, deren Massen m_1, m_2 und m_3 sich wie 4 : 2 : 1 verhalten, sind an parallelen Fäden nebeneinander so aufgehängt, dass sie sich genau seitlich berühren. Die erste Kugel wird so ausgelenkt, dass ihr Schwerpunkt um $h_1 = 5$ cm angehoben ist. Nach dem Freilassen stößt sie mit der Geschwindigkeit v_1 auf die zweite Kugel usw. Um welche Höhe h_3 wird die dritte Kugel emporgeschleudert?

151 *Energieübertragung beim elastischen Stoß*

Ein Teilchen der Masse m_1, welches sich mit der Geschwindigkeit v_1 bewegt, stößt auf ein ruhendes Teilchen der Masse m_2. Der Stoß ist elastisch und zentral. a) Gesucht ist, welchen Teil seiner ursprünglichen Energie das erste Teilchen beim Stoß auf das zweite Teilchen überträgt, wenn $m_1 = 9m_2$. b) Für welches Massenverhältnis m_1/m_2 ist die übertragene Energie maximal, und wie groß ist diese dann?

152 *Impuls- und Energieerhaltung beim elastischen Stoß*

Ein Güterwagen der Masse $m_1 = 20$ t fährt mit der Geschwindigkeit $v_1 = 2{,}0$ m/s auf einen anderen mit der Masse $m_2 = 16$ t auf, der eine Geschwindigkeit $v_2 = 1{,}1$ m/s in gleicher Richtung hat. a) Welche gemeinsame Geschwindigkeit v haben die Wagen beim Aufprall im Moment ihrer größten Annäherung? b) Mit welcher Geschwindigkeit fahren die Wagen nach dem Stoß weiter? c) Wie groß ist die maximale Stauchung x der Pufferfedern beim Aufprall? Federkonstante $k = 200$ kN/m.

153 *Unelastischer Stoß*

Zwei Fahrzeuge von gleicher Masse m prallen frontal aufeinander, wobei a) beide Fahrzeuge mit gleicher Geschwindigkeit v einander entgegenfahren, b) das eine Fahrzeug mit der Geschwindigkeit $2v$ gegen das andere, in Ruhe befindliche Fahrzeug auffährt. Wie groß ist in den beiden Fällen der in Zerstörungsarbeit bzw. Wärme umgewandelte Anteil der ursprünglich vorhandenen kinetischen Energie der Fahrzeuge?

154 *Ballistisches Pendel*

(Bild) Eine mit Sand gefüllte Holzkiste der Masse $M = 20$ kg ist an Schnüren der Länge $l = 1{,}2$ m aufgehängt. In die anfangs ruhende Kiste wird ein Projektil der Masse $m = 10$ g geschossen, wobei es in der Kiste stecken bleibt. a) Welche Geschwindigkeit v hatte das Projektil, wenn die Kiste dadurch um maximal $x = 4{,}9$ cm horizontal ausgelenkt wird? b) Wie groß ist der in Wärme und Verformungsarbeit umgewandelte Anteil der ursprünglich vorhandenen Energie?

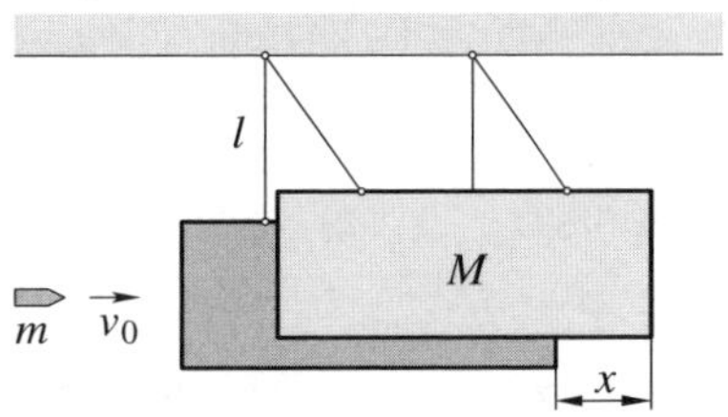

155 *Stoßzahl*
Ein kleiner Gummiball wird aus einer Anfangshöhe $h_0 = 1$ m fallengelassen. Bei jedem Aufprall geht ein konstanter Anteil seiner jeweils vorhandenen kinetischen Energie infolge Deformation und Wärmeentwicklung verloren (teilweise unelastischer Stoß). Wie groß ist die Stoßzahl ε, wenn der Ball nach $T = 6$ s zur Ruhe kommt?

156 *Schiefer zentrischer Stoß*
Auf einer Tischplatte (x, y-Ebene) liegen drei gleiche Münzen A, B und C (Durchmesser 18 mm), deren Mittelpunkte die Koordinaten (0; 0), (60 mm; 0) und (60 mm; 45 mm) haben. a) Unter welchem Winkel gegenüber der x-Achse muss A gegen B gestoßen werden, damit A anschließend mit einem geraden zentrischen Stoß auf C trifft? b) Mit welchen Geschwindigkeiten und in welche Richtungen bewegen sich A und B nach dem Stoß, wenn die Geschwindigkeit von A vor dem Stoß $v_1 = 0{,}2$ m/s ist? Der Stoß sei elastisch und glatt, Reibung wird vernachlässigt.

157 *Rakete*
Von der Erde aus wird eine Rakete mit der Startmasse $m_0 = 250$ t bei einem Treibstoffanteil von 80%, einem sekundlichen Massenausstoß (Massenstrom) von $\mu = 10^3$ kg/s und der konstanten Ausströmgeschwindigkeit der Verbrennungsgase $c = 3000$ m/s senkrecht gestartet. Man berechne a) die Brenndauer des Treibsatzes, b) die Endgeschwindigkeit (Brennschlussgeschwindigkeit) der Rakete, c) die Beschleunigung bei Start und Brennschluss, d) die Schubkraft, e) die bei Brennschluss erreichte Höhe, f) die insgesamt erreichte Höhe, g) die Steigzeit bis zur Gipfelhöhe! Der Luftwiderstand wird vernachlässigt, die Fallbeschleunigung g wird über die gesamte Höhe als konstant vorausgesetzt.

158 *Mehrstufenrakete*
Die für die Apollo-Missionen benutzte Saturn-V-Trägerrakete besitzt drei Antriebsstufen, deren Parameter Treibstoffmasse m_T, Leermasse m_L (bei der 3. Stufe einschließlich der Nutzlast), Brenndauer t_E sowie Schubkraft F_S in der nachfolgenden Tabelle angegeben sind:

	m_T	m_L	t_E	F_S
1. Stufe	1996 t	130 t	150 s	33 400 kN
2. Stufe	427 t	38 t	400 s	3930 kN
3. Stufe	109 t	95 t	500 s	910 kN.

Welche Geschwindigkeit und Höhe würde die Rakete nach Abbrand der einzelnen Stufen bei senkrechtem Aufstieg (also abweichend vom üblichen Flugverlauf) erreichen? Luftwiderstand wird vernachlässigt, die Schwerebeschleunigung als konstant angenommen.

ZUSATZAUFGABEN

159 Eine Person (Masse 60 kg), die mit einer Geschwindigkeit von 8 km/h läuft, holt einen Wagen (Masse 80 kg) ein, der eine Geschwindigkeit von 2,9 km/h hat, und springt auf ihn auf. a) Mit welcher Geschwindigkeit wird sich der Wagen weiterbewegen? b) Mit welcher Geschwindigkeit wird sich der Wagen bewegen, wenn die Person ihm entgegenläuft und auf ihn aufspringt?

160 Eine Granate, die mit einer Geschwindigkeit von $v_0 = 200$ m/s fliegt, explodiert in der Luft in zwei Stücke. Das größere Stück, dessen Gewicht 60% des Gewichts der Granate ausmacht, fliegt in der gleichen Richtung, aber mit einer um $\Delta v_1 = 250$ m/s größeren Geschwindigkeit weiter. Gesucht ist a) die Geschwindigkeit v_2 des kleineren Stückes, b) die bei der Explosion freigesetzte Energie ΔE. Masse der Granate = 15 kg.

161 Zwei gleich große Kugeln sind an parallelen Fäden von gleicher Länge so nebeneinander aufgehängt, dass sie sich berühren. Die Masse der ersten Kugel beträgt 200 g, die der zweiten 100 g. Die erste Kugel wird so ausgelenkt, dass ihr Schwerpunkt um 4,5 cm angehoben ist, und dann freigelassen. Um welche Höhe fliegen die Kugeln nach dem Stoß nach oben, wenn dieser a) elastisch, b) unelastisch erfolgt?

162 Bei einem Verkehrsunfall stoßen zwei Fahrzeuge mit den Massen 2000 kg und 800 kg frontal aufeinander und rutschen dann gemeinsam noch 30 m in Bewegungsrichtung des schwereren Fahrzeuges weiter (Gleitreibungszahl 0,2). Die Geschwindigkeit des leichteren Fahrzeuges war vor dem Zusammenstoß 42 km/h. a) Wie groß war die Geschwindigkeit des schwereren Fahrzeuges? b) Welcher Anteil an kinetischer Energie wurde zur Deformation der Fahrzeuge verbraucht?

163 Eine Billardkugel trifft unter einem Einfallswinkel von $\alpha = 45°$ gegen die Bande. Wie groß ist der Reflexionswinkel bei einer Stoßzahl $\varepsilon = 0{,}9$?

164 Wie groß müsste der Treibstoffanteil am Gesamtgewicht einer einstufigen Rakete sein, wenn sie bei einer Ausströmgeschwindigkeit c der Verbrennungsgase von 3000 m/s im schwerelosen Raum als Endgeschwindigkeit a) die 1. kosmische Geschwindigkeit $v_1 = 7{,}9$ km/s, b) die 2. kosmische Geschwindigkeit $v_2 = 11{,}2$ km/s erreichen soll?

STATIK UND DYNAMIK DES STARREN KÖRPERS

Zusammensetzung und Zerlegung von Kräften. Kräftegleichgewicht

165 *Kraft als Vektor*

Der Kraftvektor $\boldsymbol{F}$ habe bezüglich der Achsen eines kartesischen Koordinatensystems x, y, z (mit $\boldsymbol{i}, \boldsymbol{j}, \boldsymbol{k}$ als Einheitsvektoren in den Achsenrichtungen) gleich große Komponenten von je 100 N. a) Wie groß ist die Kraft? b) Wie groß ist ihre Komponente in einer Richtung, die durch den Vektor $\boldsymbol{s} = \boldsymbol{i} + \boldsymbol{j}$ gegeben ist? c) Welchen Winkel schließt $\boldsymbol{F}$ mit $\boldsymbol{s}$ ein?

166 *Resultierende mehrerer Kräfte*

(Bild) Man berechne die Resultierende von fünf in einer Ebene liegenden Kräften, die in einem Punkt angreifen, nach Betrag und Richtung! Die Beträge F_i der Einzelkräfte und die Winkel α_i, welche diese mit der positiven x-Richtung einschließen, sind $F_1 = 19$ N (0°); $F_2 = 15$ N (60°); $F_3 = 13$ N (135°); $F_4 = 11$ N (210°); $F_5 = 12$ N (270°).

167 *Kräftegleichgewicht (1)*

(Bild) Welche horizontale Zugkraft F ist notwendig, um den durch das Gewicht $G = 10$ N belasteten Faden AB in der durch den Winkel $\alpha = 50°$ vorgegebenen Lage im Gleichgewicht zu halten?

168 *Kräftegleichgewicht (2)*
(Bild) Eine Walze mit der Gewichtskraft $G = 500$ N liegt in einem Graben zwischen einer senkrechten Wand und einer schrägen Böschung, die mit der Horizontalen den Winkel $\alpha = 50°$ einschließt. An einem an der Achse der Walze befestigten Seil, welches mit der Lotrechten den Winkel $\beta = 60°$ bildet, greift über eine Rolle die Zugkraft F_1 an. a) Wie groß sind die Auflagerkräfte in A und B, wenn $F_1 = 200$ N? b) Wie groß müsste F_1 sein, damit die Rolle zu steigen beginnt? c) Wie groß sind die Auflagerkräfte in A und B, wenn die Zugkraft F_1 null ist?

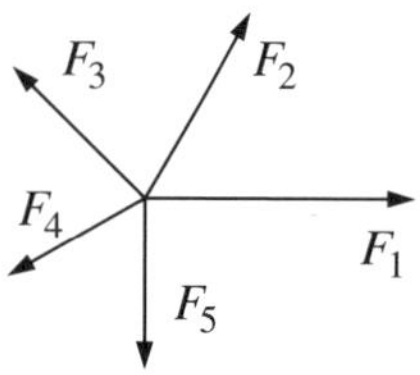

Aufgabe 166

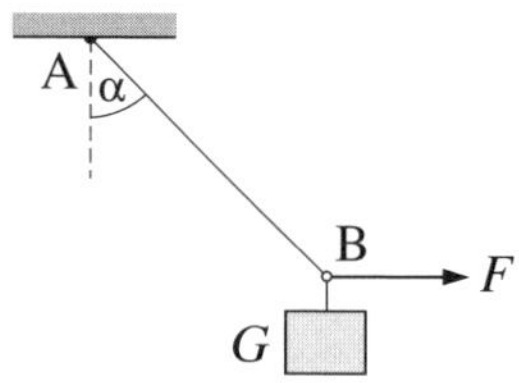

Aufgabe 167

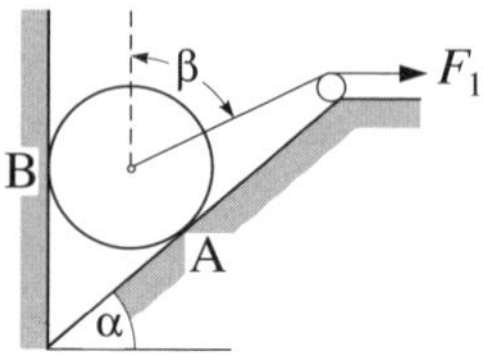

Aufgabe 168

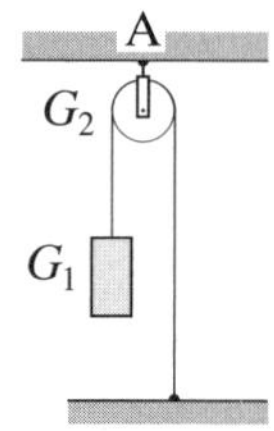

Aufgabe 169

169 *Feste Rolle*
(Bild) Welche Kraft F wirkt im Aufhängepunkt A der festen Rolle mit dem Gewicht G_2, wenn das Seil über der Rolle an einem Ende festgehalten wird und am anderen Ende die Last G_1 trägt?

170 *Feste und lose Rolle*
(Bild) Welche Gewichtskraft F am freien Ende des über beide Rollen geführten Seiles hält der an der losen Rolle hängenden Last $G_1 = 2400$ N das Gleichgewicht? Welche Kräfte wirken in den Aufhängepunkten A und B? Gewichte der Rollen: $G_2 = 60$ N, $G_3 = 80$ N.

ZUSATZAUFGABEN

171 Ein Wagen mit einem Gewicht von 1000 N wird auf horizontaler Bahn durch ein Seil gezogen, welches mit der Kraft 200 N im Schwerpunkt des Wagens angreift und mit der Horizontalen den Winkel 30° einschließt. a) Wie groß ist die in Bewegungsrichtung des Wagens wirkende Kraft? b) Mit welcher Kraft drückt der Wagen auf die Fahrbahn?

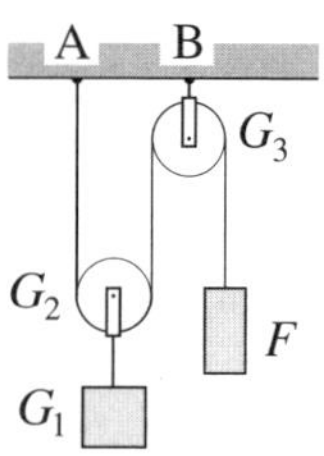

Aufgabe 170

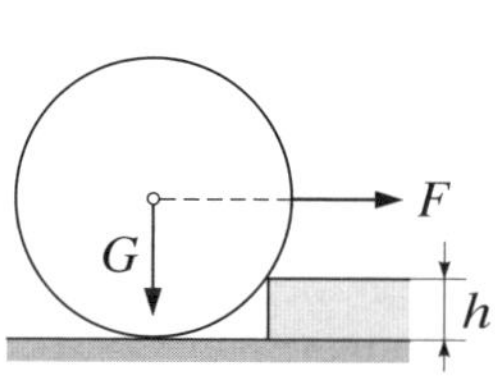

Aufgabe 173

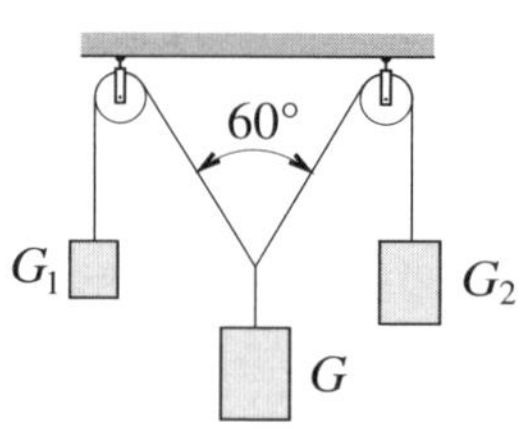

Aufgabe 174

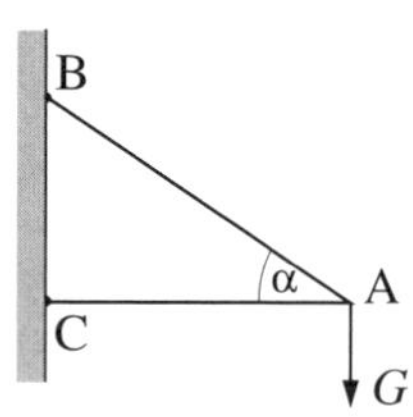

Aufgabe 175

172 In einem Punkt eines Körpers greifen Kräfte von 100 N und 140 N an, die miteinander einen Winkel von 60° bilden. Durch welche Einzelkraft F könnte die Wirkung beider Kräfte ersetzt werden? Welchen Winkel α schließt diese mit der kleineren Kraft ein?

173 (Bild) Beim Wegrollen einer Kesseltrommel (Durchmesser 1,2 m, Gewicht 30 kN) stößt diese gegen eine Kante der Höhe $h = 5$ cm. Wie groß muss die waagrechte Zugkraft F sein, um die Trommel vom Boden abzuheben?

174 (Bild) Welche Gewichtskraft G hält den Gewichtsstücken $G_1 = 20$ N und $G_2 = 40$ N das Gleichgewicht, wenn der Winkel zwischen den Spannseilen $\alpha = 60°$ beträgt?

175 (Bild) Die Stäbe AB und AC des Wandarms dürfen höchstens mit 2500 N bzw. 2000 N beansprucht werden. Wie groß ist der Winkel α zu wählen, und welche Last G kann der Wandarm höchstens tragen?

176 (Bild) Man bestimme für die Rollenanordnungen a) und b) jeweils die notwendige Kraft F, um die Last G zu heben. c) Wie groß ist F bei einem Flaschenzug, der aus 4 Rollen besteht (2 feste Rollen oben und 2 lose unten), also 4 tragende Seile hat? Reibungs- und Gewichtskräfte der Rollen werden vernachlässigt.

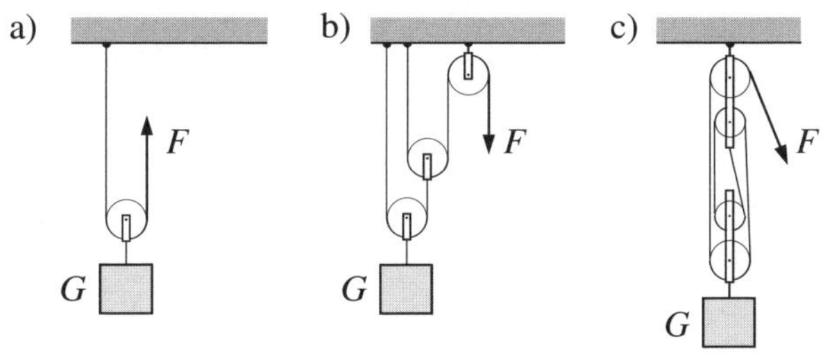

Drehmoment. Statisches Gleichgewicht

177 *Betrag des Drehmoments*

(Bild) Auf ein Rad mit dem Radius $r = 0{,}5$ m wirken die eingezeichneten Kräfte. Wie groß ist der Betrag des Drehmoments, das durch die einzelnen Kräfte a) $F_1 = 5$ N, b) $F_2 = 8$ N, c) $F_3 = 7$ N, d) $F_4 = 6$ N, $\alpha = 30°$, hervorgerufen wird? e) Man bestimme Betrag und Drehsinn des resultierenden Drehmoments!

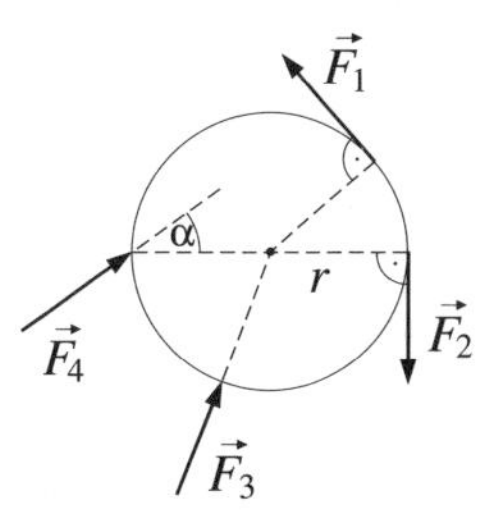

178 *Drehmoment als Vektor (1)*

(Bild) An einem um den Punkt D drehbaren Winkelhebel mit den angegebenen Abmessungen ist im Punkt A ein Zugseil befestigt, an dem in der Zeichenebene eine Kraft von 15 N angreift. a) Welches Drehmoment kann im Höchstfall erzielt werden, und welche Richtung hat dann das Zugseil? b) Bei welcher Zugrichtung des Seiles ist das Drehmoment gleich null?

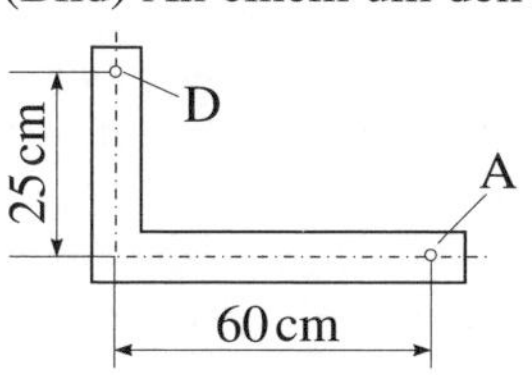

179 *Drehmoment als Vektor (2)*

An einem starren Körper greift außerhalb des Drehpunktes eine Kraft $\boldsymbol{F}$ an, die bezüglich der x-, y- und z-Richtung des gewählten Koordinatensystems die Komponenten 2 N, -1 N und -1 N hat. Die Koordinaten des Drehpunktes sind (0, 0, 0) m, die des Angriffspunktes der Kraft $(1, -1, 0)$ m. a) Wie groß ist das wirksame Drehmoment? b) Welche Lage hat die Drehachse im Raum (Winkel gegenüber den Koordinatenachsen)?

180 *Drehmomentengleichgewicht*

(Bild) Ein Würfel aus Beton (Kantenlänge $a = 1$ m, Dichte $\varrho = 1800\,\mathrm{kg/m^3}$), der sich um die linke untere Kante (K) drehen kann, soll durch ein an der oberen rechten Kante befestigtes, unter dem Winkel $\alpha = 30°$ gegenüber der Horizontalen gespanntes Zugseil angehoben werden. a) Wie groß ist die minimal erforderliche Zugkraft F? b) Für welchen Winkel α wird diese Zugkraft F am kleinsten, und wie groß ist sie dann?

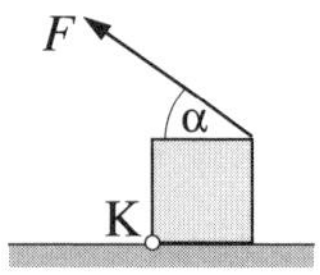

181 *Gleichgewichtsbedingungen*

(Bild) Ein waagrechter Balken auf zwei Stützen an seinen Enden wird durch die senkrechten Kräfte $F_1 = 1000$ N und $F_2 = 3000$ N belastet. Es ist $a = 2{,}5$ m; $b = 1{,}5$ m; $c = 1{,}0$ m. a) Man berechne die Auflagerkräfte F_A und F_B! b) Man bestimme diejenige Kraft F_3 nach Betrag, Richtung und Angriffspunkt (Abstand x vom linken Balkenende), die den Balken bei fehlenden Stützen an den Balkenenden im Gleichgewicht hält!

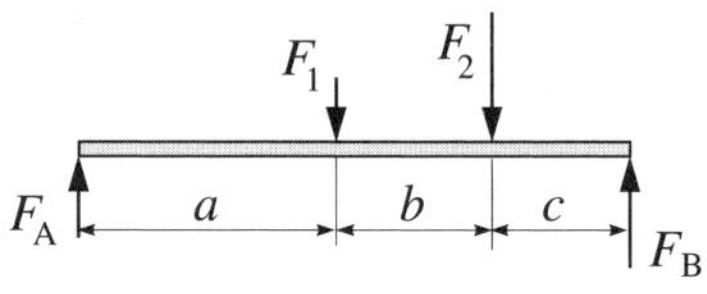

182 *Gleichgewicht am Hebel*

(Bild) An einem im Punkt B drehbar gelagerten und im Punkt A nach oben abgestützten Winkelhebel ($l_1 = 60$ cm, $l_2 = 30$ cm, $\alpha = 40°$) greift in C unter dem Winkel $\alpha_1 = 30°$ gegenüber der Horizontalen die Kraft $F_1 = 200$ N an. Gesucht ist die Stützkraft F_A und die Lagerkraft F_B nach Größe und Richtung. Das Gewicht des Hebels wird vernachlässigt.

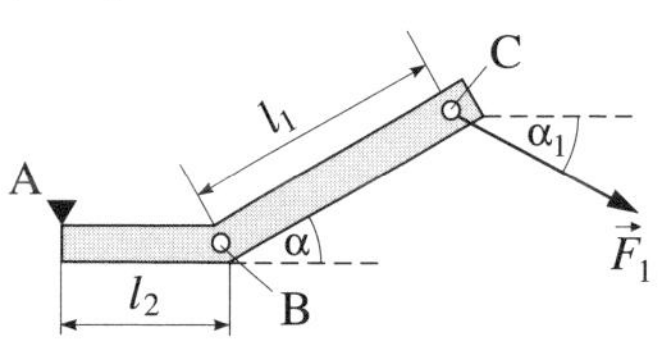

183 *Auflagerkräfte*

(Bild) Auf einer Welle mit einem Eigengewicht von $G_W = 80$ N, die in zwei Lagern A und B läuft, befinden sich drei Räder vom Gewicht $G_1 = 40$ N, $G_2 = 200$ N und $G_3 = 50$ N. Die Abstände zwischen Rädern, Lagern und Wellenende sind $a = 30$ cm, $b = 50$ cm, $c = 60$ cm, $d = 40$ cm, $e = 20$ cm. Das Eigengewicht der Welle greift in ihrem Schwerpunkt (Wellenmitte) an. Man berechne die Auflagerkräfte F_A und F_B!

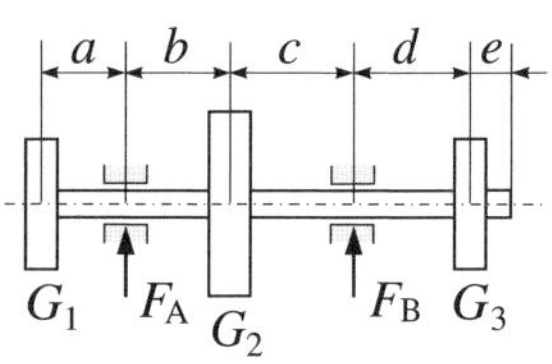

184 *Dachträger*

(Bild) Im Firstpunkt C eines dreieckförmigen Dachträgers, dessen auf den Mauern aufsitzende Balken AC und BC durch den Querträger AB zusammengehalten werden und mit diesem die Winkel $\alpha = 60°$ und $\beta = 50°$ einschließen, greift eine Last $G = 400$ N an. Man bestimme a) die Druckkräfte F_1 und F_2 in den beiden Balken, b) die Zugkraft F_3 im Querträger, c) die Auflagerkräfte F_A und F_B in den Fußpunkten A und B!

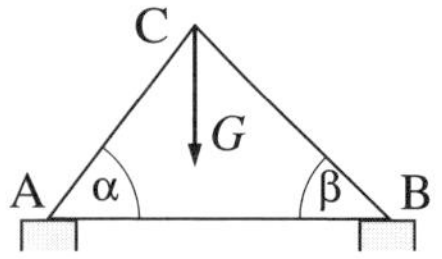

ZUSATZAUFGABEN

185 Bei der mehrfach belasteten Maschinenwelle in Aufgabe 183 (Bild) sind die Auflagerkräfte F_A und F_B ungleich groß. In welchem Abstand d' vom rechten Lager müsste bei gleich bleibender Länge der Welle das rechte Rad angebracht sein, damit die Auflagerkräfte gleich groß werden?

186 (Bild) Auf dem Umfang eines auf waagrechter Achse reibungsfrei gelagerten Rades befinden sich die Massen $m_1 = 2$ kg und $m_2 = 1$ kg. Die zu den Massen führenden Speichen schließen einen Winkel von 120° ein. Um welchen Winkel φ gegenüber dem horizontalen Durchmesser muss die mit m_1 verbundene Speiche entgegen dem Uhrzeigersinn mindestens gedreht werden, damit sich das Rad von selbst in dieser Richtung weiterdreht?

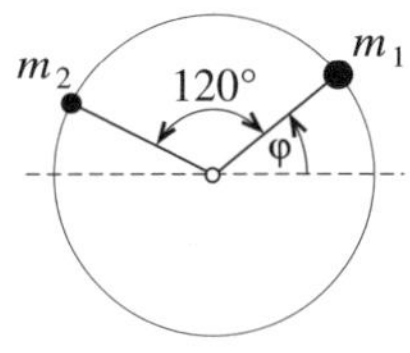

187 (Bild) Ein Stab der Länge $l = 100$ cm wird durch zwei im Abstand $l_2 = 30$ cm festsitzende Schneiden in horizontaler Lage gehalten. Die an den Schneiden auftretenden Kräfte F_1 und F_2 verhalten sich wie 1 : 4. In welcher Entfernung l_1 vom linken Stabende befindet sich die erste Schneide? Man beachte, dass die Gewichtskraft des Stabes in seinem Schwerpunkt (Stabmitte) angreift.

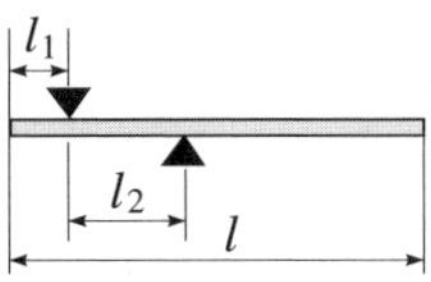

Aufgabe 187

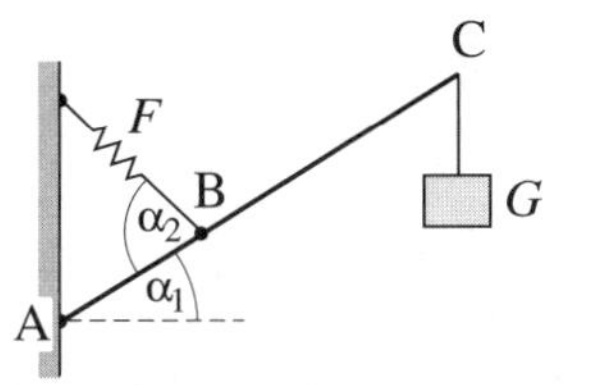

Aufgabe 188

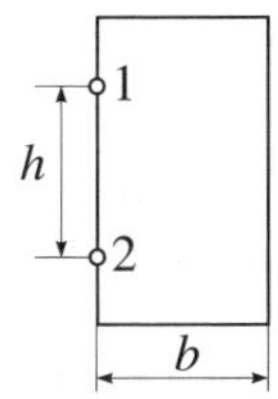

Aufgabe 189

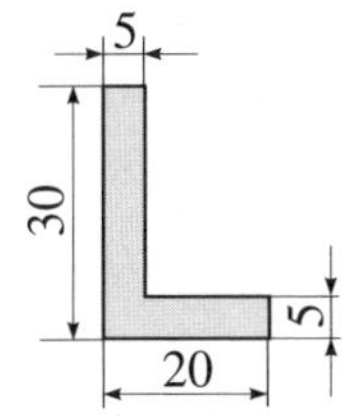

Aufgabe 191

188 (Bild) Bei welcher Federkraft F ist der um den Punkt A drehbare Hebel im Gleichgewicht? Welche Reaktionskraft tritt im Punkt A auf? Es ist $\overline{AB} = l_1 = 30$ cm, $\overline{BC} = l_2 = 70$ cm, $\alpha_1 = 30°$, $\alpha_2 = 60°$, $G = 400$ N. Das Eigengewicht der Hebelstange beträgt $G_S = 100$ N; es greift im Stangenmittelpunkt (Schwerpunkt) an.

189 (Bild) Das Gewicht $G = 210$ N einer 0,90 m breiten Tür, deren Schwerpunkt in ihrem Mittelpunkt liegt, ruht vollständig auf der oberen Angel *1*, die von der unteren *2* den Abstand $h = 1{,}40$ m hat. Welche Kräfte F_1 und F_2 in den Angeln (nach Betrag und Richtung) halten der Tür das Gleichgewicht?

Schwerpunkt (Massenmittelpunkt). Gleichgewichtsarten

190 *Massenmittelpunkt mehrerer Punktmassen*
Vier Punktmassen $m_1 = 2$ kg, $m_2 = 1$ kg, $m_3 = 5$ kg und $m_4 = 4$ kg befinden sich in einem x, y-Koordinatensystem an den Orten $P_1(0; 0)$, $P_2(12; 2)$, $P_3(2; 8)$ und $P_4(8; 12)$. Wo liegt deren Massenmittelpunkt S?

191 *Flächenschwerpunkt (1)*
(Bild) Ein Winkelprofil hat die Länge 100 cm und den im Bild skizzierten Querschnitt (Maßangaben in cm). Berechnen Sie die Lage des Schwerpunkts!

192 *Flächenschwerpunkt (2)*
Welchen Abstand hat der Schwerpunkt eines Dreiecks von einer beliebigen Dreiecksseite, ausgedrückt durch die zu der betreffenden Seite gehörige Höhe h?

193 *Körperschwerpunkt*
Bestimmen Sie die Lage des Schwerpunkts einer homogenen Halbkugel vom Radius R!

194 *Stabiles und labiles Gleichgewicht*
Für die in Aufgabe 186 (Bild) beschriebene Anordnung zweier Massen $m_1 = 2\,\mathrm{kg}$ und $m_2 = 1\,\mathrm{kg}$ auf dem Umfang eines Rades, das sich um eine horizontale Achse reibungsfrei drehen kann, untersuche man durch Betrachtung der potentiellen Energie des Schwerpunkts der Massen, bei welchem Drehwinkel φ sich das System im Gleichgewicht befindet. Geben Sie die Gleichgewichtslagen des Schwerpunkts an, und stellen Sie fest, um welche Art von Gleichgewicht es sich dabei handelt!

ZUSATZAUFGABEN

195 Ein starrer Körper beliebiger Form ist drehbar in einem Punkt O aufgehängt. Begründen Sie, warum der Körperschwerpunkt S genau unterhalb O zu liegen kommt.

196 Bei der in Aufgabe 183 (Bild) beschriebenen Maschinenwelle ist die rechte Auflagerkraft F_B größer als die linke F_A. Wo liegt der Schwerpunkt S des Systems, bestehend aus Welle und Rädern, und um welchen Betrag und in welche Richtung müsste die Welle in den Lagern verschoben werden, wenn die Auflagerkräfte gleich groß werden sollen?

197 Wo liegt der Schwerpunkt einer halbierten Münze (Halbkreisscheibe vom Radius R)?

198 (Bild) Aufgrund ungleicher Massenverteilung innerhalb eines Zylinders (Radius R), der auf horizontaler Unterlage reibungsfrei rollen kann, hat der Schwerpunkt S von der Zylinderachse den Abstand s. Wie groß ist die potentielle Energie des Zylinders in Abhängigkeit vom Rollwinkel φ? Man untersuche, für welche Werte von φ stabiles, labiles und indifferentes Gleichgewicht vorliegt.

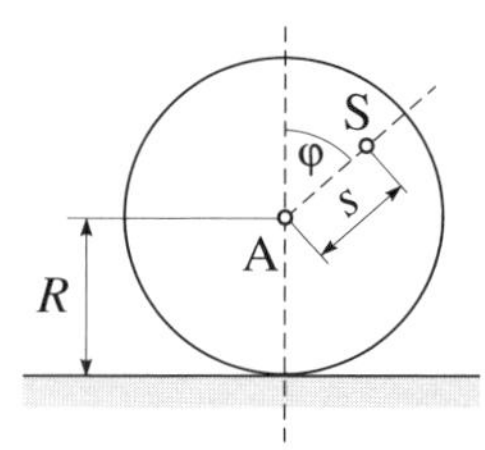

Massenträgheitsmoment. Rotationsbewegung

199 *Trägheitsmoment eines Stabes. Steinerscher Satz*
Man berechne allgemein das Massenträgheitsmoment für einen dünnen homogenen Stab von überall gleichem Querschnitt der Länge l und der Masse m, der sich a) um seinen Endpunkt, b) um seinen Schwerpunkt (Stabmitte) dreht!

200 *Trägheitsmoment von Voll- und Hohlzylinder*
Ein Vollzylinder und ein Hohlzylinder von gleicher Masse und gleichen äußeren Abmessungen (Radius $R = 25\,\mathrm{mm}$) haben bezüglich ihrer Symmetrieachse Trägheitsmomente, die sich wie $1:1{,}64$ verhalten. Welche Wandstärke hat der Hohlzylinder?

201 *Trägheitsmoment der Kugel*
Berechnen Sie das Massenträgheitsmoment einer homogenen Kugel (Radius R, Masse m) bezüglich einer Drehachse durch den Schwerpunkt! Die Kugel denke man sich dazu als Rotationskörper eines Kreises um die x-Achse als Drehachse entstanden und in infinitesimal dünne Scheiben senkrecht zur Drehachse unterteilt.

202 *Trägheitsmoment eines zusammengesetzten Körpers*

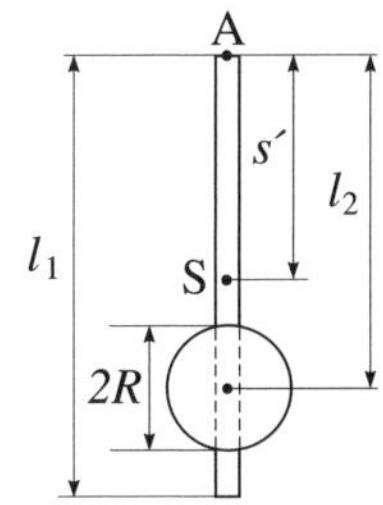

(Bild) Das Pendel einer Uhr besteht aus einem durchgehenden dünnen Stab der Länge $l_1 = 60$ cm mit der Masse $m_1 = 220$ g und einer darauf gesetzten Kreisscheibe mit dem Radius $R = 5$ cm und der Masse $m_2 = 600$ g, deren Mittelpunkt vom Aufhängepunkt (A) den Abstand $l_2 = 50$ cm hat. Man berechne a) das Trägheitsmoment J des Pendels, b) die Schwingungsdauer des Pendels $T = 2\pi\sqrt{J/(mgs')}$ mit m Pendelmasse, s' Abstand des Pendelschwerpunkts (S) vom Drehpunkt (A)!

203 *Grundgesetz der Rotationsbewegung (1)*

Man berechne die Zeit, die ein Schwungrad mit dem Massenträgheitsmoment 500 kg m^2 benötigt, um aus dem Stillstand eine Drehzahl von 480 min^{-1} zu erreichen, wenn a) ein konstantes Drehmoment von 3000 N m wirkt, b) das Drehmoment zeitproportional so anwächst, dass es nach 1 min die Größe 1200 N m erreicht! c) Wie groß ist bei a) und b) die Winkelbeschleunigung? Reibung wird vernachlässigt.

204 *Grundgesetz der Rotationsbewegung (2)*

Eine Walze rollt frei hängend von einem Band ab, das auf ihren Umfang aufgewickelt ist und am oberen Ende festgehalten wird. Die Walze startet aus der Ruhelage und „durchfällt“ eine Höhe von $h = 2$ m. a) Wie groß ist ihre Beschleunigung? b) Mit welcher Geschwindigkeit kommt sie unten an? c) Welche Zeit benötigt sie dazu? d) Wie verhält sich die Zugkraft des Bandes (Seilkraft) zur Gewichtskraft der Walze?

205 *Drehimpuls (1)*

Nach dem RUTHERFORD-BOHRschen Atommodell „besteht“ ein Wasserstoffatom aus einem Proton als Atomkern und einem Elektron, welches den Atomkern umkreist. Das Elektron (Masse $m_e = 9{,}1 \cdot 10^{-31}$ kg) hat (im Grundzustand) die kinetische Energie $E_{k1} = 2{,}18 \cdot 10^{-18}$ J und einen Bahndrehimpuls $L_1 = 1{,}05 \cdot 10^{-34}$ J s. Man bestimme den Radius r_1 des H-Atoms! Wie groß ist L_n auf der n-ten Elektronenbahn, wenn für diese gilt $r_n = n^2 r_1$ und $v_n = v_1/n$?

206 *Drehimpuls (2)*

Ein Rasensprenger besteht aus einem um eine vertikale Achse drehbaren Rad ($r = 10$ cm, $J = 0{,}06$ kg m^2), das am Umfang mehrere Düsen hat, aus denen je Sekunde 0,2 l Wasser mit einer Geschwindigkeit von 15 m/s in tangentialer Richtung ausströmt. Man berechne die Drehzahl des Sprengers 5 Sekunden nach dem Anstellen! Reibung wird vernachlässigt.

ZUSATZAUFGABEN

207 Ein homogener dünner Stab, der sich um seinen Endpunkt dreht, hat die Länge $l = 50$ cm. Um wie viel muss er verlängert werden, damit sich sein Trägheitsmoment verdoppelt?

208 Ein senkrecht stehender Stab der Länge l, der an seinem unteren Ende drehbar gelagert ist, wird geringfügig aus dem Gleichgewicht gebracht und beginnt zu kippen. Mit welcher a) Geschwindigkeit, b) Tangential- und Radialbeschleunigung trifft das obere Ende des Stabes auf dem Boden auf?

209 Berechnen Sie das Massenträgheitsmoment eines homogenen Kreiskegels (Radius R, Höhe h) bezüglich seiner Symmetrieachse!

210 Man berechne das Massenträgheitsmoment einer Hantel bezüglich der durch die Mitte der Hantelachse und senkrecht zu ihr verlaufende Drehachse! Radius der Kugeln $R = 5$ cm, Masse einer Kugel $m_K = 4{,}1$ kg, Länge der Hantelachse $l = 15$ cm, Masse $m_A = 0{,}24$ kg.

211 Ein Schwungrad, dessen Trägheitsmoment 245 kg m^2 beträgt, rotiert anfänglich mit 20 Umdrehungen je Sekunde. Eine Minute nach Abschalten des Antriebs bleibt es stehen. Gesucht sind a) das bremsende Drehmoment, b) die Winkelbeschleunigung (Verzögerung), c) die Anzahl der Umdrehungen bis zum Stillstand seit dem Abschalten.

212 (Bild) Auf eine horizontal gelagerte Trommel (homogener Zylinder) der Masse $m = 45{,}4$ kg ist ein Seil aufgewickelt, an dessen Ende eine Last von $m_1 = 10$ kg hängt (Ziehbrunnen). Gesucht ist die Beschleunigung, mit der sich diese auf Grund ihres Gewichts nach unten bewegt, wenn sich das Seil von der Trommel frei abwickelt. Reibung sowie Masse des Seiles werden vernachlässigt.

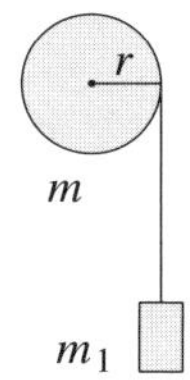

213 Auf einem Drehschemel sitzt eine Person und hält bei ausgestreckten Armen in jeder Hand, 75 cm von der Drehachse des Schemels entfernt, eine Hantel von 2 kg Masse. Person und Schemel werden durch einen einmaligen Anstoß so in Drehung versetzt, dass in jeder Sekunde eine halbe Umdrehung stattfindet. Wie ändert sich die Drehfrequenz, wenn die Person die Hanteln beiderseits um 65 cm zur Brust hin anzieht? Trägheitsmoment von Person und Schemel: $J_P = 1{,}95$ kg m^2, $J_S = 0{,}27$ kg m^2. Reibung wird vernachlässigt.

Arbeit, Energie und Leistung bei Rotation

214 *Kinetische Energie*
Ein Vollzylinder vom Radius R (Trägheitsmoment bezüglich der Zylinderachse $J_S = mR^2/2$) rollt aus der Ruhelage eine Strecke $s = 2{,}5$ m auf der schiefen Ebene (Neigungswinkel $\alpha = 20°$) hinab. a) Welche Geschwindigkeit hat der Zylinder unten? b) Wie groß ist seine Beschleunigung und welche Zeit benötigt er für diese Strecke? c) Welche Zeit benötigt im Vergleich dazu ein Hohlzylinder gleicher Masse, dessen Innenradius $r = (9/10)R$ beträgt? (R Außenradius, Trägheitsmoment bezüglich der Zylinderachse $J_S = m(R^2 + r^2)/2$.)

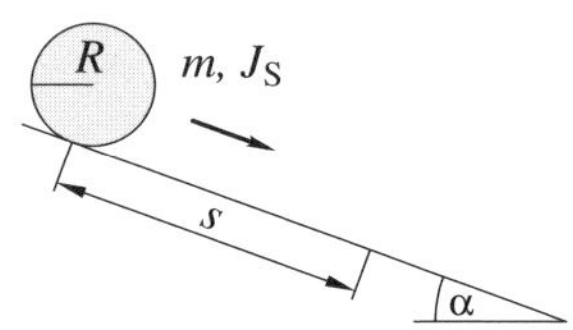

215 *Kippmoment*
Ein Würfel der Seitenlänge $a = 10$ cm gleitet mit der konstanten Geschwindigkeit $v_0 = 1$ m/s reibungsfrei auf einer Tischplatte. Am Ende der Platte stößt er mit seiner unteren Kante längsseits zum Plattenrand auf ein flaches Hindernis und kippt. Fällt er vom Tisch?

216 *Arbeit gegen die Fliehkraft*
An einer Schnur der Länge l_1 wird ein Stein (Masse m) auf einer annähernd horizontalen Kreisbahn herumgeschleudert. Während dieser Bewegung wird die Schnur auf die Länge l_2 verkürzt. Man zeige, dass die Differenz der kinetischen Energie des Steines auf den beiden Kreisbahnen dem Betrage nach gleich der Arbeit ist, die aufgewendet werden muss, um den Stein gegen die Zentrifugalkraft nach innen zu ziehen!

217 *Energieerhaltungssatz*
Man löse die Aufgabe 212 (Ziehbrunnen) mit Hilfe des Energieerhaltungssatzes!

218 *Leistung*
Die Leistung eines Motors bei einer bestimmten Drehzahl kann dadurch gemessen werden, dass die Welle des Motors durch Reibung gebremst und das auf die Welle wirkende Drehmoment der Reibungskraft ermittelt wird (PRONYscher Zaum). Man bestimme auf diese Weise die Leistung eines Motors, der bei einer Anpresskraft der Bremsbacken an die Welle von $F = 530$ N eine Drehzahl von 900 min^{-1} hat! Radius der Welle $r = 0{,}10$ m, Reibungszahl $\mu = 0{,}40$.

219 *Arbeit bei Torsion*
Ein senkrecht hängender Stahldraht, dessen oberes Ende fest eingespannt ist, wird durch eine am unteren Ende in Umfangrichtung angreifende Kraft verdrillt. Das durch die Kraft hervorgerufene Drehmoment um die Drahtachse ist (innerhalb bestimmter Grenzen) dem Verdrillungswinkel φ proportional. Der Proportionalitätsfaktor beträgt im vorliegenden Fall $D = 0{,}13$ N m/rad (Winkelrichtgröße). Man berechne die für die Torsion des Drahtes um $\varphi_1 = 45°$ aufzuwendende Arbeit!

ZUSATZAUFGABEN

220 Wie viel Prozent der kinetischen Energie der Rotation um die momentane Drehachse (A) entfallen bei a) einer rollenden Kugel, b) eines rollenden Vollzylinders, c) eines rollenden Rades, dessen Masse hauptsächlich auf den Radkranz konzentriert ist, auf die kinetische Energie der Rotation um die Schwerpunktachse (S)?

221 Welche Strecke rollt ein Ball (Vollkugel) eine schiefe Ebene (Neigungswinkel 30°) hinauf, wenn dieser zuvor auf der Horizontalen mit der Geschwindigkeit 10 m/s rollt?

222 Lösen Sie die Aufgabe 204 mit Hilfe des Energieerhaltungssatzes!

223 Welche (Momentan-)Leistung muss der Antriebsmotor eines Schwungrades mit einem Massenträgheitsmoment von 14 000 kg m^2 aufbringen, wenn in 30 s eine Drehzahl von 90 min^{-1} erreicht werden soll?

ELASTIZITÄT FESTER KÖRPER

Spannung, Dehnung, Scherung. Hookesches Gesetz

224 *Normal- und Schubspannungen*
(Bild) An der Deckfläche $A = 1\ \text{cm}^2$ eines unten festgehaltenen Würfels greift unter dem Winkel $\varphi = 30°$ gegenüber der x-Richtung und dem Winkel $\psi = 45°$ gegenüber der z-Richtung (Flächennormale) gleichmäßig über die Fläche verteilt eine Zugkraft $F = 10$ kN an. Man berechne die Normalspannung σ_{zz} und die Schubspannungen τ_{zx} und τ_{zy}! (Der erste Index bei σ und τ kennzeichnet konventionell die Orientierung der Fläche, an der F angreift, der zweite die jeweilige Kraftkomponente.)

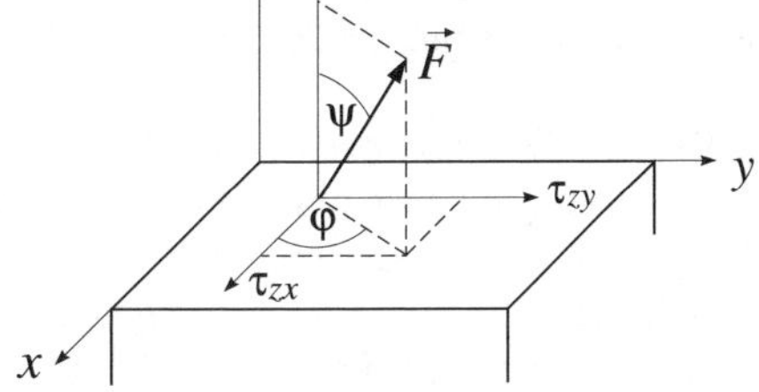

225 *Dehnungen und Scherungen. Hookesches Gesetz*
Der Würfel in Aufgabe 224 (Bild) bestehe aus Aluminium (Elastizitätsmodul $E = 73$ GPa, Schubmodul $G = 27$ GPa) und habe eine Kantenlänge von $l_0 = 1$ cm. Man berechne für die dort ermittelten Spannungen $\sigma_{zz} = 70{,}7$ MPa, $\tau_{zx} = 61{,}2$ MPa und $\tau_{zy} = 35{,}4$ MPa die zugehörigen Dehnungen ε und Scherungen γ!

226 *Elastizitätsmodul (1)*
Ein Metalldraht von 10 m Länge und 1,1 mm Durchmesser wird durch Anhängen eines Gewichts der Masse $m = 20$ kg um 10 mm elastisch gedehnt. Man bestimme den Elastizitätsmodul des Drahtmaterials!

227 *Elastizitätsmodul (2)*
(Bild) Zwei gleich große rechteckige Platten aus unterschiedlichem Material mit den Elastizitätsmoduln E_1 und E_2 werden im Verbund a) parallel, b) senkrecht zur gemeinsamen Grenzfläche gleichmäßig auf Zug belastet. Im Fall a) sollen sich die beiden Materialien an der Grenzfläche ungehindert verformen können. Wie groß ist für die jeweilige Belastungsart der effektive Elastizitätsmodul des Verbundes?

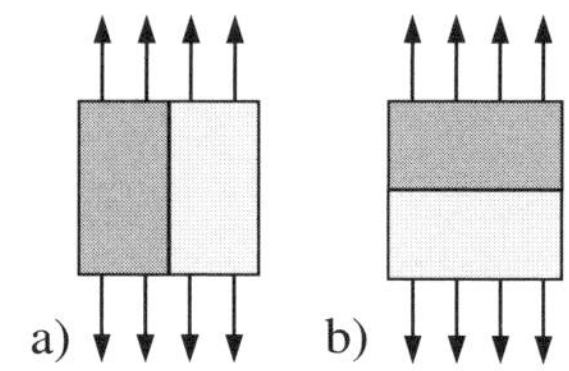

228 *Zulässige Dehnung und Reißfestigkeit*
Ein dünner Ring aus Aluminium (Elastizitätsmodul $E = 73$ GPa) mit der Wanddicke 1 mm soll auf einen Stahlzylinder von genau 4 cm Durchmesser aufgeschrumpft werden. Dazu wird der Ring, der einen geringfügig kleineren Innendurchmesser hat als der Durchmesser des Stahlzylinders, soweit erwärmt, dass er auf Grund der Wärmeausdehnung auf den Zylinder geschoben werden kann. Beim Abkühlen zieht er sich wieder zusammen und schrumpft fest auf den Zylinder auf. Um welchen Betrag darf der Innendurchmesser des Aluminiumringes im kalten Zustand höchstens vom Durchmesser des Stahlzylinders nach unten abweichen, damit der Ring beim Aufschrumpfen nicht reißt? Die Reißfestigkeit des Aluminiums beträgt $\sigma_R = 290$ MPa. Wegen des gegenüber Aluminium fast dreimal so großen E-Moduls von Stahl wird der Zylinder hier näherungsweise als starr betrachtet.

229 *Elastische Biegung eines Balkens (1)*
(Bild) Ein einseitig eingespannter Balken von konstantem Querschnitt und der Länge l wird an seinem freien Ende durch die Kraft F belastet. Die Durchbiegung des Balkens $y(x)$ im Abstand x von der Einspannung gehorcht der Differentialgleichung $y''(x) = -M(x)/(EI)$, wobei $M(x)$ das Biegemoment an der Stelle x, I das Flächenträgheitsmoment des Balkenquerschnitts (vgl. dazu die folgende Aufgabe) und E der Elastizitätsmodul des Balkenmaterials ist. Man bestimme $M(x)$ für den vorliegenden Belastungsfall und berechne durch Lösen der Differentialgleichung für die Biegelinie $y(x)$ den maximalen Neigungswinkel α sowie die maximale Durchbiegung δ („Biegungspfeil") am Balkenende!

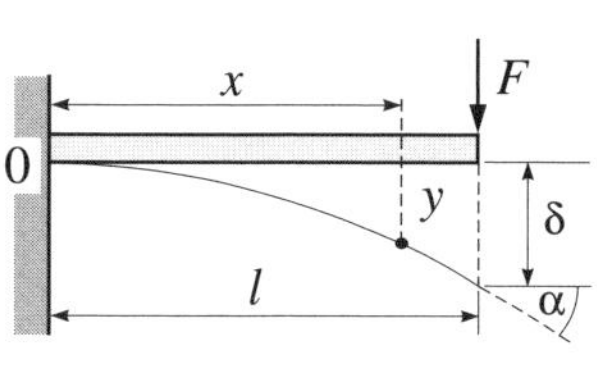

230 *Elastische Biegung eines Balkens (2)*
Der einseitig eingespannte Balken in Aufgabe 229 bestehe aus Holz (Elastizitätsmodul $E = 12$ GPa), er habe eine Länge von $l = 2{,}50$ m und rechteckigen Querschnitt der Breite $b = 10$ cm und der Höhe $h = 15$ cm. An seinem freien Ende hängt eine Masse $m = 200$ kg. Man berechne a) das Flächenträgheitsmoment I für den Balkenquerschnitt bezüglich der Schwerpunktachse

parallel zur Seite b; b) die maximale Durchbiegung (Biegungspfeil) δ; c) den maximalen Neigungswinkel α des Balkens!

231 *Dehnung durch Eigengewicht*
Man berechne die Längenänderung, die ein 4 m langes, frei hängendes Gummiseil (Dichte $\varrho = 0{,}92 \cdot 10^3\ \text{kg/m}^3$, Elastizitätsmodul $E \approx 1$ MPa) infolge seines Eigengewichts erfährt! Welche Zugspannung herrscht am oberen Seilende?

ZUSATZAUFGABEN

232 Welchen Durchmesser D muss das Rundmaterial haben, aus dem die Glieder einer Kette gefertigt sind, wenn diese eine Masse von 1 t tragen soll und die zulässige Spannung $\sigma_{\text{zul}} = 55$ MPa beträgt?

233 Eine in einem Aggregat als Puffer wirkende, 5 cm lange Schraubenfeder mit der Federkonstante $k = 10$ kN/m soll durch einen gleich langen Gummizylinder (Elastizitätsmodul $E = 1{,}1$ MPa) ersetzt werden. Welchen Durchmesser D muss dieser haben, wenn er (bei Belastung in Achsrichtung) die gleiche Wirkung haben soll wie die Feder?

234 Ein an seinen Enden fest eingespannter Stahlstab (Elastizitätsmodul $E = 206$ GPa, Reißfestigkeit $\sigma_{\text{R}} = 380$ MPa) ist in seiner Verankerung auf Zug vorgespannt. Bei der Temperatur $\vartheta_1 = 20\,°\text{C}$ beträgt die Vorspannung $\sigma_1 = 280$ MPa. Bei welcher Temperatur $\vartheta_2 < \vartheta_1$ reißt der Stab? Die Wärmedehnung berechnet sich nach $\varepsilon = \alpha\, \Delta\vartheta$ mit $\alpha = 16 \cdot 10^{-6}\ \text{K}^{-1}$.

235 Ein Aluminiumwürfel mit der Seitenlänge 10 cm wird durch eine Scherungskraft von 1 MN elastisch verformt. Die obere Seite des Würfels wird dabei gegenüber der unteren um 0,37 mm parallel zu dieser verschoben. Man berechne die Schubspannung τ, die Scherung γ sowie den Schubmodul G des Aluminiums!

236 Wie groß wäre für den Balken in Aufgabe 230 der Biegungspfeil, wenn er nicht hochkant, sondern flachseitig mit F belastet würde?

237 Berechnen Sie für den Balken in Aufgabe 230 den Biegungspfeil für den Fall, dass der Balken an seinen Enden horizontal frei aufliegt und in der Mitte durch F belastet ist!

Dehnungsarbeit. Volumenelastizität

238 *Dehnungsarbeit*
Ein 20 cm langer und 1 cm dicker zylindrischer Zugstab aus Stahl ($E = 206$ GPa) soll bis zur zulässigen Spannung von $\sigma_{\text{zul}} = 200$ MPa gedehnt werden. Man berechne die dazu erforderliche Arbeit!

239 *Querkontraktion*
Ein zylindrischer Stab aus Stahl (Elastizitätsmodul $E = 206$ GPa, Schubmodul $G = 80{,}5$ GPa) mit der Querschnittsfläche 1 cm^2 erfährt unter Zugbelastung eine Verringerung seines Durchmessers D um 0,3‰. Wie groß ist die Zugkraft?

240 *Kompressibilität, Kompressionsmodul*
Welche Volumenabnahme erfährt ein Würfel aus Aluminium (Elastizitätsmodul $E = 73$ GPa, POISSONsche Querkontraktionszahl $\nu = 0{,}35$) mit einer Seitenlänge von 10 cm, wenn man ihn in 1000 m Meerestiefe bringt? Je Meter Meerestiefe nimmt der allseitige Druck um 10 kPa zu.

ZUSATZAUFGABEN

241 Welche Arbeit ist erforderlich, um einen 15 m langen und 1,2 mm dicken Stahldraht ($E =$ 206 GPa) bis zur Elastizitätsgrenze $\varepsilon_{\mathrm{el}} = 1{,}7 \cdot 10^{-3}$ zu dehnen?

242 Innerhalb welcher Grenzen, ausgedrückt in Vielfachen bzw. Teilen des Elastizitätsmoduls E, kann sich der Wert des Schubmoduls G nur bewegen?

MECHANIK DER FLÜSSIGKEITEN UND GASE

Druck in Flüssigkeiten und Gasen

243 *Druck und Druckkraft*
(Bild) Die mit Öl gefüllten Druckzylinder einer Hebevorrichtung haben die Durchmesser $d_1 =$ 12 cm und $d_2 = 3$ cm. Wie groß ist der Druck p_2 im oberen Zylinder, wenn er im unteren $p_1 = 1{,}5$ MPa beträgt?

244 *Hydraulik*
(Bild) Mit Hilfe einer Hydraulikvorrichtung (Querschnittsflächen der Kolben $A_1 = 20\,\mathrm{cm}^2$, $A_2 = 0{,}36\,\mathrm{m}^2$) soll eine Masse von $m = 1{,}5$ t geringfügig angehoben werden. Die Masse des großen Kolbens ist $m_K = 100$ kg, die des kleinen kann demgegenüber vernachlässigt werden. Gesucht ist die erforderliche Kraft F_1 auf den kleinen Kolben.

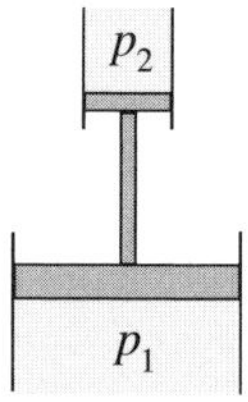

Aufgabe 243

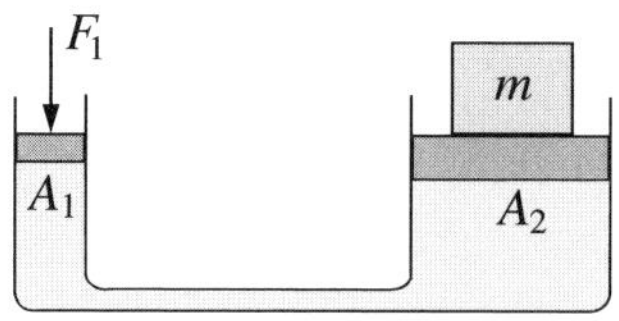

Aufgabe 244

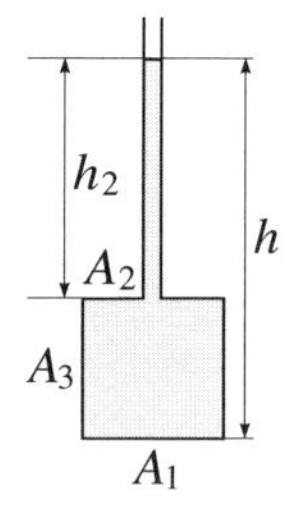

Aufgabe 245

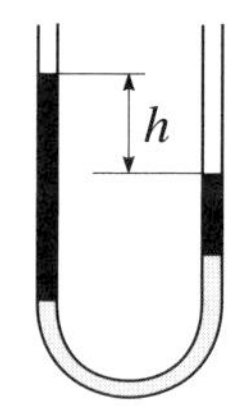

Aufgabe 247

245 *Hydrostatischer Druck*
(Bild) Ein würfelförmiger Tank mit einer Seitenlänge von 2 m besitzt oben ein Steigrohr von $100\,\mathrm{cm}^2$ Querschnittsfläche, welches bis zu einer Höhe von $h_1 = 4{,}5$ m über der Bodenfläche des Tanks mit Wasser (Dichte $\varrho = 10^3\,\mathrm{kg/m}^3$) gefüllt ist. Gesucht sind a) die Drücke, b) die Kräfte auf die Bodenfläche A_1, die Deckfläche A_2 und die Seitenfläche A_3.

246 *Kompressibilität*
Je Meter Meerestiefe nimmt der hydrostatische Druck um 10 kPa zu. Um wie viel Prozent ist die Dichte ϱ des Wassers in 1000 m Tiefe gegenüber ihrem Wert an der Wasseroberfläche vergrößert? Die Kompressibilität des Wassers beträgt in dem in Frage kommenden Druck- und Temperaturbereich $\varkappa = 5 \cdot 10^{-10}\,\mathrm{Pa}^{-1}$.

247 *Schweredruck in Flüssigkeiten*
(Bild) Ein beiderseits offenes U-Rohr mit der inneren Querschnittsfläche $A = 1\,\mathrm{cm}^2$ wird zuerst mit Wasser (Dichte $\varrho_1 = 1{,}00\,\mathrm{g/cm}^3$) und danach auf der einen Seite mit $50\,\mathrm{cm}^3$ und auf der anderen mit $10\,\mathrm{cm}^3$ Öl ($\varrho_2 = 0{,}78\,\mathrm{g/cm}^3$) gefüllt. Welche Niveaudifferenz h stellt sich ein?

248 *Gesetz von Boyle-Mariotte (1)*
Ein bestimmtes Luftvolumen wird durch Zusammendrücken bei gleich bleibender Temperatur um 3 Liter verringert. Als Folge davon steigt der Druck um 50 kPa. Beim Zusammendrücken um 6 Liter beträgt die Druckerhöhung 200 kPa. Wie groß sind Anfangsdruck und Anfangsvolumen?

249 *Gesetz von Boyle-Mariotte (2)*
Aus einer Sauerstoffflasche von $V_1 = 40\,\mathrm{l}$ Inhalt und einem anfänglichen Überdruck von 3 MPa wird beim Luftdruck 100 kPa das Gasvolumen $V_2 = 10\,V_1 = 0{,}4\,\mathrm{m}^3$ entnommen. Welcher Überdruck herrscht danach in der Flasche?

250 *Atmosphärischer Luftdruck (1)*
Der Mount Everest hat eine Höhe von 8848 m. Welcher Luftdruck herrscht auf dem Gipfel, wenn am Fuß des Berges der Druck 100 kPa und die Dichte der Luft $\varrho_0 = 1{,}293\,\mathrm{kg/m}^3$ beträgt? Es wird konstante Temperatur über die gesamte Höhe vorausgesetzt.

251 *Atmosphärischer Luftdruck (2)*
Bei einem Ballonaufstieg sinkt der Luftdruck auf die Hälfte des Luftdruckes in Meeresspiegelhöhe $p_0 = 1013{,}25\,\mathrm{hPa}$. a) Welche Höhe hat der Ballon erreicht? b) Wie viel Gas verliert der Ballon durch den Füllstutzen beim Aufstieg in diese Höhe, wenn sein Volumen V_0 als unveränderlich und die Temperatur als konstant angenommen wird? c) Welche Dichte ϱ hat die Luft in dieser Höhe gegenüber derjenigen am Boden $\varrho_0 = 1{,}293\,\mathrm{kg/m}^3$?

ZUSATZAUFGABEN

252 Der Gummiring eines Konservenglases hat den Außendurchmesser $d_\mathrm{a} = 11{,}4\,\mathrm{cm}$ und den Innendurchmesser $d_\mathrm{i} = 10{,}0\,\mathrm{cm}$. Welche Kraft verschließt den Deckel des Glases, wenn innen der Dampfdruck des Wassers $p_\mathrm{i} = 2\,\mathrm{kPa}$ und außen der Luftdruck $p_\mathrm{a} = 100\,\mathrm{kPa}$ herrscht? Mit welcher Masse müsste man den Deckel belasten, um dieselbe Anpresskraft zu erzeugen?

253 Bis zu welcher Höhe kann das Wasser in den Leitungen eines Gebäudes steigen, wenn der Druck am Boden 300 kPa beträgt?

254 Das Wievielfache des normalen Atmosphärendrucks p_0 muss zusätzlich zu diesem einem Unterseeboot zur Verfügung stehen, um Wasser aus den Ballasttanks verdrängen zu können, wenn es bis zu seiner Grenztiefe von 100 m taucht? Dichte von Seewasser $\varrho = 1030\,\mathrm{kg/m}^3$.

255 Wie hoch steigt ein senkrecht nach oben ausströmender Wasserstrahl, wenn dieser mit einem Überdruck vom Fünffachen des normalen Atmosphärendrucks $p_0 = 1013{,}25$ hPa aus der Düse austritt?

256 Wie hoch kann man Wasser mit einer Saugpumpe heben?

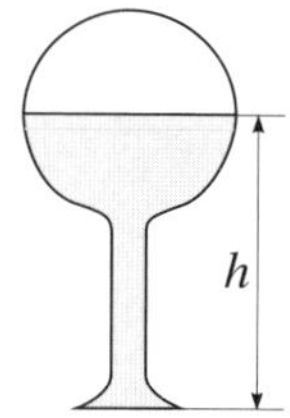

257 (Bild) Unter welchem Druck p steht der Luftraum in dem zum Teil mit Wasser gefüllten Glaskolben, dessen untenliegende Öffnung durch ein dicht anliegendes Papierblatt verschlossen ist, wenn $h = 20$ cm ist und der äußere Luftdruck $p_0 = 100$ kPa beträgt? Dichte von Wasser $\varrho_W = 10^3$ kg/m^3.

258 Welche Masse hat Pressluft von 15 MPa Druck bei 20 °C in einer Flasche von 50 l Inhalt? Dichte der Luft bei 20 °C und 10^5 Pa (Atmosphärendruck): $\varrho_0 = 1{,}2$ kg/m^3.

Auftrieb

259 *Hydrostatische Waage*
Durch Wägung eines Schmuckgegenstandes in Luft und in Wasser (Dichte $\varrho_W = 1{,}0$ g/cm^3) soll festgestellt werden, ob dieser aus Gold ($\varrho_{Au} = 19{,}3$ g/cm^3) oder nur aus vergoldetem Silber ($\varrho_{Ag} = 10{,}5$ g/cm^3) besteht. Woran erkennt man dies?

260 *Bestimmung von Massenanteilen durch Auftriebsmessung*
Ein Gegenstand aus Messing (Kupfer-Zink-Legierung) wiegt an der Luft $m = 230$ g und bei völligem Eintauchen in Benzin (Dichte $\varrho_{Fl} = 0{,}75$ g/cm^3) $m' = 210$ g. Man bestimme die Anteile von Kupfer ($\varrho_1 = 8{,}96$ g/cm^3) und Zink ($\varrho_2 = 7{,}13$ g/cm^3)!

261 *Dichtebestimmung mit dem Pyknometer*
Zur Ermittlung der Dichte eines Körpers (Masse m, Volumen V) werden auf einer Zweischalen-Balkenwaage drei Wägungen durchgeführt. Bei der ersten Wägung liegt der Körper auf einer Waagschale, Wägestücke von $m' = 5{,}671$ g auf der anderen Waagschale halten ihm das Gleichgewicht. Anschließend wird das vollständig mit Wasser gefüllte Pyknometer (Masse m_1) gewogen, hier wird $m_1' = 180{,}119$ g abgelesen. Schließlich befindet sich der Körper im Pyknometer, das wiederum vollständig mit Wasser aufgefüllt ist (Masse m_2), es wird $m_2' = 182{,}060$ g registriert. Wie groß ist die Dichte ϱ des Körpers? $\varrho_W = 0{,}9982$ g/cm^3, $\varrho_L = 1{,}293 \cdot 10^{-3}$ g/cm^3.

262 *Auftriebskorrektur bei der Wägung*
Ein Stück Aluminium (Dichte $\varrho_{Al} = 2{,}7$ g/cm^3) und ein Stück Blei ($\varrho_{Pb} = 11{,}3$ g/cm^3) wiegen in Luft ($\varrho_L = 1{,}3 \cdot 10^{-3}$ g/cm^3) genau 1 kg. Wie viel wiegen sie im Vakuum?

263 *Arbeit gegen die Auftriebskraft*
Ein auf dem Wasser schwimmender Ball taucht bis zu einem Viertel seines Radius $R = 16$ cm ein. Welche Arbeit ist erforderlich, um ihn gerade unter den Wasserspiegel zu drücken? Auf welche Höhe könnte er mit gleicher Arbeit angehoben werden? Der Wasserstand sei konstant.

264 *Ballonaufstieg (1)*
a) Welche Höhe erreicht ein Ballon mit einem konstanten Volumen von $V = 500$ m^3, der mit Helium (Dichte $\varrho_{He} = 0{,}179$ kg/m^3) gefüllt ist und eine Masse von $m = 350$ kg trägt? b) Welche Dichte ϱ_G darf das Füllgas höchstens haben, damit sich der Ballon vom Boden abhebt? Am Boden betrage die Dichte der Luft $\varrho_0 = 1{,}294$ kg/m^3 und der Luftdruck $p_0 = 10^5$ Pa. Die Außentemperatur wird über die gesamte Höhe als konstant vorausgesetzt.

265 *Ballonaufstieg (2)*
Im Unterschied zu dem Ballon mit konstantem Volumen in Aufgabe 264 habe der mit einem Traggas gefüllte Ballon jetzt eine Hülle, die (mit vernachlässigbar kleinem Kraftaufwand) dehnbar ist. Das Füllgas kann sich also jetzt ungehindert ausdehnen, wenn der Ballon in größere Höhen aufsteigt und der umgebende Atmosphärendruck p immer mehr abnimmt. Man überlege, bis in welche Höhe der Ballon unter diesen Bedingungen steigen kann und welches Volumen er dann einnimmt.

ZUSATZAUFGABEN

266 Welche Wanddicke hat eine Hohlkugel aus Aluminium (Dichte $\varrho = 2{,}7\,\mathrm{g/cm^3}$) mit dem Außenradius $R = 3{,}0\,\mathrm{cm}$, die in Wasser ($\varrho_\mathrm{W} = 1{,}0\,\mathrm{g/cm^3}$) schwimmt und dabei zur Hälfte herausragt?

267 Welche Fläche muss eine 10 cm dicke Eisscholle mindestens haben, um eine Person von 70 kg tragen zu können? Dichte des Wassers $\varrho_\mathrm{W} = 1{,}0\,\mathrm{g/cm^3}$, Dichte des Eises $\varrho_\mathrm{E} = 0{,}92\,\mathrm{g/cm^3}$.

268 Auf einer Waage steht ein Gefäß mit Wasser. Die Waage zeigt genau 1000 g an. Was zeigt die Waage an, wenn ein massiver Stab von 2 cm Durchmesser 10 cm weit senkrecht in das Wasser eingetaucht wird?

269 Ein Holzwürfel schwimmt im Wasser und trägt eine Masse von $m_1 = 200\,\mathrm{g}$. Der Würfel hebt sich um 2 cm, wenn die Masse weggenommen wird. Wie groß ist die Kantenlänge des Würfels?

270 Ein Schiff wird leck und geht unter. Verdrängt es weniger, mehr oder gleichviel Wasser?

271 Warum zeigt eine Waage sowohl für eine (ohne Überdruck) mit Luft gefüllte als auch für eine luftleere dünne Plastiktüte das gleiche Gewicht an?

Oberflächenspannung, Oberflächenenergie, Kapillarität

272 *Flüssigkeitstropfen*
Zur Bestimmung der Oberflächenspannung σ einer Flüssigkeit lässt man aus der unteren Öffnung einer senkrecht stehenden Pipette, welche eben geschliffen ist und sehr gut benetzt (Außendurchmesser $D = 1$ mm), sehr langsam Flüssigkeit austropfen und wiegt eine abgezählte Menge Tropfen. Wie groß ist σ, wenn 100 Tropfen 1,60 g wiegen?

273 *Krümmungsradius des Meniskus*
(Bild) Um die Oberflächenspannung σ einer Flüssigkeit zu messen, wird in eine waagrecht liegende kurze Kapillare aus Glas (Innenradius $r = 0{,}5$ mm), deren linkes Ende eben geschliffen ist, eine geringe Menge der Flüssigkeit gebracht. In der rechten Öffnung der Kapillare wird nun der Druck solange erhöht, bis der linke, anfangs konkave Meniskus (gestrichelt) im Mikroskop gerade eben erscheint (Verschwinden jeglicher Schattenbildung). Bei der hier zu untersuchenden Flüssigkeit beträgt die dazu erforderliche Druckerhöhung $\Delta p = 292$ Pa. Wie groß ist σ?

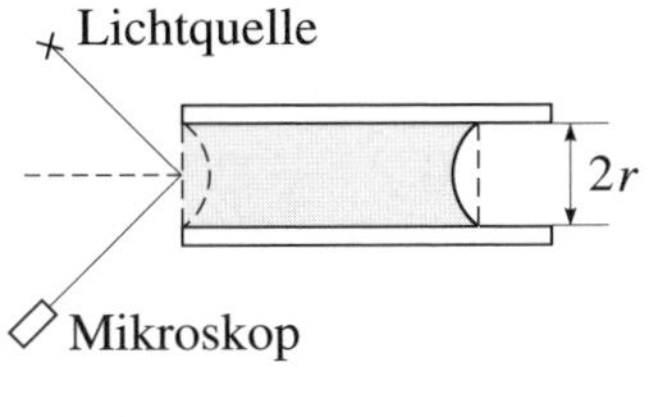

274 *Kapillare Steigung bzw. Senkung*
Eine oben offene Glaskapillare mit der lichten Weite 1,0 mm taucht senkrecht in ein mit Quecksilber (Dichte $\varrho = 13{,}59\ \mathrm{g/cm^3}$) gefülltes Gefäß ein. Die Oberflächenspannung von Quecksilber beträgt 0,465 N/m, der Randwinkel von Quecksilber auf Glas ist $\vartheta = 140°$. Welche Niveaudifferenz zwischen dem Meniskus des Quecksilbers in der Kapillare und der Oberfläche des Quecksilbers im Gefäß stellt sich ein?

275 *Oberflächenenergie*
Um welchen Betrag erhöht sich die Oberflächenenergie, wenn ein Wassertropfen (Oberflächenspannung $\sigma = 0{,}073$ N/m) vom Radius $r_1 = 2$ mm in Tröpfchen vom Radius $r_2 = 2 \cdot 10^{-4}$ mm zerstäubt?

276 *Seifenblase*
Eine Seifenblase (Oberflächenspannung $\sigma = 0{,}03$ N/m) wird von 3 cm auf 12 cm Durchmesser aufgeblasen. a) Wie groß ist der Überdruck in der Blase in den beiden Zuständen? b) Welche Arbeit ist zum Aufblasen erforderlich?

ZUSATZAUFGABEN

277 Um die Oberflächenspannung von Wasser zu messen, wird ein genau waagrecht in der Wasseroberfläche liegender dünner Draht der Länge $l = 30$ mm an einem darüber angebrachten Bügel aus der Flüssigkeit gezogen, bis der Draht von der Oberfläche abreißt. Die in diesem Augenblick gemessene Kraft beträgt $4{,}38 \cdot 10^{-3}$ N. Wie groß ist σ?

278 An der Ausflussöffnung einer Pipette (Außenradius $R = 0{,}5$ mm) bildet sich ein nahezu kugelförmiger Wassertropfen ($\sigma = 0{,}073$ N/m, $\varrho = 10^3\ \mathrm{kg/m^3}$). Welchen Durchmesser kann der Tropfen maximal haben, bevor er abreißt?

279 Welchen Überdruck hat ein Luftbläschen vom Durchmesser $D = 0{,}1$ mm in Wasser ($\sigma = 0{,}073$ N/m)?

280 Alkohol (Dichte $0{,}79\ \mathrm{g/cm^3}$) steigt in einer Kapillare von 0,16 mm lichter Weite bei vollkommener Benetzung 71 mm über die umgebende Flüssigkeit. Wie groß ist die Oberflächenspannung σ?

281 Quecksilber lässt sich durch Verrühren in einer flachen Schale in viele kleine Kügelchen zerteilen, die sich – wenn sie sich gegenseitig berühren – von selbst wieder zu einem großen Tropfen vereinen. Begründen Sie diesen Vorgang!

Strömung idealer Fluide

282 *Volumenstrom*
Die Aorta hat einen Innendurchmesser von 26 mm. Der maximale Volumenstrom des Blutes (Volumenstromstärke) I beträgt 250 ml/s, der mittlere 5 l/min. Wie groß sind die zugehörigen Strömungsgeschwindigkeiten?

283 *Pumpleistung*
Eine 1-kW-Pumpe fördert Wasser aus einem Keller auf eine 5 m darüber gelegene Straße. Mit welcher Volumenstromstärke wird der Keller geleert?

284 *Kontinuitätsgleichung*
Durch ein Rohr von 5 cm Durchmesser strömen je Minute 162 kg Öl ($\varrho = 900\,\mathrm{kg/m^3}$). Das Rohr weist an einer Stelle eine Querschnittsverengung vom Durchmesser 3 cm auf. Wie groß ist die Strömungsgeschwindigkeit im Rohr und in der Verengung?

285 *Energiesatz*
In einer Pipeline, die über eine Erhebung führt, fließt Öl (Dichte $\varrho = 750\,\mathrm{kg/m^3}$) mit einer Geschwindigkeit von 2 m/s. Im untenliegenden Teilstück *1* beträgt der Druck 300 kPa. Man bestimme für das 5 m höher gelegene Teilstück *2* den Druck und je Kilogramm Öl die Zunahme der potentiellen (Hebungs-)Energie sowie die kinetische (Strömungs-)Energie!

286 *Bernoullische Gleichung*
Durch ein Rohr, bestehend aus zwei Teilstücken mit unterschiedlichem Querschnitt, die sich in verschiedenen Höhenlagen befinden, fließt Wasser (Dichte $\varrho = 10^3\,\mathrm{kg/m^3}$). Teilstück *1* hat den Durchmesser $D_1 = 9$ cm, und der (statische) Druck in ihm beträgt $p_1 = 250$ kPa. Im Teilstück *2* mit dem Durchmesser $D_2 = 20$ cm, welches $\Delta h = 15$ m höher liegt, soll der Druck $p_2 = 110$ kPa betragen. a) Wie groß sind die Strömungsgeschwindigkeiten v_1 und v_2 in den beiden Teilstücken? b) Wie groß sind Volumenstrom I und Gesamtdruck p_{ges} im Rohr?

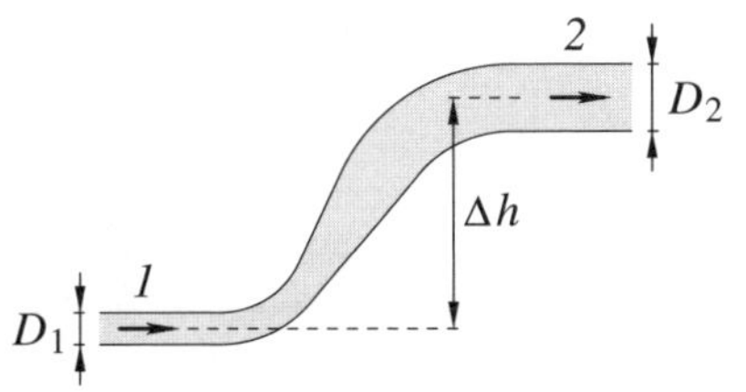

287 *Staudruck*
(Bild) In ein strömendes Gewässer wird senkrecht von oben ein Staurohr so hineingehalten, dass der unter Wasser befindliche, im rechten Winkel gekrümmte Schenkel gegen die Strömung gerichtet ist. Das Wasser im Rohr steht um $\Delta h = 10{,}0$ cm über der freien Wasseroberfläche. Wie groß ist die Strömungsgeschwindigkeit v?

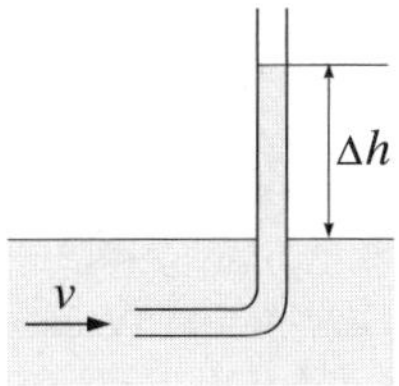

288 *Impulssatz*
(Bild) Ein leichter Ball wird mit einem Gebläse (Rohrdurchmesser $d = 12$ cm) schräg unter dem Winkel $\alpha_1 = 45°$ angeströmt, wodurch er im Luftstrahl in der Schwebe gehalten wird. Wie schwer darf der Ball sein, damit er von der Strömung nicht „abreißt", wenn die Strömungsgeschwindigkeit vor dem Ball $v_1 = 15$ m/s beträgt und dahinter, verbunden mit einer Richtungsänderung, auf 75% dieses Wertes abfällt? Dichte der Luft $\varrho = 1{,}294\,\mathrm{kg/m^3}$.

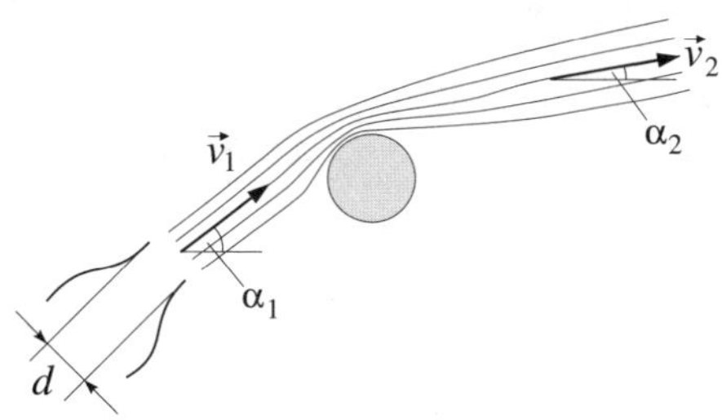

289 *Ausflussgeschwindigkeit*
Im Boden eines zylindrischen, mit Wasser gefüllten Gefäßes befindet sich eine runde Öffnung vom Durchmesser $d = 1$ cm. Der Durchmesser des Gefäßes beträgt $D = 50$ cm. a) Gesucht ist die Geschwindigkeit, mit der der Flüssigkeitsspiegel im Gefäß absinkt, in Abhängigkeit von der Niveauhöhe h. b) Wie groß ist die Absinkgeschwindigkeit und die Ausflussgeschwindigkeit

bei der Niveauhöhe 20 cm? c) In welcher Zeit entleert sich das bis zu einer Höhe von $h = 1$ m gefüllte Gefäß? d) Die unter c) ermittelte Zeit ist mit der zu vergleichen, die für das Ausfließen derselben Wassermenge nötig wäre, wenn der Wasserspiegel im Gefäß konstant auf der Höhe $h = 1$ m über der Öffnung bliebe.

ZUSATZAUFGABEN

290 Gesucht ist die Strömungsgeschwindigkeit von Kohlendioxidgas (Dichte 7,5 kg/m^3) in einem Rohr, wenn in einer halben Stunde 0,51 kg Gas durch den Rohrquerschnitt vom Durchmesser 2 cm fließen.

291 Das Herz fördert pro Minute 5 l Blut gegen einen Druck von 14 kPa. Wie groß ist die Leistung?

292 Welchen Druck erzeugt der Kompressor eines Farbspritzgerätes, wenn die flüssige Farbe mit einer Geschwindigkeit von 25 m/s aus ihm ausströmt? Die Farbe wird als ideale Flüssigkeit angenommen; ihre Dichte beträgt 800 kg/m^3.

293 Man bestimme die Geschwindigkeit, mit der Wasser (Dichte $\varrho = 10^3$ kg/m^3) durch eine kleine seitliche Öffnung aus einem Dampfkessel entweicht, in dem ein Überdruck von $\Delta p =$ 1 MPa herrscht!

294 Ein waagrechtes Rohr, das sich auf ein Drittel seines Durchmessers verjüngt, wird von Wasser ($\varrho = 10^3$ kg/m^3) durchströmt. In den beiden unterschiedlich dicken Teilen des Rohres besteht eine Druckdifferenz von 6,4 kPa. a) Wie groß sind die Strömungsgeschwindigkeiten in den beiden Querschnitten? b) Wie groß ist der Massenstrom I_m für $D_1 = 12$ cm (Durchmesser des weiten Rohrteils)?

295 (Bild) Bis zu welchem Druck p_2 kann der an den Ansaugstutzen (A) einer Wasserstrahlpumpe angeschlossene Rezipient evakuiert werden, wenn der bei *1* in das Strahlrohr vom Durchmesser 13 mm mit Leitungsdruck $p_1 = 3{,}2 \cdot 10^5$ Pa eintretende Wasserstrahl an der Düse *2* auf den Durchmesser 5 mm verengt wird, bevor er zusammen mit den aus dem Rezipienten angesaugten Luftmolekülen durch das dahinterliegende Auffangrohr wieder austritt? Der Volumendurchsatz an Wasser (Dichte $\varrho = 10^3$ kg/m^3) beträgt 0,5 l/s.

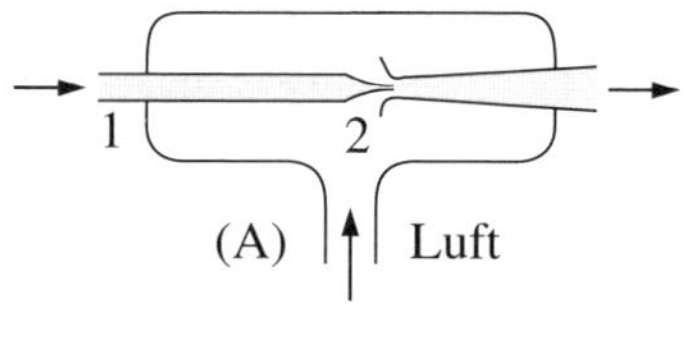

296 In einem Flugzeug zeigt ein PRANDTLsches Staurohr einen Druck von 7 kPa an. Wie groß ist die Relativgeschwindigkeit des Flugzeuges gegenüber der Luft (Dichte in 2000 m Höhe: $\varrho \approx 1$ kg/m^3)?

Strömung realer Fluide

297 *Gesetz von Hagen-Poiseuille*
Durch die Seitenwand eines zylindrischen Gefäßes führt eine waagrechte Kapillare mit dem Innenradius $r = 1$ mm und der Länge $l = 2$ cm. In dem Gefäß befindet sich bis zu einer Höhe von $h = 26$ cm über der Kapillare Rizinusöl (dynamische Viskosität $\eta = 1{,}2$ Pa s, Dichte $\varrho = 900$ kg/m^3). Gesucht ist die Durchflussgeschwindigkeit v des Öls durch die Kapillare.

298 *Kritische Reynoldszahl*
Durch ein Rohr fließen in jeder Sekunde 200 cm^3 Wasser. Die dynamische Viskosität des Wassers beträgt 0,001 Pa s. Wie groß darf der Rohrdurchmesser D maximal sein, damit die Strömung noch laminar erfolgt und nicht in Turbulenz umschlägt?

299 *Gesetz von Stokes*
Die dynamische Viskosität η einer Flüssigkeit kann aus der konstanten Sinkgeschwindigkeit einer Kugel in der betreffenden Flüssigkeit bestimmt werden (Kugelfallviskosimeter). Voraussetzung dabei ist, dass die Umströmung der Kugel bei ihrer Sinkbewegung laminar, also ohne Verwirbelung erfolgt, was für REYNOLDSzahlen $Re < 0{,}5$ mit dem Kugeldurchmesser als charakteristischer Länge als erfüllt gelten kann, und dass die Kugel hinreichend großen Abstand von den Gefäßwänden hat. Welchen Durchmesser darf danach eine Kugel aus Stahl (Dichte $\varrho_K = 7{,}7 \cdot 10^3$ kg/m^3) höchstens haben, wenn Transformatorenöl mit der Dichte $\varrho_{Fl} = 900$ kg/m^3 und der dynamischen Viskosität $\eta = 0{,}8$ Pa s untersucht werden soll?

300 *Hydrodynamische Ähnlichkeit*
Das im Maßstab 1 : 2,5 verkleinerte Modell eines Flugzeuges wird im Windkanal bei einer Strömungsgeschwindigkeit von 300 m/s auf seine strömungstechnischen Eigenschaften hin untersucht. Für welche Reisegeschwindigkeit erfolgt der Test?

301 *Strömungswiderstand.* c_W*-Wert*
Man berechne aus dem Luftwiderstand die konstante Fallgeschwindigkeit von Regentropfen mit dem Durchmesser $D = 0{,}3$ mm und einem Widerstandsbeiwert von $c_W = 0{,}22$ bei der Luftdichte $\varrho_L = 1{,}25$ kg/m^3!

302 *Arbeit gegen den Luftwiderstand*
Ein Kraftwagen mit einer Spantfläche (projiziertes Schattenprofil des Wagens in Fahrtrichtung) von $A = 2$ m^2 und einem Widerstandsbeiwert $c_W = 0{,}40$ (Pontonform) wird mit konstanter Beschleunigung in 12 s von 0 auf 100 km/h gebracht. Man berechne a) die gegen den Luftwiderstand verrichtete Arbeit, b) die Endleistung und die durchschnittliche Leistung zur Überwindung des Luftwiderstandes! Dichte der Luft $\varrho = 1{,}29$ kg/m^3.

ZUSATZAUFGABEN

303 Die maximale Strömungsgeschwindigkeit des Blutes in der Aorta (Durchmesser 26 mm) beträgt 47 cm/s. Ist die Strömung laminar oder turbulent? Werte für Blut: Dynamische Viskosität $\eta = 4{,}5 \cdot 10^{-3}$ Pa s; Dichte $\varrho = 1{,}06$ kg/l.

304 Eine Kugel aus Kork (Dichte $\varrho_K = 200$ kg/m^3) mit dem Radius $R = 5$ mm steigt mit der konstanten Geschwindigkeit $v = 0{,}35$ m/s in einer Flüssigkeit, deren Dichte ϱ_{Fl} 4,5-mal so groß ist wie die Dichte der Kugel. a) Wievielmal größer als die Gewichtskraft der Kugel ist die an ihr angreifende Reibungskraft? b) Wie groß sind dynamische und kinematische Viskosität der Flüssigkeit?

305 Welchen Widerstandsbeiwert c_W hat ein geöffneter Fallschirm von $D = 12$ m Durchmesser, wenn bei einer Gesamtlast von 110 kg (Masse von Fallschirm und Springer) bei der Luftdichte $\varrho = 1{,}25$ kg/m^3 die Sinkgeschwindigkeit 3,3 m/s beträgt?

306 Der Strömungswiderstand einer Wasserleitung vom Durchmesser 10 cm bei einer Strömungsgeschwindigkeit von 2 m/s soll mit Luft untersucht werden. Die kinematische Viskosität von Wasser beträgt $\nu_W = 1 \cdot 10^{-6}$ m²/s, von Luft $\nu_L = 15 \cdot 10^{-6}$ m²/s (beides für 20 °C). Wie groß muss die Strömungsgeschwindigkeit der Luft durch das Leitungsrohr gewählt werden?

307 Die Motoren eines Luftschiffes mit einem größten Durchmesser von 12 m und einem c_W-Wert von 0,056 entwickeln eine Leistung von 200 kW. Wie groß ist die maximale Reisegeschwindigkeit? Dichte der Luft $\varrho_L = 1{,}25$ kg/m³.

308 Wie viel Kilogramm Masse entsprechen einer Gewichtskraft von der Größe der Windkraft, die der senkrecht auf eine Wand auftreffende Sturm bei Windstärke 12 (etwa 50 m/s) auf einen Quadratmeter Wandfläche ausübt? $c_W = 0{,}9$; $\varrho_L = 1{,}25$ kg/m³.

309 Ein Geschoss (Durchmesser $D = 7{,}62$ mm) bewegt sich in Luft mit 700 m/s. Der c_W-Wert liegt in diesem (Überschall-)Bereich bei 0,6. a) Wie groß ist der Energiebetrag, der auf 100 m Flugstrecke dem Geschoss durch Luftreibung an Bewegungsenergie verloren geht und in Wärme umgesetzt wird? b) Welcher Leistung entspricht dies?

310 Welche Sinkgeschwindigkeit kann ein Regentropfen mit dem Durchmesser 0,3 mm erreichen? Dynamische Viskosität der Luft $\eta = 1{,}2 \cdot 10^{-5}$ Pa s; Dichte der Luft $\varrho_L = 1{,}25$ kg/m³, Dichte von Wasser $\varrho_W = 10^3$ kg/m³.

TEMPERATUR UND WÄRME

Temperatur, Thermometrie

311 *Absolute Temperatur*
Ein Quecksilberthermometer erlaube die Messung der Lufttemperatur von $\vartheta = 20$ °C mit einem relativen Fehler von 1% der CELSIUS-Skala. a) Wie groß ist der relative Fehler dieser Temperaturangabe in der absoluten Temperaturskala? b) Mit welcher Genauigkeit lässt sich auf die Dichte der Luft bei dieser Temperatur schließen?

312 *Celsius- und Fahrenheit-Skala*
In den angelsächsischen Ländern ist noch die FAHRENHEIT-Skala üblich mit dem Eispunkt bei $\vartheta^F = 32$ Grad FAHRENHEIT (°F) und dem Dampfpunkt bei $\vartheta^F = 212$ °F. Man leite eine zugeschnittene Größengleichung für den Zusammenhang zwischen CELSIUS-Temperatur und FAHRENHEIT-Temperatur her! Wie groß sind die Temperaturangaben $\vartheta_1 = -15$ °C und $\vartheta_2 = 25$ °C in °F?

313 *Thermometrie*
Die Messung der Volumenausdehnung von Quecksilber mit einem die thermodynamische Temperatur angebenden idealen Gasthermometer ergibt zwischen $\vartheta = 0$ °C und $\vartheta = 100$ °C für das Quecksilbervolumen V die Temperaturabhängigkeit $V = V_0(1 + a_1\vartheta + a_2\vartheta^2)$ mit $a_1 = 1{,}820 \cdot 10^{-4}$ K^{-1} und $a_2 = 8 \cdot 10^{-9}$ K^{-2}. Man bestimme die Abweichung der auf der Annahme einer linearen Skala $V = V_0(1 + b\vartheta')$ beruhenden und bei 0 °C bzw. 100 °C geeichten Quecksilber-Temperatur ϑ' von der thermodynamischen Temperatur ϑ! Wie groß ist die maximale Abweichung bei einer Temperaturmessung mit dem Quecksilberthermometer?

ZUSATZAUFGABEN

314 Für welche Temperatur ergeben CELSIUS- und FAHRENHEIT-Skala (s. Aufgabe 312) den gleichen Zahlenwert?

315 Man gebe eine Größengleichung für die Umrechnung zwischen KELVIN- und FAHRENHEIT-Temperatur (s. Aufgabe 312) an! Wie groß sind die Temperaturangaben $T = 0\,\mathrm{K}$ und $T = 373{,}15\,\mathrm{K}$ in Grad FAHRENHEIT (°F)?

Thermische Ausdehnung fester und flüssiger Körper

316 *Lineare Ausdehnung (1)*
Ein dünnwandiger Stahlring (Elastizitätsmodul $E = 2{,}06 \cdot 10^5\,\mathrm{MPa}$, Zerreißfestigkeit $\sigma_B = 675\,\mathrm{MPa}$, linearer Ausdehnungskoeffizient $\alpha = 1{,}2 \cdot 10^{-5}\,\mathrm{K}^{-1}$) soll auf eine Welle vom Durchmesser $d = 40\,\mathrm{mm}$ aufgeschrumpft werden. Dabei soll die im Ring auftretende Zugspannung den Wert $\sigma = 0{,}3\sigma_B$ nicht überschreiten. Wie groß muss der Innendurchmesser d_0 des kalten Ringes vor dem Aufschrumpfen und wie groß die Mindesttemperaturdifferenz $\Delta\vartheta$ zwischen Ring und Welle sein, damit sich der Ring aufschrumpfen lässt?

317 *Lineare Ausdehnung (2)*

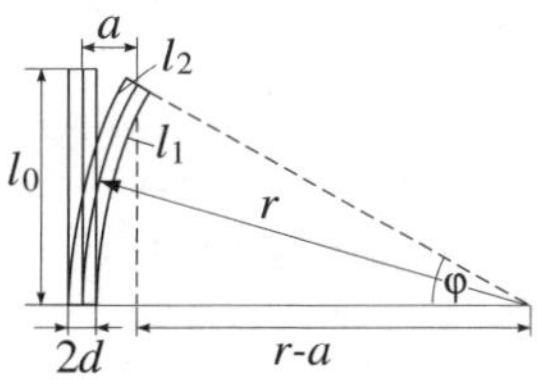

(Bild) Welche Länge l_0 muss ein Bimetallstreifen, bestehend aus zwei je 0,5 mm starken Metallblechen mit den Ausdehnungskoeffizienten $\alpha_1 = 8 \cdot 10^{-6}\,\mathrm{K}^{-1}$ und $\alpha_2 = 16 \cdot 10^{-6}\,\mathrm{K}^{-1}$ bei 0 °C haben, damit bei der Temperatur 100 °C seine seitliche Auslenkung am nicht eingespannten Ende $a = 1\,\mathrm{mm}$ beträgt? Wie groß ist dann sein Krümmungsradius r?

318 *Lineare Ausdehnung (3)*
(Bild) Der Durchhang einer Freileitung zwischen zwei Masten wird durch die Kettenlinie $y(x) = y_0 \cosh(x/y_0)$ beschrieben. Wie groß ist der maximale Durchhang b bei der Außentemperatur $\vartheta_2 = 30\,°\mathrm{C}$, wenn die Leitung bei $\vartheta_1 = -30\,°\mathrm{C}$ geradlinig gespannt ist und der Mastabstand $l_0 = 60\,\mathrm{m}$ beträgt? Linearer Ausdehnungskoeffizient: $\alpha = 1{,}5 \cdot 10^{-5}\,\mathrm{K}^{-1}$.

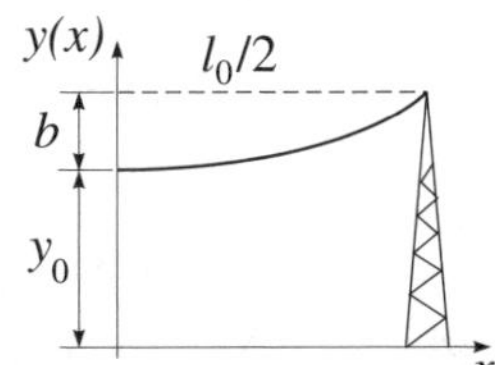

319 *Räumliche Ausdehnung (1)*
Wie viel Gramm Quecksilber (Raumausdehnungskoeffizient $\gamma = 0{,}182 \cdot 10^{-3}\,\mathrm{K}^{-1}$, Dichte $\varrho_0 = 13{,}546\,\mathrm{g/cm^3}$) müssen bei 0 °C in einem Thermometer eingeschlossen sein, wenn bei einem Kapillardurchmesser von $d_0 = 0{,}5\,\mathrm{mm}$ ein Temperaturanstieg von 1 K einen scheinbaren Vorlauf des Quecksilberfadens von 1 mm bewirken soll? Der lineare Ausdehnungskoeffizient des Glases betrage $\alpha_G = 9 \cdot 10^{-6}\,\mathrm{K}^{-1}$.

320 *Räumliche Ausdehnung (2)*
Ein schwimmender quaderförmiger Körper aus Aluminium ($\alpha = 0{,}23 \cdot 10^{-4}\,\mathrm{K}^{-1}$) taucht bei 0 °C zu 4/5 seiner Höhe H in Wasser ($\gamma = 2{,}1 \cdot 10^{-4}\,\mathrm{K}^{-1}$) ein. Um welchen Betrag ändert sich die Eintauchtiefe, wenn die Temperatur auf 90 °C zunimmt? Für welche Kombinationen der Werte von α und γ würde sich die Eintauchtiefe nicht ändern?

321 *Anisotrope Ausdehnung*
Kalkspat (Kalzit) ist ein einachsig anisotroper Kristall, dessen linearer Ausdehnungskoeffizient in Richtung der kristallographischen Symmetrieachse zu $\alpha_1 = 2{,}50 \cdot 10^{-5}\,\mathrm{K}^{-1}$ und dessen räumlicher Ausdehnungskoeffizient zu $\gamma = 1{,}38 \cdot 10^{-5}\,\mathrm{K}^{-1}$ gemessen wurden. Wie groß ist der lineare Ausdehnungskoeffizient α_2 in Richtungen senkrecht zur Symmetrieachse des Kristalls? (Man betrachte die Ausdehnung eines Würfels, dessen eine Kante längs der Symmetrieachse orientiert ist.)

ZUSATZAUFGABEN

322 Wie groß muss die Dehnungsfuge einer $l_0 = 800$ m langen Stahlbrücke (Elastizitätsmodul $E = 2{,}06 \cdot 10^5$ MPa; $\alpha = 1{,}2 \cdot 10^{-5}\,\mathrm{K}^{-1}$) bei 0 °C bemessen sein, wenn die Brücke sich im Sommer bis auf 40 °C erwärmen kann? Wie groß sind die andernfalls in der Brückenkonstruktion zusätzlich auftretenden Druckspannungen?

323 Welche Längen müssen bei 0 °C ein Aluminiumstab ($\alpha_{\mathrm{Al}} = 23{,}1 \cdot 10^{-6}\,\mathrm{K}^{-1}$) und ein Stahlstab ($\alpha_{\mathrm{St}} = 12{,}0 \cdot 10^{-6}\,\mathrm{K}^{-1}$) haben, damit der Stahlstab bei beliebiger Temperaturänderung immer um 10 cm länger ist als der Aluminiumstab?

324 Man berechne den maximalen Durchhang b der Freileitung in Aufgabe 318 unter der vereinfachenden Annahme, dass die Durchhängekurve als gleichschenkliges Dreieck angenähert werden kann!

325 Ein Glaspyknometer mit dem Volumen $V_0 = 30\,\mathrm{cm}^3$ ($\alpha_{\mathrm{G}} = 9 \cdot 10^{-6}\,\mathrm{K}^{-1}$) wird bei der Temperatur $\vartheta_1 = 20$ °C mit einer Flüssigkeit gefüllt und in einem Wasserbad auf $\vartheta_2 = 80$ °C erwärmt. Wie groß ist der Raumausdehnungskoeffizient γ der Flüssigkeit, wenn bei dem Versuch $\Delta V = 0{,}279\,\mathrm{cm}^3$ Flüssigkeit aus dem Pyknometer austreten?

Thermische Zustandsgleichung des idealen Gases

326 *Ausdehnungs- und Spannungskoeffizient*
Zeigen Sie durch Betrachtung zweier aufeinander folgender Zustandsänderungen, dass das 2. GAY-LUSSACsche Gesetz $p = p_0(1 + \beta\vartheta)$ mit $\beta = (1/273{,}15)\,\mathrm{K}^{-1}$ und damit die Gleichheit von Spannungskoeffizient β und Ausdehnungskoeffizient $\gamma = (1/273{,}15)\,\mathrm{K}^{-1}$ des idealen Gases aus dem 1. GAY-LUSSACschen Gesetz $V = V_0(1+\gamma\vartheta)$ und dem bei konstanter Temperatur ϑ geltenden BOYLE-MARIOTTEschen Gesetz $pV = \mathrm{const}$ folgt!

327 *Isobarer Vorgang (1)*
Die in einem Wohnraum von $V_1 = 60\,\mathrm{m}^3$ bei der Temperatur $\vartheta_1 = 10$ °C und dem Normalluftdruck $p_1 = p_0 = 1013{,}25$ mbar (hPa) befindliche Menge Luft (Molmasse 28,85 g/mol) wird bei gleich bleibendem Druck durch eine Raumheizung auf die Temperatur $\vartheta_2 = 25$ °C erwärmt. a) Wie groß sind Masse m_1 und Dichte ϱ_1 der sich im Zimmer befindlichen Luft vor der Erwärmung? b) Auf welchen Wert ϱ_2 ändert sich die Dichte der Luft nach der Erwärmung und welche Luftmenge entweicht dem Raum? c) Welcher Druck würde nach der Erwärmung herrschen, wenn der Wohnraum so isoliert wäre, dass kein Druckausgleich mit der Umgebung stattfinden könnte?

328 *Isobarer Vorgang (2)*

a) In welcher Höhe schwebt ein Ballon (Durchmesser $d = 60$ cm, Gesamtmasse $m_B = 132$ g) in einem 5 m hohen Raum, wenn die Temperatur vom Boden bis zur Decke linear von $\vartheta_1 = 20\,°C$ bis $\vartheta_2 = 25\,°C$ ansteigt und ein Luftdruck von $p = 1$ bar ($= 10^5$ Pa) herrscht? Gaskonstante von Luft: $R = 288{,}2$ J/(kg K). b) Mit welcher Periodendauer schwingt der Ballon um seine Gleichgewichtslage, wenn er geringfügig nach oben oder unten ausgelenkt wird?

329 *Isochorer Vorgang*

Die Luft in einem Autoreifen stehe bei $\vartheta_1 = 18\,°C$ unter einem Überdruck von 2,5 bar. a) Wie ändert sich der Reifendruck bei Erwärmung auf $\vartheta_2 = 38\,°C$, wenn das Reifenvolumen als unveränderlich betrachtet werden kann? b) Welcher Anteil der im Reifen befindlichen Menge Luft müsste abgelassen werden, um bei der Temperatur ϑ_2 den ursprünglichen Reifendruck wiederherzustellen? c) Wie lange müsste das Ventil dafür geöffnet werden, wenn das Reifenvolumen $V = 0{,}15\ m^3$ beträgt und der effektive Durchmesser der Ventildüse zu $d = 2$ mm angenommen wird? Gaskonstante von Luft: $R = 288{,}2$ J/(kg K).

330 *Isothermer Vorgang (1)*

(Bild) Zwei Gase der Volumina $V_1 = 2\ m^3$ und $V_2 = 4\ m^3$ sind durch einen beweglichen, wärmeleitenden Kolben der Querschnittsfläche $A = 0{,}01\ m^2$ und der Masse $m = 2$ kg getrennt. Die Drücke und Temperaturen auf beiden Seiten des Kolbens seien gleich, der Druck betrage $p = 1$ bar $= 10^5$ Pa. Welche Kraft ist erforderlich, um den Kolben bei gleich bleibender Temperatur der Gase um die Strecke $x = 10$ cm in Richtung V_2 zu verschieben? Wie groß ist die Periodendauer der Schwingungsbewegung, die der Kolben vollführt, wenn er danach losgelassen wird?

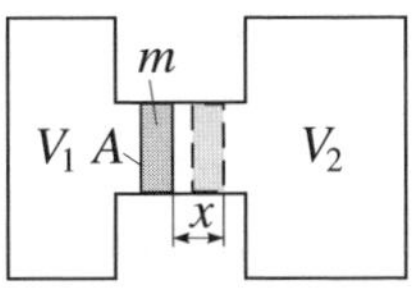

331 *Isothermer Vorgang (2)*

a) Wie groß ist die Dichteänderung der Luft bei 0 °C im vorderen Staupunkt eines mit der Geschwindigkeit $v_0 = 280$ km/h fahrenden Schienenfahrzeugs, wenn die vom Strömungsvorgang bewirkte Kompression der Luft als isotherm anzusehen ist und die BERNOULLIsche Gleichung für inkompressible Fluide angewendet werden darf? b) Für größere Dichteänderungen muss die BERNOULLIsche Gleichung für eine kompressible Strömung

$$\frac{1}{2}(v_1^2 - v_2^2) = \int_{p_1}^{p_2} \frac{dp}{\varrho(p)}$$

angewendet werden. Wie groß ist die Dichteänderung im Staupunkt unter isothermen Bedingungen bei $v_0 = 1000$ km/h? Gaskonstante für Luft: $R = 288{,}2$ J/(kg K).

332 *Adiabatischer Vorgang*

(Bild) Ein mit Gas gefüllter wärmeisolierter Zylinder wird durch einen beweglichen und wärmeundurchlässigen Kolben in zwei Volumina geteilt. Anfangs seien die Volumina (V_1, V_2), die Drücke (p_1, p_2) und die Temperaturen (T_1, T_2) der Gase auf beiden Seiten des Kolbens gleich groß und betragen $V_0 = 1\ dm^3$, $p_0 = 2$ bar und $T_0 = 300$ K. Welcher Endzustand stellt sich ein, wenn das Gas in V_2 (z. B. durch einen internen Heizstab) soweit erwärmt wird, bis der Druck den Wert $p_2 = 4$ bar erreicht? Welcher Zustand würde sich einstellen, wenn der Kolben wärmeleitend wäre? $\varkappa = 1{,}4$.

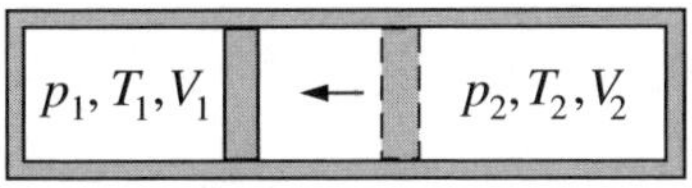

ZUSATZAUFGABEN

333 Bei 30 °C hat eine in 5 dm^3 eingeschlossene bestimmte Menge Luft (Molmasse M = 28,85 g/mol) einen Druck von 17,5 MPa. Welches Volumen nimmt die Luft a) im Normzustand (0 °C und 1013,25 hPa), b) bei 100 °C und 50 MPa ein? Um welche Luftmenge handelt es sich?

334 Eine Stahlflasche von 10 l enthält 40 g Wasserstoff (Molmasse M = 2 g/mol). Bei welcher Temperatur erreicht der Überdruck 5 MPa, wenn der äußere Luftdruck zu 1 bar angenommen wird?

335 a) Wie viel Hübe benötigt man mit einer Luftpumpe vom Volumen $V_P = 0{,}13\,dm^3$, um in einem Fahrradschlauch vom Volumen $V_S = 0{,}8\,dm^3$ isotherm einen Überdruck von $\Delta p = 4$ bar zu erzeugen? b) Auf welchen Wert ändert sich der Reifendruck bei Abkühlung von $\vartheta_1 = 25\,°C$ auf $\vartheta_2 = -10\,°C$, wenn die Änderung des Reifenvolumens vernachlässigt werden kann? Äußerer Luftdruck: $p_0 = 1$ bar.

336 Zur Kompression von Stickstoff (Molmasse M = 28 g/mol, $\varkappa = 1{,}4$) wird eine Kolbenpumpe verwendet, die bei jedem Hub $V_1 = 500\,cm^3$ Gas auf den zehnten Teil des Volumens verdichtet. a) Wie viel Gramm Stickstoff werden je Hub komprimiert, wenn die Anfangswerte von Druck und Temperatur $p_1 = 1$ bar und $\vartheta_1 = 20\,°C$ betragen? b) Unter welchem Druck steht das Gas nach einer isothermen Kompression? c) Welcher Druck und welche Temperatur werden erreicht, wenn die Kompression adiabatisch verläuft?

337 (Bild) Ein mit Gas gefüllter Behälter (Volumen $V = 5\,m^3$) wird durch das Eigengewicht eines beweglichen Kolbens (Masse $m = 10$ kg, Querschnitt $A = 0{,}5\,dm^2$) verschlossen. Der äußere Luftdruck betrage $p_0 = 1$ bar. a) Wie groß ist der Gasdruck im Behälter, wenn sich der Kolben im Gleichgewicht befindet? b) Der Kolben wird bei konstant bleibender Temperatur des Gases durch Verschiebung um die Strecke $z = 10$ cm geringfügig aus dem Gleichgewicht gebracht. Wie groß ist die rücktreibende Kraft F? c) Wie groß ist die Periodendauer T_S der resultierenden Schwingung des Kolbens nach dem Loslassen?

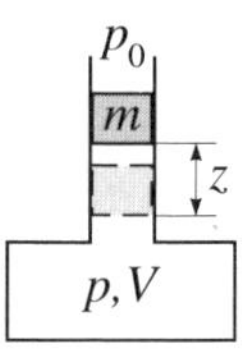

338 In Aufgabe 330 seien Behälterwand und Kolben wärmeundurchlässig, so dass die Zustandsänderung der Gase adiabatisch erfolgt. Wie groß ist in diesem Fall die Periodendauer der Schwingungsbewegung des Kolbens nach geringfügiger Auslenkung? Die Adiabatenexponenten der Gase in V_1 und V_2 betragen $\varkappa_1 = 1{,}4$ und $\varkappa_2 = 1{,}6$.

Wärme. Spezifische Wärmekapazität. Kalorimetrie

339 *Umwandlung mechanischer Energie in Wärme*
Beim Drehen eines Werkstücks aus Stahl (Dichte $\varrho = 7{,}8 \cdot 10^3\,kg/m^3$; spezifische Wärmekapazität $c = 0{,}46$ kJ/(kg K)) vom Radius $r = 10$ cm und der Temperatur $\vartheta_1 = 20\,°C$ wird ein Span der Breite $b = 5$ mm und Dicke $d = 1$ mm abgehoben. An der Anlauffarbe erkennt man, dass der Span etwa die Temperatur $\vartheta_2 = 300\,°C$ hat. Wie groß ist das Drehmoment des Motors der Drehmaschine unter der Annahme, dass die entstehende Wärme vollständig vom Span aufgenommen wird?

340 *Schmelzvorgang*
Reinstaluminium hat bei 0 °C eine spezifische Wärmekapazität von $c_0 = 0{,}881$ kJ/(kg K) und in der Nähe des Schmelzpunktes $\vartheta_S = 660$ °C von $c_S = 1{,}256$ kJ/(kg K); dazwischen kann eine lineare Temperaturabhängigkeit angenommen werden. Die spezifische Schmelzwärme beträgt $s = 397$ kJ/kg. Welche Heizleistung muss ein elektrischer Laborofen mindestens haben, um eine Probe von 1 kg Reinstaluminium der Temperatur $\vartheta_1 = 20$ °C in 15 Minuten schmelzfähig zu machen?

341 *Temperaturausgleich*
Ein in ein Wasserbad von $m_W = 7$ g getauchtes Thermometer zeigt eine Temperatur von $\vartheta_{Th} = 31{,}6$ °C an, wobei ein Ansteigen der Quecksilbersäule um $\Delta\vartheta = 13{,}5$ K beobachtet wird. Wie groß war die Temperatur des Wasserbades vor Beginn der Messung, wenn das Thermometer eine Wärmekapazität von $C_{Th} = 1{,}93$ J/K hat? Die spezifische Wärmekapazität des Wassers beträgt $c_W = 4{,}19$ kJ/(kg K).

342 *Temperatur- und Druckausgleich*
(Bild) Ein nach außen wärmeisolierter Gasbehälter wird durch eine wärmeleitende Wand in zwei Volumina geteilt. Das Gas im Volumen $V_1 = 3$ l (molare Wärmekapazität $C_{mV_1} = 12{,}5$ J/(mol K)) befindet sich anfänglich bei einem Druck von $p_1 = 4$ bar und einer Temperatur von $T_1 = 300$ K, das Gas im Volumen $V_2 = 2$ l ($C_{mV_2} = 20{,}8$ J/(mol K)) bei $p_2 = 2$ bar und $T_2 = 500$ K. a) Welche Temperatur T stellt sich bei festgehaltener Wand ein? Wie groß ist nach dem Temperaturausgleich jeweils der Druck in V_1 und V_2? b) Welche Temperatur und welcher Druck stellen sich bei beweglicher Wand ein? Wie groß sind dann die Volumina der Gase?

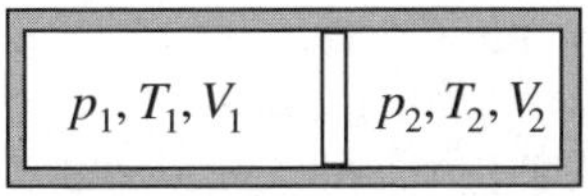

343 *Kalorimetrie (1)*
Ein Kalorimeter ist mit $m_k = 0{,}5$ kg kaltem Wasser der Temperatur $\vartheta_k = 10$ °C gefüllt. Spezifische Wärmekapazität von Wasser: $c_W = 4{,}19$ kJ/(kg K). a) Zur Bestimmung der Wärmekapazität des Kalorimeters (einschließlich Deckel, Rührwerk und Thermometer) werden $m_w = 0{,}5$ kg warmes Wasser von $\vartheta_w = 80$ °C hinzugegeben; es wird eine Mischungstemperatur von $\vartheta_M = 42$ °C ermittelt. Wie groß ist die Wärmekapazität C_K des Kalorimeters? b) Anschließend wird ein Festkörper der Masse $m_F = 0{,}3$ kg einem Wasserbad von $\vartheta_w = 80$ °C entnommen und in das mit $m_k = 0{,}5$ kg Wasser von $\vartheta_k = 10$ °C gefüllte Kalorimeter gebracht. Wie groß ist die spezifische Wärmekapazität des Festkörpers, wenn eine Mischungstemperatur von $\vartheta_M = 16{,}8$ °C ermittelt wird?

344 *Kalorimetrie (2)*
Eine bestimmte Menge Eis ($m_E = 100$ g; spezifische Wärmekapazität $c_E = 2{,}09$ kJ/(kg K); spezifische Schmelzwärme $s = 334$ kJ/kg) wird in ein Messingkalorimeter ($m_{Me} = 250$ g, $c_{Me} = 0{,}385$ kJ/(kg K)) gebracht, das $m_W = 300$ g Wasser ($c_W = 4{,}19$ kJ/(kg K)) der Temperatur $\vartheta_W = 90$ °C enthält. Als Mischungstemperatur wird $\vartheta_M = 49$ °C bestimmt. Welche Temperatur hatte das Eis?

345 *Kalorimetrie (3)*
Wie viel Wasserdampf von $\vartheta_S = 100$ °C muss in das Wasser (Masse $m_W = 200$ g, Temperatur $\vartheta_W = 20$ °C) eines Kalorimeters der Wärmekapazität $C_K = 120$ J/K eingeleitet werden, damit sich die Mischungstemperatur $\vartheta_M = 50$ °C einstellt? Die spezifische Wärmekapazität von

Wasser beträgt $c_W = 4{,}19$ kJ/(kg K), die spezifische Kondensationswärme von Wasserdampf $r = 2257$ kJ/kg.

ZUSATZAUFGABEN

346 Man berechne die Zeit, die ein elektrischer Heißwasserspeicher benötigt, um 8 kg Wasser ($c = 4{,}19$ kJ/(kg K)) von 10 °C auf 95 °C zu erwärmen! Die Heizleistung beträgt $P = 950$ W, der Wirkungsgrad η (infolge von Wärmeverlusten verminderte effektive Heizleistung) 92%.

347 Eine bestimmte Menge Wasser ($m_1 = 20$ kg) der Temperatur $\vartheta_1 = 80$ °C soll mit Leitungswasser der Temperatur $\vartheta_2 = 10$ °C in einer Zinkwanne ($m_3 = 100$ kg) der Temperatur $\vartheta_3 = 20$ °C gemischt werden, so dass sich eine Temperatur von $\vartheta_M = 35$ °C einstellt. a) Wie groß muss der Anteil des kalten Wassers (m_2) sein? b) Welches Mischungsverhältnis von warmem zu kaltem Wasser ergibt sich, wenn die Wärmekapazität der Zinkwanne vernachlässigt wird? Die spezifische Wärmekapazität von Wasser beträgt $c_W = 4{,}19$ kJ/(kg K), von Zink $c_{Zn} = 0{,}385$ kJ/(kg K).

348 Eine Kupferkugel (Masse $m_{Cu} = 100$ g; $c_{Cu} = 0{,}383$ kJ/(kg K)) wird in einer Flamme längere Zeit erhitzt, so dass sie die Temperatur der Flamme annimmt. Danach wird sie in einem Kalorimeter (Wärmekapazität $C_K = 0{,}08$ kJ/K) mit $m_W = 200$ g Wasser ($c_W = 4{,}19$ kJ/(kg K)) von $\vartheta_W = 10$ °C abgekühlt, wobei sich das Wasser auf $\vartheta_M = 35$ °C erwärmt. Welche Temperatur hat die Flamme?

349 Welche Mischungstemperatur stellt sich in einem Kalorimeter (Wärmekapazität $C_K = 0{,}123$ kJ/K) mit Wasser ($m_W = 500$ g; $c_W = 4{,}19$ kJ/(kg K)) der Temperatur $\vartheta_W = 20$ °C ein, wenn Eis ($m_E = 50$ g; $c_E = 2{,}09$ kJ/(kg K); spezifische Schmelzwärme $s = 334$ kJ/kg) der Temperatur $\vartheta_E = -10$ °C hinzugefügt wird?

350 Wie viel Wasser verdampft beim Abschrecken eines glühenden Eisenteils ($\vartheta_E = 700$ °C) der Masse $m_E = 12$ kg in $m_W = 5$ kg Wasser der Temperatur $\vartheta_W = 20$ °C, das sich in einem Eisengefäß von $m_G = 2$ kg befindet? Die spezifische Verdampfungswärme von Wasser beträgt $r = 2257$ kJ/kg; die spezifische Wärmekapazität von Eisen ist $c_E = 0{,}45$ kJ/(kg K), die von Wasser $c_W = 4{,}19$ kJ/(kg K).

HAUPTSÄTZE DER THERMODYNAMIK

I. Hauptsatz. Zustandsänderungen der Gase

351 *Innere Energie, Wärme, Arbeit*

(Bild) Ein Gas werde vom Zustand *1* in den Zustand *2* überführt, und zwar a) auf dem Weg *1–3–2*, b) auf dem Weg *1–4–2*, c) entlang der Diagonalen *1–2*. Der Druck im Zustand *1* sei halb so groß wie im Zustand *2*. Wie groß ist für den Fall a) die Änderung der inneren Energie des

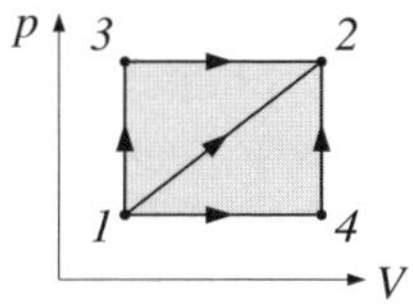

Gases, wenn bei einer zugeführten Wärme von 3 kJ die Expansionsarbeit 1 kJ verrichtet wird? Man berechne für die Fälle b) und c) die zugeführte Wärme und die Arbeit! Als welche Art von Zustandsänderung könnte man die Expansion entlang der Diagonalen *1–2* charakterisieren, bzw., wie könnte man sie realisieren?

352 *Isobare Expansion. Hubarbeit*

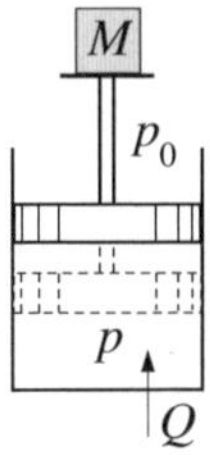

(Bild) Ein Gewicht (Masse $M = 100$ kg) belastet einen in einem Zylinder beweglichen Kolben und versetzt ein darin befindliches Gas ($\varkappa = c_p/c_V = 1{,}4$) unter den konstanten Überdruck $\Delta p = 3$ bar. a) Welche Wärme Q muss dem Gas zugeführt werden, um das Gewicht um $h = 1$ m zu heben? b) Wie groß ist der Wirkungsgrad dieser Maschine? Der äußere Luftdruck betrage $p_0 = 1$ bar.

353 *Isobare Erwärmung*

a) Welche Wärme braucht man je Volumeneinheit Luft, um die Temperatur in einem Zimmer von 0 °C auf 25 °C bei gleich bleibendem Luftdruck $p_0 = 100$ kPa zu erhöhen? b) Wie groß ist der Nutzungsgrad der Wärme, ausgedrückt durch das Verhältnis von Nutzenergie zur aufgewandten Energie? $\varkappa = c_p/c_V = 1{,}4$.

354 *Isochore Erwärmung*

(Bild) Zwei Halbkugeln aus Eisen (spezifische Wärmekapazität $c_E = 0{,}45$ kJ/(kg K); Dichte $\varrho_E = 7{,}6 \cdot 10^3$ kg/m^3) (ähnlich den „Magdeburger Halbkugeln“ nach OTTO VON GUERICKE), deren Innendurchmesser $d = 38{,}6$ cm und Wandstärke $a = 0{,}5$ cm betragen, sind

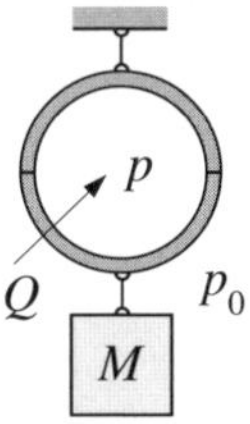

luftdicht aufeinander gelegt und bei 20 °C bis auf 1/10 des äußeren Luftdrucks $p_0 = 1000$ hPa evakuiert. a) Auf welche Temperatur sind die Kugel und das in ihr enthaltende Restgas bei gleich bleibendem Volumen zu erwärmen, damit ein angehängtes Gewicht der Masse $M = 1000$ kg schon ausreicht, um beide Halbkugeln voneinander zu trennen? b) Welche Wärme muss dafür zugeführt werden? Gaskonstante von Luft $R = 288{,}2$ J/(kg K); spezifische Wärmekapazität von Luft $c_V = 0{,}717$ kJ/(kg K).

355 *Isotherme Expansion. Nutzarbeit*

(Bild) In einem Zylinder ist $V_1 = 1$ l eines Gases bei einem Überdruck von 7 bar gegenüber

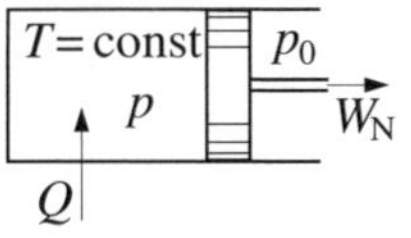

dem äußeren Luftdruck von $p_0 = 1$ bar eingeschlossen. Welche Arbeit verrichtet das Gas, wenn es bei konstanter Temperatur bis auf den Innendruck $p_2 = 2$ bar expandiert? Welche Nutzarbeit W_N wird dabei an der Kolbenstange verrichtet, und welche Wärme Q muss dem Gas zugeführt werden?

356 *Isotherme Evakuierung eines Rezipienten*

(Bild) Welcher Arbeitsaufwand ist erforderlich, um die Luft aus einem Vakuumbehälter (Rezipient) von $V_1 = 1$ m^3 bei konstanter Temperatur bis auf 1/100 des äußeren Luftdrucks von $p_0 = 1$ bar zu evakuieren? – *Anleitung:* Man lasse das Gas von $p_1 = p_0 = 1$ bar auf

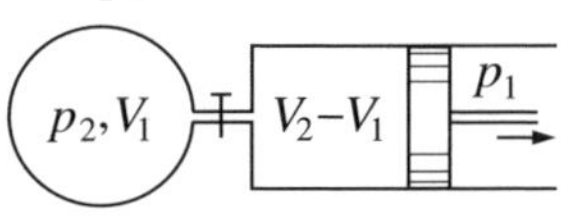

$p_2 = p_0/100 = 0{,}01$ bar isotherm expandieren, trenne durch Schließen des Ventils das Rezipientenvolumen V_1 ab und komprimiere dann den Rest wieder isotherm auf p_1.

357 *Adiabatische Kompression*
Ein mit Luft der Umgebungstemperatur 20 °C und dem Umgebungsdruck 1 bar gefüllter Stoßdämpfer kann sein Volumen von $V_1 = 0{,}02\,\text{m}^3$ auf $V_2 = 0{,}004\,\text{m}^3$ verringern. a) Welche Stoßenergie kann der Stoßdämpfer maximal aufnehmen, wenn die Kompression der Luft adiabatisch erfolgt? b) Wie groß ist die Änderung der inneren Energie des Gases, und welche Werte erreichen dabei Druck und Temperatur? Adiabatenexponent $\varkappa = 1{,}4$.

358 *Maximale Nutzarbeit*
(Bild) Ein Gas nehme im Anfangszustand (*1*) das Volumen $V_1 = 1\,\text{m}^3$ bei dem Druck $p_1 = 5$ bar und der Temperatur $T_1 = 600$ K ein. Es soll durch reversiblen Druck- und Temperaturausgleich in den thermodynamischen Gleichgewichtszustand (*0*) mit der Umgebung (Druck $p_0 = 1$ bar; Temperatur $T_0 = 293{,}15$ K) gebracht werden und dabei nur vermöge seiner inneren Energie, ohne Wärmezufuhr aus der Umgebung, Arbeit verrichten. Diese wird maximal, wenn das Gas zunächst von *1* nach *2* auf die Umgebungstemperatur T_0 adiabatisch entspannt ($\varkappa = 1{,}4$) und anschließend durch isotherme Kompression von *2* nach *0* auf den Umgebungsdruck p_0 gebracht wird. Man berechne die maximale Nutzarbeit (entsprechend der im Bild schraffierten Fläche)!

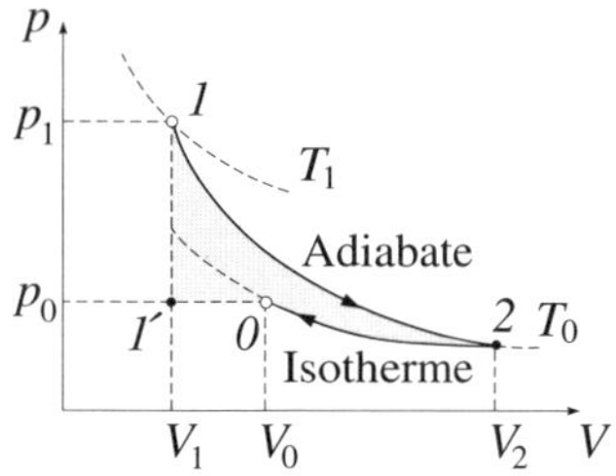

359 *Technische Arbeit bei polytroper Zustandsänderung*
Ein Kompressor mit $V_1 = 3$ l Hubraum verdichtet Luft (spezifische Wärmekapazität $c_V = 0{,}717$ kJ/(kg K); Gaskonstante $R = 288{,}2$ J/(kg K)) der Temperatur $\vartheta_1 = 20$ °C vom Normdruck $p_1 = p_0 = 1{,}013$ bar auf Druckluft von $p_2 = 4$ bar, wobei der Kompressionsakt eine polytrope Zustandsänderung mit dem Polytropenexponenten $k = 1{,}3$ darstellt. a) Man berechne die Kompressorarbeit W_{techn} für einen Arbeitszyklus und vergleiche diese mit der Kompressionsarbeit! b) Wie viel Wärme muss abgeführt werden? c) Welche Leistung muss der Kompressor haben, wenn er stündlich 1000 m^3 Druckluft liefern soll?

ZUSATZAUFGABEN

360 Luft vom Volumen $V_1 = 1\,\text{m}^3$ und der Temperatur $T_1 = 300$ K soll bei konstantem Druck von $p = 1$ bar auf $T_2 = 1000$ K erwärmt werden. Man berechne a) das Endvolumen V_2, b) die verrichtete Ausdehnungsarbeit W_{12}, c) die zuzuführende Wärme Q_{12} und d) die Änderung der inneren Energie des Gases ΔU_{12}! $\varkappa = c_p/c_V = 1{,}4$.

361 Welche Arbeit verrichtet 1 kg Kohlendioxid (CO_2) bei Erwärmung von 0 °C auf 20 °C, wenn es sich bei gleich bleibendem Druck ausdehnen kann?

362 Luft (Molmasse $M \approx 29 \cdot 10^{-3}$ kg/mol) wird von einem Kompressor bei Atmosphärendruck $p_1 = 1$ bar und bei der Temperatur $T = 294$ K angesaugt und auf den Druck $p_2 = 35$ bar komprimiert. Welche Wärme Q muss je Kilogramm komprimierter Luft an das Kühlwasser abgegeben werden, wenn die Kompression isotherm erfolgen soll? Wie groß ist die vom Kompressor verrichtete Arbeit?

363 Man berechne die Wärmekapazität eines idealen Gases, dessen Ausdehnung durch a) $pV^2 = \text{const}$, b) $p^2V = \text{const}$ beschrieben wird! Kühlt sich das Gas bei der Ausdehnung ab, oder erwärmt es sich?

364 (Bild) Vom gleichen Anfangszustand *1* mit $p_1 = 1$ bar, $V_1 = 1\,\text{dm}^3$ und $T_1 = 600$ K ausgehend expandiert ein Gas auf zwei verschiedenen Wegen zum gleichen Endzustand *2* mit $V_2 = 2V_1$ und $T_2 = T_1/2$. Der Weg *1–3–2* besteht aus einer Isotherme von *1* nach *3* und einer Isochore von *3* nach *2* , der Weg *1–4–2* aus einer Isochore von *1* nach *4* und einer Isotherme von *4* nach *2*. Wie groß sind auf beiden Wegen jeweils die verrichtete Arbeit W, die ausgetauschte Wärme Q und die Änderung der inneren Energie des Gases ΔU? $\varkappa = 1 + (R/c_V) = 1{,}4$.

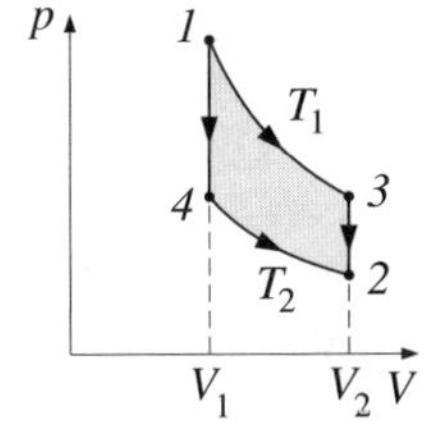

365 Ein ideales Gas (Adiabatenexponent $\varkappa = 1{,}4$) expandiere vom Volumen $V_1 = 1\,\text{dm}^3$ (Druck $p_1 = 4$ bar) auf das Volumen $V_2 = 2\,\text{dm}^3$, wobei eine polytrope Zustandsänderung entsprechend $pV^k = \text{const}$ (k Polytropenexponent) stattfindet. Wie groß sind die Expansionsarbeit W_{12}, die ausgetauschte Wärme Q_{12} und die Änderung der inneren Energie ΔU_{12} des Gases für einen Polytropenexponenten $k = 1{,}3$ (technische Polytrope)? Wird Wärme der Umgebung entzogen oder zugeführt?

366 Bei einem Experiment zur Bestimmung des Adiabatenexponenten $\varkappa$ (nach CLÉMENT-DESORMES) wird ein Behälter ($V_1 = 0{,}1\,\text{m}^3$) mit Gas von der Umgebungstemperatur T_1 und $\Delta p_1 = 1$ kPa Überdruck kurzzeitig geöffnet, so dass ein adiabatisch verlaufender Druckausgleich mit der Umgebung (Umgebungsdruck $p_0 = 100$ kPa) erfolgt. Anschließend erwärmt sich das Gas isochor wieder auf die Umgebungstemperatur T_1, wobei sich ein Überdruck von $\Delta p_2 = 0{,}23$ kPa einstellt. Man stelle den Vorgang im p, V-Diagramm dar! a) Wie groß ist der Adiabatenexponent $\varkappa$ des Gases? b) Welche Wärme nimmt das Gas aus der Umgebung auf?

Kreisprozesse, Energieumwandlungen

367 *Wärmekraftmaschine nach dem Carnot-Prozess*

(Bild) In einem mit Steinkohle als Primärenergieträger (Heizwert $H = 29$ MJ/kg) betriebenen Kraftwerk wird stündlich 1 t Steinkohle verbrannt. Die Temperatur der Verbrennungsgase der Steinkohlefeuerung (Wärmeerzeuger) beträgt $\vartheta_1 = 600\,°\text{C}$; die Abwärme wird an die Umgebung bei $\vartheta_2 = 25\,°\text{C}$ übertragen. a) Wie groß ist der thermische Wirkungsgrad einer nach dem CARNOTschen Kreisprozess zwischen den Temperaturen $\vartheta_1 = \vartheta_1' = 600\,°\text{C}$ und $\vartheta_2 = 25\,°\text{C}$ arbeitenden Wärmekraftmaschine? Welche Leistung könnte damit aus der bei der Verbrennung entstehenden Wärme Q_1 gewonnen werden, und wie groß wäre die Abwärme? b) Tatsächlich wird die Wärme Q_1 zuerst in den oberen Wärmespeicher des Arbeitsstoffes der Wärmekraftmaschine (Dampferzeuger; Temperatur ϑ_1') geleitet, wobei die übertragene Wärmemenge dem Temperaturunterschied $\vartheta_1 - \vartheta_1'$ zwischen Verbrennungsgasen und Arbeitsstoff proportional ist, also $Q_1 = k(\vartheta_1 - \vartheta_1')$ gilt. Bei welcher Temperatur ϑ_1' des oberen Wärmespeichers muss die CARNOT-Maschine betrieben werden, damit der in Arbeit umgewandelte Anteil der Wärme maximal wird? Wie groß sind dann thermischer Wirkungsgrad, erzeugte Leistung und Abwärme?

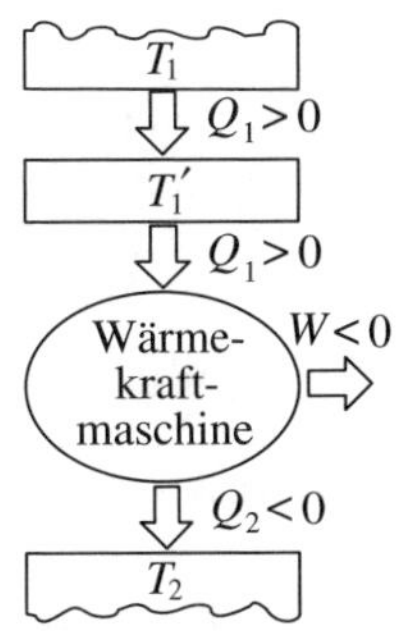

368 *Carnot-Prozess mit endlichem Wärmespeicher*

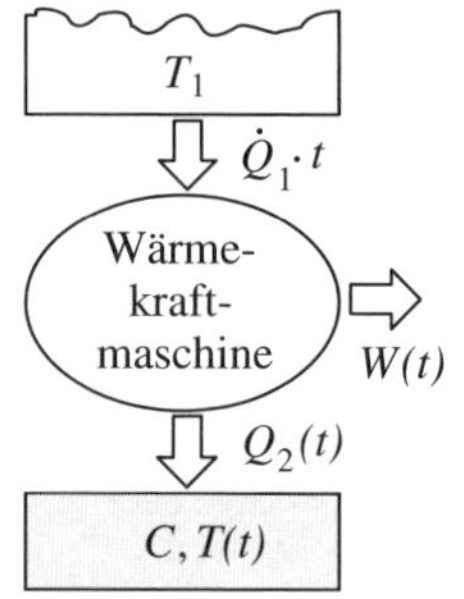

(Bild) a) Wie lange kann eine CARNOT-Maschine zwischen einem oberen Wärmespeicher von $\vartheta_1 = 300\,°\mathrm{C}$, der von einem konstanten Wärmestrom $\dot{Q}_1 = 1\,\mathrm{MW}$ gespeist wird, und einem unteren Wärmespeicher von anfänglich $\vartheta_2 = 20\,°\mathrm{C}$ und der endlichen Wärmekapazität $C = 2\,\mathrm{GJ/K}$ theoretisch betrieben werden? b) Man berechne die dabei in Arbeit umgewandelte Wärme! c) Auf welche Zeit reduziert sich die Betriebsdauer, und wie groß ist die erzeugte Arbeit, wenn der untere Wärmespeicher ein Wasserbecken (Siedetemperatur von Wasser $\vartheta_S = 100\,°\mathrm{C}$) ist?

369 *Maximal erhältliche Arbeit*

Ein Körper der Masse $m = 1\,\mathrm{t}$ mit der spezifischen Wärmekapazität $c = 0{,}5\,\mathrm{kJ/(kg\,K)}$ wird von Umgebungstemperatur 20 °C auf 700 °C erwärmt. Man berechne den größtmöglichen Anteil an Wärme, der bei anschließender Abkühlung des Körpers wieder auf Umgebungstemperatur in Arbeit umgewandelt werden kann (Exergie)!

370 *Kältemaschine*

Welche Leistung benötigt ein Kühlschrank mit einer Leistungszahl von 40% der des CARNOT-Prozesses, um pro Minute 1 kg Kühlgut der spezifischen Wärmekapazität $c = 4\,\mathrm{kJ/(kg\,K)}$ (Lebensmittel) von Zimmertemperatur $\vartheta_1 = 20\,°\mathrm{C}$ auf die Kühlschrank-Innenraumtemperatur von $\vartheta_2 = 5\,°\mathrm{C}$ abzukühlen? Welche Wärme gibt dabei der Kühlschrank an das Zimmer ab?

371 *Wärmepumpe*

Eine Wärmepumpe mit der Antriebsleistung von $P = 7\,\mathrm{kW}$ und 40% der Leistungszahl des CARNOT-Prozesses soll ein Haus beheizen, wobei als Wärmereservoir die Außenluft dient. Bis zu welcher Außentemperatur ϑ_2 kann eine Innentemperatur von $\vartheta_1 = 21\,°\mathrm{C}$ aufrechterhalten werden, wenn der Wärmestrom durch die Wände 1,2 kW je 1 K Temperaturdifferenz beträgt?

372 *Gekoppelte Carnot-Maschinen*

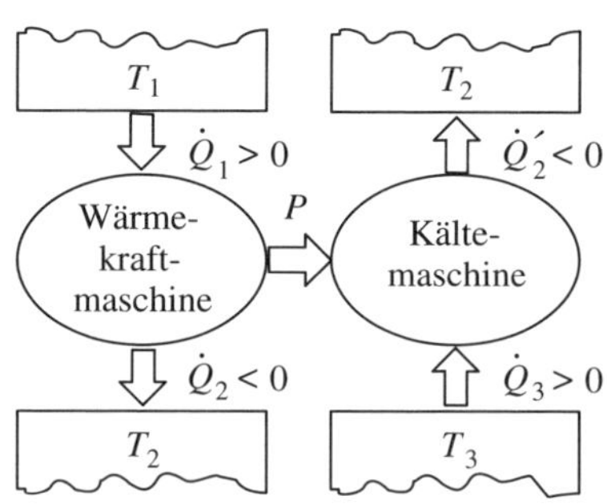

(Bild) Eine zwischen der Temperatur $\vartheta_1 = 300\,°\mathrm{C}$ und der Umgebungstemperatur $\vartheta_2 = 20\,°\mathrm{C}$ arbeitende Wärmekraftmaschine der Leistung P soll eine Kältemaschine antreiben, die einen Kühlraum von der Umgebungstemperatur ϑ_2 auf $\vartheta_3 = -30\,°\mathrm{C}$ abkühlt. Welche Wärme je Zeiteinheit $\dot{Q}_3$ wird dem Kühlraum entzogen, wenn die der Wärmekraftmaschine je Zeiteinheit zugeführte Wärme $\dot{Q}_1 = 2\,\mathrm{kW}$ beträgt? Beide Wärmemaschinen arbeiten nach dem CARNOTschen Kreisprozess.

373 *Stirling-Prozess*

(Bild) Ein ideales Gas durchläuft zwischen zwei Wärmespeichern der Temperaturen $\vartheta_1 = 600\,°\mathrm{C}$ und $\vartheta_2 = 20\,°\mathrm{C}$ folgenden Kreisprozess: *1–2* Isotherme Expansion vom Volumen $V_1 = 0{,}5\,\mathrm{l}$ auf $V_2 = 3\,\mathrm{l}$, *2–3* isochore Abkühlung, *3–4* isotherme Kompression wieder auf V_1 und *4–1* isochore Erwärmung (Heißluftmotor). a) Man berechne die zu- und abgeführte Wärme sowie die Kreisprozessarbeit für eine Gasmasse von $m = 3{,}6\,\mathrm{g}$ (Gaskonstante $R = 288{,}2\,\mathrm{J/(kg\,K)}$, $\varkappa = c_p/c_V = 1{,}4$)! Wie groß ist der thermische Wirkungsgrad?

b) Man vergleiche den erhaltenen Wirkungsgrad mit dem eines CARNOT-Prozesses zwischen denselben Temperaturen! Welche Schlussfolgerungen lassen sich aus dem Vergleich ziehen? c) Welcher thermische Wirkungsgrad ergibt sich, wenn die zur isochoren Aufheizung benötigte Wärme Q_{41} durch die bei der isochoren Abkühlung frei werdende Abwärme $Q_{23} = -Q_{41}$ gedeckt wird (Regeneration durch internen Wärmetauscher)?

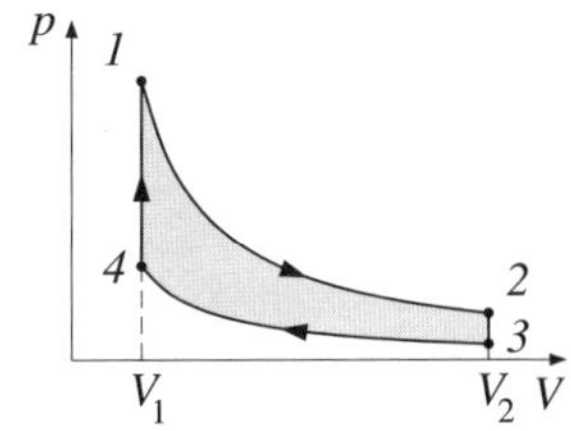

374 *Dieselmotor*
(Bild) Bei einem nach dem DIESEL-Prozess arbeitenden Verbrennungsmotor wird heiße Luft (Adiabatenexponent $\varkappa = 1{,}4$) von *1* nach *2* adiabatisch so hoch verdichtet, dass der eingespritzte Kraftstoff durch Selbstentzündung von *2* nach *3* isobar verbrennt. Der Austausch der verbrannten Gase durch Frischluft nach der adiabatischen Expansion von *3* nach *4* wird als isochore Wärmeabgabe von *4* nach *1* angenähert. Man berechne den thermischen Wirkungsgrad des Motors, wenn das Einspritzverhältnis $V_3/V_2 = 2$ und das Verdichtungsverhältnis $V_1/V_2 = 10$ beträgt!

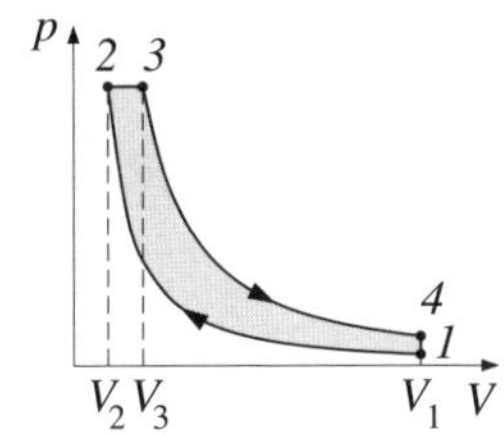

ZUSATZAUFGABEN

375 In einer Kesselanlage werden stündlich $m = 50$ kg Heizöl mit einem Heizwert von $H = 42$ MJ/kg verbrannt. Welche Leistung P kann aus der dabei erzeugten Wärme mit einer nach dem CARNOTschen Kreisprozess zwischen den Temperaturen $\vartheta_1 = 400\,°C$ und $\vartheta_2 = 20\,°C$ arbeitenden Wärmekraftmaschine gewonnen werden? Wie groß ist die Abwärme je Zeiteinheit Q_2/t?

376 Eine Wärmepumpe nach dem CARNOT-Prozess soll ein Haus im Winter heizen und im Sommer kühlen, wobei die Innentemperatur stets 20 °C betrage. Der Wärmestrom durch Wände und Fenster wird mit $\dot{q} = 0{,}8$ kW je Kelvin Temperaturdifferenz angenommen. a) Welche Leistung muss die Wärmepumpe haben, wenn im Winter die Außentemperatur $-10\,°C$ beträgt? b) Wie hoch darf im Sommer die Außentemperatur maximal sein, damit mit dieser Leistung noch die Innentemperatur von 20 °C aufrechterhalten werden kann?

377 Welche Zeit benötigt eine nach dem CARNOTschen Kreisprozess arbeitende Wärmepumpe der Leistung $P = 7$ kW, um ein Wasserbecken von 10 m^3 Fassungsvermögen (spezifische Wärmekapazität von Wasser $c = 4{,}19$ kJ/(kg K); Dichte von Wasser $\varrho = 10^3$ kg/m^3) von der Umgebungstemperatur 20 °C auf die Temperatur 40 °C zu erwärmen, wobei als Wärmereservoir die Umgebungsluft dient? Wie groß ist das Verhältnis von Energieaufnahme Q_1 des Wassers zur aufgewandten Arbeit W?

378 In einem STIRLING-Motor (mit Regenerator, vgl. Aufgabe 373c) mit der Drehzahl $n = 400\ \text{min}^{-1}$ expandieren $m = 2{,}6$ g Luft (Gaskonstante $R = 288{,}2$ J/(kg K)) der Temperatur $\vartheta_1 = 800\,°C$ vom Volumen $V_1 = 0{,}4$ l auf das Volumen $V_2 = 2$ l, wobei die niedrigste Temperatur des Gases $\vartheta_2 = 20\,°C$ beträgt. Man berechne den thermischen Wirkungsgrad des Motors, die abgegebene Leistung und den höchsten im Zylinder auftretenden Druck!

379 (Bild) Ein ideales Gas durchläuft zwischen den Temperaturen $\vartheta_1 = 20\,°\text{C}$ und $\vartheta_2 = 300\,°\text{C}$ den folgenden Kreisprozess: Isobare Expansion von *1* nach *2*, adiabatische Expansion von *2* nach *3* und isotherme Kompression von *3* nach *1*. Wie groß ist der thermische Wirkungsgrad?

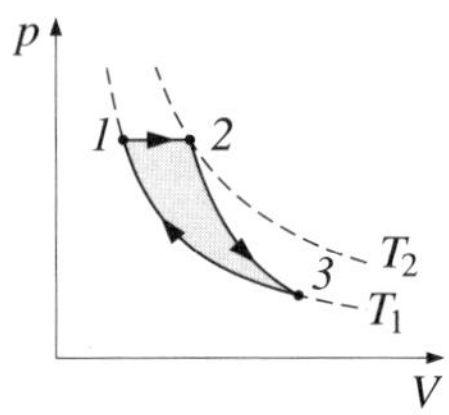

Aufgabe 379

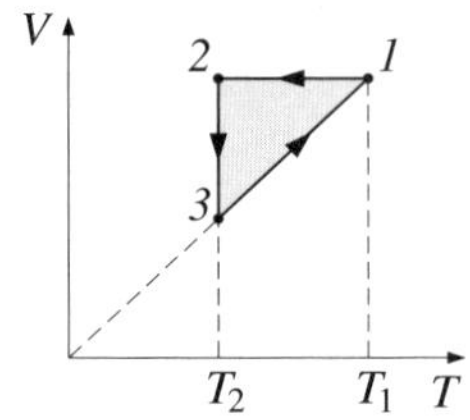

Aufgabe 380

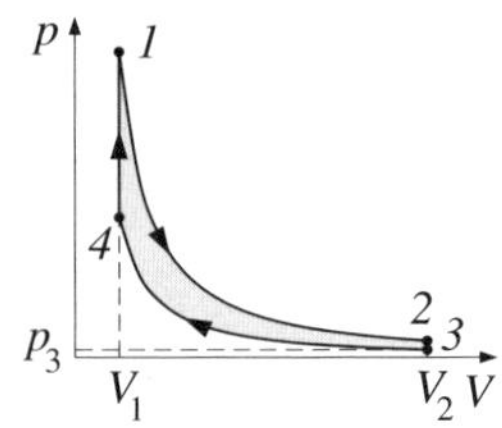

Aufgabe 381

380 (Bild) Der im V,T-Diagramm dargestellte Kreisprozess wird von einem idealen Gas ($\varkappa = c_p/c_V = 1{,}4$) zwischen den Temperaturen T_1 und $T_2 = T_1/2$ durchlaufen. a) Man übertrage die Darstellung in ein p, V-Diagramm! b) Wie groß ist der thermische Wirkungsgrad η_{th} einer nach diesem Kreisprozess arbeitenden Wärmekraftmaschine? Der Prozess wird jetzt in umgekehrter Richtung durchlaufen: Wie groß ist die Leistungszahl einer nach dem Prozess arbeitenden c) Kältemaschine ε_{KM}, d) Wärmepumpe ε_{WP}?

381 (Bild) Man berechne den thermischen Wirkungsgrad eines nach dem OTTO-Prozess (zwei Isochoren; zwei Adiabaten; Adiabatenexponent $\varkappa = 1{,}4$) laufenden Zweitaktmotors mit dem Kompressionsverhältnis $V_2/V_1 = 8$! Wie groß ist der höchste im Kreisprozess auftretende Druck, wenn das Verhältnis zwischen maximaler und minimaler Temperatur 5 beträgt und die Abgase den Druck $p_3 = 1$ bar haben?

II. Hauptsatz. Entropie

382 *Entropieänderungen des idealen Gases*

Druckluft von $p_1 = 6$ bar und $\vartheta_1 = 20\,°\text{C}$ werde vom Volumen $V_1 = 10\,\text{l}$ auf $V_2 = 60\,\text{l}$ entspannt. Wie groß ist die Entropieänderung des Gases, der Umgebung sowie des Gesamtsystems Gas und Umgebung, wenn die Expansion a) reversibel isotherm, b) reversibel adiabatisch unter Abgabe von Arbeit über einen Druckluftmotor, c) irreversibel adiabatisch durch Überströmen in das Volumen V_2 erfolgt? d) Welche Arbeit ist aufzuwenden, um Gas und Umgebung wieder in den Anfangszustand zu versetzen?

383 *Reversibler Kreisprozess. T, S-Diagramm*

Eine nach dem CARNOTschen Kreisprozess zwischen den Temperaturen $\vartheta_1 = 400\,°\text{C}$ und $\vartheta_2 = 30\,°\text{C}$ arbeitende Wärmekraftmaschine gibt je Umlauf die Arbeit $W = 4$ MJ ab. Wie groß ist die Entropieänderung des Arbeitsgases und der Umgebung (Wärmespeicher) einzeln und zusammengenommen nach jedem Teilprozess sowie nach einem Umlauf? Man stelle den Kreisprozess in einem T,S-Diagramm dar!

384 *Irreversibler Kreisprozess*

(Bild) Zwischen zwei Wärmespeichern der Temperatur $\vartheta_1 = 100\,°\text{C}$ und $\vartheta_2 = 700\,°\text{C}$ wird mit einem idealen Gas als Arbeitsstoff (Gaskonstante $R = 0{,}29$ kJ/(kg K); spezifische Wärmekapazität $c_p = 1{,}01$ kJ/(kg K)) folgender Kreisprozess durchgeführt: Isobare Erwärmung bei einem Druck $p_1 = 8$ bar von *1* nach *2*; isotherme Expansion bei ϑ_2 von *2* nach *3*; isobare Abkühlung bei $p_2 = 1$ bar von *3* nach *4* und isotherme Kompression bei ϑ_1 von *4* nach *1*. Man weise nach, a) durch Berechnung der (spezifischen) Entropiezunahme von Gas plus Wärmespeicher nach einem Umlauf, b) durch Berechnung des thermischen Wirkungsgrades, c) durch qualitative Argumente, dass der Kreisprozess irreversibel ist!

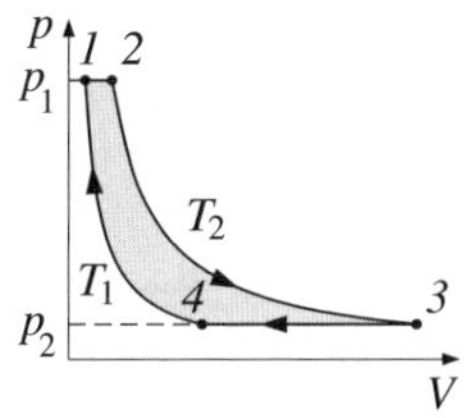

385 *Mischungsentropie*

Durch Mischung von $V_1 = 20$ l Argon bei einem Druck von $p_1 = 60$ MPa und einer Temperatur $\vartheta = 20\,°$C mit $V_2 = 10$ l Helium bei $p_2 = 40$ MPa und ebenfalls 20 °C in einem Druckbehälter von $V = 60$ l wird ein Argon-Helium-Mischgas zum Schweißen unter Schutzgas hergestellt. Wie groß ist die Entropiezunahme bei der irreversiblen Mischung, wenn der Behälter wärmeisoliert ist? Welcher Druck herrscht nach der Mischung im Behälter, und wie groß sind die Mengenanteile der Gase?

386 *Entmischungsarbeit*

Welche Arbeit erfordert die Entmischung von 1 kg Luft bei 20 °C in ihre Bestandteile O_2 und N_2 (23,1% bzw. 76,9%), wenn diese danach denselben Druck und dieselbe Temperatur haben?

387 *Irreversibler Druckausgleich*

(Bild) Ein wärmeisolierter Gaszylinder wird durch einen wärmeleitenden und reibungslos beweglichen Kolben in zwei Volumina geteilt. Das ideale Gas im Volumen $V_1 = 3$ l befindet sich anfänglich bei einem Druck von $p_1 = 5$ bar, das ideale Gas im Volumen $V_2 = 2$ l bei $p_2 = 15$ bar; die Temperatur der Gase ist gleich groß und beträgt $T = 573{,}15$ K. Wie groß ist die Entropieänderung der Gase, wenn das System durch Druckausgleich in das thermodynamische Gleichgewicht übergeht? Welcher Verlust an Arbeitsfähigkeit tritt dabei ein?

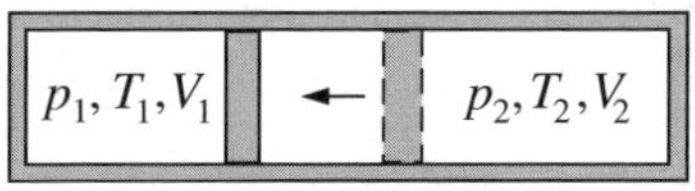

388 *Irreversibler Temperaturausgleich. Schmelzen*

Man weise durch Berechnung der Entropieänderung nach, dass Schmelzen von $m_E = 200$ g Eis der Temperatur $\vartheta_1 = -10\,°$C in Wasser der konstanten Temperatur $\vartheta_2 = 10\,°$C ein irreversibler Vorgang ist! Spezifische Wärmekapazität von Wasser $c_W = 4{,}19$ kJ/(kg K), von Eis $c_E = 2{,}09$ kJ/(kg K); spezifische Schmelzwärme von Eis $s = 334$ kJ/kg, Schmelztemperatur $\vartheta_S = 0\,°$C.

389 *Reversibler Temperaturausgleich. Maximale Arbeit*

Das Temperaturgefälle zwischen zwei Wärmespeichern endlicher Wärmekapazität, einem $V_1 = 1\ \text{km}^3$ großen unterirdischen Thermalwasserspeicher von $\vartheta_1 = 85\,°$C und einem See mit $V_2 = 5\ \text{km}^3$ Wasser der Temperatur $\vartheta_2 = 10\,°$C, soll zur Energiegewinnung ausgenutzt werden. a) Welche Wärme wird zwischen den Wärmespeichern ausgetauscht, wenn (durch thermischen Kontakt) ein irreversibler Temperaturausgleich stattfindet? Wie groß ist die Entropieänderung der beiden als ein abgeschlossenes System betrachteten Wärmespeicher? b) Welche Temperatur stellt sich ein, wenn der Temperaturausgleich unter Gewinnung von Arbeit reversibel geführt wird? c) Wie groß ist die maximal erhältliche Arbeit? Welcher Anteil der dem Thermalwasserspeicher entnehmbaren Wärme wird dabei ausgenutzt? Spezifische Wärmekapazität von Wasser $c = 4{,}19$ kJ/(kg K); Dichte $\varrho = 10^3\ \text{kg/m}^3$.

390 *Entropie und Arbeitsfähigkeit*
a) Wie groß ist der Verlust an Arbeitsfähigkeit gegenüber der Umgebung von $\vartheta_0 = 20\,°\mathrm{C}$ (Exergieverlust), wenn zwei Wärmespeicher mit den endlichen Wärmekapazitäten $C_1 = 500\,\mathrm{MJ/K}$ und $C_2 = 300\,\mathrm{MJ/K}$ und den Temperaturen $\vartheta_1 = 200\,°\mathrm{C}$ und $\vartheta_2 = 400\,°\mathrm{C}$ ohne Energieverlust ihre Temperaturen untereinander irreversibel ausgleichen? b) Welche Entropiezunahme erfährt dabei das System, bestehend aus beiden Wärmespeichern?

ZUSATZAUFGABEN

391 Man berechne die Entropieänderung von 1 mol eines einatomigen idealen Gases, das a) isobar, b) isotherm, c) adiabatisch auf das doppelte Volumen expandiert!

392 Man berechne die Entropieänderung bei dem in Aufgabe 342 betrachteten Übergang zweier durch eine wärmedurchlässige Wand voneinander getrennter Gase in das thermodynamische Gleichgewicht a) bei festgehaltener, b) bei reibungslos beweglicher Trennwand!

393 Ein Druckluftbehälter wird mit Pressluft aus einer Stahlflasche von 60 l Inhalt und 100 bar Druck bei einer konstanten Temperatur von 20 °C gefüllt. a) Wie groß ist die Entropiezunahme, wenn der Druck anschließend in beiden Gefäßen 15 bar beträgt und das System Behälter plus Flasche keine Wärme mit der Umgebung austauscht? b) Welche Arbeit verrichtet das Gas, wenn der Vorgang reversibel geführt wird?

394 Ein glühendes Stück Eisen der Masse $m = 1\,\mathrm{kg}$ und der Temperatur $\vartheta_1 = 800\,°\mathrm{C}$ (spezifische Wärmekapazität $c = 0{,}47\,\mathrm{kJ/(kg\,K)}$) lässt man in Luft von $\vartheta_2 = 20\,°\mathrm{C}$ abkühlen. Wie groß ist die Entropieänderung des Eisens ΔS_E und der umgebenden Luft ΔS_L sowie des Gesamtsystems Eisen plus Luft $\Delta S_\mathrm{E} + \Delta S_\mathrm{L}$?

395 Die Abkühlung des Eisens in Aufgabe 394 werde reversibel geführt. Wie groß sind die an die umgebende Luft abgegebene Wärme Q und die erhaltene Arbeit W?

396 1 kg flüssiges Blei von $\vartheta_1 = 500\,°\mathrm{C}$ kühlt in Luft der konstanten Temperatur $\vartheta_2 = 20\,°\mathrm{C}$ ab. Der Schmelzpunkt von Blei liegt bei $\vartheta_\mathrm{S} = 327\,°\mathrm{C}$, die spezifische Schmelzwärme beträgt $s = 24{,}6\,\mathrm{kJ/kg}$; die spezifische Wärmekapazität der flüssigen Phase ist $c_\mathrm{Fl} = 0{,}155\,\mathrm{kJ/(kg\,K)}$ und die der festen Phase $c_\mathrm{F} = 0{,}138\,\mathrm{kJ/(kg\,K)}$. Man weise durch Berechnung der Entropieänderung des abgeschlossenen Systems Blei/Luft nach, dass diese Abkühlung ein irreversibler Vorgang ist!

397 Ein Stahlteil (spezifische Wärmekapazität $c_1 = 0{,}450\,\mathrm{kJ/(kg\,K)}$) von $m_1 = 1\,\mathrm{kg}$ und $\vartheta_1 = 300\,°\mathrm{C}$ wird mit einem Aluminiumteil ($c_2 = 0{,}896\,\mathrm{kJ/(kg\,K)}$) von $m_2 = 4\,\mathrm{kg}$ und $\vartheta_2 = 20\,°\mathrm{C}$ thermisch gekoppelt, so dass sich die Temperaturen ausgleichen. a) Wie groß ist die Endtemperatur T und die Entropiezunahme des Systems? b) Welche Endtemperatur T' stellt sich ein, wenn der Temperaturausgleich zwischen den Körpern reversibel geführt wird? Wie groß ist die beiden Körpern in Form von Arbeit entzogene Energie?

398 Durch Mischung von $V_1 = 10\,\mathrm{l}$ Argon bei einem Druck von $p_1 = 6\,\mathrm{MPa}$ und einer Temperatur von $\vartheta_1 = 20\,°\mathrm{C}$ mit $V_2 = 5\,\mathrm{l}$ Sauerstoff bei $p_2 = 2\,\mathrm{MPa}$ und $\vartheta_2 = -25\,°\mathrm{C}$ in einem Behälter von $V = 50\,\mathrm{l}$ wird ein Argon-Sauerstoff-Mischgas hergestellt. Wie groß ist die Entropiezunahme, wenn der Behälter wärmeisoliert ist? Molwärmen von Argon und Sauerstoff: $C_{\mathrm{m}V_1} = 12{,}47\,\mathrm{J/(mol\,K)}$, $C_{\mathrm{m}V_2} = 20{,}74\,\mathrm{J/(mol\,K)}$.

REALE GASE. PHASENUMWANDLUNGEN

Van-der-Waalssche Zustandsgleichung

399 *Kritische Größen*
Die Konstanten a und b in der VAN-DER-WAALS-Gleichung $(p + n^2 a/V^2)(V - nb) = nR_m T$ betragen für Kohlendioxid (CO_2) $a = 365$ kPa m^6/kmol^2 und $b = 0{,}0428$ m^3/kmol. Wie groß ist die kritische Temperatur T_k, der kritische Druck p_k und das kritische molare Volumen $V_{m,k}$?

400 *Reduzierte Zustandsgleichung*
a) Man gebe die VAN-DER-WAALS-Gleichung in den reduzierten Variablen $\overline{T} = T/T_k$, $\overline{p} = p/p_k$ und $\overline{V} = V/V_k$ an und zeichne im p, V-Diagramm die Isothermen für die reduzierten Temperaturen $\overline{T} = 1{,}1$; 1 und 0,9! b) Welchen Druck übt 1 kg Kohlendioxid (kritische Größen $T_k = 304$ K; $p_k = 7{,}38$ MPa; $V_{m,k} = 0{,}128$ m^3/kmol) bei 0 °C auf die Wandung eines Behälters von 40 l im Vergleich zu einem idealen Gas unter denselben Bedingungen aus? c) Wie groß ist die maximale Dichte von flüssigem Kohlendioxid?

401 *Dampfdruck, Maxwell-Kriterium*
Ein Kompressor verflüssigt bei $\vartheta = 20$ °C je Kolbenhub $m = 500$ g Propan (C_3H_8; Molmasse $M = 44$ g/mol, kritische Temperatur $T_k = 370$ K, kritischer Druck $p_k = 4{,}25$ MPa). Man berechne die Grenzvolumina V_D und V_{Fl}, bei denen die Verflüssigung beginnt bzw. beendet ist, und den während der Verflüssigung herrschenden Dampfdruck p_D!

402 *Innere Energie, Entropie*
a) Welche Abkühlung erfahren $n = 0{,}05$ mol Kohlendioxid ($C_{mV} = 27{,}87$ J/(mol K), VAN-DER-WAALS-Konstanten $a = 365$ kPa m^6/kmol^2; $b = 0{,}0428$ m^3/kmol) bei adiabatischer Expansion ins Vakuum auf das 100-fache seines Anfangsvolumens $V_1 = 30$ cm^3 („CO_2-Patrone")? b) Wie groß ist dabei die Entropieänderung, wenn die Anfangstemperatur des Gases $\vartheta_1 = 20$ °C beträgt? Molare Gaskonstante $R_m = 8{,}3145$ J/(mol K).

403 *Isentrope Zustandsänderung*
Man leite die Adiabatengleichung $p = p(V)$ (oder die ihr äquivalenten Gleichungen für andere Paare von Zustandsgrößen) für die reversibel adiabatische (isentrope) Zustandsänderung eines VAN-DER-WAALS-Gases her!

404 *Joule-Thomson-Prozess. Gasverflüssigung*
Auf welche Temperatur muss Luftstickstoff (N_2; kritische Temperatur $T_k = 126{,}3$ K; kritischer Druck $p_k = 3{,}39$ MPa; molare Wärmekapazität $C_{mp} = 29{,}09$ J/(mol K)) bei gleich bleibendem Druck von 30 MPa mindestens vorgekühlt werden, damit nach anschließender gedrosselter (isenthalper) Entspannung auf 0,1 MPa Verflüssigung eintreten kann?

ZUSATZAUFGABEN

405 Man berechne aus den kritischen Größen von Sauerstoff ($T_k = 154{,}77$ K; $p_k = 5{,}08$ MPa) die entsprechenden VAN-DER-WAALS-Konstanten a und b sowie das Eigenvolumen v und den Durchmesser d der O_2-Moleküle!

406 1 mol eines VAN-DER-WAALS-Gases ($a = 365$ kPa m^6/kmol^2; $b = 0{,}0428$ m^3/kmol; $C_{mV} = 28{,}5$ J/(mol K)) vom Volumen $V_1 = 1$ dm^3 und der Temperatur $T = 400$ K expandiert auf das doppelte Volumen. Wie ändern sich der Druck, die Temperatur und die innere Energie des Gases, wenn die Expansion a) isotherm, b) isentrop und c) irreversibel adiabatisch erfolgt?

407 Welche Kompressibilität $\varkappa = -(1/V)(\mathrm{d}V/\mathrm{d}p)$ haben gesättigter Propandampf und flüssiges Propan bei 20 °C nach der VAN-DER-WAALS-Gleichung? Vgl. Aufgabe 401.

408 In einem Zylinder mit Kolben wird durch isotherme Kompression $m = 75$ g flüssiges Butan (C_4H_{10}; kritische Temperatur $\vartheta_k = 152$ °C; kritischer Druck $p_k = 3{,}80$ MPa) erzeugt, wobei die Verflüssigung bei einem Zylindervolumen von $V_D = 3{,}533\,\mathrm{dm}^3$ einsetzt und bei $V_{Fl} = 0{,}211\,\mathrm{dm}^3$ beendet ist. Wie groß sind Dampfdruck p_D und Temperatur T, bei der die Verflüssigung durchgeführt wird?

409 a) Man ermittle den JOULE-THOMSON-Koeffizienten $\mu_{JT} = \mathrm{d}T/\mathrm{d}p \approx \Delta T/\Delta p$ (s. Aufgabe 404) für Sauerstoff bei 20 °C aus den kritischen Größen $T_k = 154{,}8$ K, $p_k = 5{,}08$ MPa! $C_{mp} = 29{,}2$ J/(mol K). b) Auf welche Temperatur ϑ kühlt sich Sauerstoff von 20 °C durch gedrosselte Entspannung von 20 MPa auf 100 kPa ab? c) Unter welchem Druck muss sich der Sauerstoff zu Beginn mindestens befinden, damit nach der gedrosselten Entspannung Verflüssigung möglich ist?

Phasenumwandlungen

410 *Umwandlungsenthalpie. Abkühlungskurve*
Eine Aluminiumschmelze von $m = 350$ g und $\vartheta_1 = 1200$ °C wird an Luft von $\vartheta_0 = 20$ °C abgekühlt, wobei der abgeführte Wärmestrom $\dot{q} = 0{,}1$ W je 1 K Temperaturdifferenz beträgt. Die spezifische Umwandlungsenthalpie des Phasenübergangs flüssig/fest ist für Aluminium $s = 397$ kJ/kg bei einer Schmelztemperatur $\vartheta_S = 660$ °C. a) Wie groß ist das Zeitintervall Δt (Haltezeit), in dem während der Abkühlung die Erstarrung der Schmelze stattfindet? b) Man berechne die Abkühlungskurve (Temperatur-Zeit-Diagramm)! Die mittlere spezifische Wärmekapazität der flüssigen Phase beträgt $c_{p,\mathrm{fl}} = 1{,}256$ kJ/(kg K) und die der festen Phase $c_{p,\mathrm{f}} = 1{,}069$ kJ/(kg K).

411 *Dampfdruckkurve*
Man berechne durch Integration der CLAUSIUS-CLAPEYRONschen Gleichung $\mathrm{d}p_D/\mathrm{d}T = r_m/[(V_{mD} - V_{mFl})T]$ die Dampfdruckkurve (p, T-Diagramm) von Wasser unter den vereinfachenden Annahmen, dass das Molvolumen des gesättigten Dampfes V_{mD} der idealen Gasgleichung $V_{mD} = R_m T/p_D$ genügt, das Molvolumen der Flüssigkeit V_{mFl} gegenüber V_{mD} vernachlässigt werden darf und die molare Verdampfungswärme mit $r_m = 40{,}624$ kJ/mol als temperaturunabhängig angesehen wird! Wie groß ist der so erhaltene Dampfdruck am Tripelpunkt $\vartheta_{tr} = 0{,}01$ °C und am kritischen Punkt $\vartheta_k = 374{,}15$ °C im Vergleich zu den genauen Werten nach Dampftabelle (s. unten), wenn für $\vartheta = \vartheta_0 = 100$ °C der Dampfdruck $p_{D0} = 101{,}33$ kPa beträgt?

412 *Phasengleichgewicht flüssig/dampfförmig (1)*
In einem Dampfkessel von $V = 5\,\mathrm{m}^3$ befinden sich $m = 2000$ kg Wasser bei $\vartheta_1 = 300$ °C als Flüssigkeit und gesättigter Dampf. a) Wie groß ist der Dampfgehalt, und welche Volumina V_D bzw. V_{Fl} füllen Dampf und Flüssigkeit aus? b) Wie viel Dampf kondensiert, wenn durch Wärmeverlust die Temperatur auf $\vartheta_2 = 200$ °C abfällt? Welche Wärme Q wurde entzogen? –

Hinweis: Die spezifischen Zustandsgrößen für Wasser (Dampfdruck p_D, spezifische Volumina für Flüssigkeit und gesättigten Dampf v_{Fl} und v_D, spezifische Enthalpien h_{Fl} und h_D) sind der Dampftabelle (s. unten) zu entnehmen.

413 *Phasengleichgewicht flüssig/dampfförmig (2)*

Ein Zylinder mit Kolben enthält bei einem Anfangsvolumen $V_1 = 5\,\text{dm}^3$ und 250 °C $m = 0{,}2$ kg Nassdampf (Flüssigkeit und gesättigter Dampf; s. Dampftabelle unten). a) Wie groß ist die Volumenarbeit, wenn der Nassdampf auf $V_2 = 10\,\text{dm}^3$ expandiert und der Prozess isotherm erfolgt? b) Welche Wärmezufuhr Q ist dafür erforderlich, und wie groß ist die Änderung der inneren Energie ΔU?

Dampftabelle für das Nassdampfgebiet von H_2O (Auszug): Dampfdruck p_D, spezifische Volumina und spezifische Enthalpien von Wasser (v_{Fl}; h_{Fl}) und gesättigtem Dampf (v_D; h_D) sowie Verdampfungsenthalpie r für verschiedene Temperaturen

ϑ / °C	p_D / bar	v_{Fl} / dm³/kg	v_D / m³/kg	h_{Fl} / kJ/kg	h_D / kJ/kg	r / kJ/kg
0,01	0,006 112	1,000 2	206,2	0,00	2 501,6	2 501,6
5	0,008 718	1,000 0	147,2	21,01	2 510,7	2 489,7
10	0,012 27	1,000 3	106,4	41,99	2 519,9	2 477,9
15	0,017 04	1,000 8	77,98	62,94	2 529,1	2 466,1
20	0,023 37	1,001 7	57,84	83,86	2 538,2	2 454,3
40	0,073 75	1,007 8	19,55	167,45	2 574,4	2 406,9
60	0,199 2	1,017 1	7,679	251,09	2 609,7	2 358,6
80	0,473 6	1,029 2	3,409	334,92	2 643,8	2 308,8
100	1,013 3	1,043 7	1,673	419,1	2 676,0	2 256,9
150	4,760	1,090 8	0,392 4	632,2	2 745,4	2 113,2
200	15,549	1,156 5	0,127 2	852,4	2 790,9	1 938,5
250	39,776	1,251	0,050 04	1 085,8	2 800,4	1 714,6
300	85,927	1,404	0,021 65	1 345,0	2 751,0	1 406,0
350	165,35	1,741	0,008 80	1 671,9	2 567,7	895,7
374,15	221,20	3,17	0,003 17	2 107,4	2 107,4	0,0

414 *Sieden*

Bis unter welchen Druck muss ein Rezipient evakuiert werden, damit darin befindliches Wasser (molare Verdampfungsenthalpie $r_m = 40{,}624$ kJ/mol) bei 20 °C zu sieden beginnt?

415 *Phasengleichgewicht fest/flüssig. Schmelzen*

Man berechne den Anstieg der Schmelzdruckkurve des Systems Eis-Wasser im Phasengleichgewicht bei 0 °C, wenn das spezifische Volumen von Wasser $v_{Fl} = 1{,}0\,\text{cm}^3/\text{g}$, das des Eises $v_F = 1{,}0907\,\text{cm}^3/\text{g}$ und die spezifische Schmelzwärme $s = 334$ kJ/kg beträgt! Welcher Druck ist erforderlich, damit Eis bei −5 °C schmilzt?

416 *Gibbssche Phasenregel*

a) Welche intensiven Zustandsvariablen können bei einem Zweistoffsystem (z. B. bestehend aus den Komponenten Wasser und Salz) maximal vorgegeben werden? b) Wie viel (intensive) Zustandsvariablen können frei gewählt werden (Freiheitsgrade), wenn das Zweistoffsystem in drei Phasen auftreten soll (z. B. Salz, Eis und wässrige Salzlösung)? c) Wie viel Phasen können bei dem Zweistoffsystem maximal nebeneinander existieren?

ZUSATZAUFGABEN

417 In einem Druckbehälter von $V = 10\,\mathrm{l}$ befindet sich $m = 1\,\mathrm{kg}$ Wasser bei 300 °C. a) Wie groß ist der Behälterinnendruck? b) Wie viel Flüssigkeit befindet sich im Behälter? c) Bei welcher Wassermenge beträgt der Dampfanteil 100%? Für die spezifischen Zustandsgrößen von Wasser bei 300 °C siehe die Dampftabelle auf Seite 67!

418 Kann man durch Ablesen des Manometerdrucks feststellen, wie viel Flüssiggas noch in einer Druckflasche ist?

419 Welche Wärme Q ist dem Dampfkessel in Aufgabe 412 zuzuführen, wenn bei gleich bleibendem Druck (p_{D1}) $\Delta m_D = 1000\,\mathrm{kg}$ Wasser als Dampf entnommen werden?

420 (Bild) Wie groß ist der thermische Wirkungsgrad eines Kreisprozesses, bestehend aus 2 Isobaren und 2 Isentropen, der vollständig im Nassdampfgebiet zwischen den Sättigungsdrücken $p_{D1} = 16{,}5\,\mathrm{MPa}$ und $p_{D2} = 7{,}4\,\mathrm{kPa}$ verläuft?

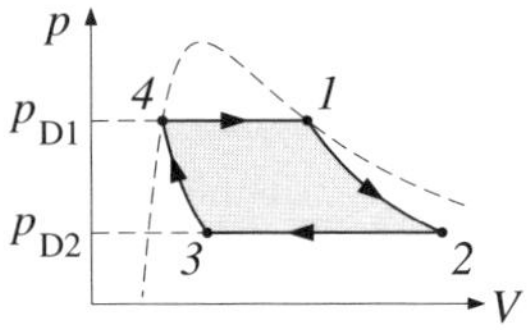

421 Bei welcher Temperatur siedet Wasser auf dem $h = 8848\,\mathrm{m}$ hohen Mount Everest? *Hinweis:* Man verwende die barometrische Höhenformel (s. Aufgabe 250, Lösung) mit $p_0 = 1013{,}25\,\mathrm{hPa}$ und $\varrho_0 = 1{,}293\,\mathrm{kg/m^3}$ sowie a) die integrierte CLAUSIUS-CLAPEYRONsche Gleichung (s. Aufgabe 411, Lösung) mit $r_m = 40{,}624\,\mathrm{kJ/mol}$; b) die Dampftabelle auf Seite 67!

422 Welcher Druck muss vom Körpergewicht unter den Kufen eines Schlittschuhs lokal erzeugt werden, damit Eis bei −10 °C kurzzeitig schmilzt? Wie groß ist die wirksame Kontaktfläche zwischen Eis und Schlittschuhkufen bei einer Körpermasse von $m = 70\,\mathrm{kg}$?

Lösungen

423 *Löslichkeit und das Prinzip des kleinsten Zwangs*

Man begründe mit Hilfe des LE CHATELIERschen Prinzips des kleinsten Zwangs, warum die Löslichkeit eines Stoffes bei Temperaturerhöhung zunimmt/abnimmt, sofern beim Lösungsvorgang Wärme verbraucht/frei wird!

424 *Dampfdruckerniedrigung, Siedepunktserhöhung*

a) Wie groß ist der Dampfdruck einer Lösung aus $m_A = 200\,\mathrm{g}$ Wasser (Molmasse $M_A = 18\,\mathrm{g/mol}$) und $m_B = 100\,\mathrm{g}$ Zucker (Molmasse $M_B = 342\,\mathrm{g/mol}$), wenn der Dampfdruck des reinen Wassers $p_D = 3{,}166\,\mathrm{kPa}$ beträgt? b) Welche Siedetemperatur hat die Lösung unter Normdruck? Die Verdampfungswärme von reinem Wasser beträgt $r = 2257\,\mathrm{kJ/kg}$.

425 *Gefrierpunktserniedrigung*

Man berechne die in 1 l Wasser zu lösende Menge Glycerin ($C_3H_8O_3$), damit dieses unter Normdruck erst bei −5 °C erstarrt! Spezifische Schmelzwärme des Wassers $s = 334\,\mathrm{kJ/kg}$.

426 *Osmotischer Druck*

(Bild) Ein oben offenes Rohr (Querschnitt $A = 1\ \mathrm{cm}^2$), das am unteren Ende durch eine nur für Wasser (Dichte $\varrho_A = 10^3\ \mathrm{kg/m^3}$) durchlässige semipermeable Wand abgeschlossen ist (ähnlich einer PFEFFERschen Zelle), taucht $h_1 = 50$ cm tief in ein Wasserbad ein. Auf welche Höhe h_2 kann der Flüssigkeitsspiegel im Rohr steigen, wenn im Wasser des Rohres $m_B = 1$ g Zucker (Molmasse $M_B = 342$ g/mol) gelöst werden und die Temperatur 20 °C beträgt (PFEFFERsche Säule)?

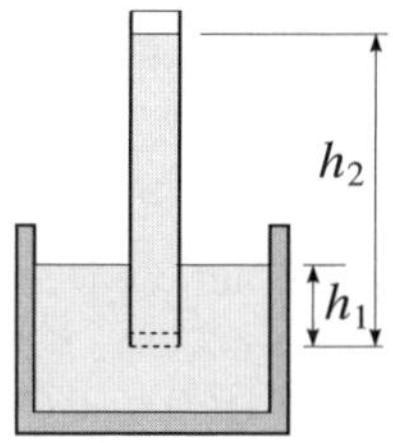

ZUSATZAUFGABEN

427 Zur Bestimmung der Molmasse M_B von Glukose werden 11 g davon in 300 g Wasser gelöst und eine Gefrierpunktserniedrigung der Lösung gegenüber reinem Wasser von 0,379 K gemessen. Man berechne die Molmasse von Glukose! Molare Schmelzwärme von Wasser $s_m = 6{,}012$ kJ/mol.

428 Der Siedepunkt von Benzen (C_6H_6) liegt unter Normbedingungen bei 80,10 °C. Löst man $m_B = 21$ g Biphenyl (C_6H_5–C_6H_5) in $m_A = 150$ g Benzen, so beobachtet man eine Erhöhung der Siedetemperatur auf 82,23 °C. Wie groß ist die spezifische Verdampfungswärme von reinem Benzen?

429 Wie viel Gramm Kochsalz (NaCl, Molmasse $M_B = 58{,}5$ g/mol) sind in 1 Liter reinem Wasser von 37 °C zu lösen, um den für eine Infusionslösung erforderlichen osmotischen Druck von 770 kPa zu erreichen (physiologische Kochsalzlösung)? Wie groß ist die molare Konzentration c der Lösung? – *Hinweis:* Infolge Dissoziation sind Na- und Cl-Ionen als selbständige Teilchen zu behandeln.

GASKINETIK. AUSGLEICHSVORGÄNGE

Kinetische Gastheorie

430 *Zustandsgleichung, Teilchenzahl, Molekülmasse*

a) Wie viel Luftmoleküle befinden sich noch in einer evakuierten Röntgenröhre vom Volumen $V = 4$ l, wenn in dieser bei 20 °C ein Restdruck von $p = 1$ Pa herrscht? b) Wie groß ist die Anzahl der O_2- und N_2-Moleküle, wenn Luft im Wesentlichen aus O_2 und N_2 mit den Massenanteilen 23,1% und 76,9% besteht? c) Man berechne die Partialdrücke von O_2 und N_2!

431 *Avogadro-, Loschmidt-, Boltzmann- und Gaskonstante*

Aus der AVOGADRO-Konstanten $N_A = 6{,}022\,1367 \cdot 10^{23}\ \mathrm{mol^{-1}}$ und der LOSCHMIDT-Konstanten $N_L = 2{,}686\,763 \cdot 10^{25}\ \mathrm{m^{-3}}$ ist a) das molare Normvolumen V_{m0} des idealen Gases, b) die BOLTZMANN-Konstante k und c) die molare Gaskonstante R_m zu berechnen!

432 *Grundgleichung der kinetischen Gastheorie. Mittlere quadratische Geschwindigkeit*
Ein Gas im Volumen $V = 1\,\mathrm{m}^3$ besteht aus $n_1 = 0{,}5$ mol Argon ($M_1 = 0{,}04$ kg/mol) und $n_2 = 2$ mol Helium ($M_2 = 0{,}004$ kg/mol), wobei die Argon-Atome eine mittlere quadratische Geschwindigkeit von $\sqrt{\overline{v_1^2}} = 300$ m/s haben. Wie groß ist die mittlere quadratische Geschwindigkeit der Helium-Atome? Welche Partialdrücke üben die Argon- und die Helium-Atome getrennt auf die Behälterwandung aus, und wie groß ist der Druck des Gases insgesamt?

433 *Gleichverteilungssatz und Molwärmen*
In einem Gas, bestehend aus $n_1 = 0{,}5$ mol Heliumatomen (He) und $n_2 = 0{,}8$ mol Sauerstoffmolekülen (O_2), haben die Heliumatome eine mittlere quadratische Geschwindigkeit von 1500 m/s. Man berechne mit Hilfe des Gleichverteilungssatzes die innere Energie des Gases sowie die Molwärmen bei konstantem Volumen und konstantem Druck!

434 *Gleichverteilungssatz und thermische Schwankungen*
Ein an einem Quarzfaden befestigter kleiner Galvanometerspiegel kann um eine Ruhelage Torsionsschwingungen (Winkelrichtgröße $D = 8{,}9 \cdot 10^{-16}$ N m) ausführen, die durch einen am Spiegel reflektierten Laserstrahl (Lichtzeiger) registriert werden. Wie groß ist die mittlere quadratische Schwankung $\sqrt{\overline{\varphi^2}}$ des Drehwinkels φ bei 20 °C, wenn die Anordnung einzig der BROWNschen Molekularbewegung der umgebenden Luft unterworfen ist?

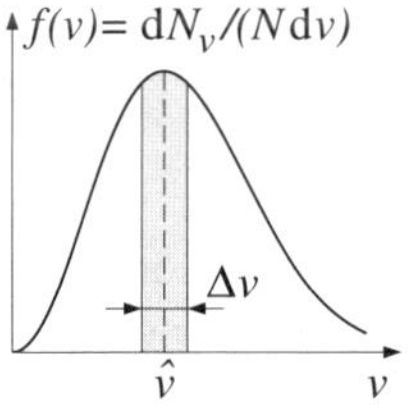

Aufgabe 435

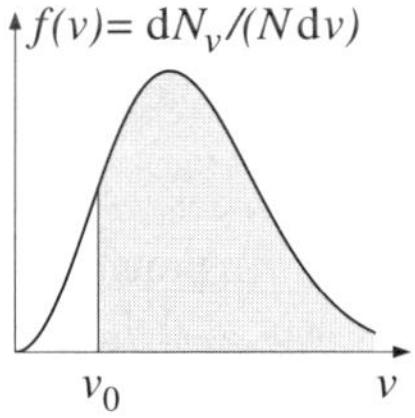

Aufgabe 436

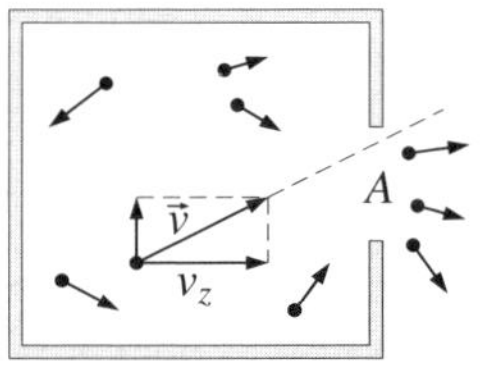

Aufgabe 437

435 *Maxwellsche Geschwindigkeitsverteilung (1)*
(Bild) a) Welche ist die wahrscheinlichste Geschwindigkeit $\hat{v}$ der O_2-Moleküle von Luft bei einer Temperatur von 20 °C, und wie viel Prozent der Moleküle liegen in einem Geschwindigkeitsintervall von ±50 m/s um diesen Wert? b) Bei welcher Temperatur liegen nur noch 10% der O_2-Moleküle in dem betreffenden Geschwindigkeitsintervall?

436 *Maxwellsche Geschwindigkeitsverteilung (2)*
(Bild) Welcher Anteil der in der Sonnenkorona (Temperatur $T = 10^6$ K) befindlichen Helium-Atome hat eine kinetische Energie $\mu v_0^2/2$, die größer ist als die für die Ionisierung eines neutralen Helium-Atoms erforderliche Ionisierungsenergie $E_\mathrm{i} = 3{,}925 \cdot 10^{-18}\,\mathrm{J} = 24{,}5$ eV?

437 *Austrittsrate eines Gases*
(Bild) Wie viel Teilchen treten je Sekunde durch die $A = 1\,\mathrm{cm}^2$ große Öffnung eines Gefäßes vom Volumen $V = 1\,\mathrm{m}^3$, das $n = 1$ mol Argongas (Molmasse $M = 0{,}04$ kg/mol) der Temperatur 300 °C enthält, in das umgebende Vakuum aus? Man nehme an, dass die Geschwindigkeitsverteilung der Atome im Innern des Behälters durch die austretenden Teilchen nicht gestört wird.

438 *Boltzmann-Verteilung*
In eine zylindrische Zentrifuge (Radius $R_0 = 0{,}5$ m; Winkelgeschwindigkeit $\omega = 300$ rad/s) wird gasförmiges Uran-Hexafluorid $^{238}UF_6$ ($M = 0{,}352$ kg/mol) der anfänglichen Dichte $\varrho_0 = 12$ kg/m^3 und der Temperatur $\vartheta = 80$ °C gebracht. Wie hängt nach Einstellung des stationären Zustandes die Gasdichte vom Ort ab? Man berechne die Dichte im Zentrum und am Rand der Zentrifuge!

439 *Mittlere freie Weglänge*
In einem Gefäß der maximalen Ausdehnung 20 cm befindet sich Stickstoff (Molekülradius $r_0 = 1{,}89 \cdot 10^{-10}$ m) unter normalem Atmosphärendruck ($p_0 = 1013{,}25$ hPa) bei 20 °C. a) Wie groß ist die mittlere freie Weglänge Λ der Stickstoffmoleküle? b) Wie viel Zusammenstöße erleidet ein Molekül beim einmaligen Durchqueren des Gefäßes? c) Auf welchen Wert müsste man den Gasdruck mindestens reduzieren, damit ein Molekül unterwegs keinen Zusammenstoß erleidet?

440 *Entropie und Wahrscheinlichkeit*
Wie groß ist die Wahrscheinlichkeit des Übergangs der Wärme $Q = 1$ J *von einem kälteren* Körper der Temperatur $T_1 = 300$ K *auf einen wärmeren* der Temperatur $T_2 = 301$ K? Wie ändert sich das Ergebnis, wenn die sehr viel kleinere Wärme $Q = 10^{-18}$ J betrachtet wird?

ZUSATZAUFGABEN

441 Wie groß ist die Anzahl der Atome, die in $V = 1$ cm^3 Eisen enthalten sind? Relative Atommasse $A_r = 55{,}847$; Dichte $\varrho = 7{,}7 \cdot 10^3$ kg/m^3.

442 Man berechne die spezielle Gaskonstante von Luft sowie die Partialdrücke von O_2 und N_2 im Normzustand, wenn angenommen wird, dass Luft im Wesentlichen aus O_2 (Molmasse $M_1 = 32$ g/mol) und N_2 ($M_2 = 28$ g/mol) mit den Massenanteilen $m_1/m = 23{,}1\%$ bzw. $m_2/m = 76{,}9\%$ besteht!

443 Man schätze den Anteil von Molekülen eines idealen Gases ab, deren Geschwindigkeit zwischen der wahrscheinlichsten Geschwindigkeit $\hat{v}$ und der mittleren Geschwindigkeit $\overline{v}$ liegt!

444 Wie viel Prozent der Gasatome haben eine Geschwindigkeit größer als $v_0 = 2{,}5\sqrt{\overline{v^2}}$? Man leite Gleichung (2) der Lösung von Aufgabe 436 her und zeige, dass dieser Anteil für $v_0 \gtrapprox \sqrt{\overline{v^2}}$ in guter Näherung schon durch den ersten Term auf der rechten Seite der genannten Gleichung beschrieben wird!

445 Eine Hochvakuumkammer enthält Silberatome (Atomradius $r = 0{,}15$ nm; Molmasse $M = 107$ g/mol) bei einem Druck von $p = 10^{-6}$ Pa und der Temperatur $T = 300$ K. Nach welcher Zeit wird eine anfangs reine Oberfläche mit einer monoatomaren Silberschicht bedeckt, wenn alle auftreffenden Silberatome adsorbiert werden? – *Hinweis:* Für den auftreffenden Teilchenstrom I verwende man den in Aufgabe 437 hergeleiteten Ausdruck.

446 In einem Gas, bestehend aus Neonatomen und Stickstoffmolekülen, haben die Neonatome eine mittlere quadratische Geschwindigkeit von 400 m/s. a) Wie groß ist die mittlere quadratische Geschwindigkeit der Stickstoffmoleküle sowie die Temperatur des Gases? b) Man berechne mit Hilfe des Gleichverteilungssatzes die innere Energie von $n = 1$ mol des Gases

sowie die molare Wärmekapazität bei konstantem Volumen, wenn das Gas die gleiche Anzahl von Neonatomen und Stickstoffmolekülen enthält! c) Wie groß ist der Adiabatenexponent?

447 Der Adiabatenexponent eines Gases wird zu $\varkappa = 1{,}33$ ermittelt. Man bestimme die Zahl der Freiheitsgrade f der Gasmoleküle!

448 Man berechne die spezifischen Wärmekapazitäten bei konstantem Volumen und konstantem Druck c_V bzw. c_p sowie die spezielle Gaskonstante R des Helium-Sauerstoff-Gasgemisches von Aufgabe 433!

449 In einem Vakuumbehälter befindet sich als Restgas Luft bei $p = 0{,}1$ Pa und $\vartheta = 20\,°\mathrm{C}$. Wie groß ist die Wahrscheinlichkeit, dass sich in einem Raumgebiet von a) 1 mm^3; b) 10^{-18} m^3 das Gas bei konstantem Druck und gleich bleibender Temperatur spontan in seine Bestandteile O_2 (Massenanteil 23,1%) und N_2 (Massenanteil 76,9%) entmischt?

Wärmeübertragung

450 *Stationäre Wärmeleitung (1)*
a) Wie groß ist der Wärmestrom durch eine Fensterfläche von $A = 2{,}5\,\mathrm{m}^2$ und $l = 4$ mm Glasstärke (Wärmeleitfähigkeit $\lambda_G = 1{,}16$ W/(m K)), wenn an der Außenoberfläche die Temperatur von $-5\,°\mathrm{C}$ und an der Innenoberfläche die Temperatur von $14\,°\mathrm{C}$ herrscht? b) Auf welchen Wert verringert sich der Wärmestrom bei einem gleich großen Doppelfenster aus dem gleichen Glas mit einer $d = 5$ mm dicken Zwischenschicht aus Luft ($\lambda_L = 0{,}025$ W/(m K)) bei denselben Oberflächentemperaturen?

451 *Stationäre Wärmeleitung (2)*
Eine Hauswand besteht aus einer $l_1 = 25$ cm dicken Ziegelmauer (Wärmeleitfähigkeit $\lambda_1 = 0{,}70$ W/(m K)) und einer $l_2 = 5$ cm dicken Außenisolierung ($\lambda_2 = 0{,}06$ W/(m K)). Man ermittle den Temperaturverlauf in der Wand und den durch die Wand je Flächeneinheit fließenden Wärmestrom j_W (Wärmestromdichte), wenn die Innentemperatur $\vartheta_1 = 18\,°\mathrm{C}$ und die Außentemperatur $\vartheta_2 = -10\,°\mathrm{C}$ beträgt! Wie ändert sich der Temperaturverlauf in der Wand, wenn die Isolierschicht innen angebracht ist?

452 *Stationäre Wärmeleitung (3)*
Ein kugelförmiger Behälter vom Radius $R = 1{,}5$ m empfängt durch Sonneneinstrahlung den Wärmestrom $\dot{Q} = 6$ W, der im stationären Zustand durch Wärmeleitung vollständig an die ihn umgebende Luft (Wärmeleitfähigkeit $\lambda = 0{,}025$ W/(m K)) abgeführt wird. Welche Oberflächentemperatur erreicht der Behälter, wenn die Lufttemperatur weit weg vom Behälter $20\,°\mathrm{C}$ beträgt? Wie groß ist die Lufttemperatur in 4 m Entfernung von der Behälteroberfläche?

453 *Wärmeübergang*
a) Welchen Wärmestrom überträgt ein $A = 0{,}6\,\mathrm{m}^2$ großer ebener Raumheizkörper an frei vorbeiströmende Raumluft von $20\,°\mathrm{C}$, wenn die Oberflächentemperatur des Heizkörpers $80\,°\mathrm{C}$ beträgt und der Wärmeübergangskoeffizient den Wert $\alpha = 6$ W/(m^{2}K) hat? b) Wie groß wird der Wärmeübergangskoeffizient α, wenn durch Zwangsströmung (Ventilation) der übertragene Wärmestrom auf $\dot{Q} = 2$ kW erhöht wird?

454 *Wärmedurchgang (1)*
Auf welchen Bruchteil wird der Wärmestrom durch eine $l_1 = 24$ cm dicke Ziegelwand (Wärmeleitfähigkeit $\lambda_1 = 0{,}70$ W/(m K)) reduziert, wenn zusätzlich eine $l_2 = 2$ cm dicke Isolierschicht ($\lambda_2 = 0{,}05$ W/(m K)) angebracht wird und die Wärmeübergangskoeffizienten an der Innenseite $\alpha_1 = 5$ W/(m^{2}K) (ruhende Luft) und an der Außenseite $\alpha_2 = 25$ W/(m^{2}K) (bewegte Luft) betragen?

455 *Wärmedurchgang (2)*
Durch ein Rohr (Innenradius $r_i = 5$ cm; Außenradius $r_a = 6$ cm; Wärmeleitfähigkeit $\lambda = 1{,}6$ W/(m K)) fließt heißes Wasser der Temperatur $\vartheta_W = 80$ °C (Wärmeübergangskoeffizient $\alpha_W = 500$ W/(m^{2}K)) und erwärmt an der Außenseite des Rohres entlangströmende Luft ($\alpha_L = 40$ W/(m^{2}K)) kontinuierlich auf $\vartheta_L = 25$ °C. Man berechne die äußere und innere Oberflächentemperatur des Rohres ϑ_a bzw. ϑ_i sowie den je 1 m Rohrlänge ausgetauschten Wärmestrom!

456 *Abkühlvorgang*
Man berechne die Zeit, in der sich ein Behälter von $A = 1{,}5$ m^2 Oberfläche und $V = 0{,}3$ m^3 Wasserinhalt (spezifische Wärmekapazität $c = 4{,}19$ kJ/(kg K)) von seiner Anfangsinnentemperatur $\vartheta_1 = 80$ °C auf $\vartheta_2 = 50$ °C abkühlt, wenn sein Wärmedurchgangskoeffizient $k = 10$ W/(m^{2}K) und die Außentemperatur $\vartheta_a = 20$ °C beträgt! Dichte von Wasser $\varrho = 10^3$ kg/m^3.

457 *Instationäre Wärmeleitung (1)*
Ein langer dünner Stab aus Kupfer (Querschnitt $A = 0{,}25$ cm^2; Dichte $\varrho = 8{,}96 \cdot 10^3$ kg/m^3; spezifische Wärmekapazität $c = 383$ J/(kg K); Wärmeleitfähigkeit $\lambda = 384$ W/(m K)) der Temperatur T_0 wird in der Mitte seiner Länge kurzzeitig erwärmt (zeitlich und örtlich punktförmige Wärmequelle, z. B. Punktschweißung). a) Wie viel Wärme Q wurde zugeführt, wenn nach 1 min am Ort der Wärmequelle ($x = 0$) noch eine Temperaturerhöhung von $\Delta T = 70$ K gemessen wird? Der örtliche und zeitliche Verlauf der Temperaturerhöhung längs des Stabes wird durch die Funktion $\Delta T(x,t) = T(x,t) - T_0 = Ct^{-1/2}\,\mathrm{e}^{-x^2/(4at)}$ mit der Temperaturleitfähigkeit $a = \lambda/(c\varrho)$ und der Konstanten $C = Q/(c\varrho A\sqrt{4\pi a})$ beschrieben (s. Aufgabe 461). b) Wie groß ist die maximale Temperaturerhöhung, die der Stab in 10 cm Entfernung vom Ort der Wärmequelle erfährt, und nach welcher Zeit wird diese erreicht? Man skizziere den zeitlichen Temperaturverlauf an dieser Stelle!

458 *Instationäre Wärmeleitung (2)*
Dem Kupferstab in Aufgabe 457 wird an der Stelle $x = 0$ (Stabmitte) ab dem Zeitpunkt $t = 0$ kontinuierlich der Wärmestrom $\dot{Q} = 100$ W zugeführt. Wie groß ist die Temperaturerhöhung bei $x = 0$ nach $t = 30$ s?

ZUSATZAUFGABEN

459 Eine dreischichtige Hauswand besteht aus zwei $l_1 = 25$ cm dicken Ziegelmauern (Wärmeleitfähigkeit $\lambda_1 = 0{,}70$ W/(m K)), zwischen denen sich ein $l_2 = 5$ cm breiter Hohlraum befindet, der mit ruhender Luft ($\lambda_2 = 0{,}024$ W/(m K)) gefüllt ist. Welche Temperaturen stellen sich an den Mauerflächen im Hohlraum ein, wenn die Hausinnentemperatur $\vartheta_1 = 18$ °C und die Außentemperatur $\vartheta_2 = -15$ °C beträgt? Wie groß ist die Wärmestromdichte durch die Wand?

460 Man berechne den Wärmedurchgangskoeffizienten k einer $l = 38$ cm dicken Ziegelwand, deren Wärmeübergangskoeffizienten innen $\alpha_1 = 6$ W/(m^{2}K) und außen $\alpha_2 = 18$ W/(m^{2}K) betragen und deren Wärmeleitfähigkeit den Wert $\lambda = 0{,}7$ W/(m K) hat! Welche Heizleistung P ist bei einer Außentemperatur von -10 °C und einer Wandfläche von 50 m^2 erforderlich, um eine Zimmertemperatur von 20 °C aufrechtzuerhalten?

461 a) Man zeige, dass die Temperaturverteilung im Stab der Aufgabe 457 $T(x,t) = T_0 + Ct^{-1/2}\,\mathrm{e}^{-x^2/(4at)}$ eine Lösung der eindimensionalen Wärmeleitungsgleichung $\partial T(x,t)/\partial t = a\partial^2 T(x,t)/\partial x^2$ mit der Temperaturleitfähigkeit $a = \lambda/(c\varrho)$ (λ Wärmeleitfähigkeit; c spezifische Wärmekapazität; ϱ Dichte) ist! b) Man bestimme die Normierungskonstante C aus der Forderung, dass die dem Stab vom Querschnitt A insgesamt zugeführte Wärme Q beträgt! Welches physikalische Gesetz verbirgt sich hinter der Zeitunabhängigkeit des Normierungsintegrals?

462 Einer unendlich ausgedehnten ebenen Aluminiumfolie (Dicke $h = 0{,}1$ mm; Dichte $\varrho = 2{,}7 \cdot 10^3$ kg/m^3; spezifische Wärmekapazität $c = 0{,}896$ kJ/(kg K); Wärmeleitfähigkeit $\lambda = 230$ W/(m K)) wird an der Stelle $r = 0$ zum Zeitpunkt $t = 0$ kurzzeitig die Wärme $Q = 150$ W zugeführt. Wie groß ist die maximale Temperaturerhöhung der Folie in $r = 6$ cm Entfernung vom Ursprung, und nach welcher Zeit wird diese erreicht? Welche Temperaturerhöhung herrscht zu diesem Zeitpunkt an der Stelle $r = 0$?

Diffusion

463 *Stationäre Diffusion (1)*
In einem Stahltank von $V = 0{,}5$ m^3 Fassungsvermögen, $A = 3$ m^2 Oberfläche und $l = 2$ mm Wandstärke befindet sich Druckwasserstoff bei 25 °C. a) Wie groß ist der Stoffmengenstrom I_n von Wasserstoff durch die Tankwand infolge von Diffusion, wenn die Wasserstoffkonzentration an der inneren Oberfläche $c_1 = 1{,}5$ kmol/m^3, an der äußeren Oberfläche $c_2 = 0$ und der Diffusionskoeffizient $D = 0{,}3 \cdot 10^{-12}$ m^2/s beträgt? b) Man berechne den Mengenverlust von Wasserstoff und den damit verbundenen Druckabfall nach 24 h unter der Voraussetzung, dass das Konzentrationsgefälle für diesen Zeitraum als konstant betrachtet werden kann!

464 *Stationäre Diffusion (2)*
(Bild) In welcher Zeit löst sich der a) $d = 1$ mm; b) $d = 5$ mm große Einkristall eines Salzes (Molvolumen $V_m = 6{,}75 \cdot 10^{-6}$ m^3/mol) in Wasser bestimmter Temperatur auf, wenn an der Oberfläche des Kristalls ständig eine Sättigungskonzentration der Lösung von $c_0 = 1{,}05 \cdot 10^4$ mol/m^3 herrscht und der Diffusionskoeffizient $D = 4{,}2 \cdot 10^{-9}$ m^2/s beträgt? Der Kristall soll für die Rechnung als Kugel vom Radius R (Anfangsradius $R_0 = d/2$) betrachtet werden; die Konzentration in großer Entfernung von der Kristalloberfläche sei null.

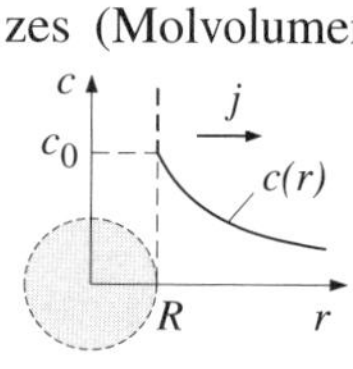

465 *Instationäre Diffusion (1)*
(Bild) Zwischen zwei massiven Kupferblöcken befindet sich eine ebene dünne Schicht aus Gold. Für den Diffusionskoeffizienten D von Goldatomen in Kupfer gilt die ARRHENIUS-Beziehung $D = D_0\,\mathrm{e}^{-E_A/(R_m T)}$ mit $D_0 = 10^{-4}$ m^2/s und $E_A = 208$ kJ/mol. a) Man berechne die mittlere Entfernung L, die ein Goldatom bei 1) 400 °C; 2) 800 °C in 24 h in das Kupfermaterial eindiffundiert! b) Wie groß ist in den Fällen 1) und 2) die Konzentration der Goldatome nach 24 h in der Entfernung L, wenn die anfängliche Dicke der Goldschicht $d = 10$ nm und die atomare Konzentration von Gold $c_{Au} = 5{,}9 \cdot 10^{28}$ m^{-3} beträgt? Wie viel

Kupferatome entfallen dabei jeweils auf ein Goldatom (atomare Konzentration von Kupfer

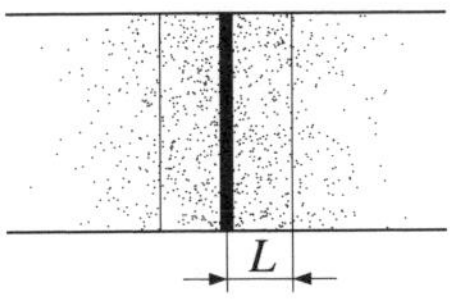

$c_{\mathrm{Cu}} = 8{,}45 \cdot 10^{28}\ \mathrm{m}^{-3}$)? – *Hinweis:* Die Konzentration in der Entfernung x zur Zeit t wird durch $c(x, t) = dc_{\mathrm{Au}} f(x, t)$ mit der Funktion $f(x, t) = (4\pi Dt)^{-1/2}\ \mathrm{e}^{-x^2/(4Dt)}$ (Lösung der eindimensionalen Diffusionsgleichung $\partial c(x, t)/\partial t = D\partial^2 c(x, t)/\partial x^2$, vgl. Aufgabe 461) beschrieben.

466 *Instationäre Diffusion (2)*
Eine anfangs punktförmige Anhäufung von $n = 0{,}01$ mol einer in einer Flüssigkeit gelösten Substanz breitet sich durch Diffusion in der Flüssigkeit nach allen Seiten gleichmäßig aus (Diffusionskoeffizient $D = 4{,}5 \cdot 10^{-10}\ \mathrm{m^2/s}$). a) Wie groß ist die mittlere Strecke, die ein Molekül der Substanz im Verlauf von 15 min zurücklegt? b) Welche Maximalkonzentration tritt in $r = 1$ cm Entfernung vom Ursprung auf, und zu welchem Zeitpunkt wird diese erreicht? *Hinweis:* Die Konzentrationsverteilung ergibt sich aus dem Produkt der eindimensionalen Verteilungen $f(x_i, t)$ (s. Aufgabe 465) zu $c(r, t) = nf(x_1, t)f(x_2, t)f(x_3, t)$ mit den drei kartesischen Koordinaten x_i $(i = 1, 2, 3)$ und $x_1^2 + x_2^2 + x_3^2 = r^2$.

467 *Driftdiffusion*
a) Man berechne aus der Forderung, dass sich im stationären Zustand der Diffusionsstrom $-D\mathrm{d}c/\mathrm{d}z$ und der aus der Driftgeschwindigkeit der Teilchen $v = \beta F$ resultierende Driftstrom cv gerade kompensieren, die stationäre Konzentrationsverteilung $c = c(z)$ von diffundierenden Teilchen der Masse μ im Schwerefeld $F = -\mu g$! b) Man leite durch Vergleich der so erhaltenen Verteilung mit der für ein ideales Gas aus der barometrischen Höhenformel (s. Aufgabe 250, Lösung) resultierenden Verteilung die Beziehung $\beta = D/(kT)$ zwischen Beweglichkeit β und Diffusionskoeffizient D her!

ZUSATZAUFGABEN

468 Man berechne die Strecke L, um die sich ein Molekül 1) in einem Gas (Diffusionskoeffizient $D \approx 10^{-5}\ \mathrm{m^2/s}$), 2) in einer Flüssigkeit ($D \approx 10^{-10}\ \mathrm{m^2/s}$), 3) in einem Festkörper ($D \approx 10^{-20}\ \mathrm{m^2/s}$) durch Diffusion in 24 h von seinem Ausgangspunkt entfernt, wenn die Diffusion a) nur in einer Richtung; b) in allen drei Raumrichtungen gleichwahrscheinlich erfolgen kann!

469 Der Diffusionskoeffizient für Natrium- und Chlorionen in einer verdünnten Kochsalzlösung von 20 °C beträgt $D = 1{,}4 \cdot 10^{-9}\ \mathrm{m^2/s}$. Wie groß ist die Driftgeschwindigkeit der Ionen zwischen zwei im Abstand $d = 4$ cm befindlichen plattenförmigen Elektroden mit einer angelegten Spannung von $U = 9$ V?

470 Man ermittle das Zeitgesetz $R(t)$ des Wachstums eines kugelförmigen Kristalls (Molvolumen $V_{\mathrm{m}} = 6{,}75 \cdot 10^{-6}\ \mathrm{m^3/mol}$) aus einer übersättigten Lösung, wenn zum Zeitpunkt $t = 0$ ein wachstumsfähiger Keim vom Radius $R_0 = 1\ \mu\mathrm{m}$ vorliegt, die Übersättigung der Lösung gleich bleibend $\Delta c = c(r \to \infty) - c(r = R) = 10^4\ \mathrm{mol/m^3}$ beträgt und der Diffusionskoeffizient den Wert $D = 4{,}2 \cdot 10^{-9}\ \mathrm{m^2/s}$ hat! Nach welcher Zeit erreicht der Kristall eine Größe von $R = 1$ mm?

LÖSUNGEN

1 Ist s der Gesamtweg und t die Gesamtfahrzeit, so folgt a) mit $t_1 = t_2 = t/2$, $s_1 = v_1 t_1 = v_1 t/2$ und $s_2 = v_2 t_2 = v_2 t/2$ als mittlere Geschwindigkeit

$$\overline{v} = \frac{s}{t} = \frac{s_1 + s_2}{t} = \frac{v_1 + v_2}{2} = 50\ \text{km/h} \quad \text{(arithmetisches Mittel),}$$

b) mit $s_1 = s_2 = s/2$, $t_1 = s_1/v_1 = s/(2v_1)$ und $t_2 = s_2/v_2 = s/(2v_2)$:

$$\overline{v} = \frac{s}{t} = \frac{s}{t_1 + t_2} = \frac{2}{\dfrac{1}{v_1} + \dfrac{1}{v_2}} = \frac{2v_1 v_2}{v_1 + v_2} = 48\ \text{km/h} \quad \text{(harmonisches Mittel).}$$

2 Das Weg-Zeit-Gesetz und das Geschwindigkeit-Zeit-Gesetz lauten für den vorliegenden Fall einer gleichmäßig beschleunigten Bewegung mit $s_0 = 0$:

$$s = \frac{a}{2} t^2 + v_0 t, \qquad v = at + v_0.$$

Eliminiert man die Beschleunigung a aus beiden Gleichungen, so ergibt sich

$$s = \frac{(v + v_0)t}{2}.$$

Mit $v = 2v_0$ erhält man daraus $v_0 = 2s/(3t) = 10$ m/s und $v = 20$ m/s.

3 Der Anhalteweg s setzt sich zusammen aus dem während der Reaktionszeit t_1 zurückgelegten Weg $s_1 = v_0 t_1$ und dem eigentlichen Bremsweg s_2, der sich aus $v = \sqrt{v_0^2 + 2as}$ mit der Endgeschwindigkeit $v = 0$ zu $s_2 = -v_0^2/(2a)$ ergibt: $s = s_1 + s_2 = v_0 t_1 - v_0^2/(2a)$. Als Lösung dieser quadratischen Gleichung für v_0 folgt $v_0 = at_1 + \sqrt{a^2 t_1^2 - 2as} = 16{,}8$ m/s $= 60{,}3$ km/h. Die Bremszeit ist $t_2 = -v_0/a = 2{,}6$ s und somit die Anhaltezeit $t = t_1 + t_2 = 3{,}4$ s.

4 (Bild) a) Es muss von einem Bewegungsablauf ausgegangen werden, wie im Geschwindigkeit-Zeit-Diagramm dargestellt: einer Beschleunigungsphase bis zur Maximalgeschwindigkeit v von der Dauer $t_1 = v/a_1$, einer Verzögerungsphase $t_2 = -v/a_2$ ($a_2 < 0$) und ggf. einer dazwischenliegenden Phase t_3 mit der konstanten Geschwindigkeit v. Der insgesamt zurückgelegte Weg s ergibt sich als Flächeninhalt des Trapezes im v,t-Diagramm zu $s = v(t + t_3)/2$; s ist eine Konstante, v und die Gesamtfahrzeit t sind variabel. Daraus folgt $t_3 = (2s/v) - t$. Somit wird

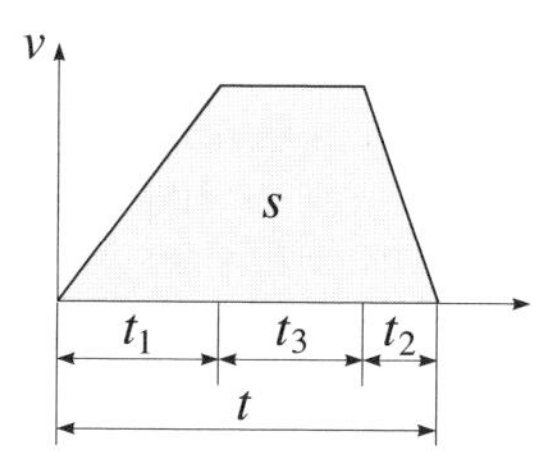

$$t = t_1 + t_2 + t_3 = \frac{v}{a_1} - \frac{v}{a_2} + \left(\frac{2s}{v} - t\right), \quad t = \frac{v}{2a_1} - \frac{v}{2a_2} + \frac{s}{v}. \tag{1}$$

Die kürzeste Fahrzeit ergibt sich als Extremwert der Funktion (1) $t = t(v)$ durch Nullsetzen der ersten Ableitung:

$$\frac{dt}{dv} = \frac{1}{2a_1} - \frac{1}{2a_2} - \frac{s}{v^2} = 0; \qquad v = v_1 = \sqrt{\frac{2a_1 a_2 s}{a_2 - a_1}} = 41\ \text{m/s}\ \ (\approx 148\ \text{km/h}).$$

b) Aus $v = \sqrt{2as + v_0^2}$ folgt mit $v_0 = 0$ und $v = v_1$ die Beschleunigungsstrecke $s_1 = v_1^2/(2a_1) = 350$ m und mit $v_0 = v_1$ und $v = 0$ der Bremsweg $s_2 = -v_1^2/(2a_2) = 168$ m. Wie man sieht, ist $s_1 + s_2 = s$, d. h., zwischen Beschleunigungs- und Bremsvorgang liegt keine Phase mit konstanter Geschwindigkeit ($t_3 = 0$, wie aus obiger Beziehung für t_3 mit $v = v_1$ folgt). c) Die Mindestfahrzeit ist nach (1) $t = 25{,}3$ s (mit $t_1 = 17{,}1$ s, $t_2 = 8{,}2$ s und $t_3 = 0$). d) Mit $v = v_2 = (130/3{,}6)$ m/s erhält man nach (1) $t = 25{,}5$ s ($t_1 \approx 15{,}1$ s; $t_2 = 7{,}2$ s; $t_3 = 3{,}2$ s), und es ist $s_1 = a_1 t_1^2/2 = 272$ m, $s_2 = -a_2 t_2^2/2 = 130$ m und $s_3 = v_2 t_3 = 116$ m.

5 In der Zeit $t_i = i$ Sekunden wird bei gleichmäßig beschleunigter Bewegung die Strecke $s_i = v_0 t_i + a t_i^2/2$ zurückgelegt, in der i-ten Sekunde also die Strecke

$$\Delta s_i = s_i - s_{i-1} = v_0 t_1 + \frac{a}{2}(t_i^2 - t_{i-1}^2)$$
$$= v_0 t_1 + \frac{a}{2}(t_i - t_{i-1})(t_i + t_{i-1}) = v_0 t_1 + \frac{a}{2} t_1 (t_i + t_{i-1}).$$

Für $\Delta s_6 = 6$ m und $\Delta s_{11} = 8$ m folgen somit die beiden Gleichungen

$$6\text{ m} = v_0 \cdot 1\text{ s} + \frac{a}{2} \cdot 11\text{ s}^2, \qquad 8\text{ m} = v_0 \cdot 1\text{ s} + \frac{a}{2} \cdot 21\text{ s}^2,$$

woraus man $a = 0{,}4$ m/s^2 und $v_0 = 3{,}8$ m/s erhält.

6 Die von A und B zurückgelegten Wegstrecken sind

$$s_A = \frac{a}{2}(t + \Delta t)^2 + v_{0A}(t + \Delta t), \qquad s_B = \frac{a}{2} t^2 + v_{0B} t.$$

a) Für $t = 0$ und $\Delta t = 10$ s ist $s_B = 0$ und $s_A = 45$ m. b) Die Einholbedingung lautet $s_A = s_B$, woraus als Einholzeit folgt

$$t_1 = \frac{(a/2)(\Delta t)^2 + v_{0A} \Delta t}{v_{0B} - v_{0A} - a \Delta t} = 9\text{ s}.$$

c) Es ist dann $s_A = s_B = 128{,}25$ m. d) Es muss $(v_{0B} - v_{0A} - a\Delta t) > 0$, d. h. $a < (v_{0B} - v_{0A})/\Delta t = 1$ m/s^2 sein.

7 a) Die mittlere Geschwindigkeit zwischen den Zeitpunkten t_1 und t_2 ist

$$\overline{v} = \frac{s_2 - s_1}{t_2 - t_1} = \frac{B(t_2 - t_1) + C(t_2^2 - t_1^2)}{t_2 - t_1} = B + C(t_2 + t_1).$$

Für $t_1 = 0$ und $t_2 = 1$ s wird $\overline{v}_1 = 3$ m/s, für $t_1 = 1$ s und $t_2 = 2$ s ist $\overline{v}_2 = 5$ m/s, und zwischen der zweiten und dritten Sekunde ist $\overline{v}_3 = 7$ m/s.
b) Die Momentangeschwindigkeit ist $v = \mathrm{d}s/\mathrm{d}t = B + 2Ct$. Damit wird die mittlere Beschleunigung zwischen t_1 und t_2:

$$\overline{a} = \frac{v_2 - v_1}{t_2 - t_1} = \frac{2C(t_2 - t_1)}{t_2 - t_1} = 2C = 2\text{ m/s}^2 \quad \text{(gleichmäßig beschleunigte Bewegung).}$$

8 a) Als Beschleunigung bzw. Verzögerung erhält man mit der momentanen Stauchung $x = x(t)$ und der momentanen Geschwindigkeit $v = \mathrm{d}x/\mathrm{d}t$:

$$a = \frac{\mathrm{d}v}{\mathrm{d}t} = \frac{\mathrm{d}v}{\mathrm{d}x}\frac{\mathrm{d}x}{\mathrm{d}t} = \frac{\mathrm{d}v}{\mathrm{d}x} v.$$

Mit $a = -\beta x$ folgt durch Trennung der Veränderlichen v und x

$$v\,\mathrm{d}v = a\,\mathrm{d}x = -\beta x\,\mathrm{d}x; \qquad \int_{v_0}^{0} v\,\mathrm{d}v = -\beta \int_0^{x_1} x\,\mathrm{d}x$$

und nach Ausführung der Integration mit $v_0 = 4{,}5$ m/s: $-v_0^2/2 = -\beta x_1^2/2$, $x_1 = v_0/\sqrt{\beta} = 10$ cm.
b) Mit $a_0 = 0$ und $a_1 = -\beta x_1 = -v_0\sqrt{\beta}$ wird

$$\overline{a} = \frac{a_0 + a_1}{2} = -\frac{1}{2} v_0 \sqrt{\beta} = -100{,}6\text{ m/s}^2.$$

9 a) Es ist $a = -kv^2 = \mathrm{d}v/\mathrm{d}t$, $\mathrm{d}v/v^2 = -k\,\mathrm{d}t$,

$$\int_{v_0}^{v_1} \frac{\mathrm{d}v}{v^2} = -\int_0^{t_1} k\,\mathrm{d}t, \quad \left[-\frac{1}{v}\right]_{v_0}^{v_1} = -\left(\frac{1}{v_1} - \frac{1}{v_0}\right) = -kt_1, \quad t_1 = \frac{1}{k}\left(\frac{1}{v_1} - \frac{1}{v_0}\right) = \frac{v_0 - v_1}{k v_0 v_1}.$$

Mit $v_0 = 50$ m/s und $v_1 = 1$ m/s erhält man $t_1 = 24{,}5$ s.

b) Aus $v = \mathrm{d}s/\mathrm{d}t$, $\mathrm{d}s = v\,\mathrm{d}t$ folgt mit a) $v_1 = v_0/(1 + kv_0t_1)$ bzw. allgemein $v = v_0/(1 + kv_0t)$:

$$s_1 = \int_0^{t_1} v\,\mathrm{d}t = \int_0^{t_1} \frac{v_0}{1 + kv_0t}\mathrm{d}t. \quad \text{Substitution } z = 1 + kv_0t;\ \frac{\mathrm{d}z}{\mathrm{d}t} = kv_0,\ \mathrm{d}t = \frac{1}{kv_0}\,\mathrm{d}z:$$

$$s_1 = \frac{1}{k}\int_{z_0}^{z_1} \frac{\mathrm{d}z}{z} \quad \text{mit } z_0 = 1 \text{ (entsprechend } t = 0\text{) und } z_1 = 1 + kv_0t_1;$$

$$s_1 = \frac{1}{k}\left[\ln z\right]_{z_0}^{z_1} = \frac{1}{k}(\ln z_1 - \ln z_0) = \frac{1}{k}\ln\frac{z_1}{z_0} = \frac{1}{k}\ln(1 + kv_0t_1) = \frac{1}{k}\ln\frac{v_0}{v_1}.$$

Für $v_1 = 1$ m/s folgt ein Bremsweg von $s_1 \approx 98$ m. In Wirklichkeit wird das Flugzeug nach dem Aufsetzen zusätzlich über das Fahrwerk gebremst.

10 a) 3 min; b) 3,6 km.

11 $1{,}2 \cdot 10^5$ m/s^2.

12 a) 0,13 m/s^2; b) 3,6 min.

13 a) 1,4 m/s^2; b) 17,0 m/s (61,2 km/h).

14 a) -3 m/s^2; b) 6,5 m.

15 a) 10 m/s^2; b) 432 km/h; c) 5 m, 115 m.

16 a) $t_1 = 12$ s; b) $\overline{a} = (v_1 - v_0)/t_1 = 2C + 3Dt_1 = 0{,}64$ m/s^2.

17 $a = kt$ mit $k = 6 \cdot 10^{-3}$ m/s^3; $v = kt_1^2/2 = 108$ km/h, $s = kt_1^3/6 = 1$ km.

18 Die Fallzeit der n-ten Kugel beträgt mit $n = 1, 2, \ldots$ (von unten gezählt): $t_n = n\,\Delta t$. Somit gilt für die jeweilige Fallhöhe $h_n = gt_n^2/2 = n^2g(\Delta t)^2/2 = n^2h_1$. Die Abstände benachbarter Kugeln $h_{n+1} - h_n = (n+1)^2h_1 - n^2h_1 = (2n+1)h_1$, also $(h_1), 3h_1, 5h_1, 7h_1, \ldots$, bilden hiernach in Einheiten von h_1 (von unten nach oben) die Folge der ungeraden Zahlen.

19 Ist $h = (g/2)t^2$ die Fallhöhe über dem oberen Messpunkt, so ist mit $\Delta h = 10{,}0$ m und $\Delta t = 0{,}7$ s die Fallhöhe über dem unteren Messpunkt $h + \Delta h = (g/2)(t + \Delta t)^2$. Daraus folgt

$$\Delta h = \frac{g}{2}(t + \Delta t)^2 - \frac{g}{2}t^2; \qquad t = \frac{\Delta h}{g\Delta t} - \frac{\Delta t}{2} = 1{,}106 \text{ s}.$$

Somit wird $h = 6{,}0$ m; $v_1 = \sqrt{2gh} = 10{,}85$ m/s; $v_2 = \sqrt{2g(h + \Delta h)} = 17{,}72$ m/s.

20 Höhe h und Geschwindigkeit v der Rakete (Wurfgeschoss) zum Zeitpunkt t nach dem Start mit der Anfangsgeschwindigkeit v_0 sind gegeben durch

$$h = v_0t - \frac{g}{2}t^2, \qquad v = \frac{\mathrm{d}h}{\mathrm{d}t} = v_0 - gt.$$

a) Im höchsten Punkt (Umkehrpunkt) ist $v = 0$, woraus als Steigzeit folgt $t_S = v_0/g = 50$ s.
b) Mit t_S erhält man die maximale Steighöhe $h_{\max} = 12\,237$ m. c) Für $t_1 = 40$ s und $t_2 = 60$ s sind die Momentangeschwindigkeiten $v_1 \approx 98$ m/s (Aufwärtsbewegung) und $v_2 \approx -98$ m/s (Abwärtsbewegung). d) Für $h = 7840$ m folgen aus obiger Beziehung für die Steig- bzw. Fallhöhe die Flugzeiten

$$t_{3,4} = \frac{v_0}{g} \pm \sqrt{\left(\frac{v_0}{g}\right)^2 - \frac{2h}{g}}; \qquad t_3 = 20 \text{ s}, \qquad t_4 = 80 \text{ s}.$$

Ebenso wie t_1 und t_2 liegen t_3 und t_4 symmetrisch zur Steigzeit $t_S = 50$ s.

21 a) Für die Endgeschwindigkeit bei gleichmäßig beschleunigter Bewegung gilt allgemein $v = \sqrt{2as + v_0^2}$. Bei der Aufwärtsbewegung auf der schiefen Ebene (Bild) ist die Beschleunigung a gleich der Hangabtriebskomponente der Fallbeschleunigung g, welche hier als Verzögerung wirkt, also $a = -g \sin 30°$ $= -g/2$. Im obersten erreichten Punkt ist $v = 0$. Somit ist die zurückgelegte Wegstrecke $s = v_0^2/g = 40{,}8$ m. b) Aus $v = at + v_0$ erhält man als Steigzeit $t = (v - v_0)/a = 2v_0/g = 4$ s.

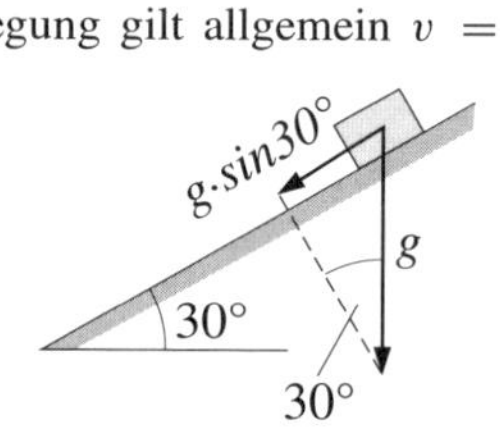

22 $h = 5{,}1$ m.

23 Nach 4 s in 721,5 m Höhe.

24 a) 7,33 s; b) 8,35 s.

25 a) 14,0 m/s (50,4 km/h); b) 2,86 s.

26 $v = 29{,}62$ m/s (106,6 km/h); $h = 39{,}62$ m.

27 a) Im Bild (a) ist $\boldsymbol{v}_\mathrm{F}$ der Vektor der Strömungsgeschwindigkeit des Flusses (gegenüber dem Ufer), $\boldsymbol{v}_\mathrm{B}$ der Vektor der Geschwindigkeit des Bootes (gegenüber dem Fluss), $\boldsymbol{v}$ der Vektor der resultierenden Geschwindigkeit des Bootes (gegenüber dem Ufer), B die Breite des Flusses, l die Länge des vom Boot zurückgelegten Weges über den Fluss und s die Abdrift. Es gilt $v_\mathrm{B} : v_\mathrm{F} = B : s$; $v_\mathrm{F} = v_\mathrm{B}s/B = 0{,}6$ m/s, $v = \sqrt{v_\mathrm{B}^2 + v_\mathrm{F}^2} = 2{,}09$ m/s; $\tan\alpha = v_\mathrm{B}/v_\mathrm{F}$, $\alpha = 73{,}3°$; die Zeit zum Übersetzen ist $t = B/v_\mathrm{B} =$ 105 s. b) $\boldsymbol{v}$ muss senkrecht zum Ufer verlaufen. Nach Bild (b) ist $\sin\beta = v_\mathrm{F}/v_\mathrm{B}$, $\beta = 17{,}5°$. Aus $v = B/t$ folgt mit $v = v_\mathrm{B}\cos\beta$: $t = B/(v_\mathrm{B}\cos\beta) = 110$ s. c) Es muss wie bei a) immer senkrecht zum Ufer gesteuert werden. Nach dem Prinzip der ungestörten Überlagerung der Teilbewegungen hat die Strömungsgeschwindigkeit und damit die Abdrift auf die Dauer der Überfahrt keinen Einfluss; denn es gilt nach Bild (a) für die Fahrzeit $t = l/v = B/v_\mathrm{B} = 105$ s (Strahlensatz).

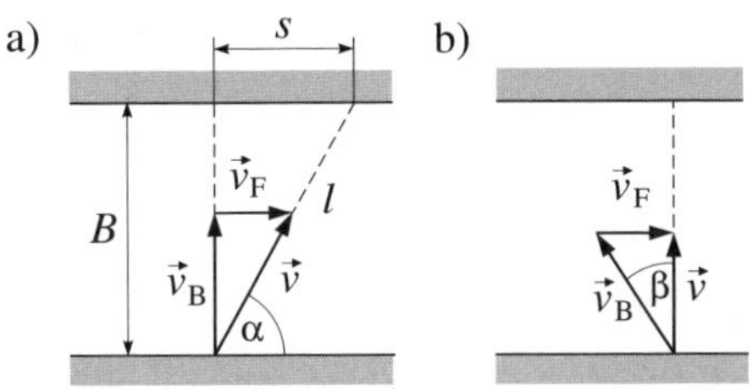

Aufgabe 27

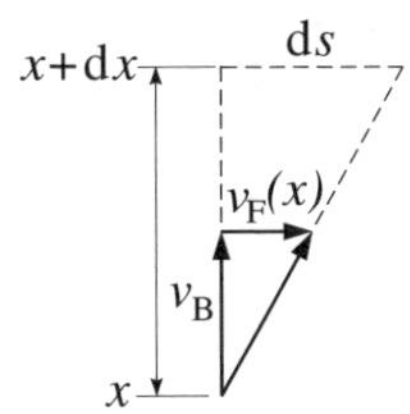

Aufgabe 28

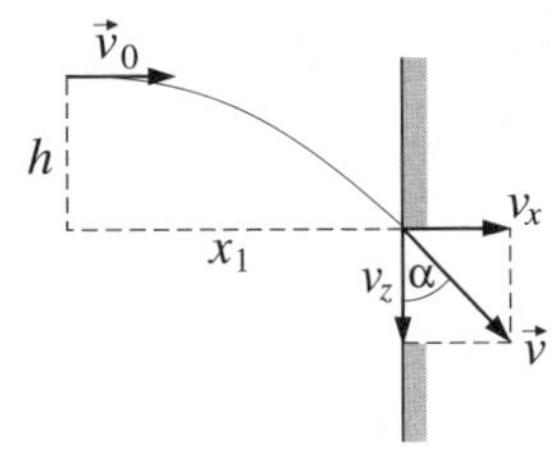

Aufgabe 29

28 (Bild) Ist ds der Abtrieb, den das Boot bei der Fahrt senkrecht zur Strömung von x nach $x + \mathrm{d}x$ erfährt, so gilt $v_\mathrm{F}(x) : v_\mathrm{B} = \mathrm{d}s : \mathrm{d}x$, d. h., es ist

$$\mathrm{d}s = \frac{1}{v_\mathrm{B}} v_\mathrm{F}(x)\,\mathrm{d}x = \frac{v_\mathrm{m}}{v_\mathrm{B}}\left(1 - \frac{4x^2}{B^2}\right)\mathrm{d}x;$$

$$s = \frac{v_\mathrm{m}}{v_\mathrm{B}} \int\limits_{-B/2}^{+B/2} \left(1 - \frac{4x^2}{B^2}\right)\mathrm{d}x = \frac{v_\mathrm{m}}{v_\mathrm{B}}\left[x - \frac{4x^3}{3B^2}\right]_{-B/2}^{+B/2} = \frac{2}{3}B\frac{v_\mathrm{m}}{v_\mathrm{B}} = 42\ \mathrm{m}.$$

29 (Bild) Gegeben sind h und x_1. a) Die Dauer zwischen dem Austritt eines Flüssigkeitsteilchens aus der Rohröffnung und seinem Auftreffen auf die Wand ist gleich der Zeit t_1, die es auch für den freien Fall aus der Höhe h benötigen würde, also $t_1 = \sqrt{2h/g} = 0{,}64$ s (folgt aus $h = gt^2/2$). Horizontale und vertikale Geschwindigkeitskomponente v_x und v_z sind unabhängig voneinander. v_x bleibt konstant gleich v_0; es ist daher $v_x = v_0 = x_1/t_1 = 6{,}26$ m/s. b) Die Vertikalkomponente ist wie im freien Fall $v_z = \sqrt{2gh} = 6{,}26$ m/s. Damit wird $v = \sqrt{v_x^2 + v_z^2} = 8{,}86$ m/s; $\tan\alpha = v_x/v_z$, $\alpha = 45°$.

30 Zum Zeitpunkt $t = 0$ ist (s. Bild vorn) $v_{0x} = v_0\cos\alpha_0$, $v_{0z} = v_0\sin\alpha_0$. Für einen beliebig späteren Zeitpunkt t gilt

$$v_x = v_{0x} = v_0\cos\alpha_0, \qquad v_z = v_{0z} - gt = v_0\sin\alpha_0 - gt.$$

Wegen $v_x = x/t = \mathrm{const}$ und $v_z = \mathrm{d}z/\mathrm{d}t$ folgen hieraus die Weg-Zeit-Gesetze

$$x(t) = v_x t = v_0 t\cos\alpha_0, \qquad z(t) = \int\limits_0^t v_z\,\mathrm{d}t = v_0 t\sin\alpha_0 - \frac{g}{2}t^2.$$

Einsetzen von $t = x/(v_0\cos\alpha_0)$ in $z(t)$ ergibt die Gleichung der Wurfparabel

$$z(x) = x\tan\alpha_0 - \frac{g}{2v_0^2\cos^2\alpha_0}x^2.$$

31 a) Aus der Bahngleichung (s. obige Aufgabe 30) folgt für $z = 0$ die Reichweite

$$x_W = \frac{2v_0^2}{g} \sin\alpha_0 \cos\alpha_0 = \frac{v_0^2}{g} \sin 2\alpha_0$$

mit dem Maximalwert $x_{max} = v_0^2/g$ für $\alpha_0 = 45°$. Mit $x_{max} = 8000$ km erhält man daraus als Startgeschwindigkeit $v_0 = 8{,}86$ km/s. Ihre Horizontalkomponente ist $v_{0x} = v_0 \cos 45° = 6{,}26$ km/s; sie bleibt während des gesamten Fluges konstant. Im Gipfelpunkt der Bahn ist sie wegen $v_z = 0$ gleich der Raketengeschwindigkeit. b) Aus $v_{0x} = x_{max}/t_1 = 6{,}26$ km/s folgt als Gesamtflugdauer $t_1 = 1277$ s, die Vorwarnzeit beträgt also $t_1/2 = 10$ min 38 s. c) Die Zielgeschwindigkeit ist $v_0 = 8{,}86$ km/s, vgl. a). d) Die maximale Höhe z_{max} erhält man aus dem Fallgesetz $z = gt^2/2$ für $t = t_1/2 = 638$ s, vgl. b), zu $z_{max} = 2000$ km.

32 a) Die Gleichung für die Geschossbahn (Wurfparabel) lautet (vgl. Lösung zu Aufgabe 30)

$$z(x) = x \tan\alpha_0 - \frac{g}{2v_0^2 \cos^2\alpha_0} x^2. \tag{1}$$

Mit der angegebenen Umformung für $1/\cos^2\alpha_0$ folgt durch Lösung der quadratischen Gleichung für $\tan\alpha_0$:

$$\tan\alpha_0 = \frac{v_0^2}{gx} \pm \sqrt{\left(\frac{v_0^2}{gx}\right)^2 - \frac{2v_0^2 z}{gx^2} - 1}. \tag{2}$$

Durch Einsetzen der Zielkoordinaten (x_1, z_1) folgen hieraus die beiden möglichen Abschusswinkel $\alpha_{0,1}$ und $\alpha_{0,2}$. b) Reelle Werte für $\tan\alpha_0$ ergeben sich nur, wenn in (2) für die Diskriminante gilt

$$\left(\frac{v_0^2}{gx_1}\right)^2 - \frac{2v_0^2 z_1}{gx_1^2} - 1 \geq 0, \quad \text{d. h.} \quad \frac{v_0^2}{g} \geq z_1 + \sqrt{x_1^2 + z_1^2}. \tag{3}$$

Diese Bedingung ist für die angegebenen Koordinaten nicht erfüllt; v_0 ist zu klein.
c) Nach (3) beträgt die Mindest-Anfangsgeschwindigkeit $v_{0\,min} = 123$ m/s. Damit folgt aus Gleichung (2), in der jetzt der Wurzelausdruck verschwindet, $\alpha_0 = 57{,}2°$. Der Anstieg der Tangente an die Flugbahn im Zielpunkt (x_1, z_1) ist

$$\tan\alpha_1 = \left.\frac{dz(x)}{dx}\right|_{x=x_1} = \tan\alpha_0 - \frac{gx_1}{v_0^2 \cos^2\alpha_0} = -0{,}645,$$

d. h., der Zielpunkt liegt auf dem fallenden Ast der Flugbahn.

33 Legt man das Höhenniveau des Auftreffpunktes der Kugel auf dem Erdboden mit $z = 0$ fest, dann lautet die Gleichung der Wurfparabel (vgl. Lösung zu Aufgabe 30):

$$z(x) = h + x \tan\alpha_0 - \frac{g}{2v_0^2 \cos^2\alpha_0} x^2.$$

Im Auftreffpunkt ist $z = 0$ und $x = x_W$ (Wurfweite), d. h., es gilt:

$$0 = h + x_W \tan\alpha_0 - \frac{g}{2v_0^2} \frac{x_W^2}{\cos^2\alpha_0}. \tag{1}$$

Dies ist eine implizite Darstellung der Funktion $x_W = x_W(\alpha_0)$. Gliedweises Differenzieren von (1) nach α_0 (Anwendung der Produkten- und Quotientenregel sowie der Kettenregel) ergibt

$$0 = \frac{dx_W}{d\alpha_0} \tan\alpha_0 + \frac{x_W}{\cos^2\alpha_0} - \frac{g}{2v_0^2} \left[2x_W \frac{dx_W}{d\alpha_0} \cos^2\alpha_0 - 2\cos\alpha_0(-\sin\alpha_0) x_W^2\right] \frac{1}{\cos^4\alpha_0}.$$

Mit $dx_W/d\alpha_0 = 0$ (Extremwertbedingung) folgt hieraus für die maximale Wurfweite $x_{W,max}$:

$$0 = \frac{x_{W,max}}{\cos^2\alpha_0} - \frac{g \sin\alpha_0}{v_0^2 \cos^3\alpha_0} x_{W,max}^2$$

bzw. $x_{W,max} = v_0^2/(g \tan\alpha_0)$. Dies für x_W in (1) eingesetzt, ergibt mit $h = 1{,}70$ m

$$\sin\alpha_0 = \frac{v_0}{\sqrt{2(v_0^2 + gh)}} = 0{,}6768; \qquad \alpha_0 = 42{,}6°; \qquad x_{W,max} = 20{,}21 \text{ m}.$$

34 a) 34,1 min; b) 30,2 min; c) 26,8 min.

35 $v(x) = kx$ mit $k = 0{,}02\ \mathrm{s}^{-1}$. Abdrift: $\mathrm{d}s = \dfrac{v(x)}{v_\mathrm{B}}\,\mathrm{d}x$; $s = \dfrac{kx^2}{2v_\mathrm{B}}$. a) $s_1 = 6{,}4$ m; $s_2 = 10{,}0$ m.
b) $t_1 = 16$ s; $t_2 = 20$ s.

36 a) 1000 m; b) 250 m/s (900 km/h); c) 286,6 m/s; d) 29,3°; e) genau über dem Auftreffpunkt.

37 a) 3,15 s (Steigzeit + Fallzeit); b) 40,9 m; c) 26,7 m/s; d) 60,9°.

38 Die Punktmasse erfährt die Beschleunigung $a = g\sin\alpha = gh/s$. Damit beträgt die Zeit für das Hinabgleiten $t = \sqrt{2s/a} = \sqrt{2s^2/(gh)}$ bzw. mit $s = \sqrt{h^2 + d^2}$: $t = \sqrt{2/g}\cdot(h + d^2/h)^{1/2}$. Aus der Extremwertbedingung $\mathrm{d}t/\mathrm{d}h = \sqrt{2/g}\cdot(1/2)\cdot(h + d^2/h)^{-1/2}\cdot(1 - d^2/h^2) = 0$ folgt $h = d$. Der Neigungswinkel der schiefen Ebene muss also $\alpha = 45°$ sein.

39 a) 82 cm; b) $\approx 60°$.

40 Bogenmaß von φ:

$$\varphi = \frac{\text{Kreisbogenlänge } s}{\text{Radius des Kreises } R} = \frac{0{,}20\ \text{m}}{1\ \text{m}} = 0{,}20\ \text{rad} \equiv 0{,}20$$

mit der Einheit $[\varphi] = 1\ \text{m}/1\ \text{m} = 1$ rad (Radiant), d. h. dimensionslos. Der Vollwinkel 360° hat demnach das Bogenmaß $2\pi R/R = 2\pi$ rad $\equiv 2\pi$, womit für die Umrechnung in das Gradmaß $\varphi(°)$ wegen der Proportionalität $\varphi(°) : 360° = \varphi : 2\pi$ gilt:

$$\varphi(°) = \frac{180°}{\pi}\varphi = 57{,}3°\,\varphi.$$

Dem Winkel $\varphi = 0{,}20$ rad entsprechen also $11{,}46° = 11°\,27'\,33''$.

41 Gegeben ist der Drehwinkel 15°, entsprechend $\varphi = 15°\pi/180° = 0{,}2618$ rad im Bogenmaß, die Drehzahl $n = (1600/60)\ \mathrm{s}^{-1}$ sowie der Geschossweg $s = 0{,}50$ m. Die Winkelgeschwindigkeit der Scheiben ist $\omega = 2\pi n = \varphi/t$. Daraus folgt für die Flugdauer des Geschosses zwischen den beiden Scheiben $t = \varphi/(2\pi n)$ und somit als Geschossgeschwindigkeit

$$v = \frac{s}{t} = \frac{2\pi n s}{\varphi} = 320\ \text{m/s}.$$

42 Mit der Umlaufzeit des großen Zeigers $T_1 = 1\ \text{h} = 3600$ s beträgt dessen Winkelgeschwindigkeit $\omega_1 = 2\pi/T_1$, die des kleinen Zeigers $\omega_2 = \omega_1/12 = 2\pi/(12T_1)$. Ist t die Zeitspanne zwischen zwei aufeinander folgenden Deckungen der Zeiger und φ_2 der Winkel, um den sich in dieser Zeit der kleine Zeiger weiterdreht, so beträgt der Drehwinkel des großen Zeigers in der gleichen Zeit $\varphi_1 = \varphi_2 + 2\pi$. Es gilt also wegen $\omega = \varphi/t$:

$$t = \frac{\varphi_2}{\omega_2} = \frac{\varphi_1}{\omega_1} = \frac{\varphi_2 + 2\pi}{\omega_1}; \qquad \varphi_2 = \frac{2\pi}{(\omega_1/\omega_2) - 1} = \frac{2\pi}{11}.$$

Damit wird

$$t = \frac{\varphi_2}{\omega_2} = \frac{2\pi}{11}\cdot\frac{12\,T_1}{2\pi} = \frac{12}{11}T_1 = 3927{,}3\ \text{s} = 1\ \text{h}\ \ 5\ \text{min}\ \ 27{,}3\ \text{s}.$$

43 Die Geschwindigkeit des Treibriemens ist $v = \omega R = 2\pi n R = \pi n D$. Damit wird

$$v_1 - v_2 = \pi n(D_1 - D_2) = \pi n\,\Delta D; \qquad v_2 = v_1 - \pi n\,\Delta D.$$

Mit der Drehzahl $n = (382/60)\ \mathrm{s}^{-1}$ wird $v_2 = 5$ m/s, $D_2 = v_2/(\pi n) = 25$ cm und $D_1 = D_2 + \Delta D = 40$ cm.

44 (Bild) a) Aus $x = r\cos\omega t$ und $y = r\sin\omega t$ folgt mit $\omega = \text{const}$:

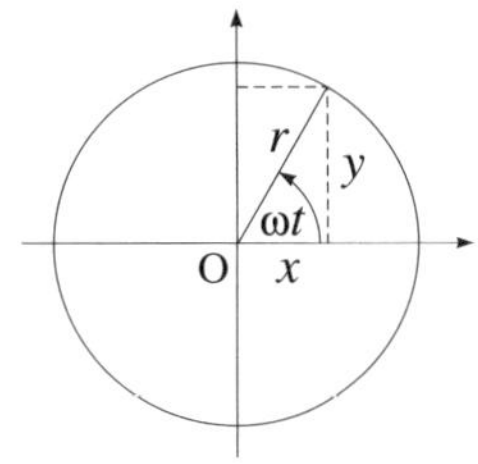

$$v_x = \dot{x} = -\omega r\sin\omega t, \qquad a_x = \ddot{x} = -\omega^2 r\cos\omega t,$$

$$v_y = \dot{y} = \omega r\cos\omega t, \qquad a_y = \ddot{y} = -\omega^2 r\sin\omega t,$$

$$v = \sqrt{v_x^2 + v_y^2} = \omega r, \qquad a = \sqrt{a_x^2 + a_y^2} = \omega^2 r.$$

b) Den Zeitpunkten $t = 0,\ T/4,\ T/2,\ 3T/4$ entsprechen die Drehwinkel

$$\varphi = \omega t = \frac{2\pi}{T}t = 0,\ \frac{\pi}{2},\ \pi,\ \frac{3\pi}{2} \quad (0°,\ 90°,\ 180°,\ 270°).$$

Für diese erhält man mit $r = 1$ m und $\omega = 1$ rad/s $\equiv 1\ \text{s}^{-1}$ aus a)

$$v_x = 0,\ -1,\ 0,\ 1\ \text{m/s}, \qquad a_x = -1,\ 0,\ 1,\ 0\ \text{m/s}^2,$$

$$v_y = 1,\ 0,\ -1,\ 0\ \text{m/s}, \qquad a_y = 0,\ -1,\ 0,\ 1\ \text{m/s}^2,$$

$$v = 1\ \text{m/s}, \qquad a = 1\ \text{m/s}^2.$$

Geschwindigkeits- und Beschleunigungsvektor haben also in den vier ausgewählten Punkten der Kreisbahn immer nur jeweils eine Komponente in x- oder in y-Richtung. Der $\boldsymbol{v}$-Vektor zeigt stets tangential zur Kreisbahn in die positive Drehrichtung und der $\boldsymbol{a}$-Vektor stets zum Kreismittelpunkt hin.

45 (Bild) a) Aus $a_r = v_1^2/R$ folgt die Endgeschwindigkeit beim Verlassen der Kurve $v_1 = \sqrt{a_r R} = 13{,}89$ m/s $= 50$ km/h. b) Für die Beschleunigung in der Kreisbahn (Tangentialbeschleunigung) a_t erhält man aus $v_1 = \sqrt{2a_t s_1 + v_0^2}$ mit der Kurvenlänge $s_1 = \pi R/2$:

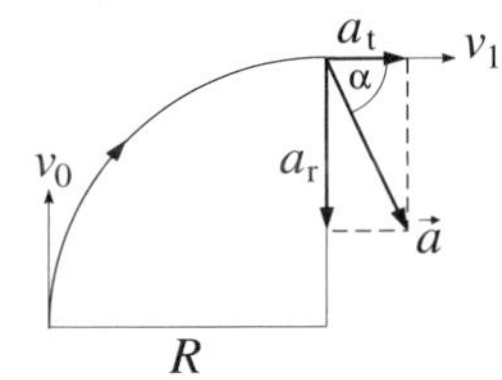

$$a_t = \frac{v_1^2 - v_0^2}{2s_1} = \frac{v_1^2 - v_0^2}{\pi R} = 0{,}787\ \text{m/s}^2.$$

Damit wird $a = \sqrt{a_r^2 + a_t^2} = 3{,}94$ m/s^2; $\tan\alpha = a_r/a_t$, $\alpha = 78{,}5°$.

46 a) Mit $n = 60\ \text{s}^{-1}$ beträgt die Anfangswinkelgeschwindigkeit $\omega_0 = 2\pi n = 377$ rad/s, und nach $t = 10$ s ist $\omega = 0$. Damit folgt als Winkelbeschleunigung (Verzögerung) $\alpha = (\omega - \omega_0)/t = -37{,}7$ rad/s^2. b) Der Gesamtdrehwinkel φ nach dem Abschalten folgt aus $\omega = \sqrt{2\alpha\varphi + \omega_0^2}$ mit $\omega = 0$ zu $\varphi = -\omega_0^2/(2\alpha) = 1885$ rad. Die Umdrehungszahl ist $z = \varphi/(2\pi\ \text{rad}) = 300$. Rechnet man zweckmäßigerweise mit der mittleren Drehzahl beim Auslaufen $\overline{n} = (n_1 + n_2)/2 = n/2 = 30\ \text{s}^{-1}$ (mit $n_1 = n$ und $n_2 = 0$), so folgt die Umdrehungszahl (ohne den Umweg über den Drehwinkel φ) unmittelbar aus $z = \overline{n}t$.

47 a) Aus der geforderten Zentrifugalbeschleunigung $a_Z = \omega^2 r = 10^3 g$ folgt für die Kreisfrequenz $\omega = \sqrt{10^3 g/r} = 313$ rad/s, entsprechend einer Drehzahl von $n = \omega/(2\pi) = 49{,}8\ \text{s}^{-1} = 2991\ \text{min}^{-1}$. b) Die größte Bahngeschwindigkeit ist $v = \omega r = 31{,}3$ m/s $= 112{,}8$ km/h, die Bahn- oder Tangentialbeschleunigung ist konstant $a_t = \alpha r = 3{,}16$ m/s^2. c) Die Zeit bis zum Erreichen der erforderlichen Drehzahl folgt aus $\alpha = (\omega - \omega_0)/t$ mit $\omega_0 = 0$ zu $t = \omega/\alpha = 9{,}9$ s. d) Die mittlere Drehzahl ist $\overline{n} = n/2 = 24{,}9\ \text{s}^{-1}$. Daraus folgt als Umdrehungszahl $z = \overline{n}t \approx 247$.

48 a) Es ist $\omega = \mathrm{d}\varphi/\mathrm{d}t = B + 3Ct^2 = 14$ rad/s. b) $v = \omega r = 1{,}4$ m/s; c) $\alpha = \mathrm{d}\omega/\mathrm{d}t = 6Ct = 12$ rad/s^2; d) $a_t = \alpha r = 1{,}2$ m/s^2; e) $a_r = \omega^2 r = 19{,}6$ m/s^2.

49 Vom Kugelmittelpunkt aus gesehen vollführt der Punkt auf der Kugeloberfläche mit dem gleichmäßig wachsenden Radius $r(t) = ut + r_0$ ($u = 1$ m/s) eine Bewegung mit der Winkelgeschwindigkeit

$$\omega = \frac{v}{r} = \frac{v}{ut + r_0} = \frac{\mathrm{d}\varphi}{\mathrm{d}t}.$$

Umgestellt und integriert in den Grenzen 0 und φ bzw. 0 und t erhält man daraus das Drehwinkel-Zeit-Gesetz

$$\int_0^{\varphi} \mathrm{d}\varphi = \int_0^t \frac{v\,\mathrm{d}t}{ut + r_0}, \qquad \varphi(t) = \frac{v}{u} \ln \frac{ut + r_0}{r_0}.$$

a) Aus $\varphi(t_1) = \pi$ folgt nach Umstellung $t_1 = (r_0/u)(\mathrm{e}^{\pi u/v} - 1) = 6{,}635 \cdot 10^6\,\mathrm{s} \approx 76{,}8\,\mathrm{d}$. b) Beide Punkte treffen sich am Äquator; es ist also $\varphi(t_2) = \pi/2$, womit sich $t_2 = (r_0/u)[\mathrm{e}^{\pi u/(2v)} - 1] = 2575\,\mathrm{s} \approx 42{,}9\,\mathrm{min} \ll t_1(!)$ ergibt.

50 a) 57,3°, 90°; b) $\pi/6, \pi/4, \pi/3$ rad.

51 a) $\omega = 31{,}4$ rad/s; b) $v = 15{,}7$ m/s.

52 a) 27,65 rad/s; b) 34,8 km.

53 1670 km/h.

54 ≈ 20.

55 $n_0 = 16\,\mathrm{s}^{-1}$.

56 $v_x = -0{,}87$ m/s; $v_y = 0{,}50$ m/s; $v = 1$ m/s; $a_x = -1{,}00\,\mathrm{m/s^2}$; $a_y = -1{,}73\,\mathrm{m/s^2}$; $a = 2\,\mathrm{m/s^2}$.

57 Da sich die Geschwindigkeit weder nach Betrag noch Richtung ändert, muss die resultierende Kraft null sein. So wird z. B. die Antriebskraft des Motors eines PKW bei Fahrt auf ebener Strecke mit gleich bleibender Geschwindigkeit nur zur Überwindung aller bewegungshemmenden Reibungskräfte benötigt, so dass sich die entgegengesetzt gerichteten Antriebs- und Reibungskräfte gerade gegenseitig aufheben.

58 Der Fehler liegt in der irrigen Annahme, die Kraft F wirke – gewissermaßen durch den Block A hindurch – in voller Größe auch auf den Block B. Ist F_B die Kraft, die A auf B ausübt, so ist wegen des Gegenwirkungsprinzips die Kraft auf A $F_\mathrm{A} = F - F_\mathrm{B}$. Nach dem Grundgesetz gilt also $F - F_\mathrm{B} = m_\mathrm{A}a$ und $F_\mathrm{B} = m_\mathrm{B}a$. Durch Addition beider Gleichungen erhält man

$$F = (m_\mathrm{A} + m_\mathrm{B})a, \qquad a = \frac{F}{m_\mathrm{A} + m_\mathrm{B}}.$$

Damit folgt für die Gesamtkraft auf Block A und auf Block B:

$$F_\mathrm{A} = m_\mathrm{A}a = \frac{m_\mathrm{A}}{m_\mathrm{A} + m_\mathrm{B}}F, \qquad F_\mathrm{B} = m_\mathrm{B}a = \frac{m_\mathrm{B}}{m_\mathrm{A} + m_\mathrm{B}}F.$$

Es ist also $F_\mathrm{A}/m_\mathrm{A} = F_\mathrm{B}/m_\mathrm{B} = a$. Mit den Zahlenwerten folgt $a = 2\,\mathrm{m/s^2}$, $F_\mathrm{A} = 4\,\mathrm{N}$, $F_\mathrm{B} = 6\,\mathrm{N}$, $F_\mathrm{A} + F_\mathrm{B} = 10\,\mathrm{N} = F$. Man erkennt daraus: Beide Blöcke hat man als ein System aufzufassen mit der Gesamtmasse $m_\mathrm{A} + m_\mathrm{B} = m$. Die Wechselwirkungskräfte F_B von A auf B und $-F_\mathrm{B}$ von B auf A heben sich als *innere* Kräfte des Systems hinsichtlich seiner Beschleunigung gegenseitig auf; es ist $F_\mathrm{A} + F_\mathrm{B} = F$, d. h., das System AB als Ganzes und damit auch seine Elemente A und B erfahren durch die äußere Kraft F als Resultierende die Beschleunigung $a = F/m$.

59 a) Die für die Beschleunigung des Zuges wirksame Kraft ist $F - 3F_\mathrm{R}$, die zu beschleunigende Masse ist $3m$. Nach dem Grundgesetz gilt also

$$F - 3F_\mathrm{R} = 3ma, \qquad a = \frac{F - 3F_\mathrm{R}}{3m} = 0{,}95\,\mathrm{m/s^2}.$$

b) Gesucht ist jetzt die Kraft F_1, die nur die beiden letzten Wagen beschleunigt. Es gilt

$$F_1 - 2F_\mathrm{R} = 2ma, \qquad F_1 = 30\,\mathrm{kN}.$$

c) Entsprechend folgt für die Kraft F_2, die nur den letzten Wagen beschleunigt,

$$F_2 - F_\mathrm{R} = ma, \qquad F_2 = 15\,\mathrm{kN}.$$

60 An der Masse m greift zum einen die Gewichtskraft $G = mg$, zum anderen die gesuchte, der Gewichtskraft entgegengerichtete Kraft F an. Beide zusammen rufen an m die Beschleunigung a hervor. Es gilt also $ma = G - F$, $F = G - ma = m(g - a)$. Ein positiver Wert für a bedeutet hier (ebenso wie für die Fallbeschleunigung g) eine Beschleunigung nach unten. a) Mit $a = 3\,\mathrm{m/s^2}$ erhält man $F = 13{,}62\,\mathrm{N}$; b) mit $a = -3\,\mathrm{m/s^2}$ wird $F = 25{,}62\,\mathrm{N}$.

61 a) Mit $a = -0{,}3\,\mathrm{m/s^2}$ folgt als Bremskraft $F = ma = -6\,\mathrm{kN}$. b) Aus dem (umgeformten) Grundgesetz $F\,\Delta t = m\,\Delta v = m(v - v_0)$ folgt mit $v_0 = 15\,\mathrm{m/s}$ und $v = 0$: $\Delta t = -mv_0/F = 50\,\mathrm{s}$.
c) Den Bremsweg erhält man aus $v = \sqrt{2as + v_0^2} = 0$ zu $s = -v_0^2/(2a) = 375\,\mathrm{m}$.

62 Mit der Masse $m = \varrho V$ (ϱ Dichte, V Volumen) lautet das Grundgesetz bei konstanter Geschwindigkeit v:

$$F = \frac{\Delta(mv)}{\Delta t} = v\frac{\Delta m}{\Delta t} = v\varrho\frac{\Delta V}{\Delta t}.$$

Mit $\Delta V/\Delta t = 1{,}5 \cdot 10^{-3}\,\mathrm{m^3/s}$ folgt $v = 20\,\mathrm{m/s}$.

63 Die beim Stauchen der Feder um den Betrag x auftretende rücktreibende Kraft ist proportional zur Auslenkung x und ihr entgegengerichtet: $F = -kx$. k ist die Federkonstante; sie ist hier vom Betrag $k = m_1 g/x_1 = 490{,}5\,\mathrm{N/m}$. Damit wird $m_2 g = kx_2$, also $x_2 = m_2 g/k = 8\,\mathrm{mm}$. Die Bedingung dafür, dass m_2 bei der beginnenden Abwärtsbewegung nicht von der Waagschale abhebt, ist $m_2 a \le m_2 g$, also $a \le g$. Da die beschleunigende Kraft die rücktreibende Federkraft $k\,\Delta x$ ist und die zu beschleunigende Masse $m_0 + m_2$, gilt also nach dem Grundgesetz $k\,\Delta x = (m_0 + m_2)a \le (m_0 + m_2)g$, woraus folgt $\Delta x \le (m_0 + m_2)g/k = 12\,\mathrm{mm}$.

64 a) Aus dem Grundgesetz $F = ma = m(\mathrm{d}v/\mathrm{d}t)$ folgt mit $F = F_0 = \mathrm{const}$ und der zeitlich linear abnehmenden Masse $m(t) = m_0 - \mu t$ für die Geschwindigkeit v_1 nach der Zeit t_1:

$$v_1 = \int_0^{t_1} a(t)\,\mathrm{d}t = \int_0^{t_1} \frac{F_0\,\mathrm{d}t}{m(t)} = \left(\text{mit } \frac{\mathrm{d}m}{\mathrm{d}t} = -\mu,\ \mathrm{d}t = -\frac{\mathrm{d}m}{\mu}\right) = -\frac{F_0}{\mu}\int_{m_0}^{m_1} \frac{\mathrm{d}m}{m}$$

$$= -\frac{F_0}{\mu}\left[\ln m\right]_{m_0}^{m_1} = \frac{F_0}{\mu}(\ln m_0 - \ln m_1) = \frac{F_0}{\mu}\ln\frac{m_0}{m_1} = \frac{F_0}{\mu}\ln\frac{m_0}{m_0 - \mu t_1}.$$

Mit $t_1 = 300\,\mathrm{s}$ wird $v_1 = 19{,}9\,\mathrm{m/s} = 71{,}7\,\mathrm{km/h}$. b) Ohne Masseverlust wäre die Geschwindigkeit $v_1' = a_0 t_1 = (F_0/m_0)t_1 = 15\,\mathrm{m/s} = 54\,\mathrm{km/h}$ erreicht worden.

65 Auftriebskraft F_A und Reibungskraft F_R sind der Gewichtskraft G entgegengerichtet. Die Bewegungsgleichung für ein einzelnes Sandkorn (Masse m) lautet daher

$$m\frac{\mathrm{d}v}{\mathrm{d}t} = G - F_\mathrm{A} - F_\mathrm{R}. \tag{1}$$

Dabei ist

$$m = \varrho V,\quad V = \frac{4}{3}\pi R^3,\quad G = mg = \varrho V g,\quad F_\mathrm{A} = \varrho_\mathrm{W} V g,\quad F_\mathrm{R} = 6\pi\eta R v. \tag{2}$$

a) Die konstante (maximale) Sinkgeschwindigkeit v_S wird erreicht, wenn in (1) die Beschleunigung $\mathrm{d}v/\mathrm{d}t = 0$ ist; es gilt dann das Kräftegleichgewicht $G - F_\mathrm{A} - F_\mathrm{R} = 0$. Nach Einsetzen der Ausdrücke (2) und Umstellung nach v folgt daraus mit den angegebenen Zahlenwerten

$$v_\mathrm{S} = \frac{2(\varrho - \varrho_\mathrm{W})gR^2}{9\eta} = 36\,\mathrm{mm/s}. \tag{3}$$

b) Es ist die Bewegungsgleichung (1) zu lösen. Mit (2) erhält man – wenn so umgestellt wird, dass gleichzeitig der Ausdruck (3) für v_S substituiert werden kann – die Differentialgleichung für v

$$\frac{\mathrm{d}v}{\mathrm{d}t} = k\left(1 - \frac{v}{v_\mathrm{S}}\right) = \frac{k(v_\mathrm{S} - v)}{v_\mathrm{S}} \quad \text{mit der Konstanten} \quad k = \left(1 - \frac{\varrho_\mathrm{W}}{\varrho}\right)g = 6{,}11\,\mathrm{m/s^2}. \tag{4}$$

Sie wird gelöst durch Trennung der Variablen (v auf die eine, t auf die andere Seite vom Gleichheitszeichen) und anschließende Integration:

$$\frac{\mathrm{d}v}{v_\mathrm{S} - v} = \frac{k}{v_\mathrm{S}}\,\mathrm{d}t,\qquad \int_0^v \frac{\mathrm{d}v}{v_\mathrm{S} - v} = \frac{k}{v_\mathrm{S}}\int_0^t \mathrm{d}t,$$

$$\left[-\ln(v_S - v)\right]_0^v = -\ln(v_S - v) + \ln v_S = \frac{k}{v_S} t,$$

$$\ln\left(1 - \frac{v}{v_S}\right) = -\frac{k}{v_S} t, \qquad 1 - \frac{v}{v_S} = \mathrm{e}^{-kt/v_S},$$

$$v(t) = v_S\left(1 - \mathrm{e}^{-kt/v_S}\right). \tag{5}$$

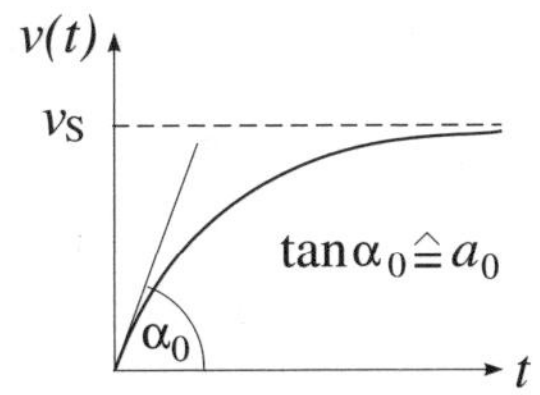

Im Bild ist diese Abhängigkeit schematisch dargestellt. Die konstante Sinkgeschwindigkeit v_S wird theoretisch erst für $t \to \infty$ erreicht. Aber bereits nach $t = 0{,}05$ s bewegen sich die Sandkörner nach (5) mit 99,98% ihrer Maximalgeschwindigkeit. c) Für die Sinkbeschleunigung folgt aus (5)

$$a(t) = \frac{\mathrm{d}v(t)}{\mathrm{d}t} = k\,\mathrm{e}^{-kt/v_S},$$

woraus für $t = 0$ der Anfangswert $a_0 = k = [1 - (\varrho_W/\varrho)]g \approx 0{,}6g$ erhalten wird (Anstieg der Tangente an die v, t-Kurve, s. Bild).

66 Die beschleunigende Kraft ist hier die Federkraft $F = -kx$ mit der Federkonstante $k = 490{,}5$ N/m und die beschleunigte Masse $m = m_0 = 0{,}2$ kg (s. Lösung zur Aufgabe 63). Es gilt also nach dem Grundgesetz mit $F = ma = m(\mathrm{d}^2x/\mathrm{d}t^2) \equiv m\ddot{x}$ die Bewegungsgleichung

$$m\ddot{x} = -kx \qquad \text{oder} \qquad m\ddot{x} + kx = 0. \tag{1}$$

Wie man durch zweimalige Ableitung nach der Zeit und Einsetzen in (1) leicht nachprüft, ist

$$x = x_m \sin\omega t \qquad \text{mit} \qquad \omega = \frac{2\pi}{T} \quad (T \text{ Schwingungsdauer}) \tag{2}$$

eine mögliche Lösung von (1); x_m ist die maximale Auslenkung der Feder (Amplitude der Schwingung). Man erhält aus (2) $\dot{x} = \omega x_m \cos\omega t$, $\ddot{x} = -\omega^2 x_m \sin\omega t = -\omega^2 x$ und eingesetzt in (1): $-m\omega^2 x + kx = 0$, woraus folgt

$$\omega = \sqrt{\frac{k}{m}} = \frac{2\pi}{T}, \qquad T = 2\pi\sqrt{\frac{m}{k}} = 0{,}127\ \text{s}. \tag{3}$$

Die Anzahl der Schwingungen je Sekunde (Frequenz) ist somit $f = 1/T = 7{,}88\ \text{s}^{-1}$ (Hz).

67 $a = -1{,}25$ m/s^2; $F = -500$ kN.

68 a) Null; b) $F/3$; c) $F/(3m)$; d) $2F/3$.

69 a) 16 s; b) 74,3 s.

70 a) $F_1 - m_1 g$, $m_2 g - F_2$; b) null, $F_1 = m_1 g$; c) $F_1 = m_2 g$; d) $F_1 = F_2 = mg$ (statische Seilkraft), null; e) 1,96 m/s^2. (Zur Größe von F_1 und F_2 vgl. Aufgabe 87.)

71 a) 0,98 m/s^2; b) 1,5 kg; c) 41,8°.

72 Mit $v = \sqrt{2gh}$ wird $F = \varrho v \Delta V/\Delta t = 940$ kN.

73 In jeder Gruppe werden acht Pferde benötigt (Gegenwirkungsprinzip).

74 Die beim Eintauchen um den Betrag x (zusätzlich zur Eintauchtiefe im Schwimmgleichgewicht) auftretende rücktreibende Auftriebskraft ist nach dem ARCHIMEDischen Prinzip gleich der Gewichtskraft der zusätzlich verdrängten Flüssigkeit: $F = -m_{Fl}g = -\varrho\,\Delta V g = -\varrho g(\pi/4)d^2 x = -kx$ mit der „Federkonstante" $k = \varrho g \pi d^2/4$. Aus der Schwingungsdauer $T = 2\pi\sqrt{m/k} = (1/3)$ s (s. Aufgabe 66) folgt $k = 71{,}06$ N/m und daraus $\varrho = 4k/(\pi d^2 g) = 0{,}922 \cdot 10^3$ kg/m^3 (Öl).

75 Solange die Fahrt so maßvoll verzögert wird, dass die Bremskraft den Maximalwert der Haftreibung zwischen Rädern und Fahrbahn als oberen Grenzwert der auf das Fahrzeug übertragbaren Kraft nicht übersteigt, ist die Haftreibungszahl μ_0 maßgebend, während bei blockierten Rädern, wenn dieselben rutschen, die Gleitreibungszahl μ wirkt, welche stets kleiner ist als μ_0. Aus dieser Tatsache resultiert bei Kraftfahrzeugen der Nutzen des ABS.

76 (Bild) a) Die Komponenten von F in horizontaler und vertikaler Richtung sind mit $\alpha = 30°$:

$$F_x = F\cos\alpha = \frac{F}{2}\sqrt{3}, \qquad F_y = F\sin\alpha = \frac{F}{2}.$$

Auf die Unterlage wirkt insgesamt die Normalkraft $F_\text{N} = F_y + mg$, womit sich als Gleitreibungskraft ergibt

$$F_\text{R} = \mu F_\text{N} = \mu\left(\frac{F}{2} + mg\right).$$

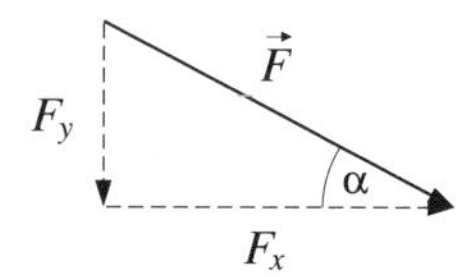

Die beschleunigende Kraft entlang der Unterlage ist $F_x - F_\text{R}$; es ist also

$$F_x - F_\text{R} = \frac{F}{2}\sqrt{3} - \mu\left(\frac{F}{2} + mg\right) = ma,$$

woraus mit $a = v/t = 2{,}96\,\text{m/s}^2$ folgt $\mu = 0{,}29$. b) Im Grenzfall $F_x = F_\text{R}$ (d. h. $a = 0$) ist $\mu_0 = 0{,}50$ (Haftreibung). c) Es muss $F_x \geq F_\text{R}$, also $F\cos\alpha \geq \mu_0(F\sin\alpha + mg)$ sein. Im Grenzfall ist somit

$$\alpha = \arccos(\mu_0 \sin\alpha + \mu_0 mg/F).$$

Diese transzendente Gleichung kann iterativ gelöst werden, indem man, ausgehend von einem Startwert, z. B. $\alpha_0 = 0{,}5$ rad (Bogenmaß), diesen in die rechte Seite der Gleichung einsetzt und dadurch einen verbesserten Wert erhält. Nach acht Iterationen folgt als Grenzwinkel $\alpha = 0{,}717\,\text{rad} = 41{,}1°$.

77 (Bild) Auf den Körper mit der Gewichtskraft G wirken in Bewegungsrichtung die Hangabtriebskraft $F_\text{H} = G\sin\alpha$ und ihr entgegen die Reibungskraft $F_\text{R} = \mu F_\text{N}$ mit der Normalkraft $F_\text{N} = G\cos\alpha$. Überwiegt F_H gegenüber F_R, gleitet der Körper. Die beschleunigende Kraft ist dann

$$F_\text{H} - F_\text{R} = G(\sin\alpha - \mu\cos\alpha) = ma.$$

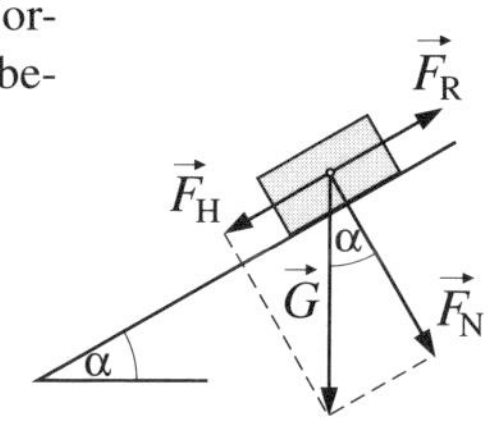

Mit $G = mg$ folgt daraus für die Gleitreibungszahl

$$\mu = \frac{\sin\alpha - (a/g)}{\cos\alpha} = 0{,}20.$$

Im Grenzfall $F_\text{H} = F_\text{R}$ (Haftreibung), bei $\alpha = \varrho_0$ (Reibungswinkel), ist $\mu_0 = \tan\varrho_0 = 0{,}36$.

78 a) Die Zugkraft der Lokomotive, welche gleich ihrer Haftreibungskraft $\mu_0 G_\text{L}$ ist, muss gerade so groß sein wie der Fahrwiderstand des gesamten Zuges: $\mu_0 G_\text{L} = \mu_\text{F}(G_\text{L} + G)$. Für die größtmögliche Anhängelast folgt somit $G = G_\text{L}[(\mu_0/\mu_\text{F}) - 1] = 58{,}1$ MN. b) Die Zugkraft der Lokomotive auf der schiefen Ebene (vgl. Bild zu Aufgabe 77 oben) $\mu_0 G_\text{L}\cos\alpha$ verringert sich um die Hangabtriebskraft des gesamten Zuges $(G_\text{L} + G)\sin\alpha$, so dass jetzt im Unterschied zu a) gilt: $\mu_0 G_\text{L}\cos\alpha - (G_\text{L} + G)\sin\alpha = \mu_\text{F}(G_\text{L} + G)\cos\alpha$. Hieraus ergibt sich mit $\tan\alpha = 0{,}021$:

$$G = G_\text{L}\left(\frac{\mu_0}{\mu_\text{F} + \tan\alpha} - 1\right) = 4{,}33\,\text{MN}.$$

c) Die beschleunigende Kraft ist gleich der Differenz zwischen Zugkraft (Haftreibungskraft der Lokomotive) und Fahrwiderstand des Zuges; es gilt also auf waagrechter Strecke

$$\mu_0 G_\text{L} - \mu_\text{F}(G_\text{L} + G) = ma = \frac{(G_\text{L} + G)a}{g},$$

woraus mit $G = 4{,}33$ MN als Beschleunigung $a = 0{,}2\,\text{m/s}^2$ folgt.

79 Die Münze rutscht von Beginn der Bewegung an, da ihre Trägheitskraft $F = ma$ (m Masse der Münze, a Beschleunigung der Unterlage) mit $a = a_0 = 8\,\text{m/s}^2$ den Grenzwert der Haftreibungskraft $F_\text{H} = \mu_0 mg = ma_\text{H}$ bzw. die zugehörige Beschleunigung $a_\text{H} = \mu_0 g \approx 5{,}9\,\text{m/s}^2$ übersteigt. Die dabei wirksame Gleitreibungskraft $F_\text{G} = \mu mg = ma_\text{G}$ ist die zwischen Münze und Unterlage maximal übertragbare Kraft; die Münze gleitet daher mit der zugehörigen konstanten Beschleunigung $a_\text{G} = \mu g = 4{,}9\,\text{m/s}^2$, und zwar solange, wie die zeitlich abnehmende Beschleunigung der Unterlage $a(t) = a_0\cos(t/\tau) \geq a_\text{G}$ ist. Für die Dauer des Gleitens folgt daraus $t_\text{G} = \tau\arccos(a_\text{G}/a_0) = 273{,}5$ ms und damit für den Gleitweg $s = a_\text{G} t_\text{G}^2/2 = 18{,}3$ cm.

80 (Bild) Die Differenz $\mathrm{d}F$ der links- und rechtsseitig schräg nach unten angreifenden Zugkräfte an einem infinitesimal kleinen Seilelement, das sich über den Zentriwinkel $\mathrm{d}\varphi$ dem Rohr oben anschmiegt, wird zum einen kompensiert durch die tangential wirkende Reibungskraft $\mathrm{d}F_\mathrm{R}$, zum anderen durch die Normalkraft $\mathrm{d}F_\mathrm{N}$ (Reaktionskräfte). Die Kräftebilanz in horizontaler und vertikaler Richtung lautet:

$$F\cos\frac{\mathrm{d}\varphi}{2} + \mathrm{d}F_\mathrm{R} - (F + \mathrm{d}F)\cos\frac{\mathrm{d}\varphi}{2} = 0,$$

$$\mathrm{d}F_\mathrm{N} - F\sin\frac{\mathrm{d}\varphi}{2} - (F + \mathrm{d}F)\sin\frac{\mathrm{d}\varphi}{2} = 0$$

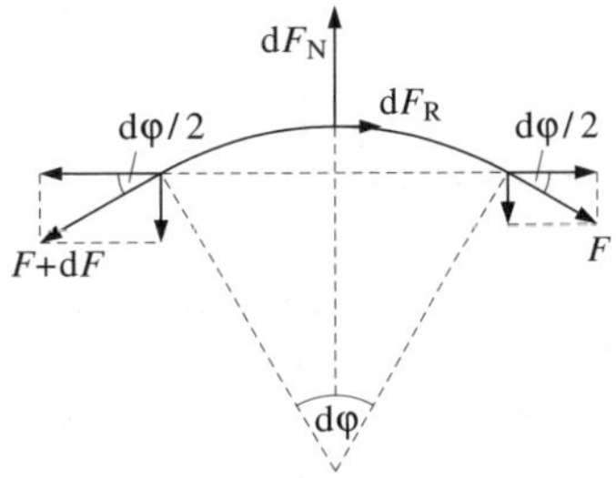

bzw. wegen $\sin(\mathrm{d}\varphi/2) \approx \mathrm{d}\varphi/2$, $\cos(\mathrm{d}\varphi/2) \approx 1$ und $\mathrm{d}F\,\mathrm{d}(\varphi/2) \approx 0$ (Glied zweiter Ordnung) mit $\mathrm{d}F_\mathrm{R} = \mu_0\,\mathrm{d}F_\mathrm{N}$: $\mu_0\,\mathrm{d}F_\mathrm{N} - \mathrm{d}F = 0$, $\mathrm{d}F_\mathrm{N} - F\,\mathrm{d}\varphi = 0$, woraus $\mathrm{d}F/F = \mu_0\,\mathrm{d}\varphi$ und nach Integration

$$\int\limits_{G_1}^{G_2} \frac{\mathrm{d}F}{F} = \left[\ln F\right]_{G_1}^{G_2} = \ln\frac{G_2}{G_1} = \mu_0 \int\limits_0^{2\pi n} \mathrm{d}\varphi = 2\pi n\mu_0 \qquad (1)$$

mit n als Windungszahl folgt. Man erhält $n = \ln(G_2/G_1)/(2\pi\mu_0) = 2{,}31$, d. h., zweieinhalb Umschlingungen reichen aus. Bemerkenswert ist die aus (1) folgende Abhängigkeit $G_2 = G_1\mathrm{e}^{2\pi n\mu_0}$. Für $\mu_0 = 0$ (keine Reibung) herrscht Gleichgewicht nur für $G_1 = G_2$.

81 a) 5,4 m/s; b) 0,51.

82 $\mu_\mathrm{F} = v^2/(2gs) = 0{,}016$.

83 0,78 m/s^2.

84 $v_\mathrm{max} = \sqrt{\mu_0 g r} = 18$ m/s (≈ 65 km/h).

85 Die Zeit, die zum vollständigen Wegziehen der Karte unter der Münze benötigt wird, ist $t = \sqrt{2D/a}$; in dieser Zeit rutscht die Münze um $s = \mu g t^2/2 = \mu g D/a$ auf der Karte entlang. Diese Distanz muss kleiner als $(D-d)/2$ sein, also $a \geq 2\mu g D/(D-d) = 4{,}84$ m/s$^2 \approx g/2$.

86 a) Auf die untere Masse m_1 wirken zwei Kräfte: die Gewichtskraft $m_1 g$, nach unten gerichtet, und die Fadenkraft F_1, nach oben gerichtet. Nach dem NEWTONschen Grundgesetz ist also $F_1 - m_1 g = m_1 a$, woraus folgt $F_1 = m_1(a+g)$. Dieses Ergebnis kann auch folgendermaßen interpretiert werden: Die Fadenkraft F_1 ergibt sich als Summe aus Gewichtskraft $m_1 g$ und Trägheitskraft $m_1 a$. Letztere ist der Beschleunigung stets entgegen, hier also nach unten gerichtet und addiert sich somit zur Gewichtskraft. Die kritische Beschleunigung ist also für den unteren Faden mit $F_1 = F_0$ als Reißfestigkeit $a_1 = (F_0/m_1) - g = 4{,}94$ m/s^2.
Der Faden oberhalb von m_2 muss die Gewichtskräfte und die Trägheitskräfte beider Massen aushalten; es ist daher $F_2 = (m_1 + m_2)(a + g)$. Die kritische Beschleunigung liegt deshalb für $F_2 = F_0$ mit $a_2 = F_0/(m_1 + m_2) - g = 1{,}99$ m/s^2 für den oberen Faden wesentlich niedriger; er wird also zuerst reißen. b) Für $a = a_1$ wird $F_2 = F_0' = 73{,}75$ N.

87 a) Die Massen werden gleichmäßig beschleunigt. Die beschleunigende Kraft ist $F = (m_2 - m_1)g$, die beschleunigte Masse $m = m_1 + m_2 + m_3$. Aus $F = ma$ folgt als Beschleunigung

$$a = \frac{(m_2 - m_1)g}{m_1 + m_2 + m_3} = 1{,}96\ \text{m/s}^2.$$

Die Seilkraft, die ein im Seil eingebauter Federkraftmesser anzeigen würde, ergibt sich als Summe aus Gewichtskraft und Trägheitskraft der am Seil hängenden Masse. Bezogen auf die Masse m_2, die wegen $m_2 > m_1$ nach unten beschleunigt wird, ihre Trägheitskraft $m_2 a$ daher nach oben, also der Gewichtskraft $m_2 g$ entgegengerichtet ist, folgt somit als Seilkraft

$$F_2 = m_2 g - m_2 a = \frac{m_2(2m_1 + m_3)g}{m_1 + m_2 + m_3} = 39{,}24\ \text{N}.$$

Für die Seilkraft F_1 erhält man, da sich m_1 nach oben bewegt, die Trägheitskraft also wie die Gewichtskraft nach unten gerichtet ist,

$$F_1 = m_1 g + m_1 a = \frac{m_1(2m_2 + m_3)g}{m_1 + m_2 + m_3} = 35{,}32\,\text{N}.$$

b) Auf m_3 wirkt die Differenzkraft

$$F_2 - F_1 = \frac{m_3(m_2 - m_1)g}{m_1 + m_2 + m_3} = m_3 a = 3{,}92\,\text{N}.$$

c) Für $m_1 = m_2$ ist $a = 0$, das System ist also in Ruhe oder bewegt sich mit konstanter Geschwindigkeit. Man erhält dann die statische Seilkraft $F_1 = F_2 = m_1 g$. Die Kraft auf m_3 ist null.

88 a) Im untersten Punkt der Schleife addieren sich Gewichtskraft $G = mg$ und Fliehkraft mv_1^2/R. Dabei ist unabhängig vom Neigungswinkel der schiefen Ebene $v_1 = \sqrt{2gh}$. Die Kraft auf die Insassen ist also

$$F_1 = mg + \frac{2mgh}{R} = G\left(1 + \frac{2h}{R}\right).$$

Mit $h = 3R$ wird $F_1 = 7G$ (!). b) Im höchsten Punkt ist mit der nach oben gerichteten Fliehkraft $-mv_2^2/R$ und $v_2 = \sqrt{2g(h-2R)}$:

$$F_2 = mg - \frac{2mg(h-2R)}{R} = G\left(5 - \frac{2h}{R}\right).$$

Mit $h = 3R$ wird $F_2 = -G$ (Kraft nach oben). c) In diesem Fall ist $F_2 = 0$ (Schwerelosigkeit). Die Ausgangshöhe ist dann $h = (5/2)R$; dafür wird $F_1 = 6G$.

89 (Bild) Auf ein Teilchen an der Oberfläche wirken die Schwerkraft mg und die Fliehkraft $m\omega^2 x$. Die senkrecht zur Resultierenden F verlaufende Tangente hat den Anstieg

$$\tan\varphi = \frac{\mathrm{d}y}{\mathrm{d}x} = \frac{m\omega^2 x}{mg} = \frac{\omega^2}{g}x, \quad \text{woraus folgt}$$

$$\mathrm{d}y = \frac{\omega^2}{g}x\,\mathrm{d}x, \qquad y = \frac{\omega^2}{g}\int x\,\mathrm{d}x = \frac{\omega^2}{2g}x^2 + C.$$

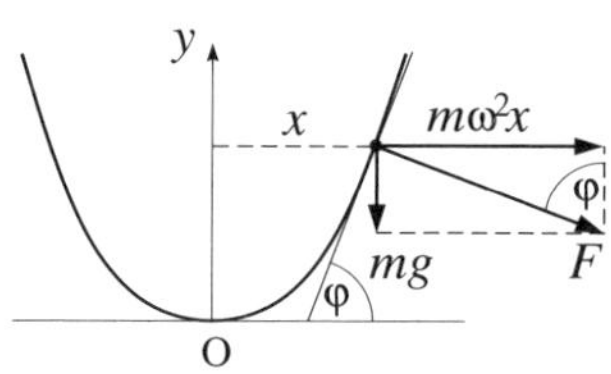

Für $x = 0$ sei $y = 0$, womit $C = 0$ wird, und man erhält

$$y = \frac{\omega^2}{2g}x^2 \quad \text{(Parabel)}.$$

Die Flüssigkeitsoberfläche hat also die Gestalt eines Rotationsparaboloids, welches um so stärker nach innen gewölbt ist, je größer die Rotationsgeschwindigkeit ist.

90 Die CORIOLIS-Kraft berechnet sich als Vektorprodukt $\boldsymbol{F}_\text{C} = 2m(\boldsymbol{v}' \times \boldsymbol{\omega})$ mit $\boldsymbol{v}'$ als Relativgeschwindigkeit (im rotierenden Bezugssystem S′) und $\boldsymbol{\omega}$ als Vektor der Winkelgeschwindigkeit (Richtung der Drehachse). Hier ist $\boldsymbol{\omega} = \omega\boldsymbol{k}'$ (z'-Achse). Damit wird a)

$$\boldsymbol{F}_\text{C1} = 2mv'\omega(\boldsymbol{i}' \times \boldsymbol{k}') = -2mv'\omega\boldsymbol{j}'.$$

Bei der nach Westen gerichteten Geschwindigkeit $\boldsymbol{v}'$ wirkt also $\boldsymbol{F}_\text{C}$ in Richtung Erdmittelpunkt. Im Fall b), wo sich der Körper am Äquator senkrecht nach oben bewegt, ist

$$\boldsymbol{F}_\text{C2} = 2mv'\omega(\boldsymbol{j}' \times \boldsymbol{k}') = 2mv'\omega\boldsymbol{i}' \quad \text{(Richtung Westen)}.$$

c) Bei der Bewegung nach Norden ist $\boldsymbol{F}_\text{C3} = 2mv'\omega(\boldsymbol{k}' \times \boldsymbol{k}') = 0$.
d) $\boldsymbol{v}'$ ist jetzt von der Form $\boldsymbol{v}' = -v'_y\boldsymbol{j}' + v'_z\boldsymbol{k}' = v'(-\sin\varphi\,\boldsymbol{j}' + \cos\varphi\,\boldsymbol{k}')$ (φ geographische Breite). Damit wird

$$\boldsymbol{F}_\text{C4} = 2mv'\omega\left[-\sin\varphi(\boldsymbol{j}' \times \boldsymbol{k}') + \cos\varphi(\boldsymbol{k}' \times \boldsymbol{k}')\right] = -2mv'\omega\sin\varphi\,\boldsymbol{i}'.$$

$\boldsymbol{F}_\text{C4}$ wirkt also in Richtung Osten, d. h. Rechtsabweichung auf der nördlichen Halbkugel; sie wird mit steigender geographischer Breite größer. e) Mit $\boldsymbol{v}' = -(v'_y\boldsymbol{j}' + v'_z\boldsymbol{k}') = -v'(\sin\varphi\,\boldsymbol{j}' + \cos\varphi\,\boldsymbol{k}')$ wird $\boldsymbol{F}_\text{C5} = \boldsymbol{F}_\text{C4}$, d. h. Linksabweichung auf der südlichen Halbkugel.

91 (Bild) Auf das Geschoss wirkt die CORIOLIS-Kraft

$$\boldsymbol{F}_C = 2m(\boldsymbol{v}' \times \boldsymbol{\omega}), \quad \text{Betrag} \quad F_C = 2mv'\omega \sin\varphi.$$

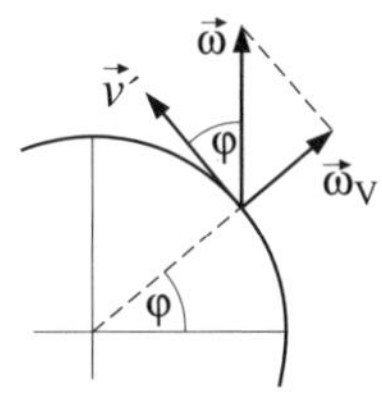

Dabei ist φ die geographische Breite, $\omega = 2\pi/(24\,\text{h}) = 7{,}27 \cdot 10^{-5}$ rad/s die Winkelgeschwindigkeit der Erdrotation und $\omega \sin\varphi = \omega_V = 5{,}14 \cdot 10^{-5}$ rad/s ihre Vertikalkomponente. Diese hat auf der nördlichen Halbkugel eine Ostabweichung der Geschossbahn mit der CORIOLIS-Beschleunigung $a_C = F_C/m = 2v'\omega_V = 0{,}05\,\text{m/s}^2$ zur Folge. Die Bahnabweichung beträgt bei einer Flugzeit von $t = s/v' = 60$ s für diese Strecke $s' = a_C t^2/2 = 92{,}6$ m.

92 In der Bewegungsgleichung für den senkrechten Wurf tritt außer der Gewichtskraft $m\boldsymbol{g}$ zusätzlich die CORIOLIS-Kraft $2m(\boldsymbol{v} \times \boldsymbol{\omega})$ auf:

$$m\boldsymbol{a} = m\frac{\mathrm{d}\boldsymbol{v}}{\mathrm{d}t} = m\boldsymbol{g} + 2m(\boldsymbol{v} \times \boldsymbol{\omega}). \tag{1}$$

Im mitrotierenden Koordinatensystem (s. Bild zu Aufgabe 90; die Striche an $\boldsymbol{v}$, x, y, z sind der Übersichtlichkeit halber hier weggelassen) ist für einen Punkt mit der geographischen Breite φ: $\boldsymbol{\omega} = \omega\boldsymbol{k}$, $\boldsymbol{g} = -g(\cos\varphi\,\boldsymbol{j} + \sin\varphi\,\boldsymbol{k})$, $\boldsymbol{v}_0 = v_0(\cos\varphi\,\boldsymbol{j} + \sin\varphi\,\boldsymbol{k})$ (Anfangsgeschwindigkeit) und allgemein $\boldsymbol{v} = v_x\boldsymbol{i} + v_y\boldsymbol{j} + v_z\boldsymbol{k}$. Dies in (1) eingesetzt, liefert die drei Differentialgleichungen

$$\dot{v}_x = 2\omega v_y, \qquad \dot{v}_y = -2\omega v_x - g\cos\varphi, \qquad \dot{v}_z = -g\sin\varphi, \tag{2a,b,c}$$

durch die die Bewegung beschrieben wird. (2a) nach der Zeit t differenziert und in (2b) eingesetzt, ergibt eine lineare Differentialgleichung 2. Ordnung für v_x:

$$\ddot{v}_x + 4\omega^2 v_x = -2\omega g\cos\varphi = -2\omega g_\perp \qquad \text{mit} \qquad g_\perp = g\cos\varphi. \tag{3}$$

Mit den Anfangsbedingungen $v_x = 0$ und $\dot{v}_x = 2\omega v_y = 2\omega v_0 \cos\varphi$ für $t = 0$ findet man als deren Lösung das Geschwindigkeit-Zeit-Gesetz

$$v_x(t) = \frac{\mathrm{d}x}{\mathrm{d}t} = v_0\cos\varphi\sin(2\omega t) - \frac{g_\perp}{2\omega}\,[1 - \cos(2\omega t)]\,;$$

man kontrolliere dies durch Einsetzen in (3). Nach Integration über t mit $x(t = 0) = 0$ folgt das zugehörige Weg-Zeit-Gesetz

$$x(t) = \int_0^t v_x\,\mathrm{d}t = \frac{v_0\cos\varphi}{2\omega}\,[1 - \cos(2\omega t)] - \frac{g_\perp}{4\omega^2}\,[2\omega t - \sin(2\omega t)]\,.$$

Man erkennt, dass nur die zu $\boldsymbol{\omega}$ senkrechten Komponenten $v_0\cos\varphi$ und $g_\perp$ in die seitliche Abweichung eingehen. Für nicht allzu große Wurfzeiten $2\omega t \ll 1$ wird mit $[1 - \cos(2\omega t)] \approx 2\omega^2 t^2$ und $[2\omega t - \sin(2\omega t)] \approx 4\omega^3 t^3/3$ sowie der Steigzeit $t_S = T/2 = v_0/g$ die halbe seitliche Abweichung $x/2 \approx 2\omega g t_S^3 \cos\varphi/3$. Mit $\omega = 2\pi/(24\,\text{h}) = 7{,}27 \cdot 10^{-5}$ rad/s und $t_S = 65{,}0$ s erhält man daraus die gesuchte Abweichung zu $x = 157{,}2$ m.

93 a) 19,62 N; b) 29,43 N; c) 14,72 N. **94** 18,1 N. **95** $\varphi = \arcsin(2/3) = 41{,}8°$.

96 Die Resultierende aus Fliehkraft und Gewichtskraft liegt in der Verlängerung der Schnur. $v = \sqrt{gl\sin\varphi\tan\varphi} = 1{,}19$ m/s; $T = 2\pi l\sin\varphi/v = 1{,}32$ s.

97 Es ist $a_C = 2v'\omega\sin(90° - \varphi) = 2v'\omega\cos\varphi = 4{,}67 \cdot 10^{-4}\,\text{m/s}^2$; mit $t = h/v' = 300$ s wird $s' = a_C t^2/2 = 21$ m (Ostabweichung).

98 (Bild) Im fahrenden Abteil, dem bewegten Bezugssystem $\Sigma'(x', y', z')$, hat der Körper – wenn wir ihn zum Zeitpunkt $t = 0$ im Nullpunkt O′ fallenlassen – zur Zeit t die Koordinaten

$$x' = 0, \qquad y' = 0, \qquad z' = -gt^2/2.$$

Der Mitfahrende registriert demnach eine in $-z'$-Richtung verlaufende gerade Bahn des Körpers. Seine Koordinaten zum gleichen Zeitpunkt in Bezug auf den Bahnsteig, das ruhende System $\Sigma(x, y, z)$, liefert uns die GALILEI-Transformation

$$x = x' + vt, \qquad y = y', \qquad z = z',$$

im konkreten Fall also

$$x = vt, \qquad y = 0, \qquad z = -gt^2/2.$$

Eliminieren der Zeit t ergibt als Bahnkurve $z = z(x)$ in Σ

$$z = -\frac{g}{2v^2}x^2.$$

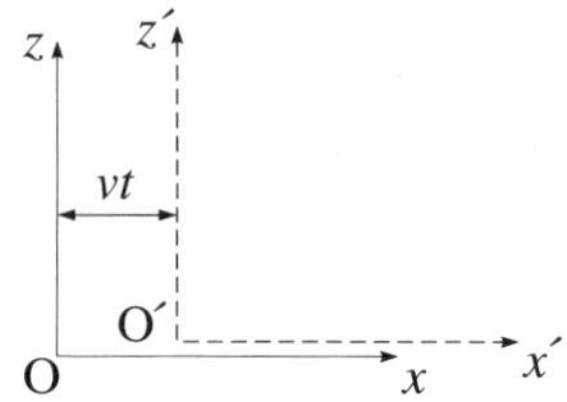

Der Außenstehende registriert also als Bahnkurve des fallenden Körpers eine nach unten geöffnete Parabel in der x, z-Ebene.

99 Die Transformationsgleichungen für die Orts- und Zeitkoordinaten beim Übergang von Σ auf Σ' lauten

$$x = \frac{x' + vt'}{\sqrt{1 - \frac{v^2}{c^2}}}, \quad y = y', \quad z = z', \quad t = \frac{t' + \frac{v}{c^2}x'}{\sqrt{1 - \frac{v^2}{c^2}}} \qquad \text{(LORENTZ-Transformation).}$$

Einsetzen in die Gleichung für die Wellenfront ergibt mit $\gamma = 1/\sqrt{1 - (v^2/c^2)}$:

$$(x' + vt')^2\gamma^2 + y'^2 + z'^2 = c^2\left(t' + \frac{v}{c^2}x'\right)^2 \gamma^2.$$

Durch weiteres Ausrechnen und Ordnen erhält man daraus

$$x'^2\left(1 - \frac{v^2}{c^2}\right)\gamma^2 + y'^2 + z'^2 = c^2t'^2\left(1 - \frac{v^2}{c^2}\right)\gamma^2.$$

Durch Rücksubstitution von γ folgt somit als Gleichung für die Wellenfront in Σ'

$$x'^2 + y'^2 + z'^2 = c^2t'^2.$$

Dies ist wieder die ursprüngliche Form der Gleichung für die Wellenfront, die sich also auch in Σ' mit der (unveränderten) Lichtgeschwindigkeit c kugelförmig ausbreitet. Dagegen ändert sich mit dem Wechsel des Bezugssystems – wie man an der obigen Transformationsgleichung für die Zeit erkennt – der Zeitablauf ($\mathrm{d}t = \gamma\,\mathrm{d}t'$, d. h. $\mathrm{d}t > \mathrm{d}t'$).

100 Aus den Gleichungen der LORENTZ-Transformation (vgl. Aufgabe 99, oben) folgt, dass alle Gegenstände mit der Länge $l = x_2 - x_1$, die sich relativ zum Beobachter mit der Geschwindigkeit v bewegen, diesem in Bewegungsrichtung (x- bzw. x'-Richtung) um den Faktor $\sqrt{1 - (v^2/c^2)}$ verkürzt erscheinen, also für ihn die Länge

$$l' = x_2' - x_1' = l\sqrt{1 - (v^2/c^2)} \leq l$$

haben. Mit $l' = 0{,}80$ m und $v = 0{,}6c$ folgt daher für die Länge beider Fenster

$$l = \frac{l'}{\sqrt{1 - (v^2/c^2)}} = \frac{0{,}80\,\text{m}}{\sqrt{1 - 0{,}6^2}} = 1\,\text{m}.$$

Wegen der Gleichberechtigung aller Inertialsysteme erscheint also jedem von beiden, Raumfahrer und Beobachter, das Fenster des anderen um 20 cm verkürzt.

101 Ist $\Delta t'$ die Zeitdauer, die von einer mit dem Teilchen mitbewegten Uhr angezeigt wird („Eigenzeit"), so misst ein außenstehender Beobachter (im Laborsystem) die Zeitspanne

$$\Delta t = \frac{\Delta t'}{\sqrt{1 - (v^2/c^2)}} \geq \Delta t'.$$

Mit $\Delta t' = 2{,}60 \cdot 10^{-8}$ s und $v/c = 0{,}80$ registrieren wir demnach für die schnell bewegten π-Mesonen eine zeitlich gedehnte Lebensdauer von $\Delta t = 4{,}33 \cdot 10^{-8}$ s. In dieser Zeit legen sie im Laborsystem die Strecke $\Delta l = v\Delta t = 0{,}8c\,\Delta t = 10{,}39$ m zurück. Vom Standpunkt eines mit dem Teilchen mitbewegten Beobachters, der mit seiner Uhr die Eigenzeit $\Delta t'$ misst, schrumpft diese Entfernung auf $\Delta l' = 0{,}8c\,\Delta t' = 6{,}24$ m (LORENTZ-Kontraktion, vgl. Aufgabe 100).

102 a) Für die Raumfahrer, die sich gegenüber der Erde mit der Geschwindigkeit v bewegen, schrumpft nach dem relativistischen Prinzip der Längenkontraktion (vgl. Aufgabe 100) die Entfernung Erde-Fixstern von $s = ct = c(4{,}3\ \mathrm{a})$ auf

$$s' = s\sqrt{1-(v^2/c^2)} = v\Delta t',$$

wobei $\Delta t' = 1{,}25$ a die Flugdauer im Zeitmaß der Raumfahrer ist. Hieraus folgt

$$v = \frac{s}{\sqrt{(s/c)^2+(\Delta t')^2}} = \frac{4{,}3c}{\sqrt{4{,}3^2+1{,}25^2}} = 0{,}96c.$$

b) Während der Flugdauer der Raumfahrer $\Delta t'$ verstreicht für die Erdenbewohner die Zeit $\Delta t = s/v$, mit dem obigen Ausdruck für s' bzw. s also

$$\Delta t = \frac{\Delta t'}{\sqrt{1-(v^2/c^2)}} \approx 4{,}5\ \mathrm{a}.$$

Dies ist das Gesetz der relativistischen Zeitdilatation (vgl. Aufgabe 101). Da die Bezugssysteme von Erdenbewohner und Raumfahrer gleichberechtigt sind, dürfen Δt und $\Delta t'$ vertauscht werden; für jeden von beiden geht die Uhr des anderen nach.

103 Durch Anwendung der LORENTZ-Transformation (vgl. Lösung zu Aufgabe 99) erhält man

$$t_2' - t_1' = \frac{t_2 - t_1 - v(x_2-x_1)/c^2}{\sqrt{1-(v^2/c^2)}}.$$

Die Forderung $t_2' - t_1' < 0$ (Zeitumkehr) führt zu der Ungleichung

$$t_2 - t_1 - \frac{v}{c^2}(x_2-x_1) < 0, \quad \text{woraus folgt} \quad \frac{x_2-x_1}{t_2-t_1} = v_S > \frac{c^2}{v} \quad \text{oder} \quad v_S v > c^2.$$

Diese Bedingung ist nicht erfüllbar, da weder die „Signalgeschwindigkeit" v_S noch die Relativgeschwindigkeit der Bezugssysteme v die Vakuum-Lichtgeschwindigkeit c erreichen kann. Die zeitliche Reihenfolge von Ereignissen bleibt also in allen Inertialsystemen erhalten. Nur Ereignisse mit $v_S \le c$ können als Ursache und Wirkung miteinander verknüpft sein.

104 Die Geschwindigkeit des Neutrons im Laborsystem Σ ist $v = 0{,}9c$, und die Geschwindigkeit des Elektrons in Bezug auf das Neutron (System Σ') ist $u' = 0{,}8c$. Die Geschwindigkeit des Elektrons in Bezug auf das Laborsystem Σ berechnet sich nach dem relativistischen Additionstheorem für Geschwindigkeiten

$$u = \frac{v+u'}{1+(v/c^2)u'} = \frac{0{,}9c+0{,}8c}{1+0{,}72} = 0{,}988c.$$

Nach dem klassischen Additionstheorem würde man $u = v + u' = 1{,}7c$ erhalten; dies widerspricht jedoch der Relativitätstheorie und der Erfahrung, wonach es Teilchengeschwindigkeiten größer als c nicht gibt.

105 Ein Teilchen mit der Ruhmasse m_0, welches sich mit der Geschwindigkeit v relativ zum Beobachter bewegt, hat für ihn die Masse

$$m = \frac{m_0}{\sqrt{1-(v^2/c^2)}} \qquad \text{(Impulsmasse)}.$$

Die relativistische Massenzunahme der Protonen beträgt also hier

$$\frac{m-m_0}{m_0} = \frac{1}{\sqrt{1-0{,}8^2}} - 1 = 0{,}67 \quad (67\%).$$

Der relativistische Impuls ist mit $p_0 = m_0 v$ als nichtrelativistischem Impuls:

$$p = mv = \frac{m_0 v}{\sqrt{1-(v^2/c^2)}} = 1{,}67 p_0.$$

106 a) Eine konstante Kraft F bewirkt bei konstanter Masse m_0 des Teilchens die Beschleunigung $F/m_0 = a = v/t$, entsprechend der bekannten Beziehung $v = at$. b) Die relativistische Bewegungsgleichung lautet mit dem relativistischen Impuls $p = mv$:

$$\frac{dp}{dt} = \frac{d}{dt}\left(\frac{m_0 v}{\sqrt{1-(v^2/c^2)}}\right) = F.$$

Mit $F = m_0 a$ wird

$$\int_0^v d\left(\frac{v}{\sqrt{1-(v^2/c^2)}}\right) = a\int_0^t dt, \qquad \frac{v}{\sqrt{1-(v^2/c^2)}} = at$$

und hieraus durch Auflösen nach der Geschwindigkeit

$$v = \frac{at}{\sqrt{1+(at/c)^2}}.$$

Dabei ist a die Beschleunigung, wie sie von einem Beobachter gesehen wird, der die gleiche Momentangeschwindigkeit wie das Teilchen hat. c) Bei nichtrelativistischer Rechnung würde das Teilchen die Geschwindigkeit $v_1 = c$ nach der Zeit $t_1 = c/a$ erreichen. Nach b) wird jedoch die wahre Geschwindigkeit für denselben Zeitpunkt t_1: $v_1 = c/\sqrt{2} = 2{,}12 \cdot 10^8$ m/s.

107 a) Zwilling A misst die Zeit t, Zwilling B die Zeit t'. B erfährt im Zeitintervall dt' den Geschwindigkeitszuwachs $dv = a\,dt'$, womit sich die geänderte Geschwindigkeit nach dem relativistischen Additionstheorem (vgl. Aufgabe 104) ergibt zu

$$v + dv = \frac{v + a\,dt'}{1 + \frac{v}{c^2}a\,dt'} \approx (v + a\,dt')\left(1 - \frac{v}{c^2}a\,dt'\right) = v - \frac{v^2}{c^2}a\,dt' + a\,dt' - \frac{v}{c^2}a^2\,dt'^2.$$

Das letzte, sehr kleine Glied zweiter Ordnung in dt' wird vernachlässigt, so dass man mit $\beta = v/c$ erhält $dv = c\,d\beta = a(1-\beta^2)\,dt'$ oder nach Trennung der Variablen und Integration

$$\frac{d\beta}{1-\beta^2} = \frac{a}{c}dt', \qquad \int \frac{d\beta}{1-\beta^2} = \frac{a}{c}\int dt', \qquad \operatorname{artanh}\beta = \frac{a}{c}t' + C.$$

C verschwindet, da für $t' = 0$ die Geschwindigkeit $v = 0$ sein soll. Damit wird

$$\beta = \frac{v}{c} = \tanh\frac{at'}{c}, \qquad v = c\tanh\frac{at'}{c}.$$

Nach $t' = 3$ a $= 9{,}467 \cdot 10^7$ s (mit 1 a $= 365{,}2422 \cdot 86\,400$ s $= 3{,}1557 \cdot 10^7$ s) hat demnach B die Geschwindigkeit $v = 2{,}9871 \cdot 10^8$ m/s $= 0{,}9964c$. b) Für A ist nach seiner Zeitrechnung (vgl. Aufgabe 106)

$$v = \frac{at}{\sqrt{1+(a^2t^2/c^2)}}, \quad \text{woraus folgt} \quad t = \frac{v}{a\sqrt{1-\beta^2}} = \frac{c}{a}\sinh\frac{at'}{c}. \tag{1a,b}$$

Danach ist für ihn auf der Erde die Zeit $t = 3{,}519 \cdot 10^8$ s $= 11{,}15$ a vergangen, und nach drei weiteren Perioden (Abbremsen des Raumschiffs auf $v = 0$, Umkehr und Rückkehr) insgesamt die Zeit $4t \approx 44{,}6$ a, für seinen Bruder B im Raumschiff hingegen nur $4t' = 12$ a. Der Altersunterschied beträgt also 32,6 Jahre. c) Der zurückgelegte Weg ergibt sich aus (1a) für den Beobachter A zu

$$s(t) = \int_0^t v\,dt = \int_0^t \frac{at\,dt}{\sqrt{1+(a^2t^2/c^2)}} = \frac{c^2}{a}\left(\sqrt{1+\frac{a^2t^2}{c^2}} - 1\right).$$

Für $t = 7{,}038 \cdot 10^8$ s (Umkehrzeitpunkt) wird $s = 2{,}02 \cdot 10^{17}$ m $\approx 21{,}4$ ly (Lichtjahre). Der nächstgelegene Fixstern, der α Centauri, ist 4,3 ly von uns entfernt. Selbst wenn man annehmen würde, dass sich Photonenraketen mit $v \approx c$ realisieren ließen, darf wohl eine Mission dorthin aus energetischen Gründen derzeit als unmöglich angesehen werden.

108 $z' = -z_0 \sin(kx' - \varphi)$ mit $k = \omega/v = \text{const}$, $\varphi = \omega x/v = \text{const}$ (Sinuskurve in der x', z'-Ebene).

109 a) 5 m; b) 19,3 ns.

110 $0{,}8c$.

111 Mit $u' = -0{,}8c$ wird $u = 0{,}36c$.

112 $0{,}946c$.

113 $v/c = \sqrt{1-(m_0/m)^2}$; $v = 0{,}995c$.

114 a) Die Arbeit ist das skalare Produkt aus Kraft- und Verschiebungsvektor:
$dW = \boldsymbol{F} \cdot d\boldsymbol{r} = F_x\,dx + F_y\,dy + F_z\,dz.$

b) Mit den Beträgen beider Vektoren

$$F = \sqrt{F_x^2 + F_y^2 + F_z^2}, \qquad |d\boldsymbol{r}| = ds = \sqrt{(dx)^2 + (dy)^2 + (dz)^2}$$

folgt aus der Definition des Skalarprodukts $dW = \boldsymbol{F} \cdot d\boldsymbol{r} = F\,ds\cos\alpha$:

$$\cos\alpha = \frac{dW}{F\,ds} = \frac{F_x\,dx + F_y\,dy + F_z\,dz}{\sqrt{F_x^2 + F_y^2 + F_z^2} \cdot \sqrt{(dx)^2 + (dy)^2 + (dz)^2}}.$$

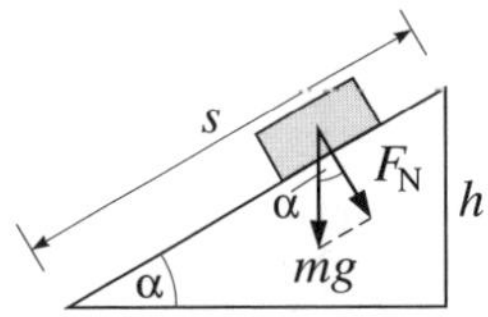

115 (Bild) Es wird Hub- und Reibungsarbeit verrichtet. Erstere ist mgh, letztere $\mu F_N s$, wobei $F_N = mg\cos\alpha$ die Normalkraft und $s = h/\sin\alpha$ die Länge des Weges auf der schiefen Ebene ist:

$$W = mgh + \mu mgh\frac{\cos\alpha}{\sin\alpha} = mgh(1 + \mu\cot\alpha) = mgs(\sin\alpha + \mu\cos\alpha).$$

Mit den Zahlenwerten folgt $W = 61{,}85$ kJ. Während die Hubarbeit nur vom Höhenunterschied h, d. h. von Anfangs- und Endpunkt der Bewegung abhängt, ist die Reibungsarbeit von der tatsächlich zurückgelegten Wegstrecke s abhängig. Die Schwerkraft ist eine konservative, die Reibungskraft eine nichtkonservative Kraft.

116 Die Gewichtskraft des bereits auf dem Tisch liegenden Teppichstücks der Länge x beträgt $mg(x/l)$, und die des überhängenden Stücks $mg[1 - (x/l)]$. Beim Hochziehen um dx wird zum einen die Reibungsarbeit $\mu mg(x/l)\,dx$ verrichtet, zum anderen die Hubarbeit $mg[1 - (x/l)]\,dx$. Die insgesamt zu verrichtende Arbeit ist also

$$W = \int_x^l \left\{\frac{\mu mgx}{l} + mg\left(1 - \frac{x}{l}\right)\right\} dx = mg\int_x^l \left(1 - \frac{1-\mu}{l}x\right) dx$$
$$= mg\left[x - \frac{1-\mu}{2l}x^2\right]_x^l = \frac{mgl}{2}\left\{(1+\mu) - 2\frac{x}{l} + (1-\mu)\left(\frac{x}{l}\right)^2\right\}.$$

Mit den gegebenen Werten für W, m, l und μ erhält man als Lösung dieser quadratischen Gleichung $x/l = 0{,}5$ (die zweite Lösung scheidet aus), d. h., es ist $x = l/2 = 1$ m.

117 a) Aus $V = (4/3)\pi r^3$ als Volumen der (kugelförmigen) Blase in einem Zwischenstadium beim Radius r folgt für die Volumenzunahme bei Vergrößerung des Blasenradius um dr (durch Differentiation) $dV = 4\pi r^2\,dr$. Damit wird

$$dW = p\,dV = \frac{4\sigma}{r} \cdot 4\pi r^2\,dr = 16\pi\sigma r\,dr.$$

Die Arbeit für die Erzeugung einer Blase mit dem Endvolumen $V_0 = (4/3)\pi R^3$ ist somit

$$W_0 = \int_0^{V_0} p\,dV = 16\pi\sigma\int_0^R r\,dr = 8\pi\sigma R^2.$$

Mit $R = 0{,}05$ m und $\sigma = 0{,}064$ N/m folgt $100\,W_0 = 0{,}4$ J. b) Bei einer Seifenblase werden zwei Oberflächen der Größe $4\pi R^2$ gebildet (innen und außen), insgesamt also die Fläche $A_0 = 8\pi R^2$. Es ist also $W_0 = \sigma A_0$, d. h., die verrichtete Arbeit ist der gebildeten Oberfläche proportional; sie wird in ihr als *Oberflächenenergie* gespeichert.

118 a) Die Federkraft F ist (bei nicht zu großen Dehnungen) der Auslenkung x der Feder proportional: $F = kx$ (k Federkonstante). Für die Dehnungsarbeit erhält man somit

$$W = \int_{x_1}^{x_2} F\,dx = k\int_{x_1}^{x_2} x\,dx = \frac{k}{2}(x_2^2 - x_1^2).$$

Es ist $k = F_1/x_1$ und $x_2 = x_1 + s$ mit $s = 10\,\text{cm}$. Einsetzen in vorstehende Beziehung ergibt die ursprüngliche Auslenkung

$$x_1 = \frac{F_1 s^2}{2(W - F_1 s)} = 1{,}11\,\text{cm}.$$

b) Mit $k = F_1/x_1 = 90\,\text{N/m}$ folgt als Endbelastung $F_2 = F_1 + ks = 10\,\text{N}$.

119 Es ist Hub- und Beschleunigungsarbeit zu verrichten. Die Hubarbeit ist $W_1 = mgh$, die Beschleunigungsarbeit $W_2 = mas$ mit $s = h$ (Trägheitskraft mal Weg). Die Beschleunigung a folgt aus $v = \sqrt{2as}$ zu $a = v^2/(2s)$, womit sich $W_2 = mv^2/2$ ergibt. Man erhält also $W_{\text{ges}} = W_1 + W_2 = 1{,}08\,\text{MJ}$.

120 Die gesamte anfänglich vorhandene Energie (potentielle Energie mgh mit $h = s_1 \sin\alpha$ und kinetische Energie $mv_0^2/2$) wird in Reibungsarbeit umgewandelt:

$$mgs_1 \sin\alpha + \frac{mv_0^2}{2} = \mu_F mgs_1 \cos\alpha + \mu_F mgs_2 \qquad \text{(Abrollberg und Horizontale).}$$

Daraus folgt $v_0 = \sqrt{2g[\mu_F(s_1 \cos\alpha + s_2) - s_1 \sin\alpha]} = 3{,}5\,\text{m/s} = 12{,}6\,\text{km/h}$.

121 (Bild) Es ist $h = l(1 - \cos\varphi)$ und somit die potentielle Energie des Pendelkörpers bei der Auslenkung φ

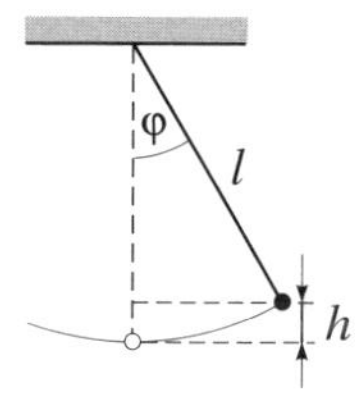

$$E_p(\varphi) = mgh = mgl(1 - \cos\varphi).$$

Die kinetische Energie ist $E_k(\varphi) = mv^2/2$ mit $v = v(\varphi)$. Es gilt der Energieerhaltungssatz

$$E_p(\varphi) + E_k(\varphi) = E_{\text{ges}} = \text{const.}$$

Für $\varphi = 60°$ (maximale Auslenkung) ist $v = 0$ und somit $E_k = 0$; es ist dann

$$E_{p,\max} = E_{\text{ges}} = mgl(1 - \cos 60°) = mgl/2 = 0{,}49\,\text{J}.$$

Für $\varphi = 0°$ ist $E_p = 0$ und somit

$$E_{k,\max} = E_{\text{ges}} = mgl/2 = mv_{\max}^2/2; \qquad v_{\max} = \sqrt{gl} = 3{,}13\,\text{m/s}.$$

Für $\varphi = 30°$ wird $E_p = 0{,}13\,\text{J}$, $E_k = E_{\text{ges}} - E_p = 0{,}36\,\text{J}$ und $v = \sqrt{2E_k/m} = 2{,}68\,\text{m/s}$.

122 a) Ist x_m die maximale Stauchung der Feder, so ist die vom Körper insgesamt durchfallene Höhe $h + x_m$ und demzufolge dessen Verlust an potentieller Energie $mg(h + x_m)$. Diese geht im unteren Umkehrpunkt in Form von Spannarbeit $kx_m^2/2$ vollständig in potentielle Energie der Feder über:

$$mg(h + x_m) = \frac{kx_m^2}{2}, \qquad x_m = \frac{mg}{k} + \sqrt{\left(\frac{mg}{k}\right)^2 + \frac{2mgh}{k}} = 203\,\text{mm}.$$

b) Nimmt man das obere Ende der unbelasteten Feder als Nullpunkt der potentiellen Energie, so teilt sich die Gesamtenergie mgh bei einer momentanen Stauchung x der Feder nach unten in die Anteile potentielle Energie der Lage des Körpers $-mgx$, kinetische Energie des Körpers $mv^2/2$ und potentielle Energie der Feder $kx^2/2$ auf:

$$mgh = -mgx + \frac{mv^2}{2} + \frac{kx^2}{2}, \qquad \text{woraus folgt} \qquad v = \sqrt{2g(h + x) - (k/m)x^2}.$$

Für $x_1 = x_m/2 \approx 0{,}1\,\text{m}$ erhält man $v_1 = 7{,}8\,\text{m/s}$. c) Die maximale Geschwindigkeit erhält man aus der Extremwertbedingung $\mathrm{d}v/\mathrm{d}x = 0$. Aus ihr folgt die zugehörige Stauchung $x_2 = mg/k = 4{,}9\,\text{mm}$ und mit der Auftreffgeschwindigkeit $v_0 = \sqrt{2gh}$ aus b): $v_m = \sqrt{v_0^2 + mg^2/k} = 8{,}9\,\text{m/s}$. x_2 ist gleichzeitig die Stauchung im statischen Gleichgewicht.

123 a) Bei gleichmäßiger Beschleunigung ist die Antriebskraft konstant, so dass wegen $P = Fv$ die Momentanleistung P gleichmäßig mit der Momentangeschwindigkeit v zunimmt und bei Erreichen der Endgeschwindigkeit am größten ist. Die Durchschnittsleistung $\overline{P}$ ist bei gleichmäßiger Beschleunigung wegen $\overline{v} = v/2$ (mittlere Geschwindigkeit) nur halb so groß wie die maximale Momentanleistung: $\overline{P} = F\overline{v} = Fv/2$. b) Bei konstanter Antriebsleistung $P = Fv = \text{const}$ verhält sich die Antriebskraft reziprok zur Momentangeschwindigkeit. c) Aus $F = m(\mathrm{d}v/\mathrm{d}t) = P/v$ folgt nach Integration $mv^2/2 = Pt$ und daraus $P = mv^2/(2t) = 66\,\text{kW}$.

124 a) Bei konstanter Geschwindigkeit v und damit konstantem Luftwiderstand $F = \beta v^2$ ist die Momentanleistung $P = Fv = \beta v^3$ (Bild). Für $v_1 = (100/3{,}6)$ m/s wird $P_1 = \beta v_1^3 = 12{,}86\,\text{kW}$. b) Für die durchschnittliche Leistung $\overline{P}$ gilt

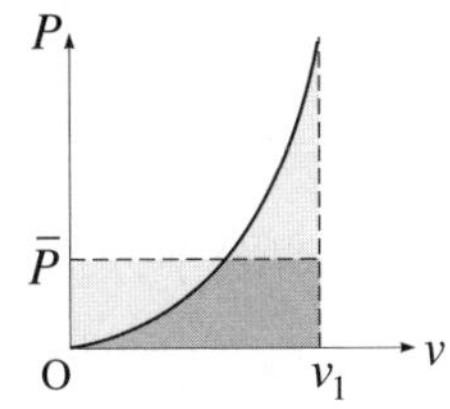

$$\overline{P}v_1 = \int_0^{v_1} P(v)\,\mathrm{d}v \qquad \text{(Flächengleichheit)},$$

$$\overline{P} = \frac{1}{v_1}\int_0^{v_1} P(v)\,\mathrm{d}v = \frac{\beta}{v_1}\int_0^{v_1} v^3\,\mathrm{d}v = \frac{\beta v_1^3}{4} = \frac{P_1}{4} = 3{,}22\,\text{kW}.$$

125 a) $W = \boldsymbol{F}\cdot\boldsymbol{s} = F_x s_x + F_y s_y + F_z s_z = 19\,\text{J}$. b) $F = 3{,}74\,\text{N}$; $s = 6{,}16\,\text{m}$; $\alpha = 34{,}5°$.

126 1,15 MJ. Der Weg spielt keine Rolle.

127 a) 2,35 MJ; b) 654 W.

128 2943 J.

129 a) 0,515 J; b) 1,5 kg.

130 $v = 198\,\text{m/s}$, $v_0 = \sqrt{2}v = 280\,\text{m/s}$.

131 $1{,}36\,\text{m/s}^2$.

132 0,46 m/s (mit $\eta = 0{,}36$).

133 a) 29,4 kW; b) 39,4 kW.

134 $\Delta E_\text{p} = W = \int_0^{x_1} F\,\mathrm{d}x = \beta x_1^3/3$.

135 Auf der Erde (Masse M_E, Radius R_E, Fallbeschleunigung $g_\text{E} = 9{,}81\,\text{m/s}^2$) ist die Gewichtskraft eines Körpers der Masse m gleich der Gravitationskraft: $mg_\text{E} = \gamma m M_\text{E}/R_\text{E}^2$, auf dem Mond (Masse M_M, Radius R_M, Fallbeschleunigung g_M) ist für denselben Körper $mg_\text{M} = \gamma m M_\text{M}/R_\text{M}^2$. Es folgt somit

$$\frac{g_\text{M}}{g_\text{E}} = \frac{M_\text{M}}{M_\text{E}}\left(\frac{R_\text{E}}{R_\text{M}}\right)^2; \qquad g_\text{M} = \frac{M_\text{M}}{M_\text{E}}\left(\frac{R_\text{E}}{R_\text{M}}\right)^2 g_\text{E} = 1{,}62\,\text{m/s}^2 \approx \frac{1}{6}g_\text{E}.$$

136 (Bild) Es ist $a = r_\text{P}/(1-\varepsilon) = 2{,}686\cdot 10^{12}\,\text{m}$, womit man $r_\text{A} = 2a - r_\text{P} = 5{,}285\cdot 10^{12}\,\text{m}$ (jenseits der Bahn des Planeten Neptun) und $b = a\sqrt{1-\varepsilon^2} = 0{,}254a = 6{,}813\cdot 10^{11}\,\text{m}$ erhält. Die Bahn ist also eine sehr langgestreckte Ellipse. Nach dem 2. KEPLERschen Gesetz überstreicht der Radiusvektor von der Sonne (S) zum Kometen in gleichen Zeiten gleiche Flächen, d. h., es gilt $\Delta A/\Delta t = \text{const}$. Bezogen auf einen vollen Umlauf mit $A = \pi ab$ (Flächeninhalt der Ellipse) ist hier mit $T \approx 2{,}4\cdot 10^9\,\text{s}$ die sog. Flächengeschwindigkeit $\Delta A/\Delta t = \pi ab/T = 2{,}396\cdot 10^{15}\,\text{m}^2/\text{s}$. Werden die Flächen im Perihel und Aphel durch gleichschenklige Dreiecke angenähert, erhält man mit $s_\text{P} = v_\text{P}\,\Delta t$ und $s_\text{A} = v_\text{A}\,\Delta t$

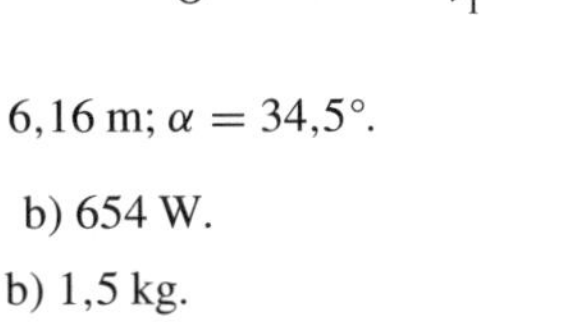

$$\frac{\Delta A}{\Delta t} = \frac{r_\text{P}(v_\text{P}\,\Delta t)}{2\,\Delta t} = \frac{r_\text{A}(v_\text{A}\,\Delta t)}{2\,\Delta t} = \frac{r_\text{P}v_\text{P}}{2} = \frac{r_\text{A}v_\text{A}}{2} = 2{,}396\cdot 10^{15}\,\text{m}^2/\text{s},$$

woraus folgt $v_\text{P} = 54{,}5\,\text{km/s}$ und $v_\text{A} = 0{,}9\,\text{km/s}$.

137 Die auf einen Trabanten (Masse m) wirkenden Kräfte, Gravitationskraft und Fliehkraft, halten sich das Gleichgewicht: $\gamma m M/r^2 = m\omega^2 r$. Mit der Winkelgeschwindigkeit $\omega = 2\pi/T$ folgt das 3. KEPLERsche Gesetz

$$\frac{T^2}{r^3} = \frac{4\pi^2}{\gamma M} = k_\text{M} = 9{,}19\cdot 10^{-13}\,\text{s}^2/\text{m}^3.$$

k_M ist die Zentralkörperkonstante des Mars. Damit erhält man für den Marsmond Phobos $T_1 = \sqrt{k_\text{M} r_1^3} = 2{,}75\cdot 10^4\,\text{s} = 7{,}6\,\text{h}$ und für Deimos $T_2 = \sqrt{k_\text{M} r_2^3} = 10{,}9\cdot 10^4\,\text{s} = 30{,}3\,\text{h}$.

138 a) Die große Bahnhalbachse der Sonde ist $a_S = (r_P + r_A)/2 = 1{,}89 \cdot 10^{11}$ m, der Bahnradius der Erde ist $a_E = r_P = 1{,}5 \cdot 10^{11}$ m. Mit T_S und T_E als Umlaufzeiten von Sonde und Erde um die Sonne folgt nach dem 3. KEPLERschen Gesetz $(T_S/T_E)^2 = (a_S/a_E)^3$:

$$T_S = T_E\sqrt{\left(\frac{a_S}{a_E}\right)^3} = (365{,}24\,\text{d}) \cdot 1{,}41 \approx 517\,\text{d}.$$

Die Flugdauer ist $T_S/2 \approx 258$ d. b) Die potentielle Energie der Sonde in der Entfernung r von der Sonne berechnet sich aus der Gravitationskraft zwischen Sonne (Masse M) und Sonde (Masse m) $F = \gamma mM/r^2$ zu

$$E_p = \int_\infty^r F\,\mathrm{d}r = \gamma mM \int_\infty^r \frac{\mathrm{d}r}{r^2} = -\frac{\gamma mM}{r}.$$

Die Gesamtenergie der Sonde als Summe aus kinetischer und potentieller Energie ist somit

$$E = E_k + E_p = \frac{mv^2}{2} - \frac{\gamma mM}{r}.$$

Nach dem Energieerhaltungssatz $E = \text{const}$ gilt für die Entfernungen r_P und r_A

$$\frac{m}{2}v_P^2 - \frac{\gamma mM}{r_P} = \frac{m}{2}v_A^2 - \frac{\gamma mM}{r_A}.$$

Außerdem gilt der Drehimpulserhaltungssatz (zum Bahndrehimpuls s. Aufgabe 205)

$$mv_P r_P = mv_A r_A.$$

Mit $v_A = v_P(r_P/r_A)$ und $r_A = 2a_S - r_P = 2{,}28 \cdot 10^{11}$ m folgt aus dem Energiesatz

$$v_P^2\left(1 - \frac{r_P^2}{r_A^2}\right) = \frac{v_P^2}{r_A^2}(r_A^2 - r_P^2) = \frac{v_P^2}{r_A^2}(r_A + r_P)(r_A - r_P) = \frac{2a_S v_P^2}{r_A^2}(r_A - r_P) = 2\gamma M\frac{r_A - r_P}{r_A r_P},$$

womit man als Einschussgeschwindigkeit $v_P = \sqrt{\gamma M r_A/(a_S r_P)} = 32{,}7$ km/s (also nur $\Delta v = 2{,}8$ km/s mehr als die Bahngeschwindigkeit der Erde, vgl. Aufgabe 140) und als Ankunftsgeschwindigkeit $v_A = v_P r_P/r_A = 21{,}5$ km/s erhält.

139 a) Für den Satelliten (Masse m) in der Höhe h über der Oberfläche der Erde (Masse M) herrscht Kräftegleichgewicht zwischen Gravitationskraft und Fliehkraft:

$$\frac{\gamma mM}{(R+h)^2} = m\omega^2(R+h) = m\left(\frac{2\pi}{T}\right)^2(R+h).$$

Hieraus folgt mit $\gamma mM/R^2 = mg,\ g = \gamma M/R^2$:

$$\frac{gR^2}{(R+h)^2} = \left(\frac{2\pi}{T}\right)^2(R+h); \qquad T = 2\pi\sqrt{\frac{R}{g}\left(1+\frac{h}{R}\right)^3}.$$

Die Umlaufdauer nimmt also mit der Höhe zu. b) Es ist

$$v = \frac{2\pi(R+h)}{T} = \frac{2\pi R}{T}\left(1+\frac{h}{R}\right) = \sqrt{\frac{gR}{1+(h/R)}}.$$

Die Bahngeschwindigkeit nimmt dagegen mit der Höhe ab. c) Für $h = 0$ wird $v_1 = \sqrt{gR} = 7{,}91$ km/s und $T_1 = 5066\,\text{s} = 1\,\text{h}\,24{,}4$ min. d) $T_M = 2{,}37 \cdot 10^6\,\text{s} \approx 27{,}4$ d und $v_M = 1{,}02$ km/s. e) Ja; es gilt mit den obigen Gleichungen und $M = \varrho V = 4\pi\varrho R^3/3$: $\varrho = 3\pi/(\gamma T_1^2) = 5500\,\text{kg/m}^3$.

140 a) Die zum Verlassen des Schwerefeldes der Erde (bei Verbleib auf der Erdumlaufbahn um die Sonne) erforderliche kinetische Energie des Raumflugkörpers ist gleich der Arbeit gegen die Schwerkraft der Erde $F_E = \gamma mM_E/r^2$ bei Wegbewegung des Flugkörpers von der Erdoberfläche ($r = R_E$) bis in eine Entfernung $s \gg R_E$ (auf der Erdbahn), in der F_E verschwindet:

$$\frac{m}{2}v_2^2 = \int_{R_E}^s F_E\,\mathrm{d}r = \gamma mM_E\int_{R_E}^s \frac{\mathrm{d}r}{r^2} = \gamma mM_E\left[-\frac{1}{r}\right]_{R_E}^s = \gamma mM_E\left(\frac{1}{R_E} - \frac{1}{s}\right) \approx \frac{\gamma mM_E}{R_E}.$$

Wegen $\gamma m M_\mathrm{E}/R_\mathrm{E}^2 = mg$ folgt hieraus $v_2 = \sqrt{2gR_\mathrm{E}} = \sqrt{2}v_1 = 11{,}2$ km/s. Der Flugkörper bewegt sich dann wie die Erde, jedoch in großem Abstand s von ihr, auf gleicher Umlaufbahn um die Sonne mit der mittleren Geschwindigkeit $v_\mathrm{E} = 2\pi r_\mathrm{E}/T_\mathrm{E} = 29{,}9$ km/s. Die Gravitationswirkung der Sonne braucht nicht berücksichtigt zu werden, da sie sich auf der Erdbahn nicht ändert.
b) Die Geschwindigkeit, die der im Abstand r_E von der Sonne befindliche Flugkörper haben muss, um die Gravitationskraft der Sonne $F_\mathrm{S} = \gamma m M_\mathrm{S}/r^2$ überwinden zu können, die sog. Fluchtgeschwindigkeit v_F, berechnet sich analog zu v_2:

$$\frac{m}{2}v_\mathrm{F}^2 = \int_{r_\mathrm{E}}^{\infty} F_\mathrm{S}\,\mathrm{d}r = \frac{\gamma m M_\mathrm{S}}{r_\mathrm{E}}; \qquad v_\mathrm{F} = \sqrt{\frac{2\gamma M_\mathrm{S}}{r_\mathrm{E}}} = 42{,}1\ \text{km/s}.$$

Dies ist die Fluchtgeschwindigkeit im Bezugssystem der Sonne. In Bezug auf die Erde, die im Sonnensystem selbst bereits die Geschwindigkeit v_E hat, ist die Fluchtgeschwindigkeit $v'_\mathrm{F} = v_\mathrm{F} - v_\mathrm{E} = 12{,}2$ km/s. Um von der Erde aus das Sonnensystem verlassen zu können, muss das Gravitationsfeld der Erde und das der Sonne überwunden werden. Dazu benötigt der Flugkörper die kinetische Energie

$$\frac{m}{2}v_3^2 = \frac{m}{2}v_2^2 + \frac{m}{2}v_\mathrm{F}'^2, \qquad \text{woraus folgt} \qquad v_3 = \sqrt{v_2^2 + v_\mathrm{F}'^2} = 16{,}6\ \text{km/s}.$$

141 $T = \sqrt{3\pi/(\gamma\varrho)} = 5066\ \text{s} \approx 1{,}4$ h.

142 $M_\mathrm{S} = 4\pi^2 r^3/(\gamma T^2) = 1{,}99 \cdot 10^{30}$ kg.

143 a) $x = r\dfrac{\mu - \sqrt{\mu}}{\mu - 1} = 346\,024$ km; b) $v/v_2 = \sqrt{1 - R/x} = 0{,}9907 \approx 99\%$.

144 a) $T = 2\pi\sqrt{(R_\mathrm{M} + h)^3/(\gamma M_\mathrm{M})} = 6613\ \text{s} \approx 110$ min; b) $v = 1{,}67$ km/s.

145 Mit $T_\mathrm{E} = 365{,}24$ d als Umlaufdauer der Erde um die Sonne und $a_\mathrm{M} = (r_\mathrm{P} + r_\mathrm{A})/2 = 57{,}9 \cdot 10^9$ m als große Halbachse der Merkurbahn wird $T_\mathrm{M} = T_\mathrm{E}\sqrt{(a_\mathrm{M}/a_\mathrm{E})^3} = 0{,}24\,T_\mathrm{E} \approx 88$ d.

146 $h_\mathrm{S} = \sqrt[3]{\dfrac{gR^2T_0^2}{4\pi^2}} - R = 35\,880$ km; $v_\mathrm{S} = \sqrt{\dfrac{gR}{1 + (h_\mathrm{S}/R)}} = 3{,}07$ km/s.

147 a) $1{,}55 \cdot 10^{-4}$ m/s; b) Mit $r_0 = 0{,}5$ m, $R = 0{,}05$ m und $z = \sqrt{R/(r_0 - R)} = 1/3$ gilt $t = \sqrt{r_0^3/(2\gamma m)}\,\left[\pi/2 + z/(z^2+1) - \arctan z\right] = 14\,991\ \text{s} \approx 4$ h 10 min.

148 (Bild) Vor dem Stoß auf die Wand ist der Impuls des Moleküls gleich dem Vektor $m\boldsymbol{v}_1$, nach dem Stoß $m\boldsymbol{v}_2$. Die durch den Stoß bewirkte Impulsänderung ist gleich dem senkrecht zur Gefäßwand orientierten Vektor $m(\boldsymbol{v}_2 - \boldsymbol{v}_1) = m\,\Delta\boldsymbol{v}$. Nach dem Rückstoßprinzip ist der auf die Wand übertragene Impuls $-m\,\Delta\boldsymbol{v}$. Für dessen Betrag folgt wegen $|\boldsymbol{v}_1| = |\boldsymbol{v}_2| = v$:

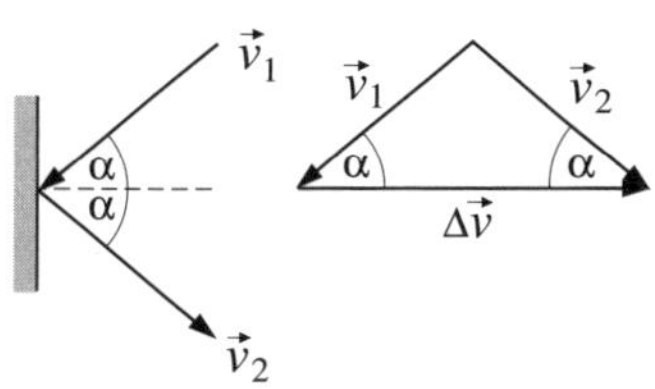

$$m\,\Delta v = 2mv\cos\alpha = 2{,}8 \cdot 10^{-23}\ \text{N s}.$$

149 Als Bezugssystem für alle Geschwindigkeiten wählen wir die Erde. a) Vor dem Schuss ist der Gesamtimpuls des Systems, bestehend aus Geschütz und Geschoss, gleich null, da deren Impulse für sich null sind. Da von außen keine Kräfte auf das System einwirken, gilt dies auch für den Gesamtimpuls nach dem Schuss (Impulserhaltungssatz):

$$m_1 v_1' + m_2 v_0 = 0; \qquad v_1' = -\frac{m_2}{m_1}v_0 = -4{,}5\ \text{km/h}.$$

Das negative Vorzeichen besagt, dass sich das Geschütz nach dem Schuss in die der Schussrichtung (v_0) entgegengesetzte Richtung bewegt.
b) Mit $(m_1 + m_2)v_1$ als Gesamtimpuls des Systems vor dem Schuss gilt jetzt mit $v_1 = 14{,}5$ km/h:

$$(m_1 + m_2)v_1 = m_1 v_1' + m_2(v_0 + v_1), \qquad \text{woraus folgt} \qquad v_1' = v_1 - \frac{m_2}{m_1}v_0 = 10\ \text{km/h}.$$

Wählt man anstelle der Erde das Geschütz (vor dem Schuss) als Bezugssystem, so sind alle Geschwindigkeiten gegenüber denen bezüglich der Erde um v_1 kleiner, d. h., das Geschütz ist anfänglich in Ruhe, und

der Gesamtimpuls vor und nach dem Schuss demzufolge wie bei a) gleich null: $m_1(v_1' - v_1) + m_2 v_0 = 0$. Dieses Ergebnis ist mit dem vorherigen identisch. $v_1' > 0$ bedeutet, dass sich m_1 in der gleichen Richtung weiterbewegt wie zuvor. Infolge des Rückstoßes ist aber $v_1' < v_1$.
c) Mit $v_1 = -14{,}5$ km/h folgt aus b) $v_1' = -19$ km/h. Wir bemerken, dass v_1' und v_1 gleich gerichtet sind, folglich wird sich das Geschütz in der gleichen Richtung weiterbewegen wie zuvor, erhält aber in dieser Richtung zusätzlich die unter a) errechnete Geschwindigkeit.
d) Das Geschütz erhält infolge des Rückstoßes die kinetische Energie $m_1 v_1'^2/2$ mit $v_1' = -4{,}5$ km/h $= -1{,}25$ m/s; vgl. a). Diese wird vollständig in Reibungsarbeit $\mu_F m_1 g s$ umgesetzt. Daraus ergibt sich der Rollweg $s = v_1'^2/(2\mu_F g) = 39{,}8$ m.

150 Allgemein gilt für die Geschwindigkeiten nach einem elastischen Stoß zweier Massen

$$v_1' = \frac{v_1(m_1 - m_2) + 2m_2 v_2}{m_1 + m_2}, \qquad v_2' = \frac{v_2(m_2 - m_1) + 2m_1 v_1}{m_1 + m_2}.$$

Daraus folgt als Geschwindigkeit der zweiten Kugel, die vor dem Stoß in Ruhe ist ($v_2 = 0$), nach dem Aufprall der ersten

$$v_2' = \frac{2v_1(m_1/m_2)}{1 + (m_1/m_2)} = \frac{4}{3} v_1.$$

Mit dieser Geschwindigkeit stößt die zweite Kugel auf die in Ruhe befindliche dritte Kugel. Deren Geschwindigkeit wird entsprechend $v_3' = 4v_2'/3 = 16v_1/9 = (16/9)\sqrt{2gh_1} = 1{,}76$ m/s. Damit wird $h_3 = v_3'^2/(2g) = 15{,}8$ cm.

151 a) Die kinetische Energie des stoßenden Teilchens vor dem Stoß ist $E_1 = m_1 v_1^2/2$, die des gestoßenen Teilchens vor dem Stoß $E_2 = 0$ und nach dem Stoß

$$E_2' = \frac{m_2 v_2'^2}{2} = \frac{m_2}{2}\left(\frac{2m_1 v_1}{m_1 + m_2}\right)^2.$$

Somit wird $E_2'/E_1 = 4m_1 m_2/(m_1 + m_2)^2$. Mit $m_1 = 9m_2$ erhält man $E_2'/E_1 = 0{,}36$ (36%).
b) Mit $m_1/m_2 = \mu$ wird $E_2'/E_1 = 4\mu/(1 + \mu)^2$. Aus der Extremalbedingung

$$\frac{\mathrm{d}(E_2'/E_1)}{\mathrm{d}\mu} = \frac{4(1 - \mu^2)}{(1 + \mu)^4} = 0$$

folgt $\mu = 1$, d. h. $m_1 = m_2$. Damit wird $E_2' = E_1$, d. h., die gesamte kinetische Energie des stoßenden Teilchens geht auf das gestoßene über.

152 Ist v die gemeinsame Geschwindigkeit der Wagen zum Zeitpunkt größter Annäherung, und sind v_1' und v_2' ihre Geschwindigkeiten nach dem elastischen Stoß, so gilt für den Gesamtimpuls der Wagen vor dem Stoß, bei maximaler Annäherung und nach dem Stoß der Erhaltungssatz

$$m_1 v_1 + m_2 v_2 = (m_1 + m_2)v = m_1 v_1' + m_2 v_2' \tag{1}$$

sowie für die Gesamtenergie der Erhaltungssatz

$$\frac{m_1 v_1^2}{2} + \frac{m_2 v_2^2}{2} = \frac{(m_1 + m_2)v^2}{2} + \Delta E = \frac{m_1 v_1'^2}{2} + \frac{m_2 v_2'^2}{2}, \tag{2}$$

wobei ΔE die in den Pufferfedern gespeicherte elastische Energie bei maximaler Stauchung ist. a) Aus (1) erhält man

$$v = \frac{m_1 v_1 + m_2 v_2}{m_1 + m_2} = 1{,}6 \text{ m/s}.$$

b) Impuls- und Energiesatz schreiben sich nach Umstellung in der Form

$$m_1(v_1 - v_1') = m_2(v_2' - v_2), \qquad \frac{m_1}{2}(v_1^2 - v_1'^2) = \frac{m_2}{2}(v_2'^2 - v_2^2).$$

Links- und rechtsseitige Division der zweiten Gleichung durch die erste ergibt $v_1 + v_1' = v_2 + v_2'$. Damit folgt aus (1)

$$2(m_1 + m_2)v = m_1(v_1 + v_1') + m_2(v_2 + v_2') = (m_1 + m_2)(v_1 + v_1') = (m_1 + m_2)(v_2 + v_2'),$$

$$2v = v_1 + v_1' = v_2 + v_2'; \qquad v_1' = 2v - v_1 = 1{,}2 \text{ m/s}, \qquad v_2' = 2v - v_2 = 2{,}1 \text{ m/s}.$$

c) Aus dem Energiesatz (2) folgt

$$\Delta E = \frac{m_1 v_1^2}{2} + \frac{m_2 v_2^2}{2} - \frac{(m_1 + m_2)v^2}{2} = 3{,}6\ \text{kJ}.$$

ΔE ist gleich der Spannarbeit der Pufferfedern $kx^2/2$. Es ist also $x = \sqrt{2\Delta E/k} \approx 19$ cm.

153 Die nach dem Fahrzeugcrash (unelastischer Stoß) vorhandene gemeinsame Geschwindigkeit v' folgt aus dem Impulserhaltungssatz

$$m_1 v_1 + m_2 v_2 = (m_1 + m_2)v', \qquad v' = \frac{m_1 v_1 + m_2 v_2}{m_1 + m_2}.$$

Die dabei in Wärme umgewandelte Energie ist

$$\Delta E = \frac{m_1 v_1^2}{2} + \frac{m_2 v_2^2}{2} - \frac{(m_1 + m_2)v'^2}{2}.$$

a) Es ist $m_1 = m_2 = m$, $v_1 = v$ und $v_2 = -v$. Damit wird $v' = 0$ und $\Delta E = mv^2$, d. h., die gesamte ursprünglich vorhandene kinetische Energie der Fahrzeuge $2(mv^2/2)$ geht als solche verloren und wird für die Deformation der Fahrzeuge verbraucht. b) Jetzt ist $v_1 = 2v$ und $v_2 = 0$. Die Anfangsenergie $(m/2)(2v)^2 = 2mv^2$ ist hier doppelt so groß wie im Fall a). Es folgt $v' = v$ und $\Delta E = mv^2$. Es wird also die gleiche Menge an Bewegungsenergie in Zerstörungsarbeit umgesetzt wie im Fall a), jedoch erhält jedes Fahrzeug nach dem Zusammenstoß noch eine kinetische Energie von $mv^2/2$.

154 (Bild) a) Beim vollkommen unelastischen Stoß einer Masse m mit der kinetischen Energie $E = mv^2/2$ mit einer in Ruhe befindlichen Masse M gilt mit v' als Geschwindigkeit beider Massen nach dem Stoß der Impulserhaltungssatz

$$mv = (m + M)v', \qquad v' = \frac{m}{m + M}v. \qquad (1)$$

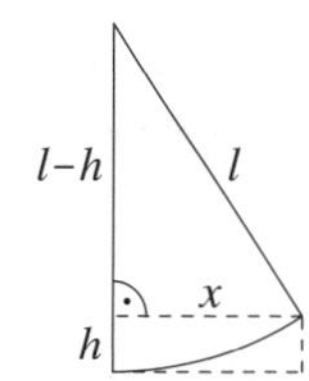

Bei der anschließenden Pendelbewegung der Kiste gilt der Energiesatz in der Form

$$\frac{(m + M)v'^2}{2} = (m + M)gh \qquad (2)$$

mit h als Höhe der Kiste im oberen Umkehrpunkt. Der Zusammenhang zwischen horizontaler und vertikaler Auslenkung ergibt sich aus dem Satz des PYTHAGORAS zu $(l - h)^2 + x^2 = l^2$ oder $h = l - \sqrt{l^2 - x^2}$. Dies und (1) in (2) eingesetzt, liefert mit den gegebenen Zahlenwerten

$$v = \left(1 + \frac{M}{m}\right)\sqrt{2g\left(l - \sqrt{l^2 - x^2}\right)} = 280{,}4\ \text{m/s}.$$

b) Für den Energieanteil, der in Wärme und Verformungsarbeit umgewandelt wurde, folgt damit

$$\Delta E = \frac{mv^2}{2} - \frac{(m + M)v'^2}{2} = \left(1 - \frac{m}{m + M}\right)\frac{mv^2}{2} = \frac{M/m}{1 + (M/m)}E = 0{,}9995\ E.$$

155 Die Relativgeschwindigkeiten $\Delta v = v_1 - v_2$ und $\Delta v' = v_1' - v_2'$ der stoßenden Körper vor und nach dem Stoß stehen in einem konstanten Verhältnis:

$$\frac{\Delta v}{\Delta v'} = -\frac{1}{\varepsilon} = \text{const} \qquad \text{oder} \qquad \varepsilon = -\frac{v_1' - v_2'}{v_1 - v_2} \quad \text{(Stoßzahl).}$$

In unserem Fall sind die Geschwindigkeiten v_2 bzw. v_2' der Unterlage vor und nach dem Stoß gleich null, womit für die Geschwindigkeit des Balls nach dem i-ten Stoß betragsmäßig $v_i' = \varepsilon v_i$ folgt. Der Ball erreicht die Unterlage nach einer anfänglichen Fallzeit $t_0 = \sqrt{2h_0/g}$ mit der Geschwindigkeit $v_0 = \sqrt{2gh_0}$. Nach dem ersten, teilweise unelastischen Stoß wird er demnach mit der verringerten Geschwindigkeit $v_1 = \varepsilon v_0$ reflektiert; die anschließende Zeitdauer bis zum erneuten Auftreffen ist $t_1 = 2v_1/g = 2\varepsilon v_0/g = 2\varepsilon t_0$. Für die verstrichene Zeit zwischen dem i-ten und $(i + 1)$-ten Aufprall gilt somit

$$t_i = \frac{2v_i}{g} = \frac{2\varepsilon^i v_0}{g} = 2\varepsilon^i t_0.$$

Nach Aufsummation aller Zeiten t_i erhält man mit $1 + \varepsilon + \varepsilon^2 + \cdots = 1/(1 - \varepsilon)$ als Summe einer unendlichen geometrischen Reihe die Gesamtzeit

$$T = t_0 + 2\varepsilon t_0 + 2\varepsilon^2 t_0 + \cdots = t_0[1 + 2\varepsilon(1 + \varepsilon + \varepsilon^2 + \cdots)] = t_0 \frac{1+\varepsilon}{1-\varepsilon}.$$

Mit $t_0 = 0{,}451$ s und $T = 6$ s folgt als Stoßzahl $\varepsilon = (T - t_0)/(T + t_0) = 0{,}86$.

156 (Bild) a) Im Moment der Berührung von A (bzw. A') und B werden keine Kräfte in tangentialer Richtung übertragen (glatter Stoß); die Richtung der Stoßnormalen $A'B$ ist daher gleichzeitig die Richtung der Geschwindigkeit von B nach dem Aufprall. Aus dem Impulserhaltungssatz $m\boldsymbol{v}_1 = m\boldsymbol{v}_1' + m\boldsymbol{v}_2'$ folgt durch Quadrieren und Vergleich mit dem Energieerhaltungssatz $m\boldsymbol{v}_1^2/2 = m\boldsymbol{v}_1'^2/2 + m\boldsymbol{v}_2'^2/2$, dass die Geschwindigkeitsvektoren nach dem elastischen Stoß senkrecht aufeinander stehen: $\boldsymbol{v}_1' \cdot \boldsymbol{v}_2' = 0$, d. h. $\angle CA'B = 90°$. Im Dreieck $AA'B$ sind die beiden Seiten $\overline{AB} = 60$ mm und $\overline{A'B} = 18$ mm sowie deren eingeschlossener Winkel $\angle ABA' = \angle A'CB = \beta = \arcsin(\overline{A'B}/\overline{BC}) = \arcsin 0{,}4 = 23{,}58°$ bekannt. Mit Hilfe des Kosinus- und Sinussatzes findet man $\overline{AA'} = 44{,}1$ mm und daraus den gesuchten Winkel $\alpha = 9{,}4°$. b) A' bewegt sich unter dem Winkel $\gamma = 90° - 23{,}58° = 66{,}42°$ gegenüber der x-Achse auf C zu, während B senkrecht dazu gleitet. Aus dem Bild liest man für die Geschwindigkeitsvektoren

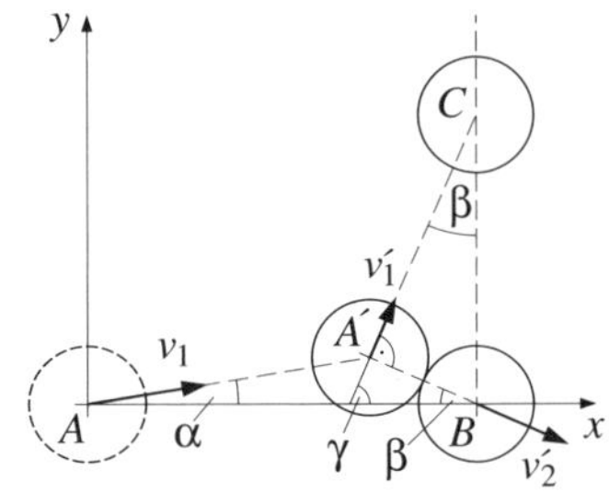

$$\boldsymbol{v}_1 = \begin{bmatrix} v_1 \cos\alpha \\ v_1 \sin\alpha \end{bmatrix}, \qquad \boldsymbol{v}_1' = \begin{bmatrix} v_1' \cos\gamma \\ v_1' \sin\gamma \end{bmatrix}, \qquad \boldsymbol{v}_2' = \begin{bmatrix} v_2' \cos\beta \\ -v_2' \sin\beta \end{bmatrix} \tag{1}$$

ab. Die Beträge von $\boldsymbol{v}_1'$ und $\boldsymbol{v}_2'$ erhält man aus der Impulsbilanz $\boldsymbol{v}_1 = \boldsymbol{v}_1' + \boldsymbol{v}_2'$ durch skalare Multiplikation mit $\boldsymbol{v}_1'$ bzw. $\boldsymbol{v}_2'$. Aus (1) folgt so wegen $\boldsymbol{v}_1' \cdot \boldsymbol{v}_2' = 0$:

$$\boldsymbol{v}_1 \cdot \boldsymbol{v}_1' = v_1'^2 = v_1 v_1'[\cos\alpha\cos\gamma + \sin\alpha\sin\gamma], \quad v_1' = v_1 \cos(\gamma - \alpha) = 0{,}109 \text{ m/s},$$
$$\boldsymbol{v}_1 \cdot \boldsymbol{v}_2' = v_2'^2 = v_1 v_2'[\cos\alpha\cos\beta - \sin\alpha\sin\beta], \quad v_2' = v_1 \cos(\alpha + \beta) = 0{,}168 \text{ m/s}.$$

157 a) Die anfängliche Treibstoffmasse ist $m_T = 0{,}80 m_0 = 2{,}0 \cdot 10^5$ kg. Daraus folgt als Brenndauer $t_E = m_T/\mu = 200$ s. b) Für $t = t_E$ ist die Endmasse bei Brennschluss $m_E = m_0 - m_T = 0{,}5 \cdot 10^5$ kg, womit sich ein Massenverhältnis von $Z = m_0/m_E = 5$ ergibt. Die Endgeschwindigkeit einer kräftefreien Rakete (im schwerelosen Raum) ist $v_E = c \ln Z$. Beim Start von der Erde aus ist diese um die Fallgeschwindigkeit $g t_E$ verringert; bei unserer Rakete beträgt sie also

$$v_E = c \ln Z - g t_E = 2{,}87 \text{ km/s}.$$

c) Die momentane Raketenmasse ist $m(t) = m_0 - \mu t$, und die momentane Raketengeschwindigkeit

$$v(t) = c \ln \frac{m_0}{m_0 - \mu t} - gt. \tag{1}$$

Daraus folgt als momentane Beschleunigung

$$a(t) = \frac{\mathrm{d}v(t)}{\mathrm{d}t} = \frac{c\mu}{m_0 - \mu t} - g = \frac{c\alpha}{1 - \alpha t} - g.$$

Mit $\alpha = \mu/m_0 = 4 \cdot 10^{-3}\ \text{s}^{-1}$ erhält man als Startbeschleunigung ($t = 0$) $a_0 = 0{,}22\,g$ und als Endbeschleunigung ($t = t_E = 200$ s) $a_E = 5{,}1\,g$. d) Die Schubkraft ist $F_S = c\mu = 3$ MN.

e) Für die in der Zeit t erreichte Höhe folgt wegen $v = \mathrm{d}h/\mathrm{d}t$ aus (1)

$$h(t) = \int_0^t v(t)\,\mathrm{d}t = c \int_0^t \ln \frac{m_0}{m_0 - \mu t}\,\mathrm{d}t - g \int_0^t t\,\mathrm{d}t = -c \int_0^t \ln[1 - \alpha t]\,\mathrm{d}t - \frac{g}{2} t^2. \tag{2}$$

Das Integral lösen wir mit der Substitution $1 - \alpha t = z$, $\mathrm{d}t = -\mathrm{d}z/\alpha$ und anschließender partieller Integration $\int u\,\mathrm{d}v = uv - \int v\,\mathrm{d}u$ mit $u = \ln z$, $\mathrm{d}u = \mathrm{d}z/z$; $\mathrm{d}v = \mathrm{d}z$, $v = z$:

$$\int \ln[1 - \alpha t]\,\mathrm{d}t = -(1/\alpha) \int \ln z\,\mathrm{d}z = -(1/\alpha)[z \ln z - z + C]. \tag{3}$$

Für das Integral (3) folgt damit nach Rücksubstitution und Beachtung der Integrationsgrenzen

$$\int_0^t \ln[1-\alpha t]\,\mathrm{d}t = -\left(\frac{1}{\alpha}-t\right)\ln[1-\alpha t]-t$$

und somit nach (2) für $t \le t_\mathrm{E}$ als Steighöhe der Rakete

$$h(t) = ct - c\left(\frac{m_0}{\mu}-t\right)\ln\frac{m_0}{m_0-\mu t}-\frac{g}{2}t^2.$$

Bei Brennschluss ($t = t_\mathrm{E} = 200$ s) ist $h = 162{,}4$ km. f) Aufgrund ihrer Geschwindigkeit v_E bei Brennschluss steigt die Rakete noch um die Höhe $H = v_\mathrm{E}^2/(2g) = 418{,}7$ km (folgt aus $v_\mathrm{E} = \sqrt{2gH}$). Die maximale Steighöhe beträgt also $h+H = 581{,}1$ km. g) Die insgesamt benötigte Steigzeit ist die Summe aus Brenndauer t_E und nachfolgender Steigzeit $T = \sqrt{2H/g} = 292$ s (folgt aus $H = gT^2/2$), also $t_\mathrm{E}+T = 492$ s $= 8$ min 12 s.

158 Die bei senkrechtem Raketenaufstieg insgesamt erreichte Geschwindigkeit und Höhe zu einem Zeitpunkt t, während die i-te Stufe arbeitet, berechnen sich zu (vgl. Aufgabe 157)

$$v_i(t) = v_{0i} + c_i \ln\frac{m_{0i}}{m_{0i}-\mu_i t} - gt, \qquad 0 \le t \le t_{\mathrm{E}i}$$

$$h_i(t) = h_{0i} + (v_{0i}+c_i)t - c_i\left(\frac{m_{0i}}{\mu_i}-t\right)\ln\frac{m_{0i}}{m_{0i}-\mu_i t}-\frac{g}{2}t^2, \qquad 0 \le t \le t_{\mathrm{E}i}.$$

Dabei sind v_{0i}, h_{0i} und m_{0i} die nach Abbrand (und Abwurf des ausgebrannten Gehäuses) der jeweils vorangegangenen Stufe bei Zündung der i-ten Stufe vorhandenen Anfangswerte für Geschwindigkeit, erreichte Höhe und insgesamt noch vorhandene Raketenmasse, $\mu_i = m_{\mathrm{T}i}/t_{\mathrm{E}i}$ der jeweilige Massenstrom und $c_i = F_{\mathrm{S}i}/\mu_i$ die Ausströmgeschwindigkeiten der Verbrennungsgase. Mit den Massenverhältnissen der einzelnen Stufen $Z_i = m_{0i}/(m_{0i}-\mu_i t_{\mathrm{E}i})$, die sich aus den angegebenen Werten zu

$$Z_1 = \frac{2795\,\mathrm{t}}{799\,\mathrm{t}} = 3{,}498, \qquad Z_2 = \frac{669\,\mathrm{t}}{242\,\mathrm{t}} = 2{,}764, \qquad Z_3 = \frac{204\,\mathrm{t}}{95\,\mathrm{t}} = 2{,}147$$

errechnen, erhält man folgende Endgeschwindigkeiten $v_{\mathrm{E}i}$ bzw. Höhen $h_{\mathrm{E}i}$ bei Brennschluss der i-ten Stufe:

$$v_{\mathrm{E}1} = c_1\ln Z_1 - gt_{\mathrm{E}1} = v_{02} = 1671{,}6\ \mathrm{m/s}, \qquad h_{\mathrm{E}1} = h_{02} = 77{,}4\ \mathrm{km},$$

$$v_{\mathrm{E}2} = v_{02} + c_2\ln Z_2 - gt_{\mathrm{E}2} = v_{03} = 1491{,}1\ \mathrm{m/s}, \qquad h_{\mathrm{E}2} = h_{03} = 585{,}2\ \mathrm{km},$$

$$v_{\mathrm{E}3} = v_{03} + c_3\ln Z_3 - gt_{\mathrm{E}3} = -223{,}7\ \mathrm{m/s}, \qquad h_{\mathrm{E}3} = 801{,}5\ \mathrm{km}.$$

Die Schubkraft der dritten Stufe kann demnach bei senkrechtem Aufstieg die Erdanziehung nicht mehr kompensieren, so dass die Rakete bereits wieder fällt ($v_{\mathrm{E}3} < 0$). Dass mit dieser Rakete dennoch Flüge zum Mond möglich sind, liegt an einem frühzeitigen Einschwenken in eine Parkumlaufbahn in ca. 190 km Höhe, wodurch die zweite Stufe bereits die 1. kosmische Geschwindigkeit von 7908 m/s erreicht.

159 a) 5,1 km/h; b) $-1{,}8$ km/h (Umkehr der Bewegungsrichtung).

160 a) Aus dem Impulserhaltungssatz folgt $v_2 = v_0 - (m_1/m_2)\Delta v_1 = -175$ m/s. b) $\Delta E = m_1(v_0+\Delta v_1)^2/2 + m_2 v_2^2/2 - (m_1+m_2)v_0^2/2 = 703$ kJ.

161 a) $h_1 = 0{,}5$ cm, $h_2 = 8{,}0$ cm; b) $h_1 = h_2 = 2{,}0$ cm.

162 Rutschgeschwindigkeit nach dem Zusammenstoß: $v' = \sqrt{2\mu g s} = 39$ km/h (kinetische Energie = Reibungsarbeit). a) $v_1 = v' + (m_2/m_1)(v'+v_2) = 71{,}4$ km/h. b) $\Delta E/E_\mathrm{ges} = 1-(m_1+m_2)v'^2/(m_1v_1^2 + m_2v_2^2) = 0{,}63$ (63%).

163 $\tan\beta = (1/\varepsilon)\tan\alpha = 1{,}11$; $\beta = 48°$.

164 Massenverhältnis $Z = m_0/(m_0 - m_\mathrm{T}) = \mathrm{e}^{v_\mathrm{E}/c}$. Mit a) $v_\mathrm{E} = v_1 = 7{,}9$ km/s wird $Z \approx 14$, also $m_\mathrm{T}/m_0 = 1-(1/Z) \approx 93\%$ und b) $Z \approx 42$, $m_\mathrm{T}/m_0 = 97{,}6\%$; beides somit unwirtschaftlich.

165 a) Es ist mit $F_x = F_y = F_z$: $\boldsymbol{F} = F_x\boldsymbol{i} + F_y\boldsymbol{j} + F_z\boldsymbol{k} = F_x(\boldsymbol{i} + \boldsymbol{j} + \boldsymbol{k})$. Aus dem Skalarprodukt $\boldsymbol{F} \cdot \boldsymbol{F} = F^2 = 3F_x^2$ folgt für den Betrag der Kraft $F = \sqrt{3}F_x = 173{,}2\,\text{N}$. b) Der Betrag von $\boldsymbol{s} = \boldsymbol{i} + \boldsymbol{j}$ ist $s = \sqrt{\boldsymbol{s} \cdot \boldsymbol{s}} = \sqrt{2}$, und der Einheitsvektor in $\boldsymbol{s}$-Richtung ist $\boldsymbol{e}_s = \boldsymbol{s}/s = (\boldsymbol{i} + \boldsymbol{j})/\sqrt{2}$. Die Projektion von $\boldsymbol{F}$ auf die Richtung von $\boldsymbol{s}$ ist gleich dem Skalarprodukt

$$F_s = \boldsymbol{F} \cdot \boldsymbol{e}_s = \frac{2}{\sqrt{2}}F_x = \sqrt{2}F_x = 141{,}4\,\text{N}.$$

c) Gemäß der Definition des Skalarprodukts $\boldsymbol{F} \cdot \boldsymbol{s} = Fs\cos\alpha$ folgt für den eingeschlossenen Winkel

$$\cos\alpha = \frac{\boldsymbol{F} \cdot \boldsymbol{s}}{Fs} = \frac{2F_x}{\sqrt{6}F_x} = \frac{\sqrt{6}}{3}; \qquad \alpha = 35{,}3°.$$

166 (Bild) Jede Kraft F_i wird in ihre x- und y-Komponente zerlegt. Es ist mit $F_{ix} = F_i\cos\alpha_i$, $F_{iy} = F_i\sin\alpha_i$:

$F_{1x} = 19{,}00\,\text{N}$; $F_{1y} = 0$;
$F_{2x} = 7{,}50\,\text{N}$; $F_{2y} = 12{,}99\,\text{N}$;
$F_{3x} = -9{,}19\,\text{N}$; $F_{3y} = 9{,}19\,\text{N}$;
$F_{4x} = -9{,}53\,\text{N}$; $F_{4y} = -5{,}50\,\text{N}$;
$F_{5x} = 0$; $F_{5y} = -12{,}00\,\text{N}$.

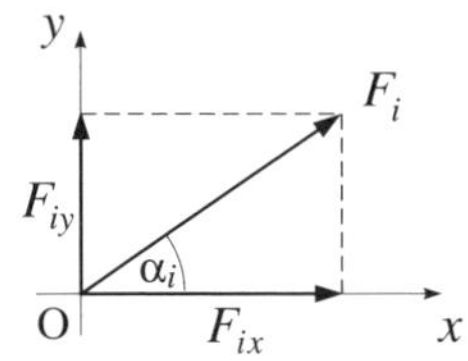

Den Betrag der resultierenden Kraft erhält man aus den resultierenden Komponenten

$$F_x = \sum_{i=1}^{5} F_{ix} = 7{,}78\,\text{N}; \quad F_y = \sum_{i=1}^{5} F_{iy} = 4{,}68\,\text{N} \quad \text{zu} \quad F = \sqrt{F_x^2 + F_y^2} = 9{,}08\,\text{N}.$$

Der Winkel, den die Resultierende mit der positiven x-Achse einschließt, folgt aus $\tan\alpha = F_y/F_x = 0{,}602$ zu $\alpha \approx 31°$.

167 Bild a) zeigt das Kräfteparallelogramm der drei im Punkt B angreifenden Kräfte, der Gewichtskraft $\boldsymbol{G}$, der Zugkraft $\boldsymbol{F}$ und der Fadenkraft $\boldsymbol{F}_\text{F}$. Diese müssen im Gleichgewicht sein, d. h., ihre Vektorsumme muss verschwinden: $\boldsymbol{G} + \boldsymbol{F} + \boldsymbol{F}_\text{F} = 0$.

Zeichnerische Lösung: Da die Richtungen von $\boldsymbol{F}_\text{F}$ und $\boldsymbol{F}$ bekannt sind und $\boldsymbol{G}$ nach Größe und Richtung gegeben ist, kann das aus diesen Kräften zu bildende Krafteck sofort gezeichnet werden (Bild b): Man trage $\boldsymbol{G}$ in einem bestimmten Maßstab nach unten auf, ziehe vom Anfangspunkt die Parallele zu $\boldsymbol{F}$ (waagrecht), vom Endpunkt die Parallele zu $\boldsymbol{F}_\text{F}$ (unter dem Winkel α gegenüber $\boldsymbol{G}$); der Schnittpunkt ergibt das Kräftedreieck, aus dem nun entsprechend dem gewählten Maßstab die Beträge von $\boldsymbol{F}$ und $\boldsymbol{F}_\text{F}$ abzulesen sind. Der Richtungspfeil für die Fadenkraft ergibt sich automatisch aus der Forderung, dass die Vektoren im geschlossenen Krafteck wegen des vorhandenen Gleichgewichts (Vektorsumme gleich null) einen durchgehenden Umlaufsinn bilden müssen.

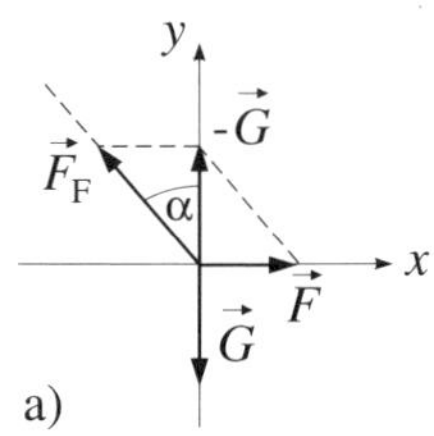

a)

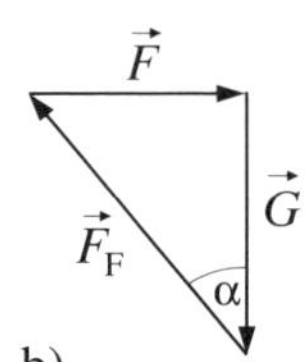

b)

Rechnerische Lösung: Da das Kräftedreieck rechtwinklig ist, können aus den beiden Größen G und α die übrigen Kräfte berechnet werden. Es ist

$$F = G\tan\alpha = 11{,}9\,\text{N}; \qquad F_\text{F} = \frac{G}{\cos\alpha} = 15{,}6\,\text{N}.$$

In vielen Fällen ist es zweckmäßig, die Kräfte – wie in Bild a) – in Komponenten bezüglich der Achsen eines geeignet gewählten Koordinatensystems zu zerlegen. In unserem Fall hat $\boldsymbol{F}$ nur eine x-Komponente $F_x = F$, $\boldsymbol{G}$ nur eine y-Komponente $G_y = -G$, und $\boldsymbol{F}_\text{F}$ hat die Komponenten $F_{\text{F}x} = -F_\text{F}\sin\alpha$ und $F_{\text{F}y} = F_\text{F}\cos\alpha$. Im Gleichgewicht muss für jede Richtung die Summe der Komponenten verschwinden:

$$\sum F_x = F - F_\text{F}\sin\alpha = 0, \qquad \sum F_y = F_\text{F}\cos\alpha - G = 0.$$

Hieraus ergeben sich für F und F_F wieder die oben erhaltenen Ausdrücke.

168 a) *Zeichnerische Lösung mittels Kraftecks:* Zeichnen des Lageplans aller an der Walze angreifenden vier Kräfte unter Beachtung ihrer Richtung (Bild a). Die Auflagerkräfte F_A und F_B wirken radial, sie gehen also ebenso wie die übrigen Kräfte durch den Mittelpunkt der Walze.

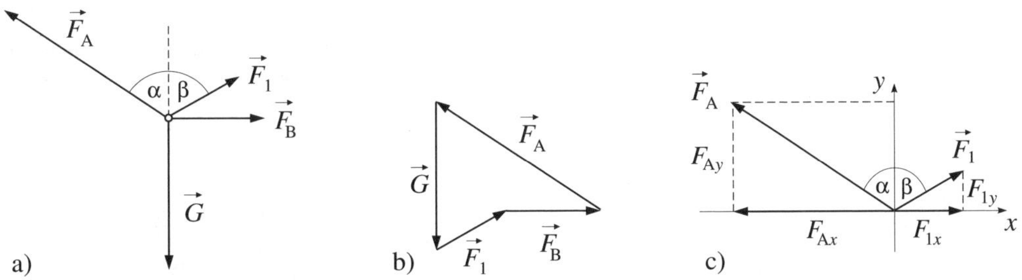

Im Gleichgewicht muss die Resultierende aller Kräfte (Vektorsumme) verschwinden, das Krafteck muss also geschlossen sein (Bild b). Konstruktion des Kraftecks: Aneinanderreihung der Vektoren für die bekannten Kräfte G und F_1, entsprechend den im Lageplan festgelegten Richtungen im gewählten Maßstab, Fortsetzung mit der Richtung von F_B (horizontal) bis zum Schnittpunkt mit der Richtung von F_A, welche vom Anfangspunkt von G ausgehend unter dem Winkel α gezeichnet wird. Jetzt an F_A und F_B die Vektorpfeile so setzen, dass für das Krafteck ein durchgehender Umlaufsinn entsteht. Pfeile in den Lageplan übertragen. Durch Ausmessen der Strecken für F_A und F_B und Umrechnen anhand des gewählten Maßstabes die Größe dieser Kräfte bestimmen.

Rechnerische Lösung: Die schräg verlaufenden Kräfte F_1 und F_A in ihre Komponenten bezüglich der x- und y-Achse zerlegen (Bild c). Bedingung für das Gleichgewicht ist, dass die Summe der x-Komponenten und die Summe der y-Komponenten aller Kräfte verschwindet. Mit

$$F_{1x} = F_1 \sin\beta, \quad F_{Ax} = -F_A \sin\alpha, \quad F_{1y} = F_1 \cos\beta, \quad F_{Ay} = F_A \cos\alpha$$

wird

$$\sum F_x = 0: \quad F_1 \sin\beta - F_A \sin\alpha + F_B = 0, \tag{1}$$

$$\sum F_y = 0: \quad F_1 \cos\beta + F_A \cos\alpha - G = 0. \tag{2}$$

Als Lösung dieses Gleichungssystems erhält man durch Umstellen

$$F_A = \frac{G - F_1 \cos\beta}{\cos\alpha} = 622{,}3\,\text{N}; \qquad F_B = F_A \sin\alpha - F_1 \sin\beta = 303{,}5\,\text{N}.$$

b) Bedingung: $F_B = 0$. Aus Gleichung (1) folgt damit $F_A = F_1 \sin\beta / \sin\alpha$. Einsetzen in (2) ergibt

$$F_1\left(\cos\beta + \frac{\cos\alpha \sin\beta}{\sin\alpha}\right) = F_1 \frac{\sin\alpha\cos\beta + \cos\alpha\sin\beta}{\sin\alpha} = F_1 \frac{\sin(\alpha+\beta)}{\sin\alpha} = G;$$

$$F_1 = G\frac{\sin\alpha}{\sin(\alpha+\beta)} = 407{,}6\,\text{N}.$$

c) Für $F_1 = 0$ erhält man aus (1) und (2) $F_A = G/\cos\alpha = 777{,}9\,\text{N}$, $F_B = F_A \sin\alpha = 595{,}9\,\text{N}$, also beide größer als G selbst. Für $\alpha = 0$ (waagrechte Unterlage) wäre $F_A = G$, $F_B = 0$. Die zeichnerische Lösung führe man für die Fälle b) und c) anhand des jeweiligen Kraftecks selbst aus.

169 Die Kraft in A ergibt sich als Summe aus der Gewichtskraft der Rolle G_2 und der *doppelten* Last G_1: $F = G_2 + 2G_1$. Denn auch an dem am Boden festgehaltenen Seilende greift nach dem Gegenwirkungsprinzip (Kraft + Gegenkraft = 0) eine nach unten gerichtete Kraft von der Größe G_1 an, die der Last G_1 am anderen Ende das Gleichgewicht hält. Die Verankerung des Seiles könnte daher ebenso durch eine zweite, gleich große Last G_1 ersetzt werden.

170 Denkt man sich im Bild auch das rechte Seilende der losen Rolle an der Decke befestigt, so erkennt man, dass die Last $G_1 + G_2$ von zwei Seilen je zur Hälfte getragen wird. Die in A wirkende Kraft ist daher $F_A = (G_1 + G_2)/2 = 1230\,\text{N}$. Anstelle der angenommenen Fixierung des rechten Seilendes an der Decke wird hier die für das Gleichgewicht erforderliche Gegenkraft durch die Kraft F aufgebracht, die demzufolge $F = F_A = 1230\,\mathrm{N}$ sein muss. Die im Aufhängepunkt B wirkende Kraft ist die Summe aus der Gewichtskraft G_3 der festen Rolle und der *doppelten* Kraft F (s. Aufgabe 169). Es ist also

$$F_B = 2F + G_3 = 2F_A + G_3 = G_1 + G_2 + G_3 = 2540\,\mathrm{N}.$$

Zur Kontrolle überlegt man sich, dass die von der Decke aufzubringenden und nach oben gerichteten Reaktionskräfte gerade in der Summe alle nach unten gerichteten Gewichtskräfte kompensieren müssen: $F_A + F_B = G_1 + G_2 + G_3 + F = 3770\,\mathrm{N}$.

171 a) 173,2 N; b) 900 N.

172 $F = 208{,}8\,\mathrm{N}$; $\alpha = 35{,}5°$.

173 (Bild) $\sin\alpha = (R - h)/R$, $\alpha = 66{,}4°$; $\tan\alpha = G/F$, $F = 13{,}1\,\mathrm{kN}$.

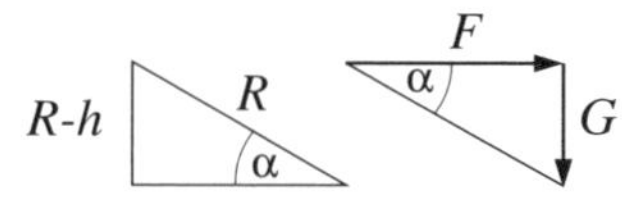

Aufgabe 173

174 52,9 N.

175 $\alpha \approx 37°$; $G = 1500\,\mathrm{N}$.

176 a) $F = G/2$; b) $F = G/4$; c) $G/4$.

177 (Bild) Der Betrag eines Drehmoments ist gleich dem Produkt aus der Kraft F und dem senkrechten Abstand l ihrer Wirkungslinie vom Drehpunkt O:

$$M = Fl = Fr\sin\alpha.$$

Demnach ist a) $M_1 = 5 \cdot 0{,}5 \sin 90°\,\mathrm{N\,m} = 2{,}5\,\mathrm{N\,m}$; b) $M_2 = 8 \cdot 0{,}5 \sin 90°\,\mathrm{N\,m} = 4{,}0\,\mathrm{N\,m}$; c) $M_3 = 7 \cdot 0{,}5 \sin 0°\,\mathrm{N\,m} = 0$; d) $M_4 = 6 \cdot 0{,}5 \sin 30°\,\mathrm{N\,m} = 1{,}5\,\mathrm{N\,m}$. e) Drehmomente mit entgegengesetztem Drehsinn erhalten unterschiedliches Vorzeichen: Linksdrehende Momente werden im Allgemeinen mit positivem, rechtsdrehende mit negativem Vorzeichen versehen. Demnach ist M_1 positiv, M_2 und M_4 sind negativ. Das resultierende Drehmoment (in Bezug auf denselben Drehpunkt) ist

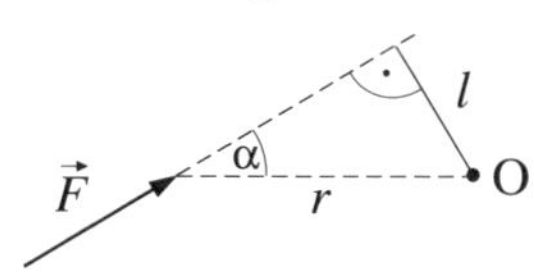

$$M = \sum_{i=1}^{4} M_i = -3{,}0\,\mathrm{N\,m} \quad \text{(rechtsdrehend)}.$$

178 (Bild) Das Drehmoment ist definiert als Vektorprodukt $\boldsymbol{M} = \boldsymbol{r} \times \boldsymbol{F}$. Dabei ist $\boldsymbol{r}$ der Vektor vom Drehpunkt (D) zum Kraftangriffspunkt (A). Demnach ist $\boldsymbol{M}$ senkrecht aus der Zeichenebene heraus orientiert (Rechtsschraubenregel). Der Betrag des Vektorprodukts ist $M = rF\sin\alpha$ mit $\alpha = \angle(\boldsymbol{r}, \boldsymbol{F})$. a) In unserem Beispiel ist $r = \overline{DA} = 65\,\mathrm{cm}$. M ist am größten, wenn $\alpha = 90°$, das Zugseil also senkrecht zur Verbindungslinie DA angreift; es ist dann $M = 9{,}75\,\mathrm{N\,m}$. b) $M = 0$ für $\alpha = 0$, d. h., die Zugrichtung fällt in die Verbindungslinie DA.

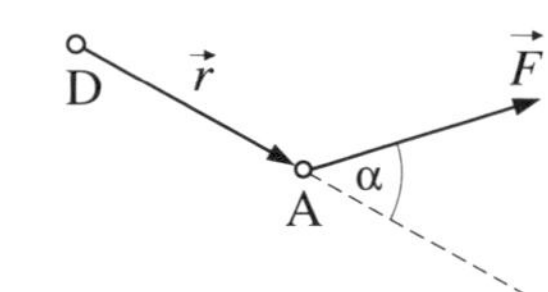

179 a) Ist $\boldsymbol{F} = F_x\boldsymbol{i} + F_y\boldsymbol{j} + F_z\boldsymbol{k}$ der Kraftvektor und $\boldsymbol{r} = x\boldsymbol{i} + y\boldsymbol{j} + z\boldsymbol{k}$ der Ortsvektor vom Drehpunkt zum Kraftangriffspunkt, so ist das Drehmoment gleich dem Vektorprodukt

$$\boldsymbol{M} = \boldsymbol{r} \times \boldsymbol{F} = \begin{vmatrix} \boldsymbol{i} & \boldsymbol{j} & \boldsymbol{k} \\ x & y & z \\ F_x & F_y & F_z \end{vmatrix}$$

($\boldsymbol{i}, \boldsymbol{j}, \boldsymbol{k}$ Einheitsvektoren in x-, y-, z-Richtung). Somit wird mit den Zahlenwerten

$$\frac{\boldsymbol{M}}{\mathrm{N\,m}} = \begin{vmatrix} \boldsymbol{i} & \boldsymbol{j} & \boldsymbol{k} \\ 1 & -1 & 0 \\ 2 & -1 & -1 \end{vmatrix} = \begin{vmatrix} -1 & 0 \\ -1 & -1 \end{vmatrix}\boldsymbol{i} - \begin{vmatrix} 1 & 0 \\ 2 & -1 \end{vmatrix}\boldsymbol{j} + \begin{vmatrix} 1 & -1 \\ 2 & -1 \end{vmatrix}\boldsymbol{k} = \boldsymbol{i} + \boldsymbol{j} + \boldsymbol{k}.$$

Die Komponenten von $\boldsymbol{M}$ in den drei Achsenrichtungen sind also $M_x = M_y = M_z = 1\,\mathrm{N\,m}$. Daraus ergibt sich als Betrag des Drehmoments

$$|\boldsymbol{M}| = M = \sqrt{M_x^2 + M_y^2 + M_z^2} = \sqrt{3}\,\mathrm{N\,m} = 1{,}73\,\mathrm{N\,m}.$$

b) Die Richtung der Drehachse ist die Richtung des Vektors $\boldsymbol{M}$, dessen Einheitsvektor

$$\boldsymbol{e}_M = \frac{\boldsymbol{M}}{|\boldsymbol{M}|} = \frac{1}{\sqrt{3}}(\boldsymbol{i} + \boldsymbol{j} + \boldsymbol{k})$$

ist. Seine Komponenten sind die Richtungskosinusse: $\cos\alpha = \cos\beta = \cos\gamma = 1/\sqrt{3}$. Die Drehachse schließt also mit der x-, y-, z-Achse Winkel von jeweils 54,74° ein. Denken wir uns ein Volumenelement des Körpers von der Form eines Würfels, dessen Kanten mit den Koordinatenachsen zusammenfallen, so hat die Drehachse die Richtung der Raumdiagonale des Würfels, und die Vektoren $\boldsymbol{F}$ und $\boldsymbol{r}$ liegen in einer zu ihr senkrechten Ebene.

180 (Bild) a) Der zur Kraft F senkrechte Hebelarm l ist mit $x = a\tan\alpha$:

$$l = (a + x)\cos\alpha = a(1 + \tan\alpha)\cos\alpha = a(\sin\alpha + \cos\alpha),$$

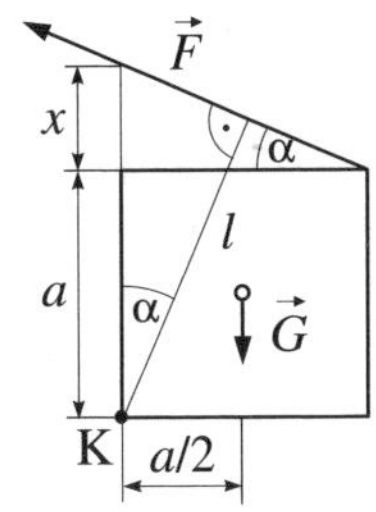

somit das von F erzeugte linksdrehende Moment bezüglich des Drehpunktes K: $M = Fl$. Es muss betragsmäßig gleich dem von der Gewichtskraft G hervorgerufenen rechtsdrehenden Moment $G(a/2)$ bezüglich desselben Drehpunktes sein. Daraus folgt

$$F = \frac{G}{2(\sin\alpha + \cos\alpha)}.$$

Mit $G = mg = \varrho a^3 g = 17{,}7\,\text{kN}$ wird $F = 6{,}46\,\text{kN}$. b) Aus der Extremwertbedingung

$$\frac{\mathrm{d}F}{\mathrm{d}\alpha} = -\frac{G(\cos\alpha - \sin\alpha)}{2(\sin\alpha + \cos\alpha)^2} = 0$$

folgt $\cos\alpha = \sin\alpha$, $\alpha = 45°$. Damit wird $F = (G/4)\sqrt{2} = 6{,}24\,\text{kN}$.

181 a) Im statischen Gleichgewicht muss die Summe aller Kräfte und die Summe aller Drehmomente verschwinden. Die erste Forderung ergibt

$$\sum F_i = F_1 + F_2 - F_\text{A} - F_\text{B} = 0.$$

Die Momentenbedingung lautet, wenn man das rechte Balkenende als Drehpunkt wählt (das Moment von F_B ist dann null):

$$\sum M_i = F_2 c + F_1(b + c) - F_\text{A}(a + b + c) = 0$$

oder

$$F_2 c + F_1(b + c) = F_\text{A}(a + b + c)$$

(Summe der linksdrehenden Momente = Summe der rechtsdrehenden Momente). Hieraus folgt

$$F_\text{A} = \frac{F_1(b + c) + F_2 c}{a + b + c} = 1100\,\text{N}.$$

Damit erhält man aus dem Kräftegleichgewicht $F_\text{B} = F_1 + F_2 - F_\text{A} = 2900\,\text{N}$. b) Die gesuchte Kraft F_3 ist dem Betrage nach gleich der Resultierenden aus F_1 und F_2, also $F_3 = F_1 + F_2 = 4000\,\text{N}$, jedoch senkrecht nach oben gerichtet. Das von F_1 und F_2 erzeugte Drehmoment (in Bezug auf einen beliebig gewählten Drehpunkt) muss durch F_3 kompensiert werden. Für das linke Balkenende als Drehpunkt gilt also $F_3 x = F_1 a + F_2(a + b)$ und somit $x = 3625\,\text{mm}$.

182 (Bild) Die Richtungen von F_1 und F_A sind vorgegeben. Aus dem Kräftedreieck ergibt sich, dass F_1 und F_B in dem gewählten Koordinatensystem Komponenten in x- und y-Richtung und F_A nur eine y-Komponente haben. Die Bedingungen für das Kräftegleichgewicht lauten

$$\sum F_x = F_1\cos\alpha_1 - F_{\text{B}x} = 0,$$

$$\sum F_y = F_{\text{B}y} - F_\text{A} - F_1\sin\alpha_1 = 0.$$

Als Bezugspunkt für die Drehmomente wählen wir das Lager B; das von F_B erzeugte Moment verschwindet dadurch. Mit dem Winkel zwischen F_1 und der Richtung BC $\alpha + \alpha_1 = 70°$ lautet die Bedingung für das Momentengleichgewicht

$$\sum M = F_A l_2 - F_1 l_1 \sin(\alpha + \alpha_1) = 0,$$

woraus man $F_A = F_1 l_1 \sin(\alpha+\alpha_1)/l_2 = 375{,}9\,\text{N}$ erhält. Damit folgt aus dem Kräftegleichgewicht:

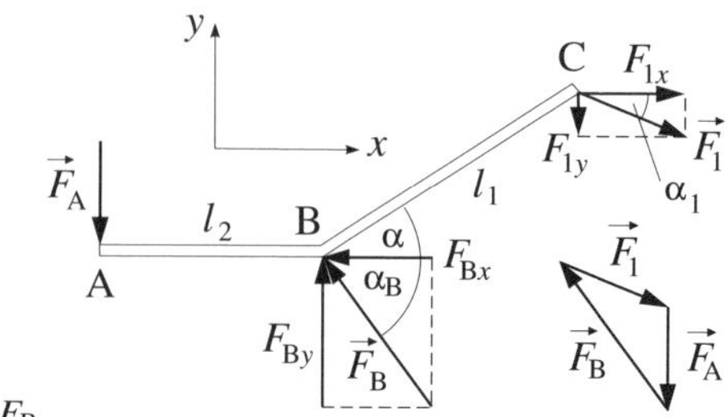

$$F_{Bx} = F_1 \cos\alpha_1 = 173{,}2\,\text{N};$$

$$F_{By} = F_A + F_1 \sin\alpha_1 = 475{,}9\,\text{N};$$

$$F_B = \sqrt{F_{Bx}^2 + F_{By}^2} = 506{,}4\,\text{N}; \qquad \alpha_B = \arctan\frac{F_{By}}{F_{Bx}} = 70°.$$

183 Die Bedingung für das Momentengleichgewicht in Bezug auf das linke Auflager A als Drehpunkt lautet mit $l = a + b + c + d + e = 2$ m als Gesamtlänge der Welle:

$$\sum M_i = G_1 a - G_2 b + F_B(b + c) - G_3(b + c + d) - G_W\left(\frac{l}{2} - a\right) = 0.$$

Mit den Zahlenwerten erhält man hieraus $F_B = 199\,\text{N}$, womit aus dem Kräftegleichgewicht $\sum F_i = G_1 + G_2 + G_3 + G_W - F_A - F_B = 0$ folgt $F_A = 171\,\text{N}$.

184 (Bild) a) Aus den Gleichgewichtsbedingungen für die x- und y-Komponenten von F_1 und F_2

$$\sum F_x = F_{1x} - F_{2x} = F_1 \cos\alpha - F_2 \cos\beta = 0$$

$$\sum F_y = F_{1y} + F_{2y} - G = F_1 \sin\alpha + F_2 \sin\beta - G = 0$$

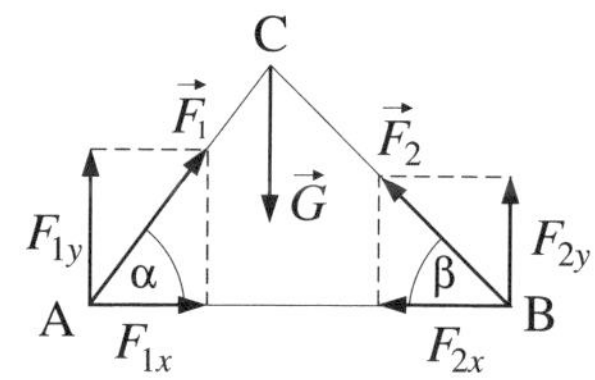

sowie für die Drehmomente (Drehpunkt A; das Moment von F_1 ist dann null) mit $\overline{AC} \equiv b$, $\overline{AB} \equiv c$:

$$\sum M = F_2 c \sin(180° - \beta) - Gb \sin[180° - (90° - \alpha)]$$

$$= F_2 c \sin\beta - Gb \cos\alpha = 0$$

folgt mit $c \sin\beta = b \sin\gamma = b \sin(180° - \alpha - \beta) = b \sin(\alpha + \beta)$ (Sinussatz):

$$F_2 = G\frac{\cos\alpha}{\sin(\alpha + \beta)} = 212{,}8\,\text{N}; \qquad F_1 = F_2\frac{\cos\beta}{\cos\alpha} = G\frac{\cos\beta}{\sin(\alpha + \beta)} = 273{,}6\,\text{N}.$$

b) $F_3 = F_{1x} = F_{2x} = G\cos\alpha\cos\beta/\sin(\alpha+\beta) = 136{,}8\,\text{N}$. c) $F_A = F_{1y} = G\sin\alpha\cos\beta/\sin(\alpha+\beta) = 237{,}0\,\text{N}$; $F_B = F_{2y} = G\cos\alpha\sin\beta/\sin(\alpha+\beta) = 163{,}0\,\text{N}$.

185 Aus $F_A = F_B = (G_1 + G_2 + G_3 + G_W)/2 = 185\,\text{N}$ folgt $d' = 9$ cm.

186 $\tan\varphi = \dfrac{2(m_1/m_2) - 1}{\sqrt{3}}$; $\varphi = 60°$.

187 $l_1 = \dfrac{l}{2} - \dfrac{l_2}{1 - (F_1/F_2)} = 10\,\text{cm}$.

188 $F = \left(G + \dfrac{G_S}{2}\right)\dfrac{(l_1 + l_2)\cos\alpha_1}{l_1 \sin\alpha_2} = 1500\,\text{N}$;

$$F_A = \sqrt{\frac{F^2}{4} + \left(\frac{\sqrt{3}}{2}F - G - G_S\right)^2} = 1096\,\text{N}.$$

189 (Bild) $F_2 = \dfrac{Gb}{2h} = 67{,}5\,\text{N}$; $F_{1x} = F_2$, $F_{1y} = G$,

$$F_1 = \sqrt{F_{1x}^2 + F_{1y}^2} = 220{,}6\,\text{N}; \quad \alpha = 72{,}2°.$$

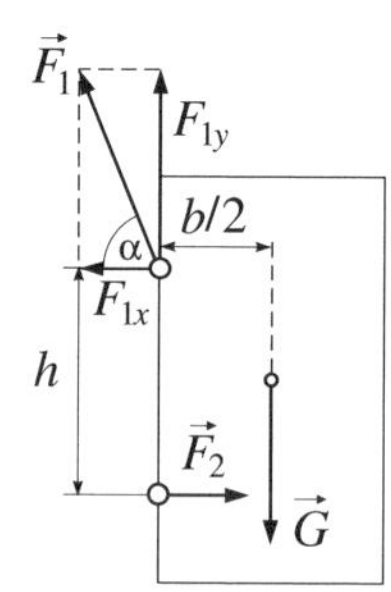

Aufgabe 189

190 Die Koordinaten des Schwerpunktes S sind

$$x_S = \frac{\sum m_i x_i}{\sum m_i} = \frac{m_1 x_1 + m_2 x_2 + m_3 x_3 + m_4 x_4}{m_1 + m_2 + m_3 + m_4} = 4{,}5; \quad y_S = \frac{\sum m_i y_i}{\sum m_i} = 7{,}5.$$

191 (Bild) Durch Zerlegung der Querschnittsfläche entstehen zwei Teilflächen $A_1 = 150\,\text{cm}^2$ und $A_2 = 75\,\text{cm}^2$ mit den Flächenschwerpunkten in der x, y-Ebene S_1 ($x_1 = 2{,}5$ cm; $y_1 = 15$ cm) und S_2 ($x_2 = 12{,}5$ cm; $y_2 = 2{,}5$ cm). Der Schwerpunkt S des Winkelprofils liegt auf der Verbindungsstrecke $\overline{\text{S}_1\text{S}_2}$ und teilt diese im umgekehrten Verhältnis der Teilflächen, die den zugehörigen Massen proportional sind.

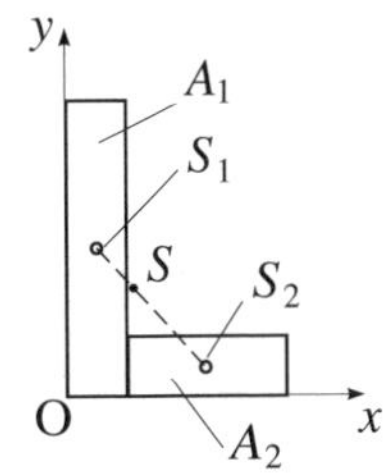

Seine Koordinaten sind

$$x_\text{S} = \frac{A_1 x_1 + A_2 x_2}{A_1 + A_2} = 5{,}8\,\text{cm}; \qquad y_\text{S} = \frac{A_1 y_1 + A_2 y_2}{A_1 + A_2} = 10{,}8\,\text{cm};$$

$$z_\text{S} = 50{,}0\,\text{cm} \quad \text{(halbe Profillänge).}$$

S liegt also außerhalb des Körpers.

192 (Bild) Wir nehmen eine Unterteilung der gesamten Dreiecksfläche $A = ch/2$ in zur Grundlinie (Seite c) parallele, infinitesimal schmale Streifen der Breite $\mathrm{d}y$ vor. In Abhängigkeit von y haben diese die Länge $x = c[1 - (y/h)]$ und den Flächeninhalt $\mathrm{d}A = x\,\mathrm{d}y = c(1 - y/h)\,\mathrm{d}y$. Damit erhalten wir für die y-Koordinate des Schwerpunkts (Abstand von der Grundlinie)

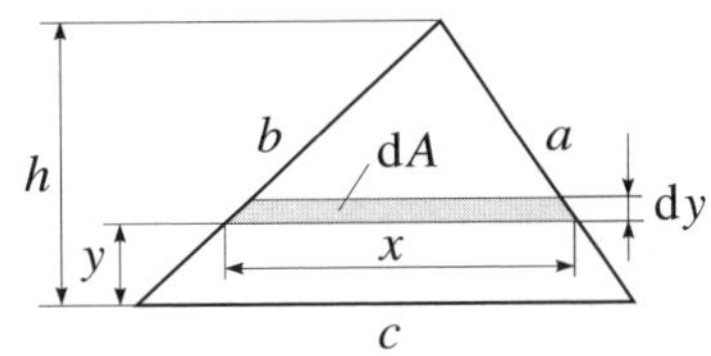

$$y_\text{S} = \frac{1}{A}\int_0^h y\,\mathrm{d}A = \frac{2}{ch}c\int_0^h y\left(1 - \frac{y}{h}\right)\mathrm{d}y = \frac{2}{h}\int_0^h y\,\mathrm{d}y - \frac{2}{h^2}\int_0^h y^2\,\mathrm{d}y = \frac{2}{h}\frac{h^2}{2} - \frac{2}{h^2}\frac{h^3}{3} = \frac{h}{3}.$$

Da der Schwerpunkt des schmalen Streifens der Breite $\mathrm{d}y$ in der Mitte der Strecke x liegt, ist der Schwerpunkt eines Dreiecks gleich dem Schnittpunkt der drei Seitenhalbierenden. Dieser hat den senkrechten Abstand $h/3$ von der jeweiligen Dreiecksseite.

193 (Bild) Die Halbkugel denken wir uns durch Rotation eines Halbkreises um die x-Achse entstanden. Aus Symmetriegründen liegt dann der Schwerpunkt S auf der x-Achse, d. h., es ist $y_\text{S} = 0$ und $z_\text{S} = 0$. Für ein scheibchenförmiges Volumenelement $\mathrm{d}V$ mit dem Radius y und der Dicke $\mathrm{d}x$ erhält man mit der Kreisgleichung $y^2 = R^2 - x^2$:

$$\mathrm{d}V = \pi y^2\,\mathrm{d}x = \pi(R^2 - x^2)\,\mathrm{d}x.$$

Das Volumen der Halbkugel ist $V = (2/3)\pi R^3$. Damit wird

$$x_\text{S} = \frac{1}{V}\int_{(V)} x\,\mathrm{d}V = \frac{3}{2R^3}\int_0^R (R^2 x - x^3)\,\mathrm{d}x = \frac{3}{2R^3}\left[\frac{R^2x^2}{2} - \frac{x^4}{4}\right]_0^R = \frac{3}{8}R.$$

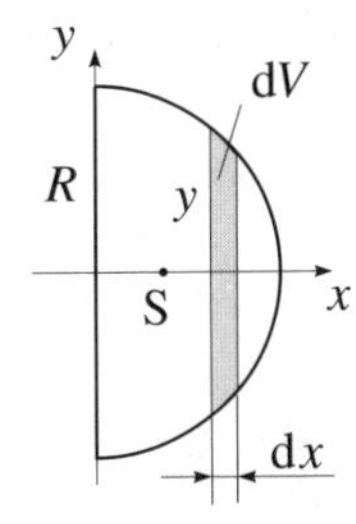

194 (Bild) In dem gewählten Koordinatensystem mit dem Nullpunkt im Drehpunkt des Rades sind die Höhenlagen von m_1 und m_2: $z_1 = R\sin\varphi$, $z_2 = R\sin(60° - \varphi)$. Damit erhalten wir als Schwerpunkthöhe in Abhängigkeit von φ:

$$z_\text{S}(\varphi) = \frac{m_1 z_1 + m_2 z_2}{m_1 + m_2} = R\frac{m_1 \sin\varphi + m_2 \sin(60° - \varphi)}{m_1 + m_2}$$

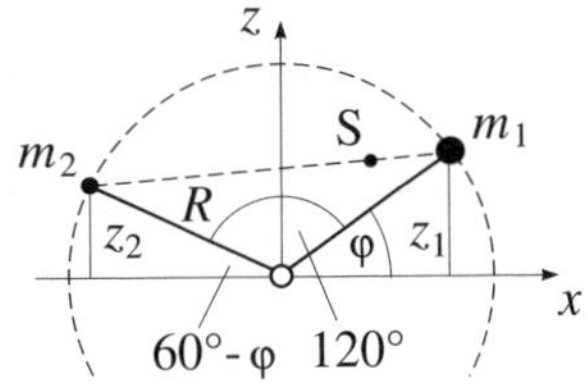

und als potentielle Energie der beiden Massen ($E_\text{p} = 0$ bei $z_\text{S} = 0$):

$$E_\text{p}(\varphi) = (m_1 + m_2) g z_\text{S}(\varphi) = gR[m_1\sin\varphi + m_2\sin(60° - \varphi)].$$

Im Gleichgewicht nimmt $E_\text{p}(\varphi)$ einen Extremwert an. Bedingung:

$$\frac{\mathrm{d}E_\text{p}(\varphi)}{\mathrm{d}\varphi} = gR[m_1\cos\varphi - m_2\cos(60° - \varphi)] = 0 \quad \text{für} \quad \varphi = \varphi_0;$$

$$m_1\cos\varphi_0 = m_2(\cos 60°\cos\varphi_0 + \sin 60°\sin\varphi_0) = m_2\left(\frac{1}{2}\cos\varphi_0 + \frac{\sqrt{3}}{2}\sin\varphi_0\right),$$

$$\tan\varphi_0 = \frac{2(m_1/m_2) - 1}{\sqrt{3}} = \sqrt{3};$$

d. h., es ergeben sich Gleichgewichtslagen für $\varphi_{01} = 60°$ und $\varphi_{02} = 240°$. Über die Art des Gleichgewichts in den beiden Lagen gibt die zweite Ableitung Auskunft. Mit

$$\frac{\mathrm{d}^2 E_\mathrm{p}(\varphi)}{\mathrm{d}\varphi^2} = -gR[m_1 \sin\varphi + m_2 \sin(60° - \varphi)] = -E_\mathrm{p}(\varphi)$$

erhält man

$$\left(\frac{\mathrm{d}^2 E_\mathrm{p}}{\mathrm{d}\varphi^2}\right)_{\varphi_{01}} = -\frac{\sqrt{3}}{2} m_1 g R < 0 \quad \text{(Maximum von } E_\mathrm{p}\text{, d. h. \textit{labiles} Gleichgewicht),}$$

$$\left(\frac{\mathrm{d}^2 E_\mathrm{p}}{\mathrm{d}\varphi^2}\right)_{\varphi_{02}} = +\frac{\sqrt{3}}{2} m_1 g R > 0 \quad \text{(Minimum von } E_\mathrm{p}\text{, d. h. \textit{stabiles} Gleichgewicht).}$$

Aus den Horizontalkoordinaten von m_1 und m_2: $x_1 = R\cos\varphi$, $x_2 = -R\cos(60° - \varphi)$ folgt für den Schwerpunkt

$$x_\mathrm{S} = \frac{m_1 x_1 + m_2 x_2}{m_1 + m_2} = R\frac{m_1 \cos\varphi - m_2 \cos(60° - \varphi)}{m_1 + m_2}.$$

Somit wird für $\varphi_{01} = 60°$: $x_{\mathrm{S}1} = 0$; $z_{\mathrm{S}1} = R/\sqrt{3}$ (S genau über dem Drehpunkt im labilen Gleichgewicht) und $\varphi_{02} = 240°$: $x_{\mathrm{S}2} = 0$; $z_{\mathrm{S}2} = -R/\sqrt{3}$ (S genau unter dem Drehpunkt im stabilen Gleichgewicht).

195 (Bild) Die Gewichtskraft $\boldsymbol{G}$ des Körpers greift in seinem Schwerpunkt an. Gleichgewicht herrscht, wenn das Drehmoment $\boldsymbol{M} = \boldsymbol{r} \times \boldsymbol{G}$ verschwindet, wenn also $\boldsymbol{r}$ und $\boldsymbol{G}$ parallel sind.

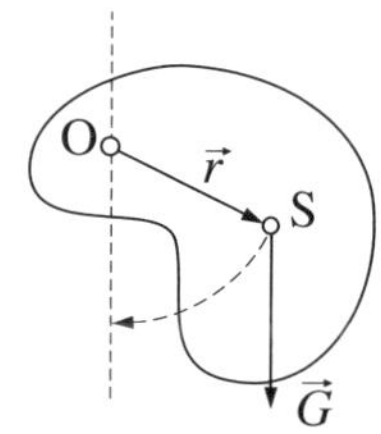

Aufgabe 195

196 Abstand des Schwerpunkts S von G_1 (Mitte): $x_\mathrm{S} = 89{,}2$ cm. Geforderte neue Lage von S: Mitte zwischen den Auflagern, d. h. bei $x'_\mathrm{S} = 85$ cm. Vorzunehmende Verschiebung der Welle in den Auflagern: 4,2 cm nach links.

197 Für einen Kreis (Radius R) in Mittelpunktslage mit der x-Achse als Symmetrielinie des Halbkreises ist $y_\mathrm{S} = 0$ und $x_\mathrm{S} = 4R/(3\pi) = 0{,}4244R$.

198 $E_\mathrm{p}(\varphi) = mg(R + s\cos\varphi)$. Gleichgewicht für $\varphi = 0°$ (labil, da Maximum von E_p) und $\varphi = 180°$ (stabil, da Minimum von E_p); indifferent für φ beliebig, wenn $s = 0$.

199 (Bild) a) Das Trägheitsmoment eines Körpers der Masse m berechnet sich allgemein zu $J = \int r_\perp^2\,\mathrm{d}m$, wobei $r_\perp$ der zum Massenelement $\mathrm{d}m$ senkrechte Abstand von der Drehachse (A) ist. Mit der Querschnittsfläche des Stabes A und der konstanten Dichte ϱ ist $m = \varrho A l$ und $\mathrm{d}m = \varrho A\,\mathrm{d}x$. Damit wird für die Drehachse am Stabende

$$J_\mathrm{A} = \int_{(m)} x^2\,\mathrm{d}m = \varrho A \int_0^l x^2\,\mathrm{d}x = \frac{1}{3}\varrho A l^3 = \frac{1}{3} m l^2.$$

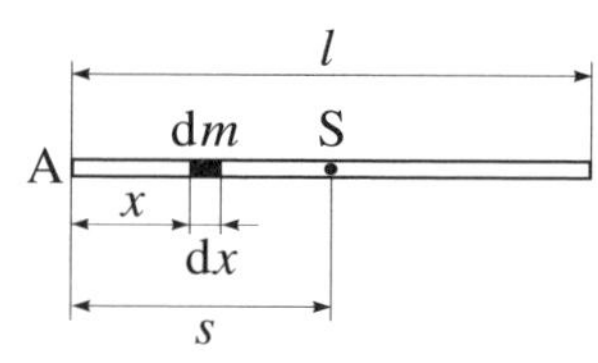

b) Nach dem Satz von STEINER $J_\mathrm{A} = J_\mathrm{S} + ms^2$ ist mit dem Schwerpunktabstand von der Drehachse $s = l/2$:

$$J_\mathrm{S} = J_\mathrm{A} - ms^2 = \frac{1}{3}ml^2 - m\left(\frac{l}{2}\right)^2 = \frac{1}{12}ml^2.$$

200 (Bild) Wir berechnen zunächst das Trägheitsmoment für den Hohlzylinder mit dem Innenradius r. Dazu unterteilen wir diesen in lauter infinitesimal schmale, kreisringförmige Massenelemente $\mathrm{d}m = 2\pi r\,\mathrm{d}r\,\varrho h$ (ϱ Dichte, h Zylinderhöhe). Die Masse des Hohlzylinders ist $m = \pi\varrho h(R^2 - r^2)$. Damit wird bezüglich der Zylinderachse als Drehachse

$$J_{HZ} = \int_{(m)} r^2\,dm = 2\pi\varrho h \int_r^R r^3\,dr = 2\pi\varrho h \left[\frac{r^4}{4}\right]_r^R$$

$$= \frac{1}{2}\pi\varrho h(R^4 - r^4) = \frac{1}{2}\pi\varrho h(R^2 + r^2)(R^2 - r^2) = \frac{1}{2}m(R^2 + r^2).$$

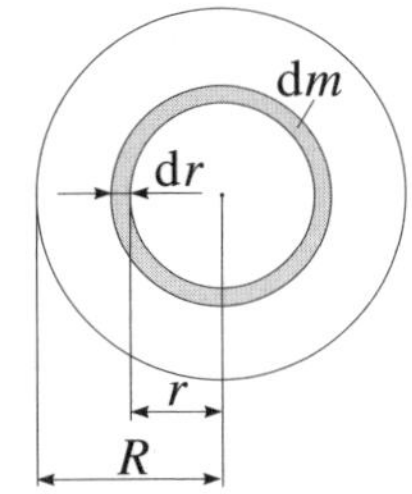

Für den Vollzylinder ($r = 0$) ist demnach $J_Z = (1/2)mR^2$. Es ist also

$$J_{HZ} = J_Z + \frac{m}{2}r^2, \qquad \frac{J_{HZ}}{J_Z} = 1 + \frac{r^2}{R^2}, \qquad r = R\sqrt{\frac{J_{HZ}}{J_Z} - 1}.$$

Daraus ergibt sich die Wandstärke zu $R - r = 25\,\text{mm} - 20\,\text{mm} = 5\,\text{mm}$.

201 (Bild) Die Kugel erhält man als Rotationskörper des Kreises $x^2 + y^2 = R^2$. Ein scheibchenförmiges Volumenelement (Radius y, Dicke dx, Dichte ϱ) hat die Masse $dm = \varrho\pi y^2\,dx$ und (mit dem Trägheitsmoment für den Zylinder bzw. die Kreisscheibe $J = mR^2/2$, vgl. Aufgabe 200) bezüglich der x-Achse als Drehachse das Trägheitsmoment

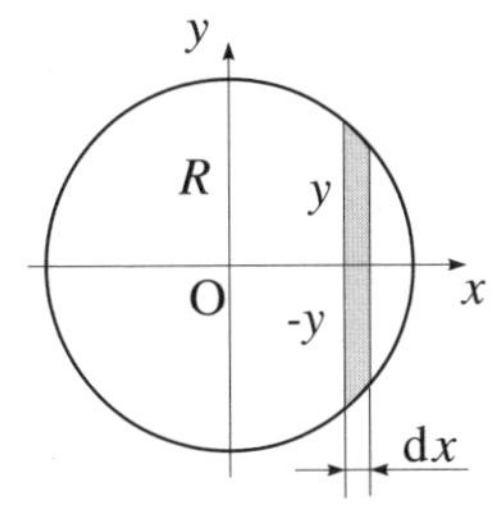

$$dJ = \frac{1}{2}y^2\,dm = \frac{1}{2}\varrho\pi y^4\,dx = \frac{1}{2}\varrho\pi(R^2 - x^2)^2\,dx.$$

Daraus folgt für die Halbkugel

$$\frac{J}{2} = \frac{\varrho\pi}{2}\int_0^R (R^2 - x^2)^2\,dx = \frac{\varrho\pi}{2}\left[R^4 x - \frac{2R^2x^3}{3} + \frac{x^5}{5}\right]_0^R = \frac{4}{15}\varrho\pi R^5$$

und somit für die Vollkugel mit der Masse $m = (4/3)\varrho\pi R^3$:

$$J = \frac{8}{15}\varrho\pi R^5 = \frac{2}{5}mR^2.$$

202 a) Das Trägheitsmoment des Pendels ist die Summe aus den Trägheitsmomenten von Stab und Scheibe, bezogen auf denselben Drehpunkt. Bezogen auf den jeweiligen Schwerpunkt ist für den Stab $J_{1S} = (1/12)m_1 l_1^2$ (vgl. Aufgabe 199) und für die Scheibe $J_{2S} = (1/2)m_2 R^2$ (vgl. Aufgabe 200). Bezüglich der Drehachse des Pendels (A) gilt somit nach dem STEINERschen Satz für das resultierende Massenträgheitsmoment des Pendels

$$J = J_{1A} + J_{2A} = \left\{\frac{1}{12}m_1 l_1^2 + m_1\left(\frac{l_1}{2}\right)^2\right\} + \left\{\frac{1}{2}m_2R^2 + m_2 l_2^2\right\}$$

$$= m_1\frac{l_1^2}{3} + m_2\left(\frac{R^2}{2} + l_2^2\right) = 0{,}177\,\text{kg}\,\text{m}^2.$$

b) Der Abstand des Pendelschwerpunkts (S) vom Drehpunkt (A) errechnet sich zu

$$s' = \frac{m_1(l_1/2) + m_2 l_2}{m_1 + m_2} = 0{,}446\,\text{m}.$$

Als Schwingungsdauer folgt somit $T \approx 1{,}4\,\text{s}$.

203 Analog zum NEWTONschen Grundgesetz $F = ma = m(dv/dt)$ für die Translationsbewegung lautet das Grundgesetz für die Rotationsbewegung

$$M = J\alpha = J\frac{d\omega}{dt} \qquad (1)$$

(M Drehmoment, J Massenträgheitsmoment, α Winkelbeschleunigung, ω Winkelgeschwindigkeit). a) Für $M = \text{const}$ folgt mit ω_0 als Anfangswinkelgeschwindigkeit aus (1)

$$M\int_0^{t_1} dt = J\int_{\omega_0}^{\omega} d\omega, \qquad Mt_1 = J(\omega - \omega_0).$$

In unserem Fall ist $\omega_0 = 0$ und $\omega = 2\pi n = 2\pi(480/60)$ rad/s $= 16\pi$ rad/s. Damit wird $t_1 = J\omega/M = 8{,}38$ s. b) Jetzt ist $M = kt$. Die Konstante k erhält man durch Einsetzen von $M = 1200$ N m und $t = 60$ s zu $k = 20$ N m/s. Das Grundgesetz (1) lautet damit

$$kt = J\frac{\mathrm{d}\omega}{\mathrm{d}t} \qquad \text{oder} \qquad kt\,\mathrm{d}t = J\,\mathrm{d}\omega, \tag{2}$$

woraus folgt

$$k\int_0^{t_2} t\,\mathrm{d}t = J\int_0^{\omega}\mathrm{d}\omega, \qquad \frac{kt_2^2}{2} = J\omega, \qquad t_2 = \sqrt{\frac{2J\omega}{k}} \approx 50{,}1\text{ s}.$$

c) Im Fall a) liegt wegen des konstanten Drehmoments eine gleichmäßig beschleunigte Drehbewegung vor mit der (konstanten) Winkelbeschleunigung $\alpha = M/J = \omega/t_1 = 6$ rad/s^2. Im Fall b) wächst α proportional zu t. Mit (2) folgt $\alpha = \mathrm{d}\omega/\mathrm{d}t = (k/J)t = (0{,}04\text{ rad/s}^3)t$. Für $t = 60$ s ist also $\alpha = 2{,}4$ rad/s^2 und somit nach (1) $M = 1200$ N m, wie in der Aufgabenstellung gefordert.

204 a) An der Walze greift zum einen die Gewichtskraft mg (nach unten), zum anderen (nach oben) die Zugkraft des Bandes F_S an. Wenden wir das NEWTONsche Grundgesetz an, so gilt also

$$ma = mg - F_\mathrm{S} \qquad \text{oder} \qquad F_\mathrm{S} = m(g - a),$$

d. h., Zugkraft des Bandes = Gewichtskraft der Walze mg + Trägheitskraft der Walze $-ma$. F_S erzeugt an der Walze das Drehmoment

$$M = F_\mathrm{S}r = m(g - a)r.$$

Für dieses gilt mit $J = mr^2/2$ (Trägheitsmoment der Walze) und $\alpha = a/r$ (Winkelbeschleunigung) das Grundgesetz

$$M = J\alpha = \frac{1}{2}mar.$$

Daraus folgt als Beschleunigung $a = (2/3)g = 6{,}54$ m/s^2. b) Die Endgeschwindigkeit ist $v = \sqrt{2ah} = \sqrt{4gh/3} = 5{,}1$ m/s. c) Aus $h = at^2/2$ folgt $t = \sqrt{2h/a} = \sqrt{3h/g} = 0{,}78$ s. d) Zugkraft/Gewichtskraft: $F_\mathrm{S}/(mg) = m(g - a)/(mg) = 1/3$.

205 Aus dem Bahndrehimpuls $L_1 = m_\mathrm{e}v_1r_1$ und der kinetischen Energie des Elektrons $E_{\mathrm{k}1} = m_\mathrm{e}v_1^2/2$ erhält man durch Elimination von v_1 den sog. BOHRschen Radius

$$a_\mathrm{H} \equiv r_1 = \frac{L_1}{\sqrt{2m_\mathrm{e}E_{\mathrm{k}1}}} = 0{,}53 \cdot 10^{-10}\text{ m}.$$

Analog dazu folgt mit $E_{\mathrm{k}n} = m_\mathrm{e}v_n^2/2 = E_{\mathrm{k}1}/n^2$:

$$L_n = r_n\sqrt{2m_\mathrm{e}E_{\mathrm{k}n}} = n^2r_1\sqrt{2m_\mathrm{e}E_{\mathrm{k}1}/n^2} = nr_1\sqrt{2m_\mathrm{e}E_{\mathrm{k}1}} = nL_1.$$

Der Drehimpuls des Elektrons auf der n-ten Bahn wächst demnach proportional mit n (Drehimpulsquantelung).

206 Mit dem Drehimpuls $L = mvr$ folgt für das Drehmoment des Rades

$$M = \frac{\mathrm{d}L}{\mathrm{d}t} = \frac{\mathrm{d}m}{\mathrm{d}t}vr = \varrho\frac{\mathrm{d}V}{\mathrm{d}t}vr = \varrho Ivr.$$

$I = \mathrm{d}V/\mathrm{d}t$ ist der sekundliche Volumendurchsatz (Stromstärke) an Wasser durch alle Düsen, ϱ die Dichte von Wasser. Zum anderen ist das Drehmoment $M = J\alpha$, womit man für die Winkelbeschleunigung erhält

$$\alpha = \frac{\varrho Ivr}{J} \quad \text{und für die Drehzahl} \quad n = \frac{\omega}{2\pi} = \frac{\alpha t}{2\pi}.$$

Mit $\varrho = 10^3$ kg/m^3, $I = 0{,}0002$ m^3/s und den übrigen Werten wird $\alpha = 5$ rad/s^2 und $n \approx 4$ s^{-1}.

207 $\Delta l = (\sqrt{2} - 1)l = 20{,}7$ cm.

208 a) $v = \sqrt{3gl}$; b) $a_\mathrm{t} = (3/2)g$, $a_\mathrm{r} = 3g$.

209 Kegel als Rotationskörper der Geraden $y = (R/h)x$ um die x-Achse (Vorgehensweise wie bei Aufgabe 201); $J = (3/10)mR^2$.

210 Einzelne Kugel (STEINERscher Satz): $J_1 = (2/5)m_K R^2 + m_K[(l/2) + R]^2 = 0{,}0682\,\text{kg m}^2$; Hantelachse: $J_2 = (1/12)m_A l^2 = 0{,}000\,45\,\text{kg m}^2$; Hantel: $J = 2J_1 + J_2 = 0{,}137\,\text{kg m}^2$.

211 a) $M = -513\,\text{N m}$; b) $\alpha = -2{,}09\,\text{rad/s}^2$; c) $z = 600$.

212 Die Seilkraft $F_S = m_1(g - a)$ erzeugt das Drehmoment $M = F_S r = m_1(g - a)r$; wegen $M = J\alpha = (mr^2/2)a/r = mar/2$ folgt $a = 2m_1 g/(2m_1 + m) = 3\,\text{m/s}^2$.

213 Sind J_1 und J_2 die Gesamt-Trägheitsmomente (Schemel, Person mit Hanteln) in den zwei Positionen der Hanteln, so folgt aus $L = J_1\omega_1 = J_2\omega_2 = \text{const}$: $\omega_2 \approx 2\omega_1$ (Pirouetten-Effekt).

214 a) Beim Herunterrollen geht die potentielle Energie mgh (mit $h = s\sin\alpha$) des Zylinders in Bewegungsenergie über. Mit der kinetischen Energie der Translationsbewegung des Schwerpunktes $mv^2/2$ und der kinetischen Energie der Rotationsbewegung um die Schwerpunktachse $J_S\omega^2/2$ gilt also

$$\frac{mv^2}{2} + \frac{J_S\omega^2}{2} = mgh. \qquad (1)$$

Hieraus folgt mit $J_S = mR^2/2$ und $\omega = v/R$ (Rollbedingung) $3mv^2/4 = mgh$ und somit für die Geschwindigkeit des Vollzylinders unabhängig von seinem Radius

$$v = \sqrt{\frac{4}{3}gh} = \sqrt{\frac{4}{3}gs\sin\alpha} = 3{,}34\,\text{m/s}.$$

b) Aus $s = at^2/2$ und $v = at$ (gleichmäßig beschleunigte Bewegung) folgt $a = v^2/(2s) = (2/3)g\sin\alpha = 2{,}24\,\text{m/s}^2$ und $t = 2s/v = 1{,}50\,\text{s}$. c) Mit $J_S = m(R^2 + r^2)/2$, $\omega = v/R$ und $r/R = 0{,}9$ folgt aus (1)

$$v = \sqrt{\frac{4gs\sin\alpha}{3 + (r/R)^2}} = 2{,}97\,\text{m/s}$$

und somit $t = 2s/v = 1{,}685\,\text{s}$. Der Hohlzylinder kommt also (stets) später unten an als der Vollzylinder.

215 (Bild) Der translatorische Impuls des Würfels $\boldsymbol{p}_0 = m\boldsymbol{v}_0$ geht beim Stoß der Kante an das Hindernis in einen Drehimpuls vom Betrag $L = |\boldsymbol{r} \times \boldsymbol{p}_0| = mav_0/2$ über. Dieser versetzt den Würfel in eine Drehbewegung um seine Kante: $L = J\omega_0$. Mit dem zugehörigen Trägheitsmoment $J = ma^2/6 + ma^2/2 = 2ma^2/3$ (Satz von STEINER) erhält man daraus die (Anfangs-)Winkelgeschwindigkeit $\omega_0 = 3v_0/(4a)$ sowie die kinetische Energie der Rotation $E_r = J\omega_0^2/2 = 3mv_0^2/16$. Der Würfel kippt von der Unterlage, wenn E_r größer ist als die Arbeit $W = mga(\sqrt{2} - 1)/2$, die benötigt wird, um seinen Schwerpunkt um den Betrag $(\sqrt{2} - 1)a/2$ anzuheben (dann steht die Würfeldiagonale senkrecht). Die dazu erforderliche Mindestgeschwindigkeit beträgt

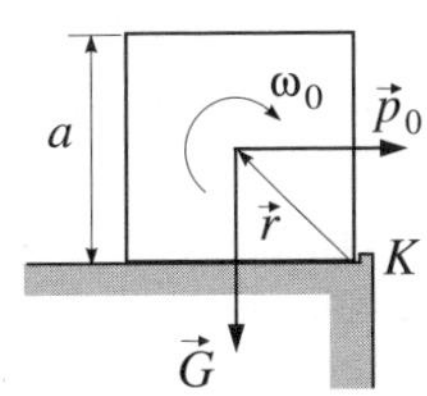

$$v_m = \sqrt{\frac{8(\sqrt{2} - 1)ga}{3}} \approx 1{,}051\,\sqrt{ga} = 1{,}041\,\text{m/s}.$$

Der Würfel kippt in unserem Fall also (gerade noch) wieder auf die Tischplatte zurück.

216 Für die Bewegung auf den beiden Kreisbahnen gilt der Drehimpulserhaltungssatz

$$L = J_1\omega_1 = J_2\omega_2 = \text{const}.$$

Mit dem Trägheitsmoment $J = ml^2$ folgt daraus für die Winkelgeschwindigkeit auf der kleineren Bahn $\omega_2 = (J_1/J_2)\omega_1 = (l_1^2/l_2^2)\omega_1$. Die Energiedifferenz zwischen beiden Bahnen ist

$$\Delta E = \frac{1}{2}J_2\omega_2^2 - \frac{1}{2}J_1\omega_1^2 = \frac{1}{2}J_2\left(\frac{J_1}{J_2}\right)^2\omega_1^2 - \frac{1}{2}J_1\omega_1^2 = \frac{1}{2}J_1\omega_1^2\left(\frac{J_1}{J_2} - 1\right) = E_1\left(\frac{l_1^2}{l_2^2} - 1\right).$$

Die Zentrifugalkraft $F_Z = m\omega^2 l$ drücken wir durch den konstant bleibenden Drehimpuls $L = J\omega = ml^2\omega$ aus. Mit $\omega = L/(ml^2)$ wird $F_Z = L^2/(ml^3)$. Die beim Verkürzen der Schnur von l_1 auf l_2 gegen F_Z verrichtete Arbeit ist damit

$$W = -\int_{l_1}^{l_2} F_Z \, dl = -\frac{L^2}{m}\int_{l_1}^{l_2} \frac{dl}{l^3} = \frac{L^2}{2m}\left(\frac{1}{l_2^2} - \frac{1}{l_1^2}\right) = \frac{L^2}{2ml_1^2}\left(\frac{l_1^2}{l_2^2} - 1\right).$$

Dabei ist

$$\frac{L^2}{2ml_1^2} = \frac{L^2}{2J_1} = \frac{(J_1\omega_1)^2}{2J_1} = \frac{1}{2}J_1\omega_1^2 = E_1,$$

d. h. $W = \Delta E$, was zu beweisen war.

217 Die ursprünglich vorhandene potentielle Energie der Last ($m_1 = 2$ kg) geht vollständig in kinetische Energie der Last und in Rotationsenergie der Trommel ($m = 9$ kg) über:

$$m_1 gh = \frac{m_1 v^2}{2} + \frac{J\omega^2}{2}.$$

Mit dem Massenträgheitsmoment der Trommel $J = mr^2/2$ sowie $\omega = v/r$ folgt daraus

$$m_1 gh = \frac{v^2}{2}\left(m_1 + \frac{m}{2}\right).$$

Da das Absinken der Last unter der Wirkung einer konstanten Kraft erfolgt, ist die Bewegung gleichmäßig beschleunigt, weshalb $v = \sqrt{2ah}$ gilt. Damit erhält man $a = 2m_1 g/(2m_1 + m) = 3$ m/s^2.

218 Die Leistung bei Rotation berechnet sich aus dem Drehmoment M und der Winkelgeschwindigkeit ω bzw. der Drehzahl n zu

$$P = M\omega = 2\pi nM.$$

Ist F die Anpresskraft der Bremsbacken an die Welle, so ist die Reibungskraft $F_R = \mu F$ und das durch sie hervorgerufene bremsende Drehmoment $M = F_R r = \mu F r$, womit folgt $P = 2\pi n\mu F r$. Mit $n = 15\ \text{s}^{-1}$, $\mu = 0{,}40$ und $F = 530$ N wird $P \approx 2$ kW.

219 Mit dem Drehmoment $M = D\varphi$ folgt für die Torsionsarbeit bei $\varphi_1 = \pi/4$:

$$W = \int_0^{\varphi_1} M \, d\varphi = D\int_0^{\varphi_1} \varphi \, d\varphi = \frac{1}{2}D\varphi_1^2 = 0{,}04\ \text{J}.$$

220 Bezüglich der momentanen Drehachse (im Auflagepunkt) ist nach STEINER $J_A = J_S + mR^2$. Somit wird wegen $E_{k,r} \sim J$: a) $J_S/J_A = (2/5)/(7/5) = 2/7 = 28{,}6\%$; b) $(1/2)/(3/2) = 1/3 = 33{,}3\%$; c) $1/2 = 50\%$.

221 Hier ist zu beachten, dass nur ein Teil der ursprünglichen Bewegungsenergie des Balls, entsprechend der Geschwindigkeitskomponente $v' = v\cos\alpha$ auf der schiefen Ebene, bei der Aufwärtsbewegung in potentielle Energie mgh übergeht. Der andere Teil, entsprechend der Komponente $v\sin\alpha$, geht durch den Stoß beim Übergang von der Horizontalen auf die schiefe Ebene als Bewegungsenergie verloren. Es gilt also $mv'^2/2 + J_S\omega^2/2 = mgh$, woraus mit $J_S = (2/5)mR^2$ (Trägheitsmoment der Kugel) und $\omega = v'/R$ (Rollbedingung) $(7/10)mv'^2 = mgh$ folgt und somit für den auf der schiefen Ebene zurückgelegten Weg

$$s = \frac{h}{\sin\alpha} = \frac{(7/10)v'^2}{g\sin\alpha} = \frac{(7/10)v^2\cos^2\alpha}{g\sin\alpha} = 10{,}7\ \text{m}.$$

222 a) und b): $E_p = E_k + E_{rot}$: $v = \sqrt{\dfrac{2gh}{1 + J/(mr^2)}} = \sqrt{\dfrac{4gh}{3}} = \sqrt{2ah}$, also $a = (2/3)g$. c) $h = at^2/2$, $v = at$: $t = 2h/v = \sqrt{3h/g}$. Zahlenrechnung s. Aufgabe 204.

223 Mit $W = J\omega^2/2 = 6{,}22 \cdot 10^5$ J ist $P = 2\overline{P} = 2W/t = 4\pi^2 n^2 J/t \approx 41{,}5$ kW.

224 Die Komponenten der Kraft F in z-Richtung und senkrecht dazu in der x, y-Ebene sind $F_z = F\cos\psi$, $F_\varphi = F\sin\psi$, womit sich die Komponenten in x- und y-Richtung zu

$$F_x = F_\varphi\cos\varphi = F\sin\psi\cos\varphi \qquad \text{und} \qquad F_y = F_\varphi\sin\varphi = F\sin\psi\sin\varphi$$

ergeben. Damit wird die Normalspannung senkrecht zur x, y-Ebene

$$\sigma_{zz} = \frac{F_z}{A} = \frac{F}{A}\cos\psi = 7{,}07 \cdot 10^7\ \text{N/m}^2 = 70{,}7\ \text{MPa}.$$

Die Schubspannungen in der x, y-Ebene in x- bzw. y-Richtung sind

$$\tau_{zx} = \frac{F_x}{A} = \frac{F}{A}\sin\psi\cos\varphi = 61{,}2\ \text{MPa} \qquad \text{und} \qquad \tau_{zy} = \frac{F_y}{A} = \frac{F}{A}\sin\psi\sin\varphi = 35{,}4\ \text{MPa}.$$

225 (Bild) Normalspannungen σ (Zug- oder Druckspannungen) erzeugen Dehnungen bzw. Stauchungen (relative Längenänderungen)

$$\varepsilon = \frac{\Delta l}{l_0} = \frac{l - l_0}{l_0},$$

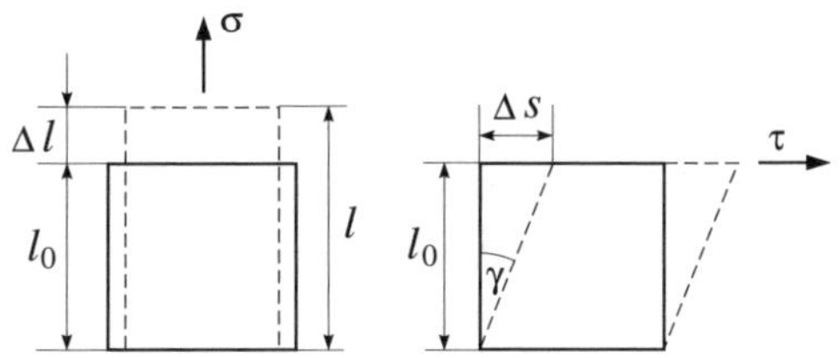

Schubspannungen τ (Tangentialspannungen) erzeugen Scherungen (Scherwinkel)

$$\gamma \approx \tan\gamma = \frac{\Delta s}{l_0}.$$

Für linear-elastische Materialien gilt das HOOKEsche Gesetz

$$\sigma = E\varepsilon \qquad \text{bzw.} \qquad \tau = G\gamma$$

mit E als Elastizitätsmodul und G als Schub- (Scher-, Gleit- oder Torsions-)modul. Somit folgt für den Al-Würfel $\varepsilon_{zz} = \sigma_{zz}/E = 9{,}7 \cdot 10^{-4}$ ($\approx 0{,}1\%$ Dehnung), entsprechend $\Delta l = \varepsilon_{zz} l_0 \approx 0{,}01$ mm Längenänderung in z-Richtung; $\gamma_{zx} = \tau_{zx}/G = 2{,}3 \cdot 10^{-3}$ (0,23% Scherung), entsprechend $\Delta s_x = \gamma_{zx} l_0 = 0{,}023$ mm Relativverschiebung von Grund- und Deckfläche des Würfels in x-Richtung; $\gamma_{zy} = \tau_{zy}/G = 1{,}3 \cdot 10^{-3}$ (0,13% Scherung), entsprechend $\Delta s_y = 0{,}013$ mm Relativverschiebung der Seitenflächen in y-Richtung.

226 Aus dem HOOKEschen Gesetz $\sigma = E\varepsilon$ folgt mit $\sigma = F/A$ als Zugspannung und $\varepsilon = \Delta l/l_0$ als Dehnung für den Elastizitätsmodul

$$E = \frac{\sigma}{\varepsilon} = \frac{F l_0}{A \Delta l}.$$

In unserem Beispiel ist $F = mg = 196{,}2$ N, $A = 9{,}5 \cdot 10^{-7}\ \text{m}^2$, $\Delta l = 0{,}01$ m und $l_0 = 10{,}0$ m. Damit wird $E = 2{,}065 \cdot 10^{11}$ Pa $= 206{,}5$ GPa (Stahl).

227 a) Bei der „Parallelschaltung" erfahren beide Materialien die gleiche Dehnung ε, es ist also nach dem HOOKEschen Gesetz

$$\varepsilon_1 = \frac{\sigma_1}{E_1} = \frac{F_1}{(A/2)E_1} = \frac{2F_1}{AE_1} = \varepsilon \qquad \text{und} \qquad \varepsilon_2 = \frac{2F_2}{AE_2} = \varepsilon,$$

woraus für die zugehörigen Kräfte folgt $F_1 = \varepsilon E_1 A/2$ und $F_2 = \varepsilon E_2 A/2$. Diese addieren sich zur Gesamtkraft $F_1 + F_2 = \varepsilon A(E_1 + E_2)/2 = F = \sigma A = \varepsilon E A$, woraus man den effektiven Elastizitätsmodul $E = (E_1 + E_2)/2$ (arithmetisches Mittel) erhält. b) Bei der „Reihenschaltung" greift an beiden Materialien die gleiche Zugspannung σ an, die in dem einen Material die Dehnung $\varepsilon_1 = \Delta l_1/(l/2) = \sigma/E_1$ bzw. Längenänderung $\Delta l_1 = \sigma l/(2E_1)$, im anderen die Längenänderung $\Delta l_2 = \sigma l/(2E_2)$ hervorruft. Beide addieren sich:

$$\Delta l_1 + \Delta l_2 = \frac{\sigma l}{2}\left(\frac{1}{E_1} + \frac{1}{E_2}\right) = \Delta l = \varepsilon l = \frac{\sigma l}{E},$$

woraus folgt

$$\frac{1}{E} = \frac{1}{2}\left(\frac{1}{E_1} + \frac{1}{E_2}\right) \qquad \text{oder} \qquad E = \frac{2E_1E_2}{E_1 + E_2} \ \text{(harmonisches Mittel).}$$

Für $E_2 = E_1$ wird in beiden Fällen $E = E_1$.

228 Der mittlere Umfang des Al-Ringes im kalten Zustand beträgt $l_0 = 2\pi[R + (d/2)]$, wobei R der Radius des Stahlzylinders und d die Wanddicke des Ringes ist. Damit wird die Umfangsänderung

$\Delta l = 2\pi \Delta R$ und die Umfangsdehnung

$$\varepsilon = \frac{\Delta l}{l_0} = \frac{\Delta R}{R + (d/2)} = \frac{\sigma}{E},$$

wobei σ die Zugspannung im Ring und E der Elastizitätsmodul des Ringmaterials ist. Für $\sigma = \sigma_R$ folgt daraus als maximal zulässige Abweichung des Innendurchmessers des Ringes im kalten Zustand, die durch Erwärmen ausgeglichen werden muss:

$$2\Delta R_{\max} = -\frac{\sigma_R}{E}(2R + d) = -0{,}16\ \text{mm}.$$

229 Das Biegemoment an der Stelle x ist $M(x) = F(l - x)$, womit

$$y''(x) = -\frac{F}{EI}(l - x) \qquad \text{und einmal integriert} \qquad y'(x) = \frac{F}{2EI}(l - x)^2 + C_1$$

folgt. Wegen der horizontalen Tangente der elastischen Linie an der Einspannstelle $x = 0$ ist $y'(0) = 0$, womit man für die Integrationskonstante $C_1 = -Fl^2/2$ erhält, so dass der Anstieg der Biegelinie an der Stelle x durch

$$y'(x) = \frac{F}{2EI}[(l - x)^2 - l^2] \tag{1}$$

bestimmt ist. Nochmalige Integration führt auf $y(x) = F[-(l - x)^3/3 - l^2x]/(2EI) + C_2$. Wegen $y(0) = 0$ wird $C_2 = Fl^3/6$ und somit die Durchbiegung bei x:

$$y(x) = \frac{F}{6EI}x^2(x - 3l). \tag{2}$$

Für das freie Ende ($x = l$) erhält man aus (1) und (2) die gesuchten Größen

$$|y'(l)| = \frac{Fl^2}{2EI} = \tan\alpha \approx \alpha; \qquad |y(l)| = \delta = \frac{Fl^3}{3EI}. \tag{3}$$

230 (Bild) a) Das Flächenträgheitsmoment berechnet sich – analog dem Massenträgheitsmoment $J = \int r^2\,\mathrm{d}m$ (vgl. Aufgabe 199 ff.) – allgemein zu $I = \int r^2\,\mathrm{d}A$ mit $\mathrm{d}A$ als Flächenelement mit dem senkrechten Abstand r von der Achse. Für den Rechteckquerschnitt erhält man mit $\mathrm{d}A = b\,\mathrm{d}r$:

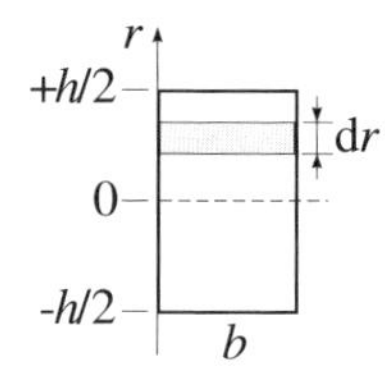

$$I = \int_{-h/2}^{+h/2} r^2\,\mathrm{d}A = b\int_{-h/2}^{+h/2} r^2\,\mathrm{d}r = \frac{b}{3}\left[r^3\right]_{-h/2}^{+h/2} = \frac{bh^3}{12}.$$

Mit den Zahlenwerten folgt $I = 2{,}81 \cdot 10^{-5}\ \text{m}^4$. b) Als Biegepfeil erhält man damit für $F = mg = 1962\ \text{N}$ und $E = 12 \cdot 10^9\ \text{Pa}$ – nach Gleichung (3) der Lösung zu vorstehender Aufgabe – $\delta = Fl^3/(3EI) \approx 30\ \text{mm}$ und c) $\alpha \approx 0{,}018\ \text{rad}$ ($\approx 1°$).

231 Die Zugkraft an der Stelle x des Seiles (mit $x = 0$ am unteren Seilende) ist gleich der Gewichtskraft eines Seilstückes der Länge x:

$$F(x) = m(x)g = \varrho g A x \qquad (A\ \text{Querschnittsfläche}).$$

Somit ist die Zugspannung in der Höhe x über dem unteren Seilende $\sigma(x) = F(x)/A = \varrho g x$. Sie erzeugt dort an einem Seilelement $\mathrm{d}x$ die Verlängerung $\mathrm{d}l$ und die Dehnung

$$\varepsilon(x) = \frac{\mathrm{d}l}{\mathrm{d}x} = \frac{\sigma(x)}{E} = \frac{\varrho g x}{E}.$$

Die Verlängerung des Seiles ergibt sich durch Aufsummierung aller Dehnungsbeträge über die gesamte Seillänge l:

$$\Delta l = \int_0^l \varepsilon(x)\,\mathrm{d}x = \frac{1}{E}\int_0^l \sigma(x)\,\mathrm{d}x = \frac{\varrho g}{E}\int_0^l x\,\mathrm{d}x = \frac{\varrho g l^2}{2E}.$$

Mit den Zahlenwerten erhält man $\Delta l = 72{,}2\ \text{mm}$. Am oberen Seilende ($x = l$) herrscht die Zugspannung $\sigma = \varrho g l \approx 36{,}1\ \text{kPa}$, am unteren Seilende ($x = 0$) ist $\sigma = 0$.

232 $D = \sqrt{\dfrac{2mg}{\pi \sigma_{zul}}} = 10{,}7\,\text{mm}.$

233 Bei Feder und Gummizylinder müssen bei der gleichen Kraft F gleiche Längenänderungen Δl bzw. Dehnungen $\varepsilon = \Delta l / l_0$ auftreten. Aus dem Zusammenhang zwischen F und ε für die Feder und für den Zylinder ergibt sich $D = \sqrt{4kl_0/(\pi E)} = 2{,}4\,\text{cm}$.

234 $\vartheta_2 = \vartheta_1 - \dfrac{\sigma_R - \sigma_1}{E\alpha} \approx -10\,°\text{C}.$

235 $\tau = 100\,\text{MPa}$; $\gamma = 3{,}7 \cdot 10^{-3}$; $G = 27\,\text{GPa}$.

236 Es wäre dann $I = hb^3/12 = 1{,}25 \cdot 10^{-5}\,\text{m}^4$ und damit $\delta \approx 68\,\text{mm}$.

237 Man denkt sich den Balken aus zwei einseitig eingespannten Balken der Länge $l/2$ mit Auflagerkräften von je $F/2$ zusammengesetzt. Dann wird $\delta = (F/2)(l/2)^3/(3EI) \approx 1{,}9\,\text{mm}$ (= 1/16 des einseitig eingespannten Balkens).

238 Die Arbeit berechnet sich zu $W = \int F\,\text{d}l$. Dabei ist die Zugkraft $F = \sigma A$ und nach dem HOOKEschen Gesetz $\sigma = E\varepsilon$ die infinitesimale Verlängerung des Stabes $\text{d}l = l_0\,\text{d}\varepsilon = l_0\,\text{d}\sigma/E$. Damit wird

$$W = \int_{\sigma=0}^{\sigma_{zul}} F\,\text{d}l = \frac{Al_0}{E}\int_0^{\sigma_{zul}} \sigma\,\text{d}\sigma = \frac{\sigma_{zul}^2 A l_0}{2E}.$$

Mit dem Stabvolumen $Al_0 = 1{,}57 \cdot 10^{-5}\,\text{m}^3$ folgt $W = 1{,}525\,\text{J}$.

239 Ist D_0 der Durchmesser des unbelasteten Stabes und ΔD die Durchmesserverringerung bei Zugbeanspruchung, so ist die Querkontraktion des Stabes $\varepsilon_Q = -\Delta D/D_0$. Diese erhält man mit Hilfe der POISSONschen Querkontraktionszahl ν, die das Verhältnis von Querkontraktion zu Längsdehnung $\nu = -\varepsilon_Q/\varepsilon$ angibt, aus der Längsdehnung des Stabes $\varepsilon = \Delta l/l_0$ zu $\varepsilon_Q = -\nu\varepsilon$, womit für die Zugspannung folgt

$$\sigma = E\varepsilon = -\frac{E}{\nu}\varepsilon_Q = \frac{E}{\nu}\frac{\Delta D}{D_0}.$$

Den Wert von ν erhält man aus dem Zusammenhang der elastischen Konstanten E, G und ν

$$G = \frac{E}{2(1+\nu)} \quad \text{zu} \quad \nu = \frac{E}{2G} - 1 \approx 0{,}28 \quad \text{(Stahl).}$$

Damit und mit $\Delta D/D_0 = 0{,}3 \cdot 10^{-3}$ folgt $\sigma = 221\,\text{MPa}$ und mit der Querschnittsfläche des Stabes $A = 10^{-4}\,\text{m}^2$ als Zugkraft $F = \sigma A = 22{,}1\,\text{kN}$.

240 Die auf das Ausgangsvolumen V_0 bezogene Volumenabnahme $-\Delta V$ ist bei festen Körpern, Flüssigkeiten und Gasen (innerhalb bestimmter Grenzen) der Druckzunahme Δp proportional:

$$-\frac{\Delta V}{V_0} = \varkappa\,\Delta p \quad \text{mit} \quad \varkappa = -\frac{1}{V_0}\frac{\Delta V}{\Delta p} \quad \text{(Kompressibilität).}$$

Bei (isotropen) Festkörpern ist

$$\frac{1}{\varkappa} = K = \frac{E}{3(1-2\nu)} \quad \text{(Kompressionsmodul)}$$

mit E Elastizitätsmodul, ν POISSONsche Querkontraktionszahl. Damit wird $\varkappa = 1{,}23 \cdot 10^{-11}\,\text{Pa}^{-1}$, und es folgt mit $V_0 = 10^{-3}\,\text{m}^3$ und $\Delta p = 10^7\,\text{Pa}$ aus obiger Beziehung als Volumenabnahme $\Delta V = -\varkappa V_0 \Delta p = -1{,}23 \cdot 10^{-7}\,\text{m}^3 \approx -(5\,\text{mm})^3$.

241 $W = \varepsilon_{el}^2 E A l_0/2 = 5\,\text{J}.$

242 Wegen $G = E/[2(1+\nu)]$ und $0 < \nu < 0{,}5$ (ν POISSONsche Querkontraktionszahl) ist $E/3 < G < E/2$.

243 Auf beide Kolben mit den Querschnittsflächen A_1 und A_2 wirkt dem Betrage nach die gleiche Kraft $F = p_1 A_1 = p_2 A_2$. Wegen $A \sim d^2$ folgt $p_2 = (d_1/d_2)^2 p_1 = 16 p_1 = 24\,\text{MPa}$.

244 Überall in der Flüssigkeit herrscht der gleiche Druck, also auch auf die beiden Kolben: $p = F_1/A_1 = F_2/A_2$. Mit $F_2 = (m + m_K)g$ wird $F_1 = (m + m_K)g A_1/A_2 = 87{,}2\,\text{N}$.

245 a) Der Flüssigkeitsdruck p auf eine Fläche wird – unabhängig von deren Größe und Neigung bzw. Orientierung – ausschließlich durch die Niveauhöhe h des Flüssigkeitsspiegels bestimmt. So ist der Druck

$$\text{auf } A_1: \quad p_1 = \varrho g h_1 = 44\,145\ \text{N/m}^2 = 44{,}145\ \text{kPa},$$
$$\text{auf } A_2: \quad p_2 = \varrho g h_2 = \varrho g(h_1 - 2\ \text{m}) = 24{,}525\ \text{kPa}.$$

Der auf eine Seitenfläche A_3 wirkende Druck nimmt nach oben hin linear mit h von p_1 auf p_2 ab. Maßgebend für die hydraulische Kraft auf eine vertikale ebene Fläche ist der im Schwerpunkt dieser Fläche wirkende Druck, d. h., es ist

$$p_3 = \varrho g(h_1 - 1\ \text{m}) = 34{,}335\ \text{kPa}.$$

b) Die Druckkräfte auf die Flächen sind $F_1 = p_1 A_1 = 176{,}58\ \text{kN}$, $F_2 = p_2(A_1 - 0{,}01\ \text{m}^2) = 97{,}85\ \text{kN}$, $F_3 = p_3 A_3 = 137{,}34\ \text{kN}$.

246 Die auf das Ausgangsvolumen V bezogene Volumenabnahme $-\Delta V$ ist (innerhalb bestimmter Grenzen) der Druckzunahme Δp proportional:

$$-\frac{\Delta V}{V} = \varkappa\,\Delta p; \qquad \varkappa = -\frac{1}{V}\frac{\Delta V}{\Delta p} \qquad \text{(Kompressibilität).}$$

Aus $\varrho = m/V$ folgt für $m = \text{const}$ (durch Differentiation):

$$\frac{\Delta\varrho}{\Delta V} = -\frac{m}{V^2}, \qquad \frac{\Delta\varrho}{\varrho} = -\frac{m}{\varrho}\frac{\Delta V}{V^2} = -\frac{\Delta V}{V} = \varkappa\,\Delta p.$$

Für $\Delta p = 10^7$ Pa wird $\Delta\varrho/\varrho = 5 \cdot 10^{-3}$ (0,5%), entsprechend einer Volumenabnahme von 5 l je 1 m^3.

247 (Bild) Die Gewichtskräfte der Flüssigkeitssäulen $mg = \varrho V g = \varrho g h A$ in den beiden Schenkeln oberhalb eines gemeinsamen Niveaus (N) halten sich das Gleichgewicht:

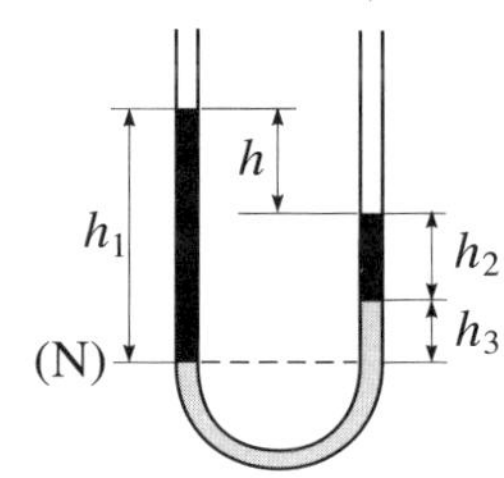

$$\varrho_2 g h_1 A = \varrho_2 g h_2 A + \varrho_1 g h_3 A.$$

Da die Querschnittsfläche von beiden Schenkeln gleich ist, gilt dies auch für den Schweredruck $\varrho g h$: $\varrho_2 g h_1 = \varrho_2 g h_2 + \varrho_1 g h_3$ (Division obiger Gleichung durch A). Dabei ist $h_3 = h_1 - h_2 - h = [(V_1 - V_2)/A] - h$, womit folgt

$$h = \left(1 - \frac{\varrho_2}{\varrho_1}\right)\frac{V_1 - V_2}{A} = 8{,}8\ \text{cm}.$$

248 Sind p_1 der Anfangsdruck und V_1 das Anfangsvolumen, so gelten nach BOYLE-MARIOTTE die Gleichungen

$$p_1 V_1 = (p_1 + \Delta p)(V_1 - \Delta V), \qquad p_1 V_1 = (p_1 + \Delta p')(V_1 - \Delta V')$$

mit $\Delta V = 3$ l und $\Delta V' = 6$ l sowie $\Delta p = 50$ kPa und $\Delta p' = 200$ kPa. Daraus errechnet man

$$p_1 = \frac{\Delta p \Delta p'(\Delta V' - \Delta V)}{\Delta p' \Delta V - \Delta p \Delta V'} = 100\ \text{kPa} \qquad \text{(Atmosphärendruck),}$$

$$V_1 = \frac{\Delta V \Delta V'(\Delta p' - \Delta p)}{\Delta p' \Delta V - \Delta p \Delta V'} = 9 \cdot 10^{-3}\ \text{m}^3 = 9\ \text{l}.$$

249 Die Gasentnahme denken wir uns in zwei Schritten vorgenommen: 1. Expansion des unter dem Druck $p_1 = 3{,}1$ MPa (Überdruck plus Atmosphärendruck $p_0 = 0{,}1$ MPa) stehenden Gasvolumens $V_1 = 0{,}04\ \text{m}^3$ auf das Volumen V_0 beim Atmosphärendruck p_0 und Abtrennung des zu entnehmenden Gasvolumens $V_2 = 0{,}4\ \text{m}^3$; 2. Rückkomprimierung des verbleibenden Volumens $V_0 - V_2$ auf das Flaschenvolumen V_1, wobei sich der gesuchte Druck p_1' einstellt. Für den ersten Schritt gilt nach BOYLE-MARIOTTE $p_1 V_1 = p_0 V_0$, für den zweiten $p_0(V_0 - V_2) = p_1' V_1$. Aus den beiden Gleichungen erhält man $p_1' = p_1 - p_0(V_2/V_1) = 2{,}1$ MPa, d. h. einen Überdruck von 2 MPa.

250 Für den Druckabfall in der Atmosphäre mit zunehmender Höhe h gilt (bei konstanter Temperatur) die barometrische Höhenformel

$$p = p_0 e^{-\varrho_0 g h / p_0} \qquad (p_0 \text{ Druck bei } h = 0).$$

Für die angegebene Gipfelhöhe erhält man hiernach $p = 32{,}55\,\text{kPa} \approx p_0/3$.

251 a) Aus der barometrischen Höhenformel $p = p_0 e^{-\varrho_0 g h/p_0}$ folgt mit $p = p_0/2$ durch Auflösen nach h:

$$h_{1/2} = \frac{p_0 \ln 2}{\varrho_0 g} \approx 5{,}54\,\text{km} \qquad (\text{„Halbwertshöhe“}).$$

b) Nach dem BOYLE-MARIOTTEschen Gesetz $pV = p_0 V_0$ wird für $p = p_0/2$ das Volumen des Füllgases $V = (p_0/p)V_0 = 2V_0$, d. h., es entweicht das Volumen V_0. c) Die Gasdichte ist (bei konstanter Temperatur) dem Gasdruck proportional; es gilt wegen $pV = p(m/\varrho) = \text{const}$ für eine konstante Gasmasse m: $p/p_0 = \varrho/\varrho_0$ bzw. $\varrho = (p/p_0)\varrho_0 = \varrho_0/2$.

252 $F = \pi(d_a^2 p_a - d_i^2 p_i)/4 = 1{,}005\,\text{kN}$; $m \approx 102\,\text{kg}$.

253 $h = 30{,}58\,\text{m}$. **254** $10{,}1\,p_0$. **255** $51{,}6\,\text{m}$.

256 Schweredruck der Wassersäule = Luftdruck $\approx 10^5\,\text{Pa}$; $h \approx 10\,\text{m}$.

257 $p = p_0 - \varrho_W g h = 98{,}04\,\text{kPa}$. **258** $m = \varrho_0 p V/p_0 = 9\,\text{kg}$.

259 Bei der Wägung in Luft, in der man den Auftrieb vernachlässigen kann, erhält man als Gewichtskraft des Gegenstandes mit dem Volumen V und der Dichte ϱ

$$G = mg = \varrho V g.$$

Bei Wägung in Wasser ist die Gewichtskraft um die Auftriebskraft F_A verringert. Da letztere gleich der Gewichtskraft der vom Gegenstand verdrängten Flüssigkeit ist, erhält man als scheinbare Gewichtskraft $G' = G - F_A = \varrho V g - \varrho_W V g = (\varrho - \varrho_W)Vg$. Hieraus folgt $G'/G = 1 - (\varrho_W/\varrho)$. Dieses Verhältnis ergibt für Gold den Wert 0,948, für Silber 0,905.

260 Gewichtsverlust = Auftriebskraft: $(m - m')g = \varrho_{Fl} V g$ mit m' als der scheinbaren Masse des Gegenstandes bei Wägung in der Flüssigkeit. Daraus folgt für die Dichte der Legierung

$$\frac{m - m'}{m} = \frac{\varrho_{Fl} V}{m} = \frac{\varrho_{Fl}}{\varrho}, \qquad \varrho = \frac{m}{V} = \frac{\varrho_{Fl}}{1 - (m'/m)} = 8{,}63\,\text{g/cm}^3.$$

Zum anderen ist mit V_1 und V_2 als den Volumenanteilen von Kupfer und Zink

$$\varrho = \frac{m}{V_1 + V_2} = \frac{m}{m_1/\varrho_1 + m_2/\varrho_2}.$$

Mit $m_2 = m - m_1$ erhält man hieraus

$$\frac{m_1}{m} = \frac{\varrho_1(\varrho - \varrho_2)}{\varrho(\varrho_1 - \varrho_2)} = 0{,}85, \quad \text{entsprechend } 85\%\ \text{Cu},$$

$$\frac{m_2}{m} = 1 - \frac{m_1}{m} = 0{,}15, \quad \text{entsprechend } 15\%\ \text{Zn}.$$

Es sind also 195,5 g Kupfer und 34,5 g Zink enthalten. Dabei ist vorausgesetzt, dass sich das Volumen beim Legieren nicht ändert.

261 Aufgrund des Auftriebs verringert sich die Masse m eines Gegenstandes scheinbar um die Masse der von ihm verdrängten Luft $\varrho_L V$. Entsprechendes gilt auch für die Wägestücke der Dichte ϱ' mit den Massen m', m_1' und m_2' bzw. den Volumina V', V_1' und V_2' auf der anderen Waagschale. Es wird dreimal ein Gleichgewicht zwischen den scheinbaren Massen von Gegenständen und Wägestücken hergestellt:

$$m - \varrho_L V = m' - \varrho_L V' = m'(1 - \varrho_L/\varrho'), \quad m_1 - \varrho_L V_P = m_1' - \varrho_L V_1' = m_1'(1 - \varrho_L/\varrho'), \quad \text{(1a,b)}$$

$$m_2 - \varrho_L V_P = m_2' - \varrho_L V_2' = m_2'(1 - \varrho_L/\varrho') \qquad (2)$$

mit V_P als Volumen des Pyknometers. Subtrahiert man (1b) von (2), ergibt sich

$$m_2 - m_1 = (m_2' - m_1')(1 - \varrho_L/\varrho'). \qquad (3)$$

Außerdem gilt $m_1 + m = m_2 + \varrho_W V$ oder umgestellt mit (3)

$$m - \varrho_W V = m_2 - m_1 = (m_2' - m_1')(1 - \varrho_L/\varrho'), \tag{4}$$

wenn man sich m_1 und den Körper zusammen auf einer Waagschale sowie m_2 und das vom Körper verdrängte Wasser auf der anderen Waagschale denkt und beides vergleicht (der Auftrieb ist hier auf beiden Waagschalen gleich). Aus (1a) und (4) folgt durch Elimination von $1-\varrho_L/\varrho'$ und nach Umstellen:

$$\varrho = \frac{m'\varrho_W - (m_2' - m_1')\varrho_L}{m' - (m_2' - m_1')}.$$

Mit den Zahlenwerten erhält man $\varrho = 1{,}517$ g/cm^3.

262 Im Vakuum fehlt der Auftrieb; die Körper werden daher um den zugehörigen Auftrieb $\varrho_L V$, den sie in Luft erfahren, schwerer. Es ist also mit $m = 1$ kg (in Luft) im Vakuum beim Aluminium

$$m_{Al} = m + \varrho_L V_{Al} = m + \varrho_L \frac{m_{Al}}{\varrho_{Al}}, \qquad m_{Al} = \frac{m}{1 - (\varrho_L/\varrho_{Al})} \approx m\left(1 + \frac{\varrho_L}{\varrho_{Al}}\right) = 1000{,}482\text{ g},$$

und entsprechend beim Blei $m_{Pb} = m(1 + \varrho_L/\varrho_{Pb}) = 1000{,}115$ g. Das Aluminiumstück ist also im Vakuum um 367 mg schwerer als das Bleistück.

263 Die Auftriebskraft F_A bei beliebiger Eintauchtiefe x ist gleich der Gewichtskraft der verdrängten Flüssigkeit mit dem Volumen einer Kugelkappe $V(x) = \pi x^2(3R - x)/3$:

$$F_A(x) = \varrho g V(x) = \frac{\pi\varrho g}{3} x^2(3R - x)$$

($\varrho = 10^3$ kg/m^3 Dichte des Wassers). Im Schwimmgleichgewicht, bei der Eintauchtiefe $x = R/4$, kompensieren sich Auftriebskraft und Gewichtskraft G des Balls, d. h., es ist dem Betrage nach

$$G = F_A(R/4) = \frac{11}{192}\pi\varrho g R^3 \approx 0{,}0573\pi\varrho g R^3 = 7{,}232\text{ N}.$$

Beim weiteren (erzwungenen) Eintauchen ($x > R/4$) muss Arbeit gegen die überschüssige Auftriebskraft $F(x) = F_A(x) - G$ verrichtet werden. Für $x = 2R$ (Untertauchen) ist diese

$$W = \int_{R/4}^{2R} F(x)\,dx = \int_{R/4}^{2R} \left\{\frac{\pi\varrho g}{3}x^2(3R - x) - G\right\} dx = \frac{\pi\varrho g}{3}\left[Rx^3 - \frac{x^4}{4}\right]_{R/4}^{2R} - \left[Gx\right]_{R/4}^{2R}$$

$$= \frac{4081}{3072}\pi\varrho g R^4 - \frac{7}{4}GR = \left(\frac{4081}{3072} - \frac{77}{768}\right)\pi\varrho g R^4 \approx 1{,}228\pi\varrho g R^4 = 24{,}81\text{ J}.$$

Mit $W = Gh$ wird $h = 3{,}43$ m.

264 a) Mit zunehmender Höhe nimmt der Atmosphärendruck von p_0 am Boden auf p in der Höhe h nach der barometrischen Höhenformel $p = p_0 e^{-\varrho_0 g h/p_0}$ ab. Entsprechendes gilt wegen $p \sim \varrho$ (bei konstanter Temperatur) auch für die Dichte ϱ der Luft und somit auch für die Auftriebskraft des Ballons

$$F_A = \varrho V g = \varrho_0 V g\, e^{-\varrho_0 g h/p_0}.$$

Der Ballon steigt so lange, bis die Auftriebskraft auf die Größe des Gesamtgewichts des Ballons, d. h. einschließlich Füllgas, abgefallen ist. Es gilt somit für die Steighöhe H (Gleichgewichtshöhe):

$$\varrho_0 V g\, e^{-\varrho_0 g H/p_0} = mg + \varrho_{He} V g, \qquad e^{\varrho_0 g H/p_0} = \frac{\varrho_0}{(m/V) + \varrho_{He}}, \qquad \frac{\varrho_0 g H}{p_0} = \ln\frac{\varrho_0}{(m/V) + \varrho_{He}},$$

$$H = \frac{p_0}{\varrho_0 g}\ln\frac{\varrho_0}{(m/V) + \varrho_{He}} = 3046\text{ m}.$$

b) Es wird nur dann $H > 0$, wenn

$$\frac{\varrho_0}{(m/V) + \varrho_G} > 1, \qquad \text{d. h.} \qquad \varrho_G < \varrho_0 - \frac{m}{V} = 0{,}59\text{ kg/m}^3.$$

Gebräuchliche Ballongase sind außer Helium reiner Wasserstoff (Dichte 0,089 kg/m^3), Wasserstoff normaler Reinheit (0,15 kg/m^3) und Leuchtgas (0,45 kg/m^3 bis 0,67 kg/m^3).

265 Infolge der Abnahme des Atmosphärendrucks von p_0 am Boden auf p in einer bestimmten Höhe dehnt sich das eingeschlossene Füllgas von V_0 auf V aus; es gilt $p_0 V_0 = pV = \text{const}$ und – da die Dichte der Luft ϱ_L dem Druck p proportional ist – auch $\varrho_L V = \text{const}$. Die Auftriebskraft wird damit

$$F_A = \varrho_L V g = \text{const} \cdot g,$$

sie bleibt also konstant bzw. ändert sich mit zunehmender Höhe nur geringfügig infolge der Abnahme von g. Der Ballon steigt ständig, bis er platzt.

266 Innenradius: $r = R\sqrt[3]{1 - \varrho_W/(2\varrho)} = 2{,}8$ cm, d. h. die Wanddicke beträgt 2 mm.

267 $A = \dfrac{m}{(\varrho_W - \varrho_E)d} = 8{,}75\ \text{m}^2$. **268** 1031,4 g. **269** 10 cm.

270 Es verdrängt weniger Wasser; denn es erfährt weniger Auftrieb. Sonst würde es ja nicht sinken.

271 Auch die Luft in der Tüte erfährt auf Grund ihres Volumens eine Auftriebskraft. Diese ist in der umgebenden Luft gerade gleich der Gewichtskraft der eingeschlossenen Luft, weshalb sich beide Kräfte kompensieren. Bei der Wägung wird also stets nur die Gewichtskraft der Tüte, vermindert um deren Auftriebskraft, gemessen.

272 Im Grenzfall herrscht Gleichgewicht zwischen der Gewichtskraft des Tropfens mg und der durch die Oberflächenspannung bewirkten Haftkraft am Rand der Pipette (Umfang πD): $mg = \pi D\sigma$. Mit $m = 16$ mg folgt $\sigma = mg/(\pi D) = 0{,}05$ N/m.

273 An einer gekrümmten Flüssigkeitsoberfläche tritt infolge der Oberflächenspannung σ ein Drucksprung Δp auf. Für eine kugelförmige Oberfläche mit dem Krümmungsradius r ist $\Delta p = 2\sigma/r$. Dieser Kapillardruck wird im vorliegenden Experiment durch den äußeren Druck von 292 Pa gerade kompensiert. Damit wird $\sigma = r\Delta p/2 = 0{,}073$ N/m (Wasser).

274 Es liegt keine Benetzung vor ($\vartheta > 90°$); der Meniskus ist daher konvex. Die Höhe der kapillaren Hebung bzw. Senkung berechnet sich nach

$$h = \frac{2\sigma\cos\vartheta}{\varrho g r}.$$

Mit den angegebenen Werten erhält man $h = -10{,}7$ mm, d. h. eine Absenkung des Meniskus (Kapillardepression).

275 Die Oberflächenenergie des Ausgangstropfens beträgt $E_1 = 4\pi r_1^2\sigma$, die der N Tröpfchen nach der Zerstäubung $E_2 = N \cdot 4\pi r_2^2\sigma$. Da das Volumen konstant bleibt, gilt gleichzeitig

$$\frac{4}{3}\pi r_1^3 = N \cdot \frac{4}{3}\pi r_2^3, \qquad N = \left(\frac{r_1}{r_2}\right)^3.$$

Damit erhält man als Zunahme der Oberflächenenergie

$$\Delta E = E_2 - E_1 = 4\pi\sigma(Nr_2^2 - r_1^2) = 4\pi\sigma r_1^2\left(N\frac{r_2^2}{r_1^2} - 1\right) = E_1\left(\frac{r_1}{r_2} - 1\right) \approx E_1\frac{r_1}{r_2} = 36{,}7\ \text{mJ}.$$

276 a) Der Überdruck in einer Seifenblase (Radius r) gegenüber dem Außendruck ist $\Delta p = 4\sigma/r$. Für $r_1 = 1{,}5$ cm und $r_2 = 6$ cm wird $\Delta p_1 = 8$ Pa und $\Delta p_2 = 2$ Pa. Der Druck in der kleinen Blase ist größer als in der großen. b) Mit dem Kugelvolumen $V = (4/3)\pi R^3$ und $dV = 4\pi r^2\,dr$ erhält man als Arbeit

$$W = \int_{r_1}^{r_2} p\,dV = \int_{r_1}^{r_2} \frac{4\sigma}{r} 4\pi r^2\,dr = 16\pi\sigma \int_{r_1}^{r_2} r\,dr = 8\pi\sigma(r_2^2 - r_1^2) = 2\sigma\,\Delta A = 2{,}54 \cdot 10^{-3}\ \text{J}.$$

W ist also proportional der Oberflächenvergrößerung $2\,\Delta A$ (innere und äußere Blasenoberfläche).

277 $\sigma = F/(2l)$ = Abreißkraft / Randlänge der Benetzung (zu beiden Seiten längsseits des Drahtes) = 0,073 N/m.

278 $D = 2\sqrt[3]{\dfrac{3R\sigma}{2\varrho g}} \approx 3{,}5$ mm. **279** $\Delta p = \dfrac{4\sigma}{D} = 2{,}92\ \text{kPa} \approx p_0/35$ (p_0 Atmosphärendruck).

280 Mit $\vartheta = 0°$ (vollkommene Benetzung) wird $\sigma = \varrho r g h/2 = 0{,}022$ N/m.

281 Das Tröpfchensystem ist bestrebt, in den Zustand kleinster Oberflächenenergie und damit kleinster Oberfläche überzugehen. Dies geschieht durch Vereinigung mehrerer kleiner Tropfen zu einem großen. Dabei wird Energie gewonnen, im Gegensatz zur Zerstäubung, wofür Energie aufzuwenden ist.

282 Die Volumenstromstärke ist

$$I = \frac{V}{t} = vA \qquad (V \text{ Volumen, } A \text{ Querschnittsfläche}).$$

Mit $A = 5{,}3 \cdot 10^{-4}\,\mathrm{m^2}$, $I_{\max} = 25{,}0 \cdot 10^{-5}\,\mathrm{m^3/s}$ und $\overline{I} = 8{,}33 \cdot 10^{-5}\,\mathrm{m^3/s}$ folgt $v_{\max} = I_{\max}/A = 47$ cm/s und $\overline{v} = \overline{I}/A \approx 16$ cm/s.

283 Die Pumparbeit, die gegen den Schweredruck des Wassers $p = \varrho g h$ verrichtet wird, ist $W = pV = \varrho g h V$, und somit die Leistung

$$P = \frac{W}{t} = \varrho g h \frac{V}{t} = \varrho g h I.$$

Daraus folgt mit $\varrho = 10^3\,\mathrm{kg/m^3}$, $h = 5$ m und $P = 10^3$ W ein Volumenstrom von $I = 0{,}02\,\mathrm{m^3/s} = 20$ l/s.

284 Aus der Massenstromstärke $I_\mathrm{m} = m/t = 162$ kg/min $= 2{,}7$ kg/s folgt als Volumenstromstärke $I = V/t = I_\mathrm{m}/\varrho = 0{,}003\,\mathrm{m^3/s} = 3$ l/s. Für die beiden Rohrquerschnitte mit den Flächen A_1 und A_2 und den zugehörigen Strömungsgeschwindigkeiten v_1 und v_2 gilt die Kontinuitätsgleichung

$$v_1 A_1 = v_2 A_2 = I.$$

Daraus folgt für den weiten Querschnitt $v_1 = I/A_1 = 1{,}53$ m/s und für den engen Querschnitt $v_2 = I/A_2 = 4{,}24$ m/s.

285 Für die Druckenergie (Pumparbeit) $pV = p(m/\varrho)$, die kinetische Energie $mv^2/2$ und die potentielle Energie mgh in den Teilstücken *1* und *2* gilt die Energiebilanz

$$\frac{m}{\varrho} p_1 + \frac{1}{2} m v_1^2 + mgh_1 = \frac{m}{\varrho} p_2 + \frac{1}{2} m v_2^2 + mgh_2.$$

Wegen $v_1 = v_2 = 2$ m/s ist in beiden Teilstücken die kinetische Energie gleich, nämlich 2 J für $m = 1$ kg. Somit folgt

$$mg(h_2 - h_1) = -\frac{m}{\varrho}(p_2 - p_1) = 49\,\mathrm{J},$$

d. h., im oberen Teilstück ist die potentielle Energie um 49 J je Kilogramm Öl größer als im unteren. Desweiteren folgt hieraus $p_1 - p_2 = 36{,}75$ kPa und mit $p_1 = 300$ kPa: $p_2 = 263{,}25$ kPa.

286 a) Für die beiden Höhenniveaus $h_1 = 0$ und $h_2 = \Delta h$ gilt die BERNOULLIsche Gleichung

$$p_\mathrm{ges} = p_1 + \frac{\varrho}{2} v_1^2 = p_2 + \frac{\varrho}{2} v_2^2 + \varrho g \Delta h, \qquad (1)$$

wonach in den beiden Teilstücken des Rohres der Gesamtdruck p_ges, d. h. die Summe aus statischem Druck (Kolbendruck) p, dynamischem Druck (Staudruck) $\varrho v^2/2$ und Schweredruck $\varrho g h$, gleich ist. Desweiteren gilt für die Volumenstromstärke I in den beiden Querschnittsflächen A_1 und A_2 die Kontinuitätsgleichung

$$I = v_1 A_1 = v_2 A_2. \qquad (2)$$

Setzt man hiernach $v_2 = v_1(A_1/A_2) = v_1(D_1/D_2)^2$ in (1) ein, so folgt

$$v_1^2 \left[1 - \left(\frac{D_1}{D_2}\right)^4\right] = \frac{2}{\varrho}(p_2 - p_1 + \varrho g \Delta h) \quad \text{bzw.} \quad v_1 = \sqrt{\frac{2(p_2 - p_1 + \varrho g \Delta h)}{\varrho[1 - (D_1/D_2)^4]}}.$$

Mit den Zahlenwerten erhält man hieraus $v_1 = 3{,}85$ m/s und aus (2) $v_2 = 0{,}78$ m/s. b) Der Volumenstrom beträgt damit $I = v_1(\pi/4)D_1^2 = 0{,}0245\,\mathrm{m^3/s} = 24{,}5$ l/s und der Gesamtdruck $p_\mathrm{ges} = 257{,}4$ kPa.

287 (Bild) In einem in der Tiefe h gelegenen Punkt *1* der ungestörten Strömung herrscht der (statische) Druck $p_1 = p_0 + \varrho g h$ (Atmosphärendruck plus Schweredruck), und die Strömungsgeschwindigkeit in diesem Punkt ist $v_1 = v$. In dem unmittelbar vor der Rohröffnung gelegenen Staupunkt *2* in gleicher Tiefe herrscht der Druck $p_2 = p_0 + \varrho g(h + \Delta h)$, und es ist dort $v_2 = 0$. Aus der BERNOULLIschen Gleichung

$$p_1 + \frac{\varrho}{2} v_1^2 = p_2 + \frac{\varrho}{2} v_2^2$$

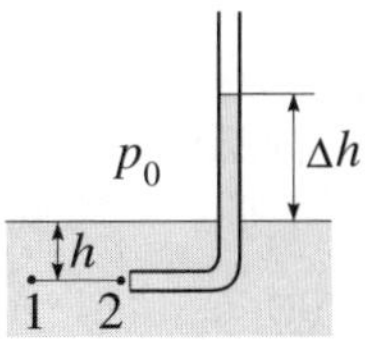

folgt damit für die Druckdifferenz in den beiden Punkten

$$p_2 - p_1 = \varrho g \,\Delta h = \frac{\varrho}{2} v_1^2 \qquad \text{(Staudruck)},$$

woraus man mit $\varrho = 10^3$ kg/m³ $v_1 = v = \sqrt{2g\,\Delta h} = 1{,}40$ m/s erhält.

288 Gemäß dem 2. NEWTONschen Axiom ist die durch den Luftstrom erzeugte zeitliche Änderung des Impulses $m\boldsymbol{v}$ im Gleichgewicht gleich der Gewichtskraft $\boldsymbol{G}$ des Balls:

$$\frac{\Delta(m\boldsymbol{v})}{\Delta t} = m\frac{\Delta \boldsymbol{v}}{\Delta t} = \frac{\varrho V}{\Delta t}(\boldsymbol{v}_2 - \boldsymbol{v}_1) = \varrho I(\boldsymbol{v}_2 - \boldsymbol{v}_1) = \boldsymbol{G}.$$

Dabei ist m die Masse der Luft mit dem Volumen V, ϱ die Dichte der Luft. $I = V/\Delta t = v_1 A$ ist der Volumenstrom, $A = \pi d^2/4$ die Querschnittsfläche der Gebläseöffnung. In Komponenten bezüglich der Horizontal- und Vertikalrichtung lautet obige Vektorgleichung:

$$\varrho I(v_{2x} - v_{1x}) = \varrho I(v_2 \cos\alpha_2 - v_1 \cos\alpha_1) = 0$$
$$\varrho I(v_{2z} - v_{1z}) = \varrho I(v_2 \sin\alpha_2 - v_1 \sin\alpha_1) = -G.$$

Aus der ersten Gleichung folgt

$$\cos\alpha_2 = \frac{v_1}{v_2}\cos\alpha_1, \qquad \sin\alpha_2 = \sqrt{1 - \left(\frac{v_1}{v_2}\right)^2 \cos^2\alpha_1}$$

und damit aus der zweiten

$$G = \varrho v_1^2 A \left[\sin\alpha_1 - \sqrt{\left(\frac{v_2}{v_1}\right)^2 - \cos^2\alpha_1}\,\right].$$

Mit $v_2/v_1 = 0{,}75$, $A = 1{,}13 \cdot 10^{-2}$ m² und den übrigen Werten erhält man als Gewichtskraft des Balls $G = 1{,}50$ N, entsprechend einer Masse von 153 g.

289 a) An der Flüssigkeitsoberfläche (Höhe $h_1 = h$) und an der Ausflussöffnung (Höhe $h_2 = 0$) herrscht der gleiche Druck: $p_1 = p_2 = p_0$ (Atmosphärendruck). Die BERNOULLIsche Gleichung

$$p_1 + \frac{\varrho}{2} v_1^2 + \varrho g h_1 = p_2 + \frac{\varrho}{2} v_2^2 + \varrho g h_2,$$

nimmt damit die spezielle Form

$$\frac{\varrho}{2} v_1^2 + \varrho g h = \frac{\varrho}{2} v_2^2 \qquad \text{oder} \qquad v_1^2 + 2gh = v_2^2 \tag{1}$$

an, wobei v_1 die Absinkgeschwindigkeit des Flüssigkeitsspiegels und v_2 die Ausflussgeschwindigkeit ist. Außerdem gilt mit A_1 und A_2 als Querschnittsflächen von Gefäß und Ausflussöffnung die Kontinuitätsgleichung

$$v_1 A_1 = v_2 A_2, \qquad v_2 = v_1 \frac{A_1}{A_2} = v_1 \frac{D^2}{d^2}. \tag{2}$$

Einsetzen von (2) in (1) und Auflösen nach v_1 ergibt

$$v_1 = \frac{d^2\sqrt{2gh}}{\sqrt{D^4 - d^4}} \approx \frac{d^2}{D^2}\sqrt{2gh} \qquad (\text{wegen } d^4 \ll D^4). \tag{3}$$

b) Bei $h = 0{,}2$ m ist $v_1 \approx 8 \cdot 10^{-4}$ m/s $= 0{,}8$ mm/s und nach (2) $v_2 = 2$ m/s.

c) In Gleichung (3) sind nun v_1 und h veränderlich. Dabei ist

$$v_1 = -\frac{\mathrm{d}h}{\mathrm{d}t} \qquad \text{bzw.} \qquad \mathrm{d}h = -v_1\,\mathrm{d}t = -\frac{d^2\sqrt{2gh}}{\sqrt{D^4 - d^4}}\,\mathrm{d}t = -k\sqrt{h}\,\mathrm{d}t \tag{4}$$

mit der Konstanten $k = d^2\sqrt{2g}/\sqrt{D^4 - d^4} = 1{,}77 \cdot 10^{-3}\,\mathrm{m}^{1/2}\mathrm{s}^{-1}$. Aus (4) wird $\mathrm{d}t = -\mathrm{d}h/(k\sqrt{h})$, woraus man durch Integration für $h = 1$ m erhält:

$$t = \int_0^t \mathrm{d}t = -\frac{1}{k}\int_h^0 \frac{\mathrm{d}h}{\sqrt{h}} = \frac{1}{k}\int_0^h \frac{\mathrm{d}h}{\sqrt{h}} = \frac{2}{k}\sqrt{h} = 1130\,\mathrm{s} = 18\,\mathrm{min}\;50\,\mathrm{s}.$$

d) Für $h = 1$ m folgt aus (3) $v_1 = 1{,}77 \cdot 10^{-3}$ m/s. Der (konstante) Volumenstrom ist $V/t = v_1 A_1$, woraus mit $V = A_1 h$ für die Ausflusszeit $t = h/v_1 = 565$ s folgt. Dies ist genau die Hälfte der unter c) erhaltenen Zeit für kontinuierlich sinkenden Wasserspiegel.

290 0,12 m/s. **291** $P = pI \approx 1$ W. **292** $\varrho v^2/2 = 2{,}5 \cdot 10^5$ Pa ($\approx 2{,}5\cdot$Normdruck).

293 Mit v_1 (im Kesselinnern) ≈ 0 und $h_1 = h_2$ wird v_2 (an der Öffnung) $= \sqrt{2\Delta p/\varrho} = 45$ m/s.

294 a) $v_1 = \sqrt{\dfrac{2\,\Delta p}{\varrho[(A_1/A_2)^2 - 1]}} = 0{,}4$ m/s; $v_2 = 3{,}6$ m/s; b) $I_\mathrm{m} = \varrho I_\mathrm{V} = \varrho v_1(\pi/4)D_1^2 = 4{,}52$ kg/s.

295 Druck an der Düse (2) und damit im Rezipienten: $p_2 = p_1 - \dfrac{\varrho I^2}{2}\left(\dfrac{1}{A_2^2} - \dfrac{1}{A_1^2}\right) \approx 3$ kPa ($\approx 1/34$ des äußeren Luftdrucks).

296 Das PRANDTLsche Staurohr zeigt den dynamischen Druck $\varrho v^2/2$ an. $v = 426$ km/h.

297 Nach der HAGEN-POISEUILLEschen Gleichung ist die Volumenstromstärke durch die Kapillare

$$I = \frac{V}{t} = \frac{\pi r^4\,\Delta p}{8\eta l}.$$

Dabei ist die Druckdifferenz Δp zwischen den Enden der Kapillare durch den hydrostatischen Druck der über ihr stehenden Flüssigkeitssäule der Höhe h gegeben: $\Delta p = \varrho g h$. Zum anderen ist mit A als Durchflussquerschnitt der Kapillare die Volumenstromstärke

$$I = vA = v\pi r^2.$$

Aus den beiden Gleichungen folgt als Durchflussgeschwindigkeit

$$v = \frac{r^2\varrho g h}{8\eta l} \approx 12\,\mathrm{mm/s}.$$

298 Die Strömung in einem Rohr wird turbulent, wenn die REYNOLDSzahl $Re = \varrho l v/\eta$ den kritischen Wert 1160 annimmt, wobei als charakteristische Länge l der Radius des Rohres zu nehmen ist. Die Strömungsgeschwindigkeit v folgt aus der Volumenstromstärke $I = V/t = vA = 2 \cdot 10^{-4}\,\mathrm{m^3/s}$ zu $v = I/A = 4I/(\pi D^2)$. Die Strömung bleibt also laminar, solange gilt

$$Re = \frac{\varrho D v}{2\eta} = \frac{2\varrho I}{\pi\eta D} \lessapprox 1160, \qquad D \gtrapprox \frac{\varrho I}{580\,\pi\,\eta} = 11\,\mathrm{cm}.$$

299 Für den (oberen) Grenzwert des Kugeldurchmessers D muss die Bedingung

$$Re = \frac{\varrho_\mathrm{Fl} D v}{\eta} = 0{,}5 \qquad \text{bzw.} \qquad D = \frac{0{,}5\eta}{\varrho_\mathrm{Fl} v}$$

erfüllt sein, wobei v die konstante Sinkgeschwindigkeit der Kugel ist. Diese berechnet sich aus dem Gleichgewicht $F_\mathrm{R} + F_\mathrm{A} = G$ von Reibungskraft $F_\mathrm{R} = 6\pi\eta R v$ (STOKESsches Reibungsgesetz), Auftriebskraft $F_\mathrm{A} = \varrho_\mathrm{Fl} V_\mathrm{K} g$ (F_R und F_A nach oben gerichtet) und Gewichtskraft $G = \varrho_\mathrm{K} V_\mathrm{K} g$ (nach unten gerichtet). Mit dem Kugelvolumen $V_\mathrm{K} = \pi D^3/6$ erhält man daraus

$$v = \frac{(\varrho_\mathrm{K} - \varrho_\mathrm{Fl})D^2 g}{18\eta} \qquad \text{(Sinkgeschwindigkeit).}$$

Damit folgt aus obiger Bedingung für den kritischen Kugeldurchmesser

$$D = \sqrt[3]{\frac{9\eta^2}{\varrho_\mathrm{Fl}(\varrho_\mathrm{K} - \varrho_\mathrm{Fl})g}} = 4{,}6\,\mathrm{mm}.$$

300 Hydrodynamische Ähnlichkeit besteht, wenn die REYNOLDSzahlen $Re = \varrho l v/\eta$ für Original- und Modellströmung gleich sind. In unserem Beispiel sind Dichte ϱ und dynamische Viskosität η des strömenden Mediums (Luft) für Original und Modell gleich, d. h., es ist $Re_O = l_O v_O \varrho/\eta$ und $Re_M = l_M v_M \varrho/\eta$. Weiterhin ist $v_M = 300$ m/s, und das geometrische Ähnlichkeitsverhältnis (z. B. der Spannweiten) beträgt $l_O/l_M = 2{,}5$. Aus $Re_O = Re_M$ folgt somit als Testgeschwindigkeit für das Original $v_O = v_M/(l_O/l_M) = v_M/2{,}5 = 120$ m/s $= 432$ km/h.

301 Konstante Fallgeschwindigkeit liegt vor, wenn der bremsende Luftwiderstand $F_W = c_W A \varrho v^2/2$ die beschleunigende Gewichtskraft mg gerade kompensiert. Mit $A = \pi D^2/4$ als Stirnfläche und $m = \varrho_W \pi D^3/6$ als Masse des kugelförmig angenommenen Tropfens ist also

$$c_W \left(\frac{\pi D^2}{4}\right) \frac{\varrho_L}{2} v^2 = \frac{\varrho_W \pi D^3 g}{6}, \qquad v = \sqrt{\frac{4\varrho_W D g}{3 c_W \varrho_L}} = 3{,}8 \text{ m/s}.$$

Vgl. hierzu auch Aufgabe 310!

302 a) Mit dem Luftwiderstand $F_W = c_W A \varrho_L v^2/2$ erhält man mit $v = \mathrm{d}s/\mathrm{d}t$ für die Arbeit

$$W = \int F_W \,\mathrm{d}s = \int F_W v \,\mathrm{d}t = \frac{1}{2} c_W A \varrho_L \int v^3 \,\mathrm{d}t.$$

Dabei ist $v = at$ (gleichmäßig beschleunigte Bewegung). Somit folgt

$$W = \frac{1}{2} c_W A \varrho_L a^3 \int_0^{t_1} t^3 \,\mathrm{d}t = \frac{1}{8} c_W A \varrho_L a^3 t_1^4 = \frac{1}{8} c_W A \varrho_L v_1^3 t_1.$$

Mit $v_1 = (100/3{,}6)$ m/s und $t_1 = 12$ s wird $W = 33{,}2$ kJ. b) Die momentane Leistung ist

$$P_W(t) = F_W(t) v(t) = \frac{1}{2} c_W A \varrho_L v(t)^3,$$

woraus für $t = t_1$ bzw. $v = v_1$ folgt $P_W = 11{,}0$ kW (Endleistung). Die durchschnittliche Leistung errechnet sich nach

$$\overline{P} = \frac{1}{t_1} \int_0^{t_1} P_W(t) \,\mathrm{d}t = \frac{1}{8} c_W A \varrho_L v_1^3 = \frac{W}{t_1} = 2{,}8 \text{ kW}.$$

Die Leistung steigt also ebenso wie W steil mit der dritten Potenz der Geschwindigkeit an.

303 REYNOLDSzahl $Re = \varrho R v/\eta \approx 1440 > 1160$, d. h. turbulent. Der Umschlag von der laminaren zur turbulenten Strömung erfolgt bei $v \approx 38$ cm/s.

304 a) $F_R/G = (\varrho_{Fl}/\varrho_K) - 1 = 3{,}5$. b) Aus $F_R/G = 9\eta v/(2\varrho_K R^2 g) = 3{,}5$ folgt $\eta = 109$ mPa s und $\nu = \eta/\varrho_{Fl} = 1{,}21 \cdot 10^{-4}$ m²/s.

305 $c_W = 8mg/(\varrho v^2 \pi D^2) = 1{,}4$.

306 $v_L = (\nu_L/\nu_W) v_W = 30$ m/s.

307 $v = \sqrt[3]{\dfrac{8P}{c_W \varrho_L \pi D^2}} = 37$ m/s $= 133$ km/h.

308 143 kg.

309 a) 838 J; b) ≈ 6 kW.

310 $v = 4$ m/s.

311 a) Der absolute Fehler der Temperaturmessung beträgt $\Delta\vartheta = (0{,}01 \cdot 20)$ K $= 0{,}2$ K. Hieraus folgt mit $\Delta T = \Delta\vartheta$ und $T = (\vartheta/°\mathrm{C} + 273{,}15)$ K der relative Fehler in der absoluten Temperaturskala zu

$$\frac{\Delta T}{T} = \frac{0{,}2 \text{ K}}{(20 + 273{,}15) \text{ K}} = 0{,}07\%.$$

b) Maßgebend für die Angabe der Dichte ϱ ist der relative Fehler in absoluten Temperaturen, da $\varrho \sim p/T$ und somit $\Delta\varrho = |\mathrm{d}\varrho/\mathrm{d}T|\,\Delta T \sim (p/T^2)\,\Delta T \sim (\varrho/T)\,\Delta T$ bzw. $\Delta\varrho/\varrho = \Delta T/T = 0{,}07\%$ gilt. Dieser Wert stellt eine untere Schranke dar, zu dem noch der unbekannte Fehler in der Angabe des Luftdrucks $\Delta p/p$ addiert werden muss.

312 Für den Zusammenhang zwischen CELSIUS- und FAHRENHEIT-Temperatur wird eine lineare Größengleichung der Form

$$\vartheta/{}^\circ\mathrm{C} = a\vartheta^{\mathrm{F}}/{}^\circ\mathrm{F} + b$$

angesetzt mit noch unbekannten Koeffizienten a und b. Einsetzen der Temperaturen des Eispunktes ($\vartheta = 0\,^\circ\mathrm{C}$ für $\vartheta^{\mathrm{F}} = 32\,^\circ\mathrm{F}$) und des Dampfpunktes ($\vartheta = 100\,^\circ\mathrm{C}$ für $\vartheta^{\mathrm{F}} = 212\,^\circ\mathrm{F}$) ergibt für a und b die beiden Gleichungen

$$0 = 32a + b, \qquad 100 = 212a + b.$$

Die Lösung dieses Gleichungssystems ist $a = 5/9$ und $b = -(5/9)\cdot 32$. Damit gilt

$$\vartheta/{}^\circ\mathrm{C} = \frac{5}{9}(\vartheta^{\mathrm{F}}/{}^\circ\mathrm{F} - 32) \qquad \text{oder} \qquad \vartheta^{\mathrm{F}}/{}^\circ\mathrm{F} = \frac{9}{5}\vartheta/{}^\circ\mathrm{C} + 32.$$

Für die Temperaturen $\vartheta_1 = -15\,^\circ\mathrm{C}$ und $\vartheta_2 = 25\,^\circ\mathrm{C}$ erhält man die Angaben $\vartheta_1^{\mathrm{F}} = 5\,^\circ\mathrm{F}$ bzw. $\vartheta_2^{\mathrm{F}} = 77\,^\circ\mathrm{F}$. Die Temperaturdifferenz ist von derjenigen in der CELSIUS-Skala verschieden und beträgt hier $\vartheta_2^{\mathrm{F}} - \vartheta_1^{\mathrm{F}} = 72\,^\circ\mathrm{F}$.

313 Aus der Forderung der Übereinstimmung der linearen Skala

$$V = V_0(1 + b\vartheta') \tag{1}$$

mit der wahren Skala

$$V = V_0(1 + a_1\vartheta + a_2\vartheta^2) \tag{2}$$

an den Fixpunkten $\vartheta = \vartheta' = 0\,^\circ\mathrm{C}$ und $\vartheta = \vartheta' = 100\,^\circ\mathrm{C}$ folgt $b = a_1 + a_2 \cdot 100\,^\circ\mathrm{C} = 1{,}828 \cdot 10^{-4}\,\mathrm{K}^{-1}$. Einsetzen von (1) in (2) und Umstellen nach der Abweichung $\Delta\vartheta = \vartheta' - \vartheta$ ergibt

$$\Delta\vartheta = c_1\vartheta + c_2\vartheta^2 \tag{3}$$

mit $c_1 = (a_1/b) - 1 = -0{,}004\,38$, $c_2 = a_2/b = 4{,}38 \cdot 10^{-5}\,\mathrm{K}^{-1}$. Aus der Extremwertbedingung

$$\frac{\mathrm{d}\Delta\vartheta}{\mathrm{d}\vartheta} = c_1 + 2c_2\vartheta = 0$$

folgt für die Lage des Maximums der Abweichung $\vartheta_{\max} = -c_1/(2c_2) = 50\,^\circ\mathrm{C}$ und somit für die maximale Abweichung aus (3)

$$\Delta\vartheta_{\max} = c_1\vartheta_{\max} + c_2\vartheta_{\max}^2 = -0{,}1\,\mathrm{K},$$

d. h., das Quecksilberthermometer weist bei 50 °C eine Abweichung von 0,1 K nach unten auf.

314 Aus $x = \frac{5}{9}(x - 32)$ folgt $x = \vartheta/{}^\circ\mathrm{C} = \vartheta^{\mathrm{F}}/{}^\circ\mathrm{F} = -40$.

315 $\vartheta^{\mathrm{F}} = [(9/5)T/\mathrm{K} - 459{,}67]\,^\circ\mathrm{F}$; $T = 0\,\mathrm{K}$: $\vartheta^{\mathrm{F}} = -459{,}67\,^\circ\mathrm{F}$; $T = 373{,}15\,\mathrm{K}$: $\vartheta^{\mathrm{F}} = 212\,^\circ\mathrm{F}$.

316 Der Umfang des kalten Ringes $l_0 = \pi d_0$ muss durch Erwärmen auf den Umfang der Welle $l = \pi d$ gebracht werden, d. h., es muss gelten

$$l = l_0(1 + \alpha\,\Delta\vartheta) \qquad \text{oder} \qquad d = d_0(1 + \alpha\,\Delta\vartheta). \tag{1}$$

Hieraus ergibt sich für die erforderliche Dehnung

$$\varepsilon = \frac{l - l_0}{l_0} = \frac{d - d_0}{d_0} = \alpha\,\Delta\vartheta. \tag{2}$$

Diese muss gleich der aus der maximal zulässigen Spannung $\sigma = 0{,}3\sigma_{\mathrm{B}}$ resultierenden elastischen Dehnung $\varepsilon = \sigma/E$ sein (nach dem HOOKEschen Gesetz $\sigma = E\varepsilon$), d. h., $\varepsilon = \alpha\,\Delta\vartheta = 0{,}3\sigma_{\mathrm{B}}/E$, womit man aus (1) erhält:

$$d_0 = \frac{d}{1 + 0{,}3\sigma_{\mathrm{B}}/E} \approx (1 - 0{,}3\sigma_{\mathrm{B}}/E)d = 39{,}961\,\mathrm{mm}$$

und damit aus (2): $\Delta\vartheta = 0{,}3\sigma_{\mathrm{B}}/(\alpha E) \approx 82\,\mathrm{K}$.

317 Die Blechstreifen dehnen sich an ihren freien Außenseiten auf die unterschiedlichen Längen $l_1 = l_0(1 + \alpha_1\vartheta)$ und $l_2 = l_0(1 + \alpha_2\vartheta)$ aus, so dass sich der Bimetallstreifen zu einem Kreisbogen mit dem mittleren Radius r und dem Öffnungswinkel $\varphi = l_1/(r-d) = l_2/(r+d)$ verformt (s. Bild vorn). Daher gilt

$$\frac{l_2}{l_1} = \frac{1+\alpha_2\vartheta}{1+\alpha_1\vartheta} = \frac{r+d}{r-d},$$

oder umgestellt nach dem Krümmungsradius r:

$$r = \frac{2+(\alpha_2+\alpha_1)\vartheta}{(\alpha_2-\alpha_1)\vartheta}d \approx \frac{2d}{(\alpha_2-\alpha_1)\vartheta} = 1{,}25\,\text{m}.$$

Aus $\cos\varphi = (r-a)/r$ folgt mit $\varphi \approx l_0/r$ für die gesuchte Länge $l_0 = r\arccos[1-(a/r)] = 5{,}0\,\text{cm}$.

318 Der maximale Durchhang beträgt mit l_0 als Abstand der beiden Masten (s. Bild vorn):

$$b = y\left(\frac{l_0}{2}\right) - y_0 = y_0\cosh\left(\frac{l_0}{2y_0}\right) - y_0. \tag{1}$$

Der Parameter y_0 bestimmt sich aus der Forderung, dass die Seillänge bei 30 °C

$$l = l_0[1+\alpha(\vartheta_2-\vartheta_1)] \tag{2}$$

gleich der Bogenlänge der Kettenlinie sein muss, d. h.

$$l = \int\limits_{-l_0/2}^{l_0/2}\sqrt{1+y'^2}\,\mathrm{d}x = 2\int\limits_0^{l_0/2}\sqrt{1+\sinh^2\left(\frac{x}{y_0}\right)}\,\mathrm{d}x = 2y_0\sinh\left(\frac{l_0}{2y_0}\right). \tag{3}$$

Setzt man zur Abkürzung $l_0/(2y_0) = \xi$, so erhält man aus (2) und (3) für ξ die Gleichung

$$\frac{\sinh\xi}{\xi} = 1+\alpha(\vartheta_2-\vartheta_1) = 1{,}0009,$$

deren Lösung mit Hilfe eines Taschenrechners oder Tabellenwerkes leicht ermittelt werden kann. Man findet $\xi = 0{,}0735$ und somit nach (1)

$$b = \frac{l_0}{2\xi}(\cosh\xi - 1) = 1{,}10\,\text{m}.$$

319 Während sich das bei 0 °C eingeschlossene Quecksilbervolumen V_0 infolge der Temperaturerhöhung um $\Delta\vartheta$ auf $V = V_0(1+\gamma\Delta\vartheta)$ ausdehnt, vergrößert sich das entsprechende Glasvolumen auf $V_G = V_0(1+3\alpha_G\Delta\vartheta)$. Demzufolge ergibt sich eine scheinbare räumliche Ausdehnung des Quecksilbers von

$$\Delta V = V - V_G = V_0(\gamma - 3\alpha_G)\Delta\vartheta,$$

oder, ausgedrückt durch den scheinbaren Vorlauf des Quecksilberfadens Δl und den Kapillardurchmesser $d = d_0(1+\alpha_G\Delta\vartheta) \approx d_0$, von $\Delta V = (\pi/4)d_0^2\,\Delta l$. Damit folgt aus obiger Beziehung durch Umstellen nach V_0 und mit $m = \varrho_0 V_0$ für die Masse des Quecksilbers

$$m = \frac{\pi\varrho_0 d_0^2\,\Delta l}{4(\gamma-3\alpha_G)\Delta\vartheta}.$$

Für $\Delta l/\Delta\vartheta = 1$ mm/K erhält man $m = 17{,}160$ g.

320 Der Körper schwimmt, wenn die hydrostatische Auftriebskraft ϱhAg gleich seinem Körpergewicht mg ist: $\varrho hAg = mg$. Darin sind ϱ die Dichte der Flüssigkeit und hA das vom Körper verdrängte Flüssigkeitsvolumen mit h als Eintauchtiefe und A der dazu senkrechten Querschnittsfläche des Körpers. Die Temperaturerhöhung hat eine geringere Dichte der Flüssigkeit $\varrho = \varrho_0/(1+\gamma\vartheta)$ und gleichzeitig eine Vergrößerung des Querschnitts des Körpers auf $A = A_0(1+\alpha\vartheta)^2 \approx A_0(1+2\alpha\vartheta)$ zur Folge. Mit diesen Ausdrücken für ϱ und A folgt aus obiger Beziehung für das Schwimmgleichgewicht die Eintauchtiefe

$$h = \frac{m(1+\gamma\vartheta)}{\varrho_0 A_0(1+2\alpha\vartheta)} \approx \frac{m}{\varrho_0 A_0}[1+(\gamma-2\alpha)\vartheta],$$

oder, wenn man beachtet, dass $m/(\varrho_0 A_0) = h_0 = (4/5)H$ die Eintauchtiefe bei 0 °C ist,

$$h = h_0[1+(\gamma-2\alpha)\vartheta] = 0{,}812H.$$

Für $\gamma = 2\alpha$ bliebe bei beliebiger Temperatur die Eintauchtiefe unverändert.

321 Ein Würfel aus Kalkspat mit der Kantenlänge l_0 bei 0 °C sei so orientiert, dass eine der Kanten mit der Richtung der kristallographischen Symmetrieachse übereinstimmt. Bei einer Temperaturerhöhung um ϑ dehnt sich der Würfel entsprechend seiner einachsigen Anisotropie in Richtung der Symmetrieachse auf die Länge $l_1 = l_0(1 + \alpha_1\vartheta)$ und in den beiden dazu senkrechten Richtungen auf die Längen $l_2 = l_3 = l_0(1 + \alpha_2\vartheta)$ aus. Sein Volumen ist dann

$$V = l_0(1 + \alpha_1\vartheta)l_0^2(1 + \alpha_2\vartheta)^2 \approx l_0^3[1 + (\alpha_1 + 2\alpha_2)\vartheta]$$

oder $V = l_0^3(1 + \gamma\vartheta)$ mit dem kubischen Ausdehnungskoeffizienten $\gamma = \alpha_1 + 2\alpha_2$. Mit den angegebenen Werten für α_1 und γ erhält man $\alpha_2 = (\gamma - \alpha_1)/2 = -0{,}56 \cdot 10^{-5}\,\mathrm{K}^{-1}$. Der Kristall dehnt sich bei Erwärmung längs der Symmetrieachse aus und zieht sich in den dazu senkrechten Richtungen zusammen.

322 $\Delta l = l_0\alpha\vartheta = 0{,}384$ m; $\sigma = E\,\Delta l/l_0 = E\alpha\vartheta = 98{,}9$ MPa.

323 Aus $\Delta l = l_{\mathrm{St}}(1 + \alpha_{\mathrm{St}}\vartheta) - l_{\mathrm{Al}}(1 + \alpha_{\mathrm{Al}}\vartheta)$ und $\Delta l = l_{\mathrm{St}} - l_{\mathrm{Al}} = 10$ cm folgt $l_{\mathrm{St}}\alpha_{\mathrm{St}} - l_{\mathrm{Al}}\alpha_{\mathrm{Al}} = 0$, somit $l_{\mathrm{Al}} = \Delta l/(\alpha_{\mathrm{Al}}/\alpha_{\mathrm{St}} - 1) = 10{,}81$ cm und $l_{\mathrm{St}} = (\alpha_{\mathrm{Al}}/\alpha_{\mathrm{St}})l_{\mathrm{Al}} = 20{,}81$ cm.

324 $b = (1/2)\sqrt{l^2 - l_0^2} \approx (l_0/2)\sqrt{2\alpha(\vartheta_2 - \vartheta_1)} = 1{,}27$ m.

325 Aus $\Delta V = V_0(\gamma - 3\alpha_{\mathrm{G}})(\vartheta_2 - \vartheta_1)$ folgt $\gamma = \Delta V/[V_0(\vartheta_2 - \vartheta_1)] + 3\alpha_{\mathrm{G}} = 1{,}82 \cdot 10^{-4}\,\mathrm{K}^{-1}$.

326 Die Erwärmung eines Gases um ϑ bei konstantem Druck p_0 bewirkt eine Vergrößerung des Anfangsvolumens V_0 auf $V_\vartheta = V_0(1 + \gamma\vartheta)$. Eine anschließende Kompression des Gases bei $\vartheta = \mathrm{const}$ wieder auf V_0 ergibt wegen $p_0V_\vartheta = pV_0$ den erhöhten Druck $p = p_0V_\vartheta/V_0$, oder mit dem obigen Ausdruck für V_ϑ, $p = p_0(1 + \gamma\vartheta)$. Also $\beta = \gamma$.

327 a) Mit den absoluten Temperaturen $T_1 = (273{,}15 + 10)$ K $= 283{,}15$ K und $T_2 = (273{,}15 + 25)$ K $= 298{,}15$ K und der speziellen Gaskonstante von Luft $R = R_{\mathrm{m}}/M = 288{,}2$ J/(kg K) (molare oder allgemeine Gaskonstante $R_{\mathrm{m}} = 8{,}3145$ J/(mol K)) folgt aus der Zustandsgleichung

$$pV = mRT \qquad \text{bzw.} \qquad p = (m/V)RT = \varrho RT$$

für Masse und Dichte der Luft vor der Erwärmung

$$m_1 = \frac{p_0V_1}{RT_1} = 74{,}5\ \mathrm{kg}, \qquad \varrho_1 = \frac{p_0}{RT_1} = 1{,}242\ \mathrm{kg/m^3}.$$

b) Die Dichte der Luft nach der Erwärmung beträgt $\varrho_2 = p_0/(RT_2) = \varrho_1(T_1/T_2) = 1{,}179\ \mathrm{kg/m^3}$. Es entweichen $\Delta m = \varrho_2(V_2 - V_1) = \varrho_2V_2 - \varrho_2V_1 = \varrho_1V_1 - \varrho_2V_1 = (\varrho_1 - \varrho_2)V_1 = 3{,}75$ kg Luft bzw. $\Delta V = V_1(1 - T_1/T_2) = 3{,}019\ \mathrm{m^3}$ Luft der Dichte ϱ_1. c) $p = m_1RT_2/V_1 = p_1(T_2/T_1) = 1066{,}93$ hPa; dies entspräche einer Druckerhöhung um $\Delta p = 53{,}68$ hPa, also von $\Delta p/p_0 = 5{,}3\%$.

328 a) Aus den Angaben $T_1 = 293{,}15$ K in der Höhe $z = 0$ (Boden) und $T_2 = 298{,}15$ K in der Höhe $z = h = 5$ m (Decke) erhält man den linear ansteigenden Temperaturverlauf

$$T = T_1 + \frac{T_2 - T_1}{h}z. \tag{1}$$

Dementsprechend nimmt nach der Zustandsgleichung $pV = mRT$ die Dichte der Luft $\varrho = m/V$ mit zunehmender Höhe z ab:

$$\varrho = \frac{p}{RT} = \frac{p}{R[T_1 + (T_2 - T_1)z/h]}. \tag{2}$$

Der Ballon schwebt, wenn die Auftriebskraft ϱgV_{B} mit $V_{\mathrm{B}} = (\pi/6)d^3$ gleich der Gewichtskraft $m_{\mathrm{B}}g$ des Ballons ist, also

$$\varrho gV_{\mathrm{B}} = m_{\mathrm{B}}g \qquad \text{oder} \qquad \varrho = \frac{m_{\mathrm{B}}}{V_{\mathrm{B}}} \equiv \varrho_{\mathrm{B}} = \frac{6m_{\mathrm{B}}}{\pi d^3} = 1{,}167\ \mathrm{kg/m^3}. \tag{3a,b}$$

(2) in (3b) eingesetzt und nach z umgestellt, ergibt für die Ballonhöhe

$$z = \frac{p/(\varrho_{\mathrm{B}}R) - T_1}{T_2 - T_1}h = 4{,}18\ \mathrm{m}. \tag{4}$$

b) Wird der Ballon geringfügig um Δz in vertikaler Richtung aus seiner Gleichgewichtslage (4) ausgelenkt, so ändert sich mit $\Delta T = (T_2 - T_1)\,\Delta z/h$ (nach (1)) die Dichte der den Ballon umgebenden Luft nach (2) und (3b) gemäß

$$\Delta\varrho = \frac{d\varrho}{dT}\,\Delta T = -\frac{p}{RT^2}\,\Delta T = -\varrho\frac{\Delta T}{T} = -\varrho_B\frac{\Delta T}{T} \quad \text{bzw.} \quad \Delta\varrho = -\varrho_B\frac{T_2 - T_1}{hT}\,\Delta z,$$

so dass eine der Störung entgegenwirkende Auftriebskraft entsteht:

$$F_z = (\varrho + \Delta\varrho)gV_B - m_B g = \Delta\varrho g V_B = -m_B g\frac{T_2 - T_1}{hT}\,\Delta z.$$

Diese entspricht einer rücktreibenden „Federkraft“ (vgl. Aufgabe 66) $F = -k\,\Delta z$ mit der „Federkonstanten“ $k = m_B g(T_2 - T_1)/(hT) = 4{,}36 \cdot 10^{-3}$ N/m, wobei für die Temperatur in der Gleichgewichtslage (4) nach (1) $T = 297{,}27$ K eingesetzt wurde. Der Ballon führt folglich eine harmonische Schwingung in vertikaler Richtung mit der Schwingungsdauer $T_S = 2\pi\sqrt{m_B/k} = 34{,}6$ s aus.

329 a) In die für konstantes Volumen geltende Zustandsgleichung $p/T = \text{const}$ ist der absolute Druck, d. h. einschließlich des äußeren Luftdrucks, einzusetzen. Nimmt man diesen mit $p_0 = 1$ bar an, so folgt aus $p_1/T_1 = p_2/T_2$ mit $p_1 = 3{,}5$ bar, $T_1 = 291{,}15$ K und $T_2 = 311{,}15$ K: $p_2 = p_1(T_2/T_1) = 3{,}74$ bar. Dem entspricht ein Überdruck von 2,74 bar. b) Nach der Zustandsgleichung $pV = mRT$ ist die Masse der Luft im Reifen $m = p_1V/(RT_1) = p_2V/(RT_2)$. Nach Reduzierung des Druckes auf p_1 bei der Temperatur T_2 beträgt sie $m' = p_1V/(RT_2)$, somit wird

$$\frac{\Delta m}{m} = \frac{m - m'}{m} = 1 - \frac{p_1}{p_2} = 0{,}064,$$

d. h., 6,4% der Luft im Reifen müssten abgelassen werden. c) Die Ausströmgeschwindigkeit der Luft aus dem Ventil ergibt sich nach dem BUNSENschen Ausströmgesetz $v = \sqrt{2\,\Delta p/\varrho}$ (dieses folgt aus der BERNOULLIschen Gleichung $\Delta p = p_2 - p_0 = \varrho v^2/2$) mit dem Überdruck $\Delta p = 2{,}74\,\text{bar} = 2{,}74 \cdot 10^5$ Pa und der Dichte der Luft im Reifen $\varrho = p_2/(RT_2) = 4{,}171\,\text{kg/m}^3$ zu $v = 362{,}5$ m/s. Aus dem damit verbundenen Massenstrom durch das Ventil $\Delta m/t = \varrho vA = \varrho v\pi d^2/4 = 4{,}75 \cdot 10^{-3}$ kg/s und nach b) $\Delta m = 0{,}064\varrho V_0 = 0{,}04$ kg folgt für die Ausströmzeit $t = \Delta m/(\varrho vA) = 8{,}4$ s. In der Rechnung wurde vernachlässigt, dass Δp und ϱ sich beim Ausströmen ändern; der dadurch begangene Fehler ist jedoch gering und beträgt nur etwa 1%.

330 Die Verschiebung des Kolbens um x ändert die Volumina auf $V_1' = V_1 + Ax$, $V_2' = V_2 - Ax$, wodurch sich bei gleich bleibender Temperatur der Druck in V_1 auf p_1 erniedrigt und in V_2 auf p_2 erhöht. Nach dem BOYLE-MARIOTTEschen Gesetz $pV = \text{const}$ gelten die Gleichungen

$$pV_1 = p_1V_1' = p_1(V_1 + Ax), \qquad pV_2 = p_2V_2' = p_2(V_2 - Ax),$$

so dass sich bei hinreichend kleinen x-Werten die neuen Drücke

$$p_1 = \frac{pV_1}{V_1 + Ax} \approx p\left(1 - \frac{A}{V_1}x\right), \qquad p_2 = \frac{pV_2}{V_2 - Ax} \approx p\left(1 + \frac{A}{V_2}x\right)$$

ergeben. Aus dem Druckunterschied auf beiden Seiten des Kolbens folgt für die Kraft

$$F = (p_2 - p_1)A = pA^2\left(\frac{1}{V_1} + \frac{1}{V_2}\right)x.$$

Für $x = 10$ cm erhält man $F = 0{,}75$ N. Nach dem Loslassen wirkt $-F$ als eine zur Auslenkung x proportionale rücktreibende Kraft $-F = kx$ mit der „Federkonstanten“ $k = pA^2[(1/V_1) + (1/V_2)] = 7{,}5$ N/m. Für die Periodendauer der sich einstellenden harmonischen Schwingung erhält man damit $T_S = 2\pi\sqrt{m/k} = 3{,}2$ s.

331 a) In großer Entfernung vom Fahrzeug herrscht der Luftdruck p_0 bei einer Dichte der Luft ϱ_0 sowie – aus der Sicht des Fahrzeugs betrachtet – die ungestörte relative Strömungsgeschwindigkeit $v = -v_0$. Unmittelbar an der Stirnseite des Fahrzeugs verzweigt sich die Strömung und hat im Staupunkt die Geschwindigkeit $v = 0$. Dort herrscht somit nach der BERNOULLIschen Gleichung der maximale Druck

$$p_S = p_0 + \frac{1}{2}\varrho_0 v_0^2. \qquad (1)$$

Für eine isotherme Zustandsänderung folgt aus der Zustandsgleichung $pV = mRT$ mit der Dichte $\varrho = m/V$ das BOYLE-MARIOTTEsche Gesetz in der Form $p/\varrho = RT =$ const, oder angewandt auf die Drücke p_0 und p_S,

$$\frac{p_0}{\varrho_0} = \frac{p_S}{\varrho_S} \quad \text{bzw.} \quad \varrho_S = \varrho_0 \frac{p_S}{p_0}.$$

Setzt man hierin p_S aus der BERNOULLIschen Gleichung ein, so wird

$$\varrho_S = \varrho_0 \left(1 + \frac{\varrho_0 v_0^2}{2p_0}\right).$$

Mit $\varrho_0 = p_0/(RT)$ und $\Delta\varrho = \varrho_S - \varrho_0$ erhält man für die relative Änderung der Dichte im Staupunkt

$$\frac{\Delta\varrho}{\varrho_0} = \frac{\varrho_0 v_0^2}{2p_0} = \frac{v_0^2}{2RT}. \tag{2}$$

Diese beträgt für Luft bei $T = T_0 = 273{,}15$ K und der angegebenen Geschwindigkeit $\Delta\varrho/\varrho_0 = 3{,}8\%$.
b) Die BERNOULLIsche Gleichung für kompressible Strömung führt anstelle von (1) auf

$$\int_{p_0}^{p_S} \frac{\mathrm{d}p}{\varrho(p)} = \frac{1}{2}v_0^2 \quad \text{oder mit} \quad \varrho(p) = \varrho_0 + \Delta\varrho = \frac{p}{RT}:$$

$$RT \int_{p_0}^{p_S} \frac{\mathrm{d}p}{p} = RT \ln \frac{p_S}{p_0} = RT \ln \frac{\varrho_0 + \Delta\varrho}{\varrho_0} = \frac{1}{2}v_0^2; \qquad \frac{\Delta\varrho}{\varrho_0} = \mathrm{e}^{\frac{v_0^2}{2RT}} - 1.$$

Für $v_0 = 1000$ km/h erhält man $\Delta\varrho/\varrho_0 = 63\%$; die Näherungsformel (2) liefert für diesen Fall nur eine Änderung von 49%.

332 Da das Gas in V_1 thermisch isoliert ist, muss seine Kompression adiabatisch erfolgen. Im Gleichgewicht sind die Drücke auf beiden Seiten des Kolbens gleich, d. h., $p_1 = p_2 = 4$ bar im Endzustand. Mit der POISSONschen Adiabatengleichung $pV^\varkappa =$ const ergibt dies

$$V_1 = \left(\frac{p_0}{p_1}\right)^{\frac{1}{\varkappa}} V_0 = \left(\frac{p_0}{p_2}\right)^{\frac{1}{\varkappa}} V_0 = 0{,}61 \text{ dm}^3$$

und, da das Gesamtvolumen konstant ist, $V_2 = 2V_0 - V_1 = 1{,}39 \text{ dm}^3$. Da ferner Anfangs- und Endzustand jedes Gases durch die Zustandsgleichungen $p_0V_0/T_0 = p_1V_1/T_1$ und $p_0V_0/T_0 = p_2V_2/T_2$ verknüpft sind, findet man

$$T_1 = \frac{p_1V_1}{p_0V_0}T_0 = 365{,}7 \text{ K} \quad \text{und} \quad T_2 = \frac{p_2V_2}{p_0V_0}T_0 = \frac{V_2}{V_1}T_1 = 834{,}3 \text{ K}.$$

Man bemerke, dass nur das Gas in V_1 eine (reversibel) adiabatische Zustandsänderung durchmacht und damit die Gültigkeit der POISSONschen Adiabatengleichung zutrifft, obgleich sich bei beiden Gasen jeweils alle drei Zustandsgrößen p, V, T geändert haben.
Für den Fall, dass der Kolben wärmedurchlässig ist, stellt sich neben Druckgleichheit $p_1 = p_2$ auch Temperaturgleichheit $T_1 = T_2$ ein. Aus der Zustandsgleichung (s. o.) folgt damit, dass die Anfangsvolumina beibehalten werden, d. h., $V_1 = V_2 = V_0$, der Kolben bewegt sich nicht. Die Erwärmung führt einfach zu einer isochoren Temperaturerhöhung in V_1 und V_2 auf $T_1 = T_2 = (p_2/p_0)T_0 = 600$ K.

333 Mit $pV/T = p_0V_0/T_0 = mR$ ist a) $V_0 = V_1p_1T_0/(p_0T_1) = 778 \text{ dm}^3$; b) $V_2 = V_1p_1T_2/(p_2T_1) = 2{,}15 \text{ dm}^3$. c) Mit $R = R_m/M = 288{,}2$ J/(kg K) folgt $m = 1$ kg.

334 Mit $p = 51 \cdot 10^5$ Pa und $R = R_m/M = 4{,}16$ kJ/(kg K) ist $T = pV/(mR) = 306{,}5 \text{ K} \approx 33{,}3\,°\text{C}$.

335 a) $\Delta pV_S/(p_0V_P) \approx 25$; b) $p_2 = (p_0 + \Delta p)T_2/T_1 = 4{,}4$ bar bzw. $\Delta p_2 = 3{,}4$ bar.

336 a) Aus $pV = mRT$ und $R = R_m/M = 296{,}9$ J/(kg K) folgt mit $V_1 = 0{,}5 \cdot 10^{-3} \text{ m}^3$, $p_1 = 10^5$ Pa und $T_1 = 293{,}15$ K: $m = p_1V_1/(RT_1) = 0{,}574$ g. b) $p_2 = p_1V_1/V_2 = 10p_1 = 10$ bar. c) Aus $p_2V_2/T_2 = p_1V_1/T_1$ und $p_1V_1^\varkappa = p_2V_2^\varkappa$ folgt $p_2 = p_1(V_1/V_2)^\varkappa = 25{,}1$ bar und $T_2 = T_1(V_1/V_2)^{\varkappa-1} = 736{,}4$ K.

337 a) $p = p_0 + mg/A = 1{,}196\,\text{bar}$. b) Mit $pV = \text{const}$ ergibt sich für den Druck nach einer Kolbenverschiebung um z: $p' = pV/(V - Az) \approx p(1 + Az/V)$, somit $F = (p' - p)A \approx (pA^2/V)z = 0{,}06\,\text{N}$. c) Mit $k = pA^2/V = 0{,}598\,\text{N/m}$ folgt $T_S = 2\pi\sqrt{m/k} = 25{,}7\,\text{s}$.

338 Aus $pV_1^{\varkappa_1} = p_1(V_1 + Ax)^{\varkappa_1}$ und $pV_2^{\varkappa_2} = p_2(V_2 - Ax)^{\varkappa_2}$ folgt für die rücktreibende Kraft bei kleiner Auslenkung x der Ausdruck $F = (p_1 - p_2)A \approx -pA^2(\varkappa_1/V_1 + \varkappa_2/V_2)x = -kx$, womit sich $k = pA^2(\varkappa_1/V_1 + \varkappa_2/V_2) = 11\,\text{N/m}$ und die Schwingungsdauer $T_S = 2\pi\sqrt{m/k} = 2{,}7\,\text{s}$ ergibt.

339 (Bild) Bei Rotation des Werkstücks um einen bestimmten Drehwinkel φ verrichtet die Maschine die Arbeit $W = M\varphi$, wobei M das Drehmoment des Motors ist. Die Arbeit wird nahezu vollständig in Wärme $Q = cm(\vartheta_2 - \vartheta_1)$ umgewandelt. Mit der Masse des Spans $m = \varrho dbs = \varrho dbr\varphi$ folgt aus $W = Q$ für das Drehmoment $M = c\varrho dbr(\vartheta_2 - \vartheta_1) = 502\,\text{Nm}$.

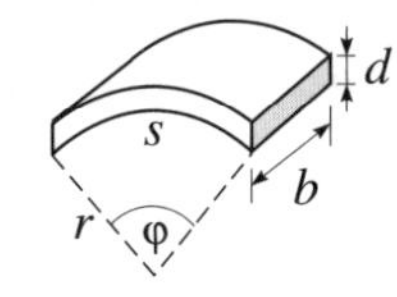

340 Die zuzuführende Energie besteht aus zwei Anteilen, aus der Wärme

$$Q_{1,S} = \int_{\vartheta_1}^{\vartheta_S} mc(\vartheta)\,\mathrm{d}\vartheta,$$

die nötig ist, um die Temperatur der Probe von ϑ_1 auf die Schmelztemperatur ϑ_S zu erhöhen, und der Schmelzwärme ms. Aus den Angaben $c(\vartheta_0) = c_0$ für $\vartheta_0 = 0\,°\text{C}$ und $c(\vartheta_S) = c_S$ für $\vartheta_S = 660\,°\text{C}$ folgt für die spezifische Wärmekapazität die lineare Temperaturabhängigkeit

$$c(\vartheta) = c_0 + \frac{c_S - c_0}{\vartheta_S - \vartheta_0}(\vartheta - \vartheta_0).$$

Setzt man dies in obige Beziehung für $Q_{1,S}$ ein, so ergibt die Integration

$$Q_{1,S} = mc_0(\vartheta_S - \vartheta_1) + m\frac{c_S - c_0}{2}\left[(\vartheta_S - \vartheta_0) - \frac{(\vartheta_1 - \vartheta_0)^2}{\vartheta_S - \vartheta_0}\right].$$

Die insgesamt erforderliche Wärme beträgt somit

$$Q = Q_{1,S} + ms = 687{,}5\,\text{kJ} + 397{,}0\,\text{kJ} = 1084{,}5\,\text{kJ}$$

und die benötigte Mindestheizleistung $P = Q/t = 1{,}2\,\text{kW}$.

341 Das Thermometer zeigt die Temperatur ϑ_{Th} des thermischen Gleichgewichts von Wasserbad und Thermometer an. Dieses stellt sich ein, indem Wasser bei leichter Abkühlung von der ursprünglichen Temperatur ϑ_W auf ϑ_{Th} die Wärme $Q_1 = c_W m_W(\vartheta_W - \vartheta_{Th})$ abgibt und das Thermometer die Wärme $Q_2 = C_{Th}\,\Delta\vartheta$ aufnimmt. Energieerhaltung fordert $Q_1 = Q_2$, oder

$$c_W m_W(\vartheta_W - \vartheta_{Th}) = C_{Th}\,\Delta\vartheta,$$

woraus für die Wasserbadtemperatur vor Beginn der Messung folgt:

$$\vartheta_W = \frac{c_W m_W \vartheta_{Th} + C_{Th}\,\Delta\vartheta}{c_W m_W} = 32{,}5\,°\text{C}.$$

342 a) Bei Temperaturausgleich durch die wärmeleitende Wand gibt das Gas in V_2 die Wärmemenge $C_{mV_2}n_2(T_2 - T)$ ab, und das Gas in V_1 nimmt die Wärme $C_{mV_1}n_1(T - T_1)$ auf, wobei n_1 und n_2 die Stoffmengen der beteiligten Gase sind. Somit gilt

$$C_{mV_1}n_1(T - T_1) = C_{mV_2}n_2(T_2 - T), \tag{1}$$

oder umgestellt nach T,

$$T = \frac{C_{mV_1}n_1T_1 + C_{mV_2}n_2T_2}{C_{mV_1}n_1 + C_{mV_2}n_2}. \tag{2}$$

Die Stoffmengen ergeben sich aus den jeweiligen Zustandsgleichungen $p_1V_1 = n_1R_mT_1$ und $p_2V_2 = n_2R_mT_2$ mit der molaren Gaskonstante $R_m = 8{,}3145\,\text{J/(mol K)}$ zu $n_1 = p_1V_1/(R_mT_1) = 0{,}48\,\text{mol}$ und $n_2 = p_2V_2/(R_mT_2) = 0{,}10\,\text{mol}$. Für die Ausgleichstemperatur (2) findet man damit $T = 349{,}9\,\text{K}$; die Drücke ändern sich auf $p_1' = n_1R_mT/V_1 = 4{,}67\,\text{bar}$ und $p_2' = n_2R_mT/V_2 = 1{,}40\,\text{bar}$.

b) Da der Wärmeinhalt des idealen Gases, d. h. seine innere Energie $U = nC_{mV}T$, nur von der Temperatur abhängt und der Behälter ein geschlossenes System darstellt, muss der Energieerhaltungssatz (1) auch bei beweglicher Wand gelten; es stellt sich also dieselbe Temperatur (2) ein. Zusätzlich kommt es jetzt zum Druckausgleich. Im Endzustand gilt $p_1' V_1' = n_1 R_m T$ und $p_2' V_2' = n_2 R_m T$, woraus mit der Gleichgewichtsbedingung für die Wand $p_1' = p_2'$ die Beziehung folgt $V_1'/V_2' = n_1/n_2$. Dies ergibt unter Berücksichtigung von $V_1' + V_2' = V_1 + V_2$ für die Volumina

$$V_1' = \frac{n_1(V_1 + V_2)}{n_1 + n_2} = 4{,}17\,\mathrm{l}; \qquad V_2' = \frac{n_2(V_1 + V_2)}{n_1 + n_2} = 0{,}83\,\mathrm{l}.$$

Der Druck beträgt $p_1' = p_2' = n_2 R_m T / V_2' = 3{,}36$ bar.

343 a) Vom warmen Wasser wird die Wärme $Q_{ab} = c_W m_w(\vartheta_w - \vartheta_M)$ abgegeben, vom kalten Wasser und vom Kalorimeter die Wärme $Q_{auf} = (c_W m_k + C_K)(\vartheta_M - \vartheta_k)$ aufgenommen. Aus der Forderung nach Energieerhaltung $Q_{ab} = Q_{auf}$ oder

$$(c_W m_k + C_K)(\vartheta_M - \vartheta_k) = c_W m_w(\vartheta_w - \vartheta_M)$$

erhält man für die Wärmekapazität des Kalorimeters

$$C_K = c_W \left(m_w \frac{\vartheta_w - \vartheta_M}{\vartheta_M - \vartheta_k} - m_k \right) = 393\ \mathrm{J/K}.$$

b) Vom kalten Wasser und Kalorimeter wird die Wärme $(c_W m_k + C_K)(\vartheta_M - \vartheta_k)$ aufgenommen, vom Festkörper die Wärme $c_F m_F(\vartheta_w - \vartheta_M)$ abgegeben; also ist

$$c_F m_F(\vartheta_w - \vartheta_M) = (c_W m_k + C_K)(\vartheta_M - \vartheta_k); \quad c_F = \frac{(c_W m_k + C_K)(\vartheta_M - \vartheta_k)}{m_F(\vartheta_w - \vartheta_M)} = 0{,}892\,\frac{\mathrm{kJ}}{\mathrm{kg\,K}}.$$

344 Die vom Eis aufgenommene Wärme ist gleich der vom Wasser und Kalorimeter abgegebenen Wärme. Erstere besteht aus drei Anteilen: $c_E m_E(\vartheta_0 - \vartheta_E)$ zum Erwärmen des Eises auf die Schmelztemperatur ϑ_0, $m_E s$ zum Schmelzen des Eises und $c_W m_E(\vartheta_M - \vartheta_0)$ zum Erwärmen des geschmolzenen Eises auf die Mischungstemperatur ϑ_M. Die vom Wasser und Kalorimeter abgegebene Wärme beträgt zusammen, da beide zu Beginn die gleiche Temperatur ϑ_W haben, $(c_W m_W + c_{Me} m_{Me})(\vartheta_W - \vartheta_M)$. Nach dem Energiesatz gilt

$$c_E m_E(\vartheta_0 - \vartheta_E) + m_E s + c_W m_E(\vartheta_M - \vartheta_0) = (c_W m_W + c_{Me} m_{Me})(\vartheta_W - \vartheta_M);$$

$$\vartheta_E = \vartheta_0 + \frac{1}{c_E m_E}\left[m_E s + c_W m_E(\vartheta_M - \vartheta_0) - (c_W m_W + c_{Me} m_{Me})(\vartheta_W - \vartheta_M)\right].$$

Mit den angegebenen Werten und $\vartheta_0 = 0\,°\mathrm{C}$ folgt hieraus $\vartheta_E = -8{,}4\,°\mathrm{C}$.

345 Der eingeleitete Dampf (Masse m_D) gibt bei der Kondensation die latente Wärme $m_D r$ und bei der anschließenden Abkühlung des Kondensats von $\vartheta_S = 100\,°\mathrm{C}$ auf die Mischungstemperatur ϑ_M die Wärme $c_W m_D(\vartheta_S - \vartheta_M)$ ab. Die Kalorimeteranordnung nimmt die Wärme $(c_W m_W + C_K)(\vartheta_M - \vartheta_W)$ auf. Nach dem Energieerhaltungssatz folgt

$$m_D r + c_W m_D(\vartheta_S - \vartheta_M) = (c_W m_W + C_K)(\vartheta_M - \vartheta_W), \quad m_D = \frac{(c_W m_W + C_K)(\vartheta_M - \vartheta_W)}{r + c_W(\vartheta_S - \vartheta_M)}.$$

Mit den angegebenen Werten erhält man $m_D = 11{,}7$ g Dampf.

346 $t = mc\,\Delta\vartheta/(\eta P) = 54$ min 20 s.

347 a) $m_2 = \dfrac{m_1 c_W(\vartheta_1 - \vartheta_M) - m_3 c_{Zn}(\vartheta_M - \vartheta_3)}{c_W(\vartheta_M - \vartheta_2)} = 30{,}5\,\mathrm{kg} \approx 0{,}60(m_1 + m_2)$; b) für $c_{Zn} = 0$ folgt $m_2 = \dfrac{\vartheta_1 - \vartheta_M}{\vartheta_M - \vartheta_2} m_1 = \dfrac{45}{25} m_1 = 36\,\mathrm{kg}$, also $m_1/m_2 \approx 0{,}56$.

348 $\vartheta_F = \vartheta_M + (c_W m_W + C_K)(\vartheta_M - \vartheta_W)/(c_{Cu} m_{Cu}) = 634\,°\mathrm{C}$.

349 $\vartheta_M = \dfrac{(c_W m_W + C_K)\vartheta_W + c_E m_E \vartheta_E - m_E s}{c_W(m_W + m_E) + C_K} \approx 11\,°\mathrm{C}$.

350 $\Delta m_W = [c_E m_E(\vartheta_E - \vartheta_S) - (c_W m_W + c_E m_G)(\vartheta_S - \vartheta_W)]/r$; mit $\vartheta_S = 100\,°\mathrm{C}$ folgt $\Delta m_W = 0{,}66$ kg.

351 (Bild) a) Nach dem I. Hauptsatz ist die Änderung der inneren Energie ΔU gleich der Summe von zu- oder abgeführter Wärme Q und zu- oder abgeführter Arbeit W,

$$\Delta U = Q + W,$$

wobei jede dem Gas zugeführte Energie positiv und jede dem Gas entzogene, d. h., vom Gas abgegebene Energie negativ gezählt wird. Damit wird $Q_{132} = 3\,\text{kJ}$, $W_{132} = W_{32} = -1\,\text{kJ}$ und somit $\Delta U_{12} = Q_{132} + W_{132} = 3\,\text{kJ} - 1\,\text{kJ} = 2\,\text{kJ}$. b) Die Volumenarbeit ist gleich der Fläche unter der p, V-Kurve (gemessen von der Abszisse), in diesem Fall gleich der Fläche unter dem Geradenabschnitt *1–4* (isobare Expansion). Diese ist wegen $p_1 = p_2/2$ nur halb so groß wie die Fläche unter dem Geradenabschnitt *3–2*, also $W_{142} = W_{14} = (1/2)W_{132} = -0{,}5\,\text{kJ}$. Nach dem I. Hauptsatz ist die innere Energie eine Zustandsgröße, d. h., ihre Änderung ΔU ist unabhängig vom Prozessweg. Folglich gilt auch hier $\Delta U_{12} = 2\,\text{kJ}$ und somit $\Delta Q_{142} = \Delta U_{12} - W_{142} = 2\,\text{kJ} + 0{,}5\,\text{kJ} = 2{,}5\,\text{kJ}$. c) Bei der Expansion entlang der Diagonalen *1–2* ist die Volumenarbeit betragsmäßig um die Fläche des Dreiecks *1–4–2–1* größer als W_{14}, also $W_{12} = W_{14} + (1/2)W_{14} = -0{,}75\,\text{kJ}$ und somit $Q_{12} = \Delta U_{12} - W_{12} = 2\,\text{kJ} + 0{,}75\,\text{kJ} = 2{,}75\,\text{kJ}$. Bei dieser Zustandsänderung ändern sich der Druck p und das Volumen V gemäß $p \sim V$, wobei die Temperatur zunimmt. Dies kann formal als eine polytrope Zustandsänderung ($pV^k = \text{const}$) mit dem Polytropenexponenten $k = -1$ beschrieben werden. Eine solche Zustandsänderung findet z. B. statt, wenn ein ideales Gas gegen eine elastische Federkraft expandiert.

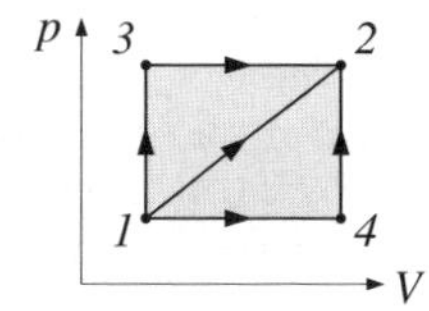

352 a) Während der Expansion des Gases um das Volumen ΔV herrscht im Gas der konstante Innendruck $p = p_0 + \Delta p = 4\,\text{bar}$. Die vom Gas abgegebene Arbeit besteht aus der Hubarbeit Mgh und der Arbeit $p_0\,\Delta V$ gegen den äußeren Luftdruck:

$$W = -p\,\Delta V = -(Mgh + p_0\,\Delta V) \quad \text{bzw.} \quad Mgh = (p - p_0)\Delta V \tag{1}$$

oder nach Eliminierung von $\Delta V = Mgh/(p - p_0)$,

$$W = -\frac{p}{p - p_0} Mgh = -\frac{4}{3} Mgh = -1{,}3\,\text{kJ}. \tag{2}$$

Die dafür erforderliche Wärmezufuhr Q ergibt sich nach dem I. Hauptsatz $\Delta U = Q + W$ mit (1) und der Änderung der inneren Energie $\Delta U = mc_V\,\Delta T$ (kalorische Zustandsgleichung des idealen Gases) zu

$$Q = \Delta U - W = mc_V\,\Delta T + p\,\Delta V. \tag{3}$$

Aus der Zustandsgleichung $pV = mRT$ folgt für konstanten Druck die Beziehung $p\,\Delta V = mR\,\Delta T$ oder $m\,\Delta T = p\,\Delta V/R$. Damit und mit $R = c_p - c_V$, $\varkappa = c_p/c_V$ geht (3) über in

$$Q = \left(\frac{c_V}{R} + 1\right) p\,\Delta V = \frac{\varkappa}{\varkappa - 1}|W|. \tag{4}$$

Mit (2) und $\varkappa = 1{,}4$ erhält man $Q \approx 4{,}6\,\text{kJ}$. b) Die Nutzarbeit ist $Mgh = 0{,}981\,\text{kJ}$, somit hat die Maschine den Wirkungsgrad $\eta = Mgh/Q = 21{,}4\%$.

353 a) Zur Erwärmung des Zimmers mit dem Volumen V_0 von T_0 auf T_1 muss die innere Energie der darin enthaltenen Luft der Masse m und der Dichte $\varrho_0 = m/V_0$ je Volumeneinheit um $\Delta U/V_0 = mc_V(T_1 - T_0)/V_0$ erhöht werden, so dass sich die räumliche Energiedichte des Zimmers U/V_0 ändert um

$$\frac{\Delta U}{V_0} = \varrho_0 c_V (T_1 - T_0). \tag{1}$$

Da der herrschende Luftdruck p_0 unveränderlich ist, muss sich die Luft dabei auf das Volumen V_1 unter Verrichtung der Expansionsarbeit $W = -p_0(V_1 - V_0)$ ausdehnen. Nach der Zustandsgleichung gilt $p_0 V_0 = mRT_0$ und $p_0 V_1 = mRT_1$, folglich ist $p_0(V_1 - V_0) = mR(T_1 - T_0) = -W$. Die der Luft je Volumeneinheit des Zimmers zuzuführende Wärme Q/V_0 beträgt somit nach dem I. Hauptsatz mit $c_V + R = c_p$:

$$\frac{Q}{V_0} = \frac{\Delta U}{V_0} - \frac{W}{V_0} = \varrho_0 c_V (T_1 - T_0) + \varrho_0 R (T_1 - T_0) = \varrho_0 c_p (T_1 - T_0), \tag{2}$$

oder mit $\varrho_0 = p_0/(RT_0)$ und $c_p/R = c_p/(c_p - c_V) = \varkappa/(\varkappa - 1)$:

$$\frac{Q}{V_0} = \frac{p_0 \varkappa}{\varkappa - 1}\left(\frac{T_1}{T_0} - 1\right).$$

Mit $p_0 = 10^5$ Pa, $\varkappa = 1{,}4$, $T_0 = 273{,}15$ K und $T_1 = 298{,}15$ K erhält man $Q/V_0 = 32$ kJ/m^3. b) Dagegen zu setzen ist die Nutzenergie (1), so dass der Nutzungsgrad der aufgewandten Wärme Q nach (1) und (2)

$$\eta = \frac{\Delta U}{Q} = \frac{c_V}{c_p} = \frac{1}{\varkappa} \approx 71{,}4\%$$

beträgt, d. h., 28,6% der zugeführten Wärme stehen nicht als „Zimmerwärme" zur Verfügung, sondern werden zur Expansion der Luft gebraucht. Welche Wärme man zur Aufrechterhaltung der Temperatur von 25 °C benötigt, hängt von der Wärmeleitung und Durchlässigkeit der Wände und Fenster ab und entzieht sich der vorliegenden Rechnung.

354 a) Damit die Kugeln sich trennen, muss das Restgas einen Innendruck p erreichen, der sich aus der Bedingung für das kritische Kräftegleichgewicht

$$p\frac{\pi}{4}d^2 = p_0\frac{\pi}{4}(d + 2a)^2 - \left(M + \frac{1}{2}m_K\right)g \tag{1}$$

und der Masse beider Halbkugeln $m_K = \varrho_E(\pi/6)[(d + 2a)^3 - d^3] = 18{,}25$ kg zu $p = 0{,}206 \cdot 10^5$ Pa errechnet. Damit folgt aus der Zustandsgleichung $pV = mRT$, dass bei konstantem Volumen und damit konstanter Dichte des Restgases m/V selbiges von $T_1 = 293{,}15$ K auf die Temperatur $T_2 = T_1 p/(p_0/10) \approx 605$ K ≈ 332 °C erwärmt werden muss. b) Die dafür nötige Wärme ist nach dem I. Hauptsatz bei Vernachlässigung der Wärmeausdehnung gleich der Zunahme der inneren Energie von Halbkugeln und Restgas und somit gegeben durch $Q = \Delta U = (c_E m_K + c_V m)(T_2 - T_1)$. Mit der Masse des Restgases $m = (p_0/10)V/(RT_1) = p_0 \pi d^3/(60RT_1) = 3{,}56$ g und $T_2 - T_1 = 312{,}3$ K wird $Q = (8{,}213\text{ kJ/K} + 0{,}003\text{ kJ/K}) \cdot 312{,}3\text{ K} = 2566$ kJ. Während also für das Trennen der Halbkugeln der Druckanstieg des Restgases entscheidend ist, wird die Wärme nahezu ausschließlich dafür benötigt, die Halbkugelwandungen auf die erforderliche Temperatur zu bringen. Bei 20 °C trennen sich die Halbkugeln, wenn $M = 1127$ kg beträgt, wie aus (1) für $p = p_0/10$ folgt.

355 (Bild) Es gilt $pV = p_1V_1 = p_2V_2$. Mit $p = p_1V_1/V$ und $V_2/V_1 = p_1/p_2$ sowie $p_1 = 8$ bar folgt für die von *1* nach *2* vom Gas verrichtete Arbeit

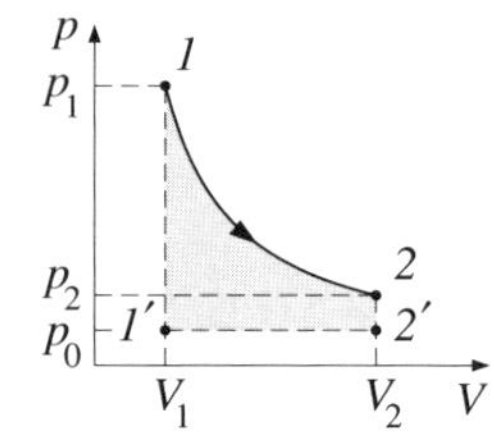

$$W_{12} = -\int_{V_1}^{V_2} p\,\mathrm{d}V = -\int_{V_1}^{V_2} \frac{p_1V_1}{V}\,\mathrm{d}V = -p_1V_1\ln\frac{V_2}{V_1}$$
$$= -p_1V_1\ln\frac{p_1}{p_2} = (-0{,}8 \cdot \ln 4)\text{ kJ} \approx -1{,}1\text{ kJ}.$$

Die dabei gegen den Luftdruck p_0 verrichtete Arbeit von *1′* nach *2′* ist

$$W_{1'2'} = -\int_{V_1}^{V_2} p_0\,\mathrm{d}V = -p_0(V_2 - V_1) = -p_0V_1\left(\frac{p_1}{p_2} - 1\right) = -0{,}3\text{ kJ},$$

so dass die Nutzarbeit an der Kolbenstange $W_{N,12} = W_{12} - W_{1'2'} = -0{,}81$ kJ beträgt, entsprechend der im Bild schraffierten Fläche. Dabei muss die Wärme $Q = -W_{12} = 1{,}1$ kJ zugeführt werden.

356 (Bild) Man lasse die Luft schon durch einen Saughub von $V_1 = 1$ m^3 bei $p_1 = 1$ bar auf das Volumen V_2 bei $p_2 = 0{,}01$ bar isotherm expandieren. Dann denke man sich die Verbindung zwischen Rezipienten und Pumpenzylinder abgesperrt (im p, V-Diagramm rutscht dadurch die Ordinate für alle nachfolgenden Prozesse um V_1 nach rechts) und den verbleibenden Zylinderinhalt vom Volumen $V_2 - V_1$ wieder auf den Umgebungsdruck p_1 bei einem Volumen V_3 isotherm komprimiert. Für die Isotherme *1–2* gilt $pV = p_1V_1 = p_2V_2$ und für die Isotherme *2–3* des abgetrennten Zylinderinhalts $pV = p_2(V_2 - V_1) = p_1V_3$.

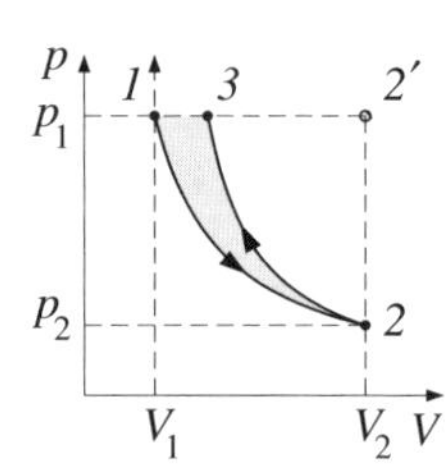

Somit ist

$$V_2 = \frac{p_1}{p_2} V_1 \qquad \text{und} \qquad V_3 = \frac{p_2}{p_1}(V_2 - V_1) = V_1\left(1 - \frac{p_2}{p_1}\right).$$

Es sind folgende Arbeiten zu verrichten: Expansionsarbeit von *1* nach *2*

$$W_{12} = -\int_{V_1}^{V_2} p\,\mathrm{d}V = -\int_{V_1}^{V_2} \frac{p_1 V_1}{V}\,\mathrm{d}V = -p_1 V_1 \ln\frac{V_2}{V_1} = -p_1 V_1 \ln\frac{p_1}{p_2} = -460{,}5\,\mathrm{kJ}$$

und Verdrängungsarbeit gegen den äußeren Luftdruck ($-p_1$!) von *1* nach *2'*

$$W_{12'} = -\int_{V_1}^{V_2} (-p_1)\,\mathrm{d}V = p_1(V_2 - V_1) = p_1 V_1\left(\frac{p_1}{p_2} - 1\right) = 9900\,\mathrm{kJ},$$

Kompressionsarbeit von *2* nach *3*

$$W_{23} = -\int_{V_2 - V_1}^{V_3} p\,\mathrm{d}V = -\int_{V_2 - V_1}^{V_3} \frac{p_1 V_3}{V}\,\mathrm{d}V = p_1 V_3 \ln\frac{V_2 - V_1}{V_3} = p_1 V_1\left(1 - \frac{p_2}{p_1}\right)\ln\frac{p_1}{p_2} = 455{,}9\,\mathrm{kJ}$$

und Arbeit des äußeren Luftdrucks von *2'* nach *3*

$$W_{2'3} = -\int_{V_2 - V_1}^{V_3} (-p_1)\,\mathrm{d}V = p_1[V_3 - (V_2 - V_1)] = p_1 V_1\left(2 - \frac{p_2}{p_1} - \frac{p_1}{p_2}\right) = -9801\,\mathrm{kJ},$$

zusammengefasst also

$$W = W_{12} + W_{12'} + W_{23} + W_{2'3} = p_1 V_1\left(1 - \frac{p_2}{p_1} - \frac{p_2}{p_1}\ln\frac{p_1}{p_2}\right) = 94{,}4\,\mathrm{kJ},$$

entsprechend der schraffierten Fläche im Bild.

357 (Bild) a) Es gelten mit der POISSONschen Adiabatengleichung $pV^\varkappa = \text{const}$ die Beziehungen $pV^\varkappa = p_1 V_1^\varkappa = p_2 V_2^\varkappa$. Die Kompressionsarbeit des Gases von *1* nach *2* beträgt

$$W_{12} = -\int_{V_1}^{V_2} p\,\mathrm{d}V = -\int_{V_1}^{V_2} \frac{p_1 V_1^\varkappa}{V^\varkappa}\,\mathrm{d}V = \left[\frac{p_1 V_1^\varkappa}{\varkappa - 1} V^{-\varkappa+1}\right]_{V_1}^{V_2} = \frac{p_1 V_1^\varkappa}{\varkappa - 1}(V_2^{1-\varkappa} - V_1^{1-\varkappa})$$

$$= \frac{p_1 V_1^\varkappa}{\varkappa - 1}\left(\frac{1}{V_2^{\varkappa-1}} - \frac{1}{V_1^{\varkappa-1}}\right) = \frac{p_1 V_1}{\varkappa - 1}\left[\left(\frac{V_1}{V_2}\right)^{\varkappa-1} - 1\right] = 4{,}5\,\mathrm{kJ}.$$

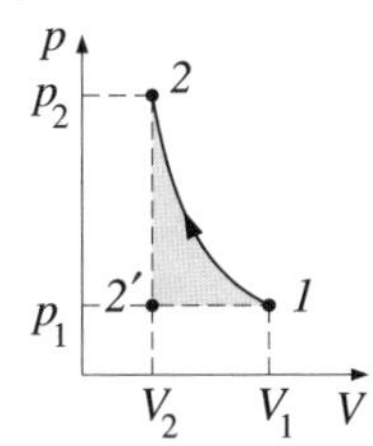

Davon ist die vom äußeren Luftdruck verrichtete Verschiebearbeit von *1* nach *2'*,

$$W_{12'} = -\int_{V_1}^{V_2} p_1\,\mathrm{d}V = p_1(V_1 - V_2) = 1{,}6\,\mathrm{kJ},$$

abzuziehen, so dass die Nutzarbeit und damit die vom Gas aufgenommene maximale Stoßenergie $W_{\mathrm{N},12} = W_{12} - W_{12'} = 2{,}9\,\mathrm{kJ}$ beträgt; diese ist gleich der schraffierten Fläche im Bild. b) Die innere Energie des Gases erhöht sich nach dem I. Hauptsatz $\Delta U = Q + W$ mit $Q = 0$ um die insgesamt zugeführte Kompressionsarbeit W_{12}: $\Delta U = W_{12} = 4{,}5\,\mathrm{kJ}$. Der Enddruck ergibt sich zu $p_2 = p_1(V_1/V_2)^\varkappa = 9{,}5\,\mathrm{bar}$ und die Endtemperatur mit $p_2V_2/T_2 = p_1V_1/T_1$ und $T_1 = 293{,}15\,\mathrm{K}$ zu $T_2 = p_2V_2T_1/(p_1V_1) = T_1(V_1/V_2)^{\varkappa-1} = 558\,\mathrm{K}$ bzw. $\vartheta_2 = 285\,°\mathrm{C}$.

358 Die vom Gas von *1* nach *2* verrichtete Arbeit ist wegen $Q = 0$ gleich der Änderung seiner inneren Energie: $W_{12} = \Delta U_{12} = mc_V(T_0 - T_1)$, oder, mit $m = p_1V_1/(RT_1)$ und $c_V/R = c_V/(c_p - c_V) = 1/(\varkappa - 1)$,

$$W_{12} = -\frac{p_1 V_1}{\varkappa - 1}\left(1 - \frac{T_0}{T_1}\right) = -639{,}3\,\mathrm{kJ}.$$

Von *2* nach *0* gilt mit $pV = mRT_0$ und $V_2/V_0 = p_0/p_2$ für die Kompressionsarbeit

$$W_{20} = -\int_{V_2}^{V_0} p\,\mathrm{d}V = -mRT_0 \ln\frac{V_0}{V_2} = mRT_0 \ln\frac{p_0}{p_2}.$$

Für p_2 findet man mit Hilfe der Adiabatengleichung $pT^{\varkappa/(1-\varkappa)} = \text{const}$ (diese folgt aus der POISSONschen Adiabatengleichung $pV^\varkappa = \text{const}$ und der allgemeinen Gasgleichung $pV/T = \text{const}$):

$$p_2 T_0^{\frac{\varkappa}{1-\varkappa}} = p_1 T_1^{\frac{\varkappa}{1-\varkappa}} \qquad \text{oder} \qquad p_2 = p_1\left(\frac{T_0}{T_1}\right)^{\frac{\varkappa}{\varkappa-1}}.$$

Zusammen mit $m = p_1V_1/(RT_1)$ ergibt dies für W_{20}:

$$W_{20} = p_1V_1\frac{T_0}{T_1}\left(\frac{\varkappa}{\varkappa-1}\ln\frac{T_1}{T_0} - \ln\frac{p_1}{p_0}\right) = 219{,}2\,\text{kJ}.$$

Nicht nutzbar ist die Arbeit $W_{1'0}$ beim Verdrängen der Umgebung (bedingt dadurch, dass sich das Gas ausdehnt). Diese ist, unter Beachtung von $p_0V_0/T_0 = p_1V_1/T_1$:

$$W_{1'0} = -\int_{V_1}^{V_0} p_0\,\mathrm{d}V = -p_0(V_0 - V_1) = -p_0V_1\left(\frac{p_1T_0}{p_0T_1} - 1\right) = -144{,}3\,\text{kJ}.$$

Zusammengefasst erhält man für die maximale Nutzarbeit, die das Gas zwischen den Zuständen p_1, V_1, T_1 und p_0, V_0, T_0 abgeben kann, $W_{\mathrm{N},10} = W_{12} + W_{20} - W_{1'0} = -275{,}8\,\text{kJ}$.

359 (Bild) a) Für die Polytrope *1–2* gilt $pV^k = p_1V_1^k = p_2V_2^k$ oder $V = p_1^{1/k}V_1/p^{1/k}$. Die Kompressorarbeit W_{techn} besteht aus der Arbeit für das Ansaugen der Luft von *4* nach *1*, der Kompressionsarbeit W_{12} von *1* nach *2* und der Arbeit für das Ausschieben der verdichteten Luft von *2* nach *3*. Dem entspricht der Flächeninhalt der schraffierten Fläche im Bild, und somit der technischen Arbeit

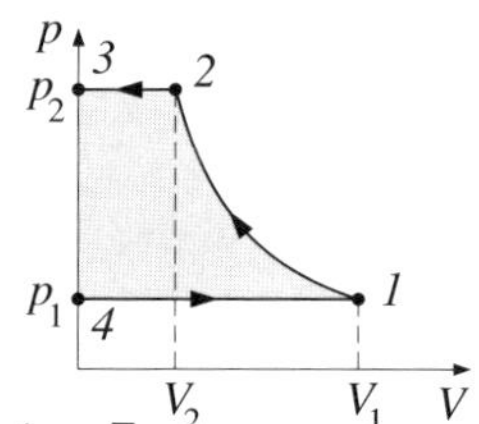

$$W_{\text{techn}} = \int_{p_1}^{p_2} V\,\mathrm{d}p = \int_{p_1}^{p_2} \frac{p_1^{\frac{1}{k}}V_1}{p^{\frac{1}{k}}}\,\mathrm{d}p = \frac{p_1^{\frac{1}{k}}V_1}{1-\frac{1}{k}}\left[p^{1-\frac{1}{k}}\right]_{p_1}^{p_2} = \frac{k}{k-1}\left[\left(\frac{p_2}{p_1}\right)^{\frac{k-1}{k}} - 1\right]p_1V_1 = 491{,}1\,\text{J}.$$

Die Kompressionsarbeit von *1* nach *2* ist

$$W_{12} = -\int_{V_1}^{V_2} p\,\mathrm{d}V = -\int_{V_1}^{V_2} \frac{p_1V_1^k}{V^k}\mathrm{d}V = -\frac{p_1V_1^k}{1-k}\left(V_2^{1-k} - V_1^{1-k}\right)$$

$$= \frac{1}{k-1}\left[\left(\frac{V_1}{V_2}\right)^{k-1} - 1\right]p_1V_1 = \frac{1}{k-1}\left[\left(\frac{p_2}{p_1}\right)^{\frac{k-1}{k}} - 1\right]p_1V_1 = \frac{1}{k}W_{\text{techn}} = 377{,}8\,\text{J}.$$

Diese ist um den Anteil $\left(1 - \frac{1}{k}\right)W_{\text{techn}}$ geringer als die Kompressorarbeit W_{techn}. b) Die abgegebene Wärme ergibt sich aus der Änderung der inneren Energie ΔU des Gases von *1* nach *2* und W_{12} nach dem I. Hauptsatz zu

$$Q = \Delta U - W_{12} = mc_V(T_2 - T_1) - W_{12}.$$

Mit $T_1 = 293{,}15\,\text{K}$, $T_2 = p_2V_2T_1/(p_1V_1) = T_1(p_2/p_1)^{(k-1)/k} = 402{,}5\,\text{K}$ und der Gasmasse $m = p_1V_1/(RT_1) = 3{,}6\,\text{g}$ erhält man $Q = -95{,}8\,\text{J}$. c) Die Leistung des Kompressors folgt aus dem Volumenstrom $\dot{V} = 1000\,\text{m}^3/3600\,\text{s} = 0{,}278\,\text{m}^3/\text{s}$ zusammen mit dem Hubraum $V_1 = 0{,}003\,\text{m}^3$ und der Kompressorarbeit für einen Umlauf W_{techn} zu $P = (\dot{V}/V_1)W_{\text{techn}} = 45{,}5\,\text{kW}$.

360 a) $V_2 = V_1T_2/T_1 = 3{,}33\,\text{m}^3$; b) $W_{12} = -p(V_2 - V_1) = -233\,\text{kJ}$; c) $Q_{12} = mc_p(T_2 - T_1) = \varkappa pV_1(T_2/T_1 - 1)/(\varkappa - 1) = 817\,\text{kJ}$; d) $\Delta U_{12} = Q_{12} + W_{12} = 584\,\text{kJ}$.

361 Aus $W = -(Q - \Delta U) = -m(c_p - c_V)\,\Delta T = -mR\,\Delta T$ sowie $R = R_\mathrm{m}/M$ mit $R_\mathrm{m} = 8{,}3145$ J/(mol K) und $M = (1 \cdot 12 + 2 \cdot 16)$ g/mol $= 44$ g/mol folgt $W = -3{,}78$ kJ.

362 Mit $p_1V_1 = p_2V_2$ und $R = R_\mathrm{m}/M$ folgt aus $W = mRT\ln(V_1/V_2) = mRT\ln(p_2/p_1)$: $W/m = 300$ kJ/kg; $Q/m = -W/m = -300$ kJ/kg.

363 Mit $c = \dfrac{1}{m}\dfrac{\mathrm{d}Q}{\mathrm{d}T} = c_V + \dfrac{p}{m}\dfrac{\mathrm{d}V}{\mathrm{d}T}$ und dem Differential $\mathrm{d}(pV) = V\,\mathrm{d}p + p\,\mathrm{d}V = mR\,\mathrm{d}T$ gilt $c = c_V + R\left(1 + \dfrac{V}{p}\dfrac{\mathrm{d}p}{\mathrm{d}V}\right)^{-1}$. Damit folgt a) $c = c_V - R$; b) $c = c_V + 2R$. Im Fall a) kühlt sich das Gas bei Ausdehnung ab, im Fall b) erwärmt es sich.

364 Weg *1–3–2*: $W_{132} = W_{13} = -p_1V_1\ln\dfrac{V_2}{V_1} = -69{,}3$ J; $Q_{13} = -W_{13} = 69{,}3$ J; $Q_{32} = \Delta U_{32} = -\dfrac{p_1V_1}{\varkappa - 1}\left(1 - \dfrac{T_2}{T_1}\right) = -125$ J, also $Q_{132} = Q_{13} + Q_{32} = -55{,}7$ J; $\Delta U = \Delta U_{32} = -125$ J.
Weg *1–4–2*: $W_{142} = W_{42} = -p_2V_2\ln\dfrac{V_2}{V_1} = \dfrac{T_2}{T_1}W_{132} = -34{,}65$ J; $Q_{14} = \Delta U_{14} = \Delta U_{32} = -125$ J, $Q_{42} = -W_{42} = \dfrac{T_2}{T_1}Q_{13} = 34{,}65$ J, also $Q_{142} = Q_{14} + Q_{42} = -90{,}35$ J; $\Delta U = \Delta U_{14} = \Delta U_{32} = -125$ J.

365 Mit $pV^k = p_1V_1^k = p_2V_2^k$ und $p_1V_1/T_1 = p_2V_2/T_2 = mR$ sowie $c_V/R = 1/(\varkappa - 1)$ findet man:

$$W_{12} = -\int_{V_1}^{V_2} p\,\mathrm{d}V = -\frac{p_1V_1}{k-1}\left[1 - \left(\frac{V_1}{V_2}\right)^{k-1}\right] = -250{,}3\ \mathrm{J};$$

$$\Delta U_{12} = mc_V(T_2 - T_1) = -\frac{p_1V_1}{\varkappa - 1}\left(1 - \frac{T_2}{T_1}\right) = -\frac{p_1V_1}{\varkappa - 1}\left[1 - \left(\frac{V_1}{V_2}\right)^{k-1}\right]$$

$$= \frac{k-1}{\varkappa - 1}W_{12} = 0{,}75\,W_{12} = -187{,}7\ \mathrm{J};$$

$$Q_{12} = \Delta U_{12} - W_{12} = \frac{k - \varkappa}{\varkappa - 1}W_{12} = -0{,}25\,W_{12} = 62{,}6\ \mathrm{J}.$$

Dem Gas wird Wärme zugeführt ($Q_{12} > 0$), die der Umgebung entzogen wird.

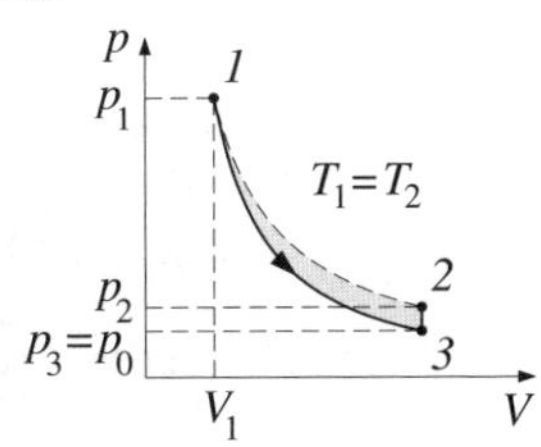

366 (Bild) a) Es gilt $T_1p_1^{\frac{1-\varkappa}{\varkappa}} = T_3p_3^{\frac{1-\varkappa}{\varkappa}}$, $p_3/T_3 = p_2/T_2$ und $T_1 = T_2$, folglich $T_1p_1^{\frac{1-\varkappa}{\varkappa}} = T_1(p_3/p_2)p_3^{\frac{1-\varkappa}{\varkappa}}$ oder $(p_1/p_3)^{\frac{1-\varkappa}{\varkappa}} = (p_2/p_3)^{-1}$. Die letzte Gleichung auf beiden Seiten logarithmiert und umgestellt nach $\varkappa$ ergibt

$$\varkappa = \frac{\ln(p_1/p_3)}{\ln(p_1/p_3) - \ln(p_2/p_3)}.$$

Mit $p_1 = p_0 + \Delta p_1$, $p_2 = p_0 + \Delta p_2$ und $p_3 = p_0$ sowie $\ln(1 + x) \approx x$ für $x \ll 1$ folgt

$$\varkappa = \frac{\ln(1 + \Delta p_1/p_0)}{\ln(1 + \Delta p_1/p_0) - \ln(1 + \Delta p_2/p_0)} \approx \frac{\Delta p_1}{\Delta p_1 - \Delta p_2} = 1{,}3.$$

b) Die aufgenommene Wärme ist $Q = \Delta U_{32} = mc_V(T_2 - T_3)$, bzw. mit $T_2 = T_1$, $T_3 = p_3T_2/p_2 = p_0T_1/(p_0 + \Delta p_2)$ und $m = p_1V_1/(RT_1) = (p_0 + \Delta p_1)V_1/(RT_1)$:

$$Q = \frac{(p_0 + \Delta p_1)V_1}{\varkappa - 1}\,\frac{\Delta p_2}{p_0 + \Delta p_2} \approx \frac{V_1\,\Delta p_2}{\varkappa - 1} = 77\ \mathrm{J}.$$

367 a) Mit $T_1 = T_1' = (273{,}15 + 600)$ K $= 873{,}15$ K als Temperatur des oberen Wärmespeichers und $T_2 = (273{,}15 + 25)$ K $= 298{,}15$ K als Temperatur des unteren Wärmespeichers folgt für den thermischen Wirkungsgrad des CARNOT-Prozesses

$$\eta_\mathrm{C} = 1 - \frac{T_2}{T_1'} = 1 - \frac{T_2}{T_1} = 0{,}659 = 65{,}9\,\%.$$

Mit der je Zeiteinheit zugeführten Wärme

$$\frac{Q_1}{t} = \frac{mH}{t} = \frac{1000\,\text{kg} \cdot 29\,\text{MJ/kg}}{3600\,\text{s}} = 8{,}06\,\text{MW}$$

erhält man für die erzeugte Leistung

$$P = \frac{|W|}{t} = \eta_C \frac{Q_1}{t} = 5{,}30\,\text{MW}.$$

Nach dem I. Hauptsatz für einen Kreisprozess: $Q_1 + Q_2 + W = \Delta U = 0$ oder $Q_1/t + Q_2/t = |W|/t$, beträgt die Abwärme je Zeiteinheit

$$\frac{Q_2}{t} = \frac{|W|}{t} - \frac{Q_1}{t} = (\eta_C - 1)\frac{Q_1}{t} = -2{,}75\,\text{MW}.$$

b) Mit dem Ausdruck $Q_1 = k(T_1 - T_1')$ für die zugeführte Wärme ergibt sich für die Temperaturabhängigkeit der Kreisprozessarbeit

$$|W| = \eta_C Q_1 = \left(1 - \frac{T_2}{T_1'}\right) k(T_1 - T_1') = k\left(T_1 + T_2 - T_1' - \frac{T_2 T_1}{T_1'}\right).$$

Aus der Extremwertbedingung

$$\frac{\mathrm{d}|W|}{\mathrm{d}T_1'} = k\left(-1 + \frac{T_2 T_1}{T_1'^2}\right) = 0$$

folgt für die optimale Temperatur des oberen Wärmespeichers $T_1' = \sqrt{T_1 \cdot T_2} = 510{,}2\,\text{K}$ und somit für den Wirkungsgrad des CARNOT-Prozesses nur

$$\eta_C = 1 - \frac{T_2}{T_1'} = 1 - \sqrt{\frac{T_2}{T_1}} = 41{,}6\%.$$

Die erzeugte Leistung beträgt daher $P = \eta_C Q_1/t = 3{,}35\,\text{MW}$ und die Abwärme je Zeiteinheit $Q_2/t = -4{,}70\,\text{MW}$.

368 a) Die CARNOT-Maschine liefert nutzbare Arbeit nur solange, wie ein Temperaturunterschied zwischen oberem und unterem Wärmespeicher besteht. Bei einer momentanen Temperatur T des unteren Wärmespeichers beträgt mit dem thermischen Wirkungsgrad des CARNOT-Prozesses $\eta_C = 1 - (T/T_1)$ die Abwärme je Zeiteinheit

$$\dot{Q}_2 = |\dot{W}| - \dot{Q}_1 = (\eta_C - 1)\dot{Q}_1 = -\frac{T}{T_1}\dot{Q}_1,$$

wobei T von anfänglich $T_2 = 293{,}15\,\text{K}$ auf maximal $T_1 = 573{,}15\,\text{K}$ (nach Temperaturausgleich mit dem oberen Wärmespeicher) ansteigt. $\dot{Q}_2$ ist gleich der Zunahme der inneren Energie des unteren Wärmespeichers je Zeiteinheit $C\,\mathrm{d}T/\mathrm{d}t$, d. h., es ist

$$-\dot{Q}_2 = \frac{T}{T_1}\dot{Q}_1 = C\frac{\mathrm{d}T}{\mathrm{d}t}, \tag{1}$$

oder umgestellt nach dem Zeitintervall $\mathrm{d}t$ und auf beiden Seiten von 0 bis t bzw. von T_2 bis T_1 integriert:

$$t = \frac{CT_1}{\dot{Q}_1}\int_{T_2}^{T_1}\frac{\mathrm{d}T}{T} = \frac{CT_1}{\dot{Q}_1}\ln\frac{T_1}{T_2} = 213{,}5\,\text{h} \approx 9\,\text{Tage}. \tag{2}$$

b) Die in dieser Zeit erzeugte Energie ist mit $\mathrm{d}|W| = \eta_C\,\mathrm{d}Q_1 = (1 - T/T_1)\,\mathrm{d}Q_1$ und nach Gleichung (1) $\mathrm{d}Q_1 = \dot{Q}_1\,\mathrm{d}t = CT_1\,\mathrm{d}T/T$:

$$|W| = CT_1\int_{T_2}^{T_1}\left(\frac{1}{T} - \frac{1}{T_1}\right)\mathrm{d}T = CT_1\left(\ln\frac{T_1}{T_2} - 1 + \frac{T_2}{T_1}\right) = 208{,}6\,\text{GJ}, \tag{3}$$

was mit (2) einer mittleren Leistung von $P = |W|/t \approx 0{,}27\,\text{MW}$ entspricht. c) Das Wasserbecken kann nur bis zur Siedetemperatur $T_S = 373{,}15\,\text{K}$ Abwärme aufnehmen, somit wird nach (2) $t = (CT_1/\dot{Q}_1)\ln(T_S/T_2) = 76{,}8\,\text{h} = 3{,}2$ Tage. Die in dieser Zeit erzeugte Energie ist nach (3) $|W| = CT_1[\ln(T_S/T_2) - (T_S/T_1) + (T_2/T_1)] = 116{,}6\,\text{GJ}$, was einer mittleren Leistung von $P = |W|/t \approx 0{,}42\,\text{MW}$ entspricht.

369 (Bild) W_{max} ist die mit einer zwischen $T_1 = 973{,}15$ K und $T_2 = 293{,}15$ K reversibel arbeitenden idealen Wärmekraftmaschine (CARNOT-Maschine) gewinnbare Arbeit. Diese ergibt sich aus der unter Abkühlung des Körpers von T auf $T - \mathrm{d}T$ der CARNOT-Maschine zugeführten Wärme $\mathrm{d}Q_1 = cm\,\mathrm{d}T$ und der damit erzeugten Kreisprozessarbeit $\mathrm{d}W = -\eta_C\,\mathrm{d}Q_1 = -(1 - T_2/T)\,\mathrm{d}Q_1$ durch Aufsummation zu

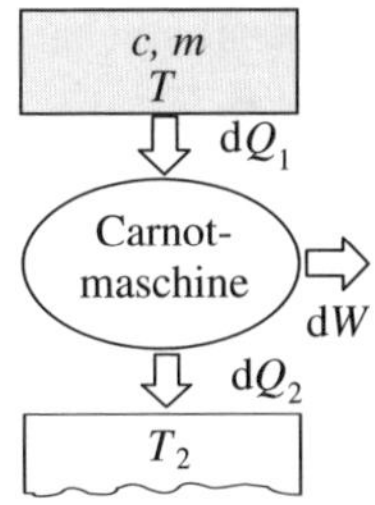

$$W_{max} = -\int_{T_2}^{T_1} \left(1 - \frac{T_2}{T}\right) cm\,\mathrm{d}T = cmT_2\left(1 - \frac{T_1}{T_2} - \ln\frac{T_2}{T_1}\right) \approx -164\,\mathrm{MJ}.$$

Das sind betragsmäßig 48,2% der zugeführten Wärme von $Q_1 = cm(T_1 - T_2) = 340$ MJ.

370 (Bild) Die dem Kühlgut je Zeiteinheit zu entziehende Wärme beträgt mit $\dot{m} = m/t = 1\,\mathrm{kg}/(60\,\mathrm{s}) = 0{,}0167\,\mathrm{kg/s}$:

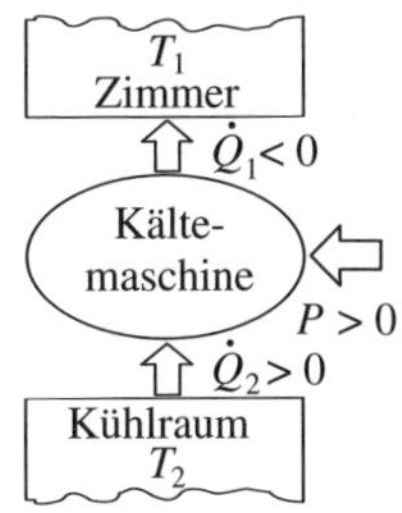

$$\dot{Q}_2 = \frac{Q_2}{t} = c\dot{m}(\vartheta_1 - \vartheta_2) = 1\,\mathrm{kW}.$$

Die dafür erforderliche Leistung $P = W/t$ folgt aus der Definition der Leistungszahl

$$\varepsilon_{KM} = \frac{Q_2}{W} = \frac{Q_2/t}{W/t} = \frac{\dot{Q}_2}{P}$$

und derjenigen des CARNOT-Prozesses

$$\varepsilon_{KM} = \frac{T_2}{T_1 - T_2} = \frac{278{,}15\,\mathrm{K}}{15\,\mathrm{K}} = 18{,}5$$

zu $P = \dot{Q}_2/(0{,}4\,\varepsilon_{KM}) \approx 135$ W. Diese dem Kühlschrank zuzuführende Leistung wird zusammen mit $\dot{Q}_2$ als Wärmestrom $\dot{Q}_1 = -P - \dot{Q}_2 \approx -1135$ W an das Zimmer abgegeben.

371 (Bild) Mit der Leistungszahl einer nach dem CARNOT-Prozess arbeitenden Wärmepumpe

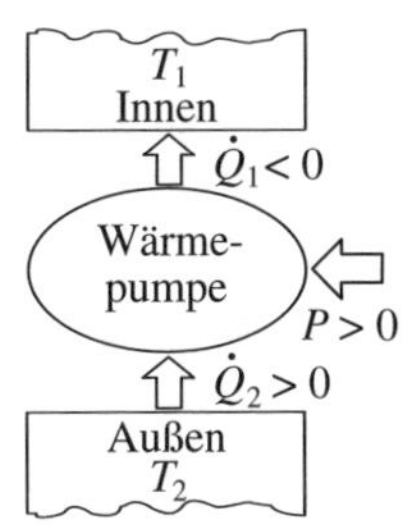

$$\varepsilon_{WP} = \frac{|Q_1|/t}{W/t} = \frac{|\dot{Q}_1|}{P} = \frac{T_1}{T_1 - T_2}$$

beträgt der von einer Wärmepumpe mit 40% Effizienz erzeugte Wärmestrom

$$|\dot{Q}_1| = 0{,}4\,\varepsilon_{WP}P = 0{,}4\,P\frac{T_1}{T_1 - T_2}.$$

Dieser muss gleich dem zur Heizung nötigen Wärmestrom $\dot{Q}_2 = \dot{q}(T_1 - T_2)$ mit $\dot{q} = 1{,}2$ kW/K sein, also $0{,}4\,PT_1/(T_1 - T_2) = \dot{q}(T_1 - T_2)$, oder aufgelöst nach der Außentemperatur: $T_2 = T_1 - \sqrt{0{,}4\,PT_1/\dot{q}}$. Mit $T_1 = 294{,}15$ K und den angegebenen Werten erhält man $T_2 = 267{,}95$ K bzw. $\vartheta_2 = -5{,}2\,°\mathrm{C}$. Eine direkte Heizung hätte die 4,5-fache Leistung $P = \dot{Q}_2 = \dot{q}(T_1 - T_2) = 31{,}4$ kW aufzubringen.

372 Die von der Wärmekraftmaschine abgegebene Leistung folgt mit dem thermischen Wirkungsgrad des CARNOT-Prozesses $\eta_C = (T_1 - T_2)/T_1$ zu

$$P = -\eta_C\dot{Q}_1 = -\frac{T_1 - T_2}{T_1}\dot{Q}_1. \qquad (1)$$

Die Abwärme je Zeiteinheit beträgt

$$\dot{Q}_2 = -\dot{Q}_1 - P = \frac{T_2}{T_1 - T_2}P.$$

Ersetzt man darin T_2 durch die Kühlraumtemperatur T_3 sowie T_1 durch die Umgebungstemperatur T_2 und wechselt das Vorzeichen von P (siehe Bild vorn), so erhält man die je Zeiteinheit dem Kühlraum von der Kältemaschine mittels der zugeführten Leistung $-P$ entzogene Wärme

$$\dot{Q}_3 = -\frac{T_3}{T_2 - T_3}P, \qquad \text{oder mit (1)} \qquad \dot{Q}_3 = \frac{T_3(T_1 - T_2)}{T_1(T_2 - T_3)}\dot{Q}_1.$$

Für $T_1 = 573{,}15$ K, $T_2 = 293{,}15$ K, $T_3 = 243{,}15$ K und $\dot{Q}_1 = 2$ kW erhält man $\dot{Q}_3 = 2{,}38\,\dot{Q}_1 = 4{,}75$ kW.

373 (Bild) a) Nach dem I. Hauptsatz $\Delta U = Q + W$ und der Zustandsgleichung $p = mRT/V$ sowie $c_V = R/(\varkappa - 1)$, $T_1 = 873{,}15$ K, $T_2 = 293{,}15$ K und $V_2/V_1 = 6$ folgt für die ausgetauschte Wärme von *1* nach *2*:

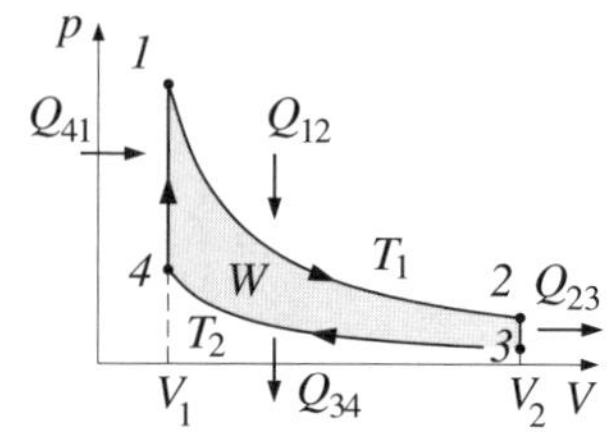

$$Q_{12} = -W_{12} = \int_{V_1}^{V_2} \frac{mRT_1}{V} \mathrm{d}V = mRT_1 \ln \frac{V_2}{V_1} = 1623{,}2\,\mathrm{J},$$

von *2* nach *3*:

$$Q_{23} = \Delta U_{23} = mc_V(T_2 - T_1) = \frac{mR}{\varkappa - 1}(T_2 - T_1) = -1504{,}4\,\mathrm{J},$$

von *3* nach *4*:

$$Q_{34} = -mRT_2 \ln \frac{V_2}{V_1} = -545{,}0\,\mathrm{J},$$

von *4* nach *1*:

$$Q_{41} = mc_V(T_1 - T_2) = 1504{,}4\,\mathrm{J}.$$

Die insgesamt zugeführte Wärme beträgt also $Q_{\text{zu}} = Q_{12} + Q_{41} = 3127{,}6$ J und die insgesamt an die Umgebung abgeführte Wärme $Q_{\text{ab}} = Q_{23} + Q_{34} = -2049{,}4$ J. Nach dem I. Hauptsatz für einen Umlauf $\Delta U = Q_{\text{zu}} + Q_{\text{ab}} + W = 0$ ergibt sich für die abgegebene Kreisprozessarbeit $W = -(Q_{\text{zu}} + Q_{\text{ab}}) = -1078{,}2$ J. Damit folgt für den thermischen Wirkungsgrad

$$\eta_{\text{th}} = \frac{|W|}{Q_{\text{zu}}} = \frac{Q_{\text{zu}} - |Q_{\text{ab}}|}{Q_{\text{zu}}} = 0{,}345 = 34{,}5\%.$$

b) Der thermische Wirkungsgrad eines CARNOT-Prozesses zwischen T_1 und T_2 beträgt

$$\eta_{\text{C}} = \frac{T_1 - T_2}{T_1} = 66{,}4\%,$$

also $\eta_{\text{th}} < \eta_{\text{C}}$. Der Kreisprozess ist folglich irreversibel, d. h., die Prozessführung ist nicht umkehrbar, ohne Veränderungen an der Umgebung zu hinterlassen.

c) Die Wärme Q_{23} bei der isochoren Abkühlung von *2* nach *3* wird nicht an die Umgebung abgegeben, sondern verbleibt im System als Wärme $Q_{41} = -Q_{23}$. Die aus der Umgebung (oberer Wärmespeicher) zugeführte Wärme beträgt jetzt $Q_{\text{zu}} = Q_{12}$ und die an die Umgebung (unterer Wärmespeicher) abgegebene Wärme $Q_{\text{ab}} = Q_{34}$, somit

$$\eta_{\text{th}} = \frac{Q_{12} - |Q_{34}|}{Q_{12}} = \frac{T_1 - T_2}{T_1} = 66{,}4\% = \eta_{\text{C}}!$$

374 Mit der isobar erzeugten Wärme von *2* nach *3* $Q_{23} = mc_p(T_3 - T_2)$, der isochor abgeführten Wärme von *4* nach *1* $Q_{41} = -mc_V(T_4 - T_1)$ und der damit nach dem I. Hauptsatz $Q_{23} + Q_{41} + W = \Delta U = 0$ resultierenden Kreisprozessarbeit $|W| = Q_{23} - |Q_{41}|$ folgt für den thermischen Wirkungsgrad

$$\eta_{\text{th}} = \frac{|W|}{Q_{23}} = 1 - \frac{|Q_{41}|}{Q_{23}} = 1 - \frac{c_V(T_4 - T_1)}{c_p(T_3 - T_2)} = 1 - \frac{1}{\varkappa}\frac{T_1}{T_2}\frac{(T_4/T_1) - 1}{(T_3/T_2) - 1}.$$

Mit $pV = mRT$ und $pV^{\varkappa} = \text{const}$ von *1* nach *2* und von *3* nach *4* gilt

$$T_2 V_2^{\varkappa-1} = T_1 V_1^{\varkappa-1} \qquad \text{und} \qquad T_4 V_1^{\varkappa-1} = T_3 V_3^{\varkappa-1},$$

wegen $p = \text{const}$ von *2* nach *3* $V_3/T_3 = V_2/T_2$. Somit wird

$$\frac{T_3}{T_2} = \frac{V_3}{V_2}, \qquad \frac{T_4}{T_1} = \frac{T_3}{T_2}\left(\frac{V_3}{V_2}\right)^{\varkappa-1} = \left(\frac{V_3}{V_2}\right)^{\varkappa}, \qquad \frac{T_1}{T_2} = \left(\frac{V_2}{V_1}\right)^{\varkappa-1},$$

$$\eta_{\text{th}} = 1 - \frac{1}{\varkappa}\left(\frac{V_2}{V_1}\right)^{\varkappa-1}\frac{(V_3/V_2)^{\varkappa} - 1}{(V_3/V_2) - 1} = 53{,}4\%.$$

375 Mit $Q_1/t = mH/t = 0{,}583$ MW und $\eta_{\text{C}} = 1 - (T_2/T_1) = 0{,}565$ folgt $P = \eta_{\text{C}} Q_1/t = 0{,}329$ MW und $Q_2/t = (\eta_{\text{C}} - 1)Q_1/t = -0{,}254$ MW.

376 a) Winter: Mit $T_1 = 293{,}15$ K (innen) und $T_2 = 263{,}15$ K (außen) folgt aus der Leistungszahl des Carnot-Prozesses $\varepsilon_{\text{WP}} = T_1/(T_1 - T_2) = 9{,}8$ und dem zuzuführenden Wärmestrom $|\dot{Q}_1| = \dot{q}(T_1 - T_2) =$

0,8 kW/K · 30 K = 24 kW eine Mindestleistung der Wärmepumpe von $P = \dot{W} = |\dot{Q}_1|/\varepsilon_{WP} = 2{,}46$ kW.
b) Sommer: Mit $T_2 = 293{,}15$ K (innen), $\dot{q} = 0{,}8$ kW/K und $P = 2{,}46$ kW folgt aus $P = |\dot{Q}_1|/\varepsilon_{WP}$ und dem der Umgebung zuzuführenden Wärmestrom $|\dot{Q}_1| = \dot{q}(T_1 - T_2)$ bei T_1 (außen) $P = \dot{q}(T_1 - T_2)^2/T_2$ und somit für die maximale Außentemperatur im Sommer $T_1 = \sqrt{PT_2/\dot{q}} + T_2 = 323{,}17\ \mathrm{K} = 50{,}0\ ^\circ\mathrm{C}$.

377 Mit $m = 10^4$ kg, $P = 7 \cdot 10^3$ W, $T_1 = 313{,}15$ K und $T_2 = 293{,}15$ K ergibt sich aus $|\dot{Q}_1| = cm\,\mathrm{d}T/\mathrm{d}t = PT/(T - T_2)$ für die Zeit

$$t = \frac{cm}{P}\int_{T_2}^{T_1}\left(1 - \frac{T_2}{T}\right)\mathrm{d}T = \frac{cmT_2}{P}\left(\frac{T_1}{T_2} - 1 - \ln\frac{T_1}{T_2}\right) = 3907\ \mathrm{s} \gtrapprox 1\ \mathrm{h}.$$

Mit $W = Pt = 27{,}3$ MJ und $|Q_1| = cm(T_1 - T_2) = 838{,}0$ MJ folgt $|Q_1|/W \approx 31$.

378 $\eta_{th} = (T_1 - T_2)/T_1 = 0{,}727 = 72{,}7\%$; mit $|W| = \eta_{th} Q_{zu}$ und $Q_{zu} = Q_{12} = mRT_1 \ln(V_2/V_1)$ folgt $P = n|W| = n\eta_{th} mRT_1 \ln(V_2/V_1) = 6{,}271$ kW; $p_{max} = p_1 = mRT_1/V_1 = 20{,}1$ bar.

379 $\eta_{th} = 1 - \dfrac{T_1}{T_2 - T_1}\ln\dfrac{T_2}{T_1} = 29{,}8\%$.

380 a) p, V-Diagramm (Bild). b) $\eta_{th} = \dfrac{|W|}{Q_{31}} = 1 - \dfrac{1}{\varkappa} - \dfrac{\varkappa - 1}{\varkappa}\dfrac{\ln(T_1/T_2)}{(T_1/T_2) - 1} = 0{,}088 = 8{,}8\%$;

c) $\varepsilon_{KM} = \dfrac{Q_{32} + Q_{21}}{W} = \dfrac{|Q_{13}| - W}{W} = \dfrac{1}{\eta_{th}} - 1 = 10{,}4$;

d) $\varepsilon_{WP} = |Q_{13}|/W = 1/\eta_{th} = 11{,}4$.

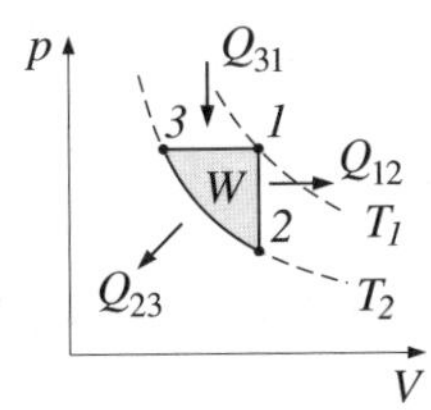

381 $\eta_{th} = 1 - (V_1/V_2)^{\varkappa - 1} = 56{,}5\%$; $p_1 = V_2 T_1 p_3/(V_1 T_3) = 40$ bar.

382 a) Die Entropieänderung des Gases ΔS_G ergibt sich aus

$$\mathrm{d}S_G = \frac{\mathrm{d}Q_{rev}}{T} = \frac{\mathrm{d}U + p\,\mathrm{d}V}{T} \tag{1}$$

mit $T = T_1 = 293{,}15$ K, $\mathrm{d}U = 0$ und $p = p_1 V_1/V$ zu

$$\Delta S_G = \frac{p_1 V_1}{T_1}\int_{V_1}^{V_2}\frac{\mathrm{d}V}{V} = \frac{p_1 V_1}{T_1}\ln\frac{V_2}{V_1} = 36{,}7\ \mathrm{J/K}. \tag{2}$$

Für die Entropieänderung der Umgebung ΔS_U gilt mit $\mathrm{d}S_U = \mathrm{d}Q/T$ und $T = T_1$:

$$\Delta S_U = \int\frac{\mathrm{d}Q}{T} = \frac{Q}{T_1}, \tag{3}$$

wobei die der Umgebung entzogene Wärme Q gleich der isotherm verrichteten Expansionsarbeit

$$Q = -Q_{rev} = W = -\int_{V_1}^{V_2} p\,\mathrm{d}V = -p_1 V_1 \ln\frac{V_2}{V_1} = -10{,}75\ \mathrm{kJ} \tag{4}$$

ist. Somit wird

$$\Delta S_U = -\frac{Q_{rev}}{T_1} = -\frac{p_1 V_1}{T_1}\ln\frac{V_2}{V_1} = -36{,}7\ \mathrm{J/K}.$$

Folglich wird die Entropieänderung des Gesamtsystems $\Delta S = \Delta S_G + \Delta S_U = 0$.
b) Wegen $\mathrm{d}Q_{rev} = \mathrm{d}U + p\,\mathrm{d}V = 0$ gilt nach (1) $\mathrm{d}S_G = 0$, also $\Delta S_G = 0$, d. h., die Expansion des Gases erfolgt *isentrop* ($S_G = \mathrm{const}$). Mit $Q = -Q_{rev} = 0$ ist nach (3) $\Delta S_U = 0$, somit auch $\Delta S = \Delta S_G + \Delta S_U = 0$. Man bemerke, dass infolge der verrichteten Expansionsarbeit $W = -\Delta U = -c_V m(T_1 - T_2)$ das Gas im Endzustand die niedrigere Temperatur $T_2 = (V_1/V_2)^{\varkappa - 1} T_1$ aufweist.
c) Mit $Q = 0$ und $W = 0$ gilt auch $\Delta U = c_V m(T_1 - T_2) = 0$, somit $T_2 = T_1$ im Endzustand. Da die Entropieänderung unabhängig vom Weg nur vom Anfangs- und Endzustand abhängt, kann ΔS_G für das Gas daher mit Hilfe eines den Anfangs- und Endzustand verbindenden reversiblen isothermen Ersatzprozesses nach (1) und (2) berechnet werden:

$$\Delta S_G = \int \frac{dQ_{rev}}{T} = \frac{p_1 V_1}{T_1} \int_{V_1}^{V_2} \frac{dV}{V} = \frac{p_1 V_1}{T_1} \ln \frac{V_2}{V_1} = 36{,}7 \text{ J/K}. \tag{5}$$

Mit $Q = 0$ gilt nach (3) für die Entropieänderung der Umgebung $\Delta S_U = 0$ und folglich für die Entropieänderung des Gesamtsystems

$$\Delta S = \Delta S_G + \Delta S_U = 36{,}7 \text{ J/K} > 0; \tag{6}$$

d. h., die Entropie von Gas und Umgebung nimmt bei einem irreversiblen Vorgang in Übereinstimmung mit dem II. Hauptsatz zu.

d) Die Umkehrung der reversiblen Vorgänge a) und b) ist wegen $\Delta S = 0$ ohne zusätzliche Arbeit möglich; hierfür muss nur die an die Umgebung abgegebene Arbeit derselben für die Kompression des Gases wieder entzogen werden. Die Umkehrung des irreversiblen Vorgangs c) erfordert hingegen nach (5) und (6) die zusätzliche Arbeit $W' = T_1 \Delta S = p_1 V_1 \ln(V_2/V_1) = 10{,}75$ kJ. Diese ist betragmäßig gleich der Expansionsarbeit (4), die man gewinnen würde, wenn man das Gas auf reversible Weise in den Endzustand brächte und die infolge der irreversiblen Expansion als nutzbare Arbeit verloren geht (Exergieverlust).

383 (Bild) Mit $T_1 = 673{,}15$ K und $T_2 = 303{,}15$ K sowie $\eta_C = (T_1 - T_2)/T_1 = 0{,}55$ und $|W| = \eta_C Q_1$ folgt für die von *1* nach *2* zugeführte Wärme $Q_1 = |W|/\eta_C = 7{,}28$ MJ und die von *3* nach *4* abgegebene Wärme $Q_2 = |W| - Q_1 = -3{,}28$ MJ. Für die Entropieänderung des Arbeitsgases ΔS_G gilt mit $T = T_1 = \text{const}$ von *1* nach *2* (isotherm)

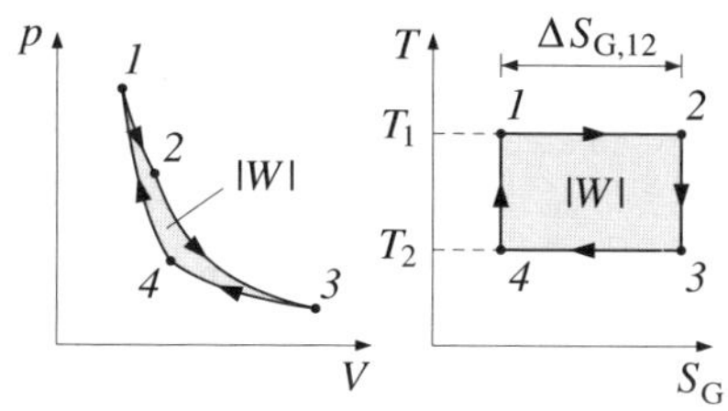

$$\Delta S_{G,12} = \int_1^2 \frac{dQ_{rev}}{T} = \frac{1}{T_1} \int_0^{Q_1} dQ_{rev} = \frac{Q_1}{T_1} = 10{,}81 \text{ kJ/K}$$

und mit $dQ_{rev} = 0$ von *2* nach *3* (isentrop) $\Delta S_{G,23} = 0$. Analog gilt mit $T = T_2 = \text{const}$ von *3* nach *4* $\Delta S_{G,34} = Q_2/T_2 = -10{,}81$ kJ/K und von *4* nach *1* $\Delta S_{G,41} = 0$. Für die Entropieänderung der Umgebung ΔS_U folgt mit der dem oberen Wärmespeicher entzogenen Wärme $-Q_1 = -7{,}28$ MJ und der dem unteren Wärmespeicher zugeführten Wärme $-Q_2 = 3{,}28$ MJ: $\Delta S_{U,12} = -Q_1/T_1 = -10{,}81$ kJ/K, $\Delta S_{U,23} = 0$, $\Delta S_{U,34} = -Q_2/T_2 = 10{,}81$ kJ/K und $\Delta S_{U,41} = 0$. Somit gilt für die Entropieänderung ΔS des Gesamtsystems aus Arbeitsgas und Umgebung nach jedem Teilprozess und nach einem Umlauf $\Delta S = \Delta S_G + \Delta S_U = 0$. Der CARNOT-Prozess bleibt also nach jedem Teilschritt reversibel, seine Umkehrung führt Gas und Umgebung in den Anfangszustand zurück.

384 Folgende Wärmen werden ausgetauscht: Von *1* nach *2* $Q_{12} = mc_p(T_2 - T_1)$, von *2* nach *3* $Q_{23} = mRT_2 \ln(p_1/p_2)$, von *3* nach *4* $Q_{34} = mc_p(T_1 - T_2)$, von *4* nach *1* $Q_{41} = mRT_1 \ln(p_2/p_1)$. a) Die Entropieänderung des Gases nach einem Umlauf ist null; die der Umgebung besteht aus der Entropieabnahme des oberen Wärmespeichers $-(Q_{12} + Q_{23})/T_2$ und der Entropiezunahme des unteren Wärmespeichers $-(Q_{34} + Q_{41})/T_1$; die spezifische Entropieänderung des Systems ist also

$$\frac{\Delta S}{m} = -c_p \frac{T_2 - T_1}{T_2} - R \ln \frac{p_1}{p_2} - c_p \frac{T_1 - T_2}{T_1} + R \ln \frac{p_1}{p_2} = c_p \frac{(T_2 - T_1)^2}{T_1 T_2} \approx 1 \text{ kJ/(kg K)} > 0.$$

b) Mit der je Kilogramm des Gases zugeführten Wärme $Q_{zu}/m = Q_{12}/m + Q_{23}/m = c_p(T_2 - T_1) + RT_2 \ln(p_1/p_2) = 1192{,}8$ kJ/kg und der abgeführten Wärme $Q_{ab}/m = Q_{34}/m + Q_{41}/m = -831{,}0$ kJ/kg wird $\eta_{th} = 1 - |Q_{ab}|/Q_{zu} = 0{,}303$. Der thermische Wirkungsgrad eines reversiblen Kreisprozesses zwischen T_2 und T_1 ist $\eta_C = 1 - T_1/T_2 = 0{,}617$, also $\eta_{th} < \eta_C$. c) Die beiden isobaren Prozesse sind irreversibel, da Wärme (bei nur zwei Wärmespeichern) bei endlicher Temperaturdifferenz ausgetauscht wird und somit irreversibler Temperaturausgleich durch Wärmeleitung stattfindet. Bei Umkehrung des Prozesses wird deshalb von *4* nach *3* Wärme dem oberen Speicher entnommen und von *2* nach *1* an den unteren abgegeben. Die Wärmespeicher werden daher nicht wieder in den Anfangszustand zurückgeführt.

385 Jedes der beiden Gase expandiert irreversibel adiabatisch auf das gemeinsame Endvolumen V, wobei wegen $\mathrm{d}Q = 0$ (wärmeisoliertes System) und $\mathrm{d}W = 0$ (keine Arbeitsverrichtung) die Endtemperatur gleich der Anfangstemperatur $T = 293{,}15$ K ist. Der Übergang zum reversiblen isothermen Ersatzprozess (vgl. Aufgabe 382c) ergibt daher mit $\mathrm{d}Q_{\mathrm{rev}} = -\mathrm{d}W = p\,\mathrm{d}V$ und $p = p_1V_1/V$ für die Entropiezunahme des Argon-Gases

$$\Delta S_1 = \int_1^2 \frac{\mathrm{d}Q_{\mathrm{rev}}}{T} = \frac{p_1V_1}{T}\int_{V_1}^{V} \frac{\mathrm{d}V'}{V'} = \frac{p_1V_1}{T}\ln\frac{V}{V_1} = 4{,}50\ \mathrm{kJ/K}$$

und analog für die Entropiezunahme des Helium-Gases $\Delta S_2 = (p_2V_2/T)\ln(V/V_2) = 2{,}44$ kJ/K. Die gesamte Entropiezunahme beträgt somit $\Delta S = \Delta S_1 + \Delta S_2 = 6{,}94$ kJ/K. Mit $p_1V_1 = n_1R_\mathrm{m}T$, $p_2V_2 = n_2R_\mathrm{m}T$ und $pV = (n_1+n_2)R_\mathrm{m}T$ folgt für den Druck des Mischgases $p = (p_1V_1+p_2V_2)/V = 26{,}7$ MPa und mit $n = n_1 + n_2$ für die Mengenanteile

$$\frac{n_1}{n} = \frac{p_1V_1}{pV} = 0{,}75 \qquad \text{sowie} \qquad \frac{n_2}{n} = \frac{p_2V_2}{pV} = 1 - \frac{n_1}{n} = 0{,}25.$$

386 Luft von $m = 1$ kg enthält $n_\mathrm{A} = 0{,}231\,m/M_\mathrm{A} = 7{,}2$ mol O_2 (mit $M_\mathrm{A} = 32$ g/mol als Molmasse von O_2) und $n_\mathrm{B} = 0{,}769\,m/M_\mathrm{B} = 27{,}5$ mol N_2 (mit $M_\mathrm{B} = 28$ g/mol als Molmasse von N_2). Mit der Zustandsgleichung des Gemisches $pV = (n_\mathrm{A} + n_\mathrm{B})R_\mathrm{m}T$ und den jeweiligen Zustandsgleichungen der Komponenten nach Entmischung

$$pV_\mathrm{A} = n_\mathrm{A}R_\mathrm{m}T \qquad \text{bzw.} \qquad pV_\mathrm{B} = n_\mathrm{B}R_\mathrm{m}T$$

erhält man $V/V_\mathrm{A} = (n_\mathrm{A}+n_\mathrm{B})/n_\mathrm{A} = 4{,}80$ und $V/V_\mathrm{B} = (n_\mathrm{A}+n_\mathrm{B})/n_\mathrm{B} = 1{,}26$. Aus der Entropieverminderung bei der Entmischung $-\Delta S$, die betragsmäßig gleich ist der Entropiezunahme beim umgekehrten Vorgang der irreversiblen Mischung (vgl. Aufgabe 385)

$$\Delta S = n_\mathrm{A}R_\mathrm{m}\ln\frac{V}{V_\mathrm{A}} + n_\mathrm{B}R_\mathrm{m}\ln\frac{V}{V_\mathrm{B}} = 147{,}5\ \mathrm{J/K},$$

folgt mit $T = 293{,}15$ K die Entmischungsarbeit zu $W = T\,\Delta S = 43{,}2$ kJ. Diese ist betragsmäßig gleich der Arbeit

$$W = -n_\mathrm{A}R_\mathrm{m}T\int_{V_\mathrm{A}}^{V}\frac{\mathrm{d}V'}{V'} - n_\mathrm{B}R_\mathrm{m}T\int_{V_\mathrm{B}}^{V}\frac{\mathrm{d}V'}{V'},$$

die man gewinnt, wenn man die getrennten Bestandteile O_2 und N_2 auf reversible Weise, d. h. durch eine geführte isotherme Expansion von V_A bzw. V_B auf V, in den gemischten Zustand bringt (Exergie der Mischung).

387 Für den Druck p nach Ausgleich unter isothermen Bedingungen erhält man mit $p_1'V_1' = p_1V_1$ und $p_2'V_2' = p_2V_2$ sowie $V_1' + V_2' = V_1 + V_2$ den Wert $p = p_1' = p_2' = (p_1V_1 + p_2V_2)/(V_1 + V_2) = 9$ bar, und für die Teilvolumina $V_1' = p_1V_1/p = 1{,}67$ l; $V_2' = p_2V_2/p = 3{,}33$ l. Reversible isotherme Kompression von V_1 auf V_1' ergibt mit $\mathrm{d}Q_{\mathrm{rev}} = p\,\mathrm{d}V = p_1V_1\,\mathrm{d}V/V$ die Entropieabnahme

$$\Delta S_1 = \int_1^{1'}\frac{\mathrm{d}Q_{\mathrm{rev}}}{T} = \frac{p_1V_1}{T}\int_{V_1}^{V_1'}\frac{\mathrm{d}V}{V} = \frac{p_1V_1}{T}\ln\frac{V_1'}{V_1} = -1{,}54\ \mathrm{J/K},$$

isotherme Expansion von V_2 auf V_2' auf analoge Weise die Entropiezunahme

$$\Delta S_2 = \frac{p_2V_2}{T}\ln\frac{V_2'}{V_2} = 2{,}67\ \mathrm{J/K}.$$

Für die Entropieänderung des Systems folgt somit insgesamt die Zunahme $\Delta S = \Delta S_1 + \Delta S_2 = 1{,}14$ J/K > 0; der betrachtete Druckausgleich ist irreversibel. Damit verbunden ist ein Verlust an Arbeitsfähigkeit des Systems von $\Delta W = T\,\Delta S \approx 651$ J.

388 Mit der in reversibel geführten Schritten vom Eis aufgenommenen Wärme $\mathrm{d}Q_{\mathrm{rev}} = c_\mathrm{E}m_\mathrm{E}\,\mathrm{d}T$ bei der Erwärmung von $T_1 = 263{,}15$ K auf $T_\mathrm{S} = 273{,}15$ K, der bei $T = T_\mathrm{S}$ aufgenommenen Schmelzwärme

sm_E und der in reversibel geführten Schritten vom geschmolzenen Eis aufgenommenen Wärme $dQ_{rev} = c_W m_E \, dT$ bei der Erwärmung von T_S auf $T_2 = 283{,}15$ K ergibt sich für das Eis die Entropiezunahme

$$\Delta S_E = \int_{T_1}^{T_S} \frac{c_E m_E}{T} dT + \frac{sm_E}{T_S} + \int_{T_S}^{T_2} \frac{c_W m_E}{T} dT = c_E m_E \ln \frac{T_S}{T_1} + \frac{sm_E}{T_S} + c_W m_E \ln \frac{T_2}{T_S}$$
$$= 15{,}59 \text{ J/K} + 244{,}55 \text{ J/K} + 30{,}13 \text{ J/K} = 290{,}27 \text{ J/K}.$$

Von der Umgebung (Wasserbad) wird bei der konstanten Temperatur T_2 an das Eis die Wärme

$$Q = -[c_E m_E (T_S - T_1) + sm_E + c_W m_E (T_2 - T_S)] = -79{,}36 \text{ kJ}$$

abgegeben; folglich erfährt diese eine Entropieabnahme um $\Delta S_U = Q/T_2 = -280{,}28$ J/K. Die Entropieänderung des abgeschlossenen Systems aus Eis und Umgebung beträgt somit $\Delta S = \Delta S_E + \Delta S_U \approx 10$ J/K > 0. Schmelzen einschließlich Temperaturausgleich in einer Umgebung konstanter Temperatur ist also ein irreversibler Vorgang.

389 a) Mit den Wärmekapazitäten $C_1 = c\varrho V_1 = 4{,}19 \cdot 10^6$ GJ/K des Thermalwasserspeichers und $C_2 = c\varrho V_2 = 20{,}95 \cdot 10^6$ GJ/K $= 5\,C_1$ des Kaltwasserspeichers gilt für die irreversibel ausgetauschte Wärme $Q = C_1(T_1 - T_M) = C_2(T_M - T_2)$, woraus sich mit $T_1 = 358{,}15$ K und $T_2 = 283{,}15$ K die „Mischungstemperatur" $T_M = (C_1 T_1 + C_2 T_2)/(C_1 + C_2) = 295{,}65 \text{ K} = 22{,}50\,°\text{C}$ und somit für die Wärme $Q = 261{,}875 \cdot 10^6$ GJ ergibt. Die Entropieänderung beträgt

$$\Delta S = \int_{T_1}^{T_M} \frac{C_1}{T} dT + \int_{T_2}^{T_M} \frac{C_2}{T} dT = C_1 \ln \frac{T_M}{T_1} + C_2 \ln \frac{T_M}{T_2} = 0{,}101 \cdot 10^6 \text{ GJ/K}. \qquad (1)$$

b) Bei reversibel geführtem Temperaturausgleich ist die Entropieänderung des aus beiden Wärmespeichern bestehenden Systems null, also mit (1) $\Delta S = C_1 \ln(T'_M/T_1) + C_2 \ln(T'_M/T_2) = 0$. Umgestellt folgt daraus für die Ausgleichstemperatur

$$T'_M = T_1^{\frac{C_1}{C_1+C_2}} T_2^{\frac{C_2}{C_1+C_2}} = (358{,}15 \text{ K})^{\frac{1}{6}} \cdot (283{,}15 \text{ K})^{\frac{5}{6}} = 294{,}46 \text{ K} = 21{,}31\,°\text{C}.$$

c) Der Thermalwasserspeicher gibt die Wärme $Q_1 = C_1(T_1 - T'_M) = 266{,}86 \cdot 10^6$ GJ ab, der See nimmt die davon verschiedene Wärme $Q_2 = C_2(T'_M - T_2) = 236{,}94 \cdot 10^6$ GJ auf, so dass die maximal erhältliche Arbeit $|W| = Q_1 - Q_2 = 29{,}92 \cdot 10^6$ GJ beträgt. Dies sind

$$\overline{\eta}_{th} = \frac{|W|}{Q_1} = 1 - \frac{C_2(T'_M - T_2)}{C_1(T_1 - T'_M)} = 0{,}112 \;\; (11{,}2\%)$$

der dem Thermalwasserspeicher zur Arbeitsverrichtung entnehmbaren Wärme Q_1 (mittlerer thermischer Wirkungsgrad). Die Annahme unendlich großer Wärmekapazitäten würde einen wesentlich zu großen umgewandelten Energieanteil von $\eta_C = (T_1 - T_2)/T_1 = 20{,}9\%$ ergeben.

390 a) Die maximale Arbeit ist die bei reversiblem Wärmeaustausch mit der Umgebung, also mittels je einer CARNOT-Maschine, zwischen jedem der zunächst getrennten Wärmespeicher von $T_1 = 473{,}15$ K bzw. $T_2 = 673{,}15$ K und der Umgebung von $T_0 = 293{,}15$ K gewinnbare Arbeit. Diese erhält man aus der bei Abkühlung um dT der jeweiligen CARNOT-Maschine zugeführten Wärme $dQ_1 = C_1 \, dT$ bzw. $dQ_2 = C_2 \, dT$ und der dabei gewonnenen Kreisprozessarbeit $dW_1 = \eta_C \, dQ_1 = (1 - T_0/T) C_1 \, dT$ bzw. $dW_2 = \eta_C \, dQ_2 = (1 - T_0/T) C_2 \, dT$ durch Aufsummation zu

$$W_1 = \int_{T_1}^{T_0} \left(1 - \frac{T_0}{T}\right) C_1 \, dT = C_1 \left(T_0 - T_1 - T_0 \ln \frac{T_0}{T_1}\right), \quad W_2 = C_2 \left(T_0 - T_2 - T_0 \ln \frac{T_0}{T_2}\right). \qquad (1)$$

Nach Temperaturausgleich untereinander bei Erhaltung ihrer Gesamtenergie, d. h. $C_1 T_1 + C_2 T_2 = (C_1 + C_2) T_3$, haben die Wärmespeicher die gemeinsame „Mischungstemperatur"

$$T_3 = \frac{C_1 T_1 + C_2 T_2}{C_1 + C_2} = 548{,}15 \text{ K}, \qquad (2)$$

und folglich ist die jetzt gewinnbare Arbeit analog zu (1)

$$W_3 = (C_1 + C_2)\left(T_0 - T_3 - T_0 \ln \frac{T_0}{T_3}\right). \tag{3}$$

Für den Verlust an Arbeitsfähigkeit ergibt sich mit (1) und (3) und nach Umformung unter Beachtung von (2)

$$\Delta W = W_3 - (W_1 + W_2) = T_0 \left(C_1 \ln \frac{T_3}{T_1} + C_2 \ln \frac{T_3}{T_2}\right) = 3501\ \text{MJ}. \tag{4}$$

Dies ist ein Arbeitsverlust von $\Delta W/|W_1 + W_2| = (3501\ \text{MJ})/(60\,723\ \text{MJ}) \approx 5{,}8\%$.
b) Die Entropiezunahme bei Temperaturausgleich der Wärmespeicher untereinander beträgt

$$\Delta S = \int \frac{dQ_{rev}}{T} = \int_{T_1}^{T_3} \frac{C_1}{T} dT + \int_{T_2}^{T_3} \frac{C_2}{T} dT = C_1 \ln \frac{T_3}{T_1} + C_2 \ln \frac{T_3}{T_2} = 11{,}9\ \text{MJ/K}. \tag{5}$$

Wie man aus (4) und (5) erkennt, besteht zwischen dem Entropiegewinn ΔS und dem Verlust an Arbeitsfähigkeit ΔW der unmittelbare Zusammenhang $\Delta S = \Delta W/T_0$. Der Arbeitswert der konstant gebliebenen Energie der Wärmespeicher hat sich also durch Entropiezunahme verringert.

391 Mit $C_{mV} = (3/2)R_m$, $R_m = 8{,}3145$ J/(mol K) und $n = 1$ mol wird a) $\Delta S = nC_{mV} \ln(T_2/T_1) + nR_m \ln(V_2/V_1) = (5/2)nR_m \ln 2 = 14{,}41$ J/K; b) $\Delta S = nR_m \ln 2 = 5{,}76$ J/K; c) $\Delta S = 0$.

392 a) $\Delta S_a = C_{V_1} n_1 \ln(T_M/T_1) + C_{V_2} n_2 \ln(T_M/T_2) = 0{,}211\ \text{J/K} > 0$; b) $\Delta S_b = \Delta S_a + n_1 R_m \times \ln(V_1'/V_1) + n_2 R_m \ln(V_2'/V_2) = 0{,}211\ \text{J/K} + 0{,}615\ \text{J/K} = 0{,}826$ J/K.

393 a) Mit $p_1 = 10^7$ Pa, $p_2 = 15 \cdot 10^5$ Pa, $V_1 = 60 \cdot 10^{-3}\ \text{m}^3$ und $T_1 = 293{,}15$ K folgt $\Delta S = (p_1 V_1/T_1) \ln(p_1/p_2) = 3{,}883$ kJ/K; b) $W = T_1 \Delta S = 1{,}138$ MJ. Der Umgebung wird die Wärme $Q = W$ entzogen.

394 Übergang in den Endzustand durch reversible Wärmeabgabe des Eisens in infinitesimalen Schritten $dQ_{rev} = cm\,dT$ bei der Temperatur T ergibt

$$\Delta S_E = \int_{T_1}^{T_2} \frac{cm}{T} dT = cm \ln \frac{T_2}{T_1} = -609{,}9\ \text{J/K}.$$

Aufnahme der vom Eisen abgegebenen Wärme $Q = cm(T_1 - T_2)$ von der Luft bei der konstanten Temperatur T_2 ergibt $\Delta S_L = Q/T_2 = cm(T_1 - T_2)/T_2 = 1250{,}6$ J/K, somit $\Delta S = \Delta S_E + \Delta S_L = 640{,}7\ \text{J/K} > 0$, die Abkühlung ist irreversibel.

395 Bei reversibel geführter Abkühlung ist die Entropieänderung des abgeschlossenen Systems Eisen plus Luft gleich null, also $\Delta S = cm \ln(T_2/T_1) + Q/T_2 = 0$ und somit $Q = cmT_2 \ln(T_1/T_2) = 178{,}8$ kJ. Die erhaltene Arbeit beträgt $|W| = cm(T_1 - T_2) - Q = 187{,}8$ kJ. Dies ist zugleich die durch Ausnutzung des Temperaturgefälles zwischen Körper und Umgebung maximal erhältliche Arbeit.

396 Die Entropieabnahme von $m = 1$ kg Blei (Pb) ergibt sich mit $T_1 = 773{,}15$ K, $T_S = 600{,}15$ K, $T_2 = 293{,}15$ K und den gegebenen Werten für s, c_{Fl} und c_F zu

$$\Delta S_{Pb} = -c_{Fl} m \ln(T_1/T_S) - sm/T_S - c_F m \ln(T_S/T_2) = -179{,}1\ \text{J/K};$$

die Entropiezunahme der Luft mit $Q = c_{Fl} m(T_1 - T_S) + sm + c_F m(T_S - T_2) = 93{,}781$ kJ zu $\Delta S_L = Q/T_2 = 319{,}9$ J/K; also $\Delta S = \Delta S_{Pb} + \Delta S_L = 140{,}8\ \text{J/K} > 0$ (irreversibel).

397 a) Mit $C_1 = c_1 m_1 = 0{,}450$ kJ/K, $C_2 = c_2 m_2 = 3{,}584$ kJ/K und $Q = C_1(T_1 - T) = C_2(T - T_2)$ gilt $T = (C_1 T_1 + C_2 T_2)/(C_1 + C_2) = 324{,}38\ \text{K} = 51{,}2\,°\text{C}$; $\Delta S = C_1 \ln(T/T_1) + C_2 \ln(T/T_2) = -256\ \text{J/K} + 363\ \text{J/K} = 107$ J/K. b) Aus $\Delta S = C_1 \ln(T'/T_1) + C_2 \ln(T'/T_2) = 0$ folgt

$$T' = T_1^{\frac{C_1}{C_1+C_2}} T_2^{\frac{C_2}{C_1+C_2}} = T_1^{0{,}112} T_2^{0{,}888} = 315{,}92\ \text{K} = 42{,}8\,°\text{C};$$

$|W| = C_1(T_1 - T') - C_2(T' - T_2) = 115{,}8\ \text{kJ} - 81{,}6\ \text{kJ} = 34{,}2$ kJ.

398 Mit $n_1 = p_1 V_1/(R_m T_1) = 24{,}62$ mol für Argon und $n_2 = p_2 V_2/(R_m T_2) = 4{,}85$ mol für Sauerstoff sowie $T_M = (C_{mV_1} n_1 T_1 + C_{mV_2} n_2 T_2)/(C_{mV_1} n_1 + C_{mV_2} n_2) = 282{,}04$ K ist $\Delta S_1 = C_{mV_1} n_1 \ln(T_M/T_1) +$

$n_1 R_m \ln(V/V_1) = 317{,}60\,\mathrm{J/K}$ und $\Delta S_2 = C_{mV_2} n_2 \ln(T_M/T_2) + n_2 R_m \ln(V/V_2) = 105{,}73\,\mathrm{J/K}$, somit $\Delta S = \Delta S_1 + \Delta S_2 = 423{,}33\,\mathrm{J/K}$.

399 Aus $\mathrm{d}p/\mathrm{d}V = 0$ (verschwindender Anstieg im p, V-Diagramm) und $\mathrm{d}^2p/\mathrm{d}V^2 = 0$ (Wendepunkt) für $T = T_k$ (kritische Isotherme) folgen mit

$$p = \frac{nR_mT}{V - nb} - \frac{n^2a}{V^2} \tag{1}$$

die Gleichungen

$$\frac{\mathrm{d}p}{\mathrm{d}V} = -\frac{nR_mT}{(V-nb)^2} + \frac{2n^2a}{V^3} = 0 \quad \text{oder} \quad \frac{nR_mT}{(V-nb)^2} = \frac{2n^2a}{V^3}, \tag{2}$$

$$\frac{\mathrm{d}^2p}{\mathrm{d}V^2} = \frac{2nR_mT}{(V-nb)^3} - \frac{6n^2a}{V^4} = 0 \quad \text{oder} \quad \frac{2nR_mT}{(V-nb)^3} = \frac{6n^2a}{V^4}. \tag{3}$$

Gleichung (2) durch (3) dividiert führt auf $V = V_k = 3nb$, somit nach (2) $T_k = 8a/(27bR_m)$ und nach (1) $p_k = a/(27b^2)$. Für CO_2 erhält man $T_k = 303{,}9\,\mathrm{K}$, $p_k = 7{,}38\,\mathrm{MPa}$ und $V_{m,k} = V_k/n = 3b = 0{,}128\,\mathrm{m^3/kmol}$.

400 (Bild) a) Mit $p = p_k\overline{p}$, $T = T_k\overline{T}$, $V = V_k\overline{V}$ sowie $nR_mT_k/(p_kV_k) = 8/3$ und $n^2a/(p_kV_k^2) = 3$ geht die VAN-DER-WAALSsche Zustandsgleichung (s. Aufgabe 399) über in die stoffunabhängige reduzierte Zustandsgleichung

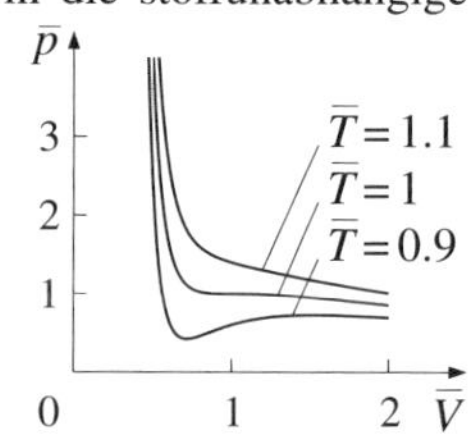

$$\overline{p} = \frac{8}{3}\frac{\overline{T}}{\overline{V} - \frac{1}{3}} - \frac{3}{\overline{V}^2}. \tag{1}$$

b) Mit $M = (12 + 16 \cdot 2)\,\mathrm{kg/kmol} = 44\,\mathrm{kg/kmol}$ und $m = 1\,\mathrm{kg}$ folgt $n = m/M = 0{,}0227\,\mathrm{kmol}$, somit $\overline{V} = V/(nV_{m,k}) = 40 \cdot 10^{-3}\,\mathrm{m^3}/(0{,}0227\,\mathrm{kmol} \cdot 0{,}128\,\mathrm{m^3/kmol}) = 13{,}75$, $\overline{T} = T/T_k = 273{,}15\,\mathrm{K}/303{,}9\,\mathrm{K} = 0{,}899$ und damit nach (1) $\overline{p} = 0{,}163$ oder $p = p_k\overline{p} = 7{,}38\,\mathrm{MPa} \cdot 0{,}163 \approx 1{,}20\,\mathrm{MPa}$ für den Behälterdruck. Für ein ideales Gas erhält man $p = nR_mT/V \approx 1{,}29\,\mathrm{MPa}$. c) Aus (1) folgt $\overline{V} > 1/3$ oder $V > nV_{m,k}/3$ und somit $\varrho = m/V \lesssim 3M/V_{m,k} = 1031\,\mathrm{kg/m^3}$ für die Dichte von flüssigem Kohlendioxid.

401 (Bild) V_D und V_{Fl} erfüllen beide die VAN-DER-WAALS-Gleichung in den reduzierten Variablen $\overline{V} = V/V_k$, $\overline{p} = p/p_k$ und $\overline{T} = T/T_k$

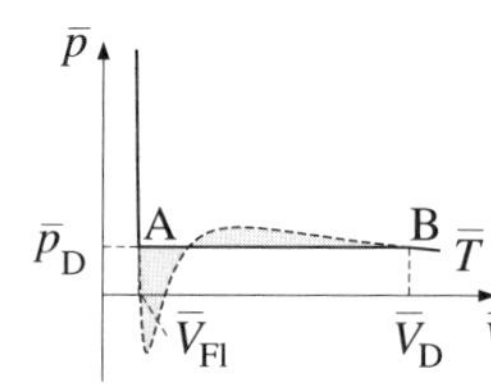

$$\overline{p} = \frac{8\overline{T}}{3\overline{V} - 1} - \frac{3}{\overline{V}^2} \tag{1}$$

für denselben Druck $p = p_D$ bzw. $\overline{p} = \overline{p}_D$, oder geschrieben als kubische Gleichung

$$\overline{V}^3 - \left(\frac{8\overline{T}}{3\overline{p}_D} + \frac{1}{3}\right)\overline{V}^2 + \frac{3}{\overline{p}_D}\overline{V} - \frac{1}{\overline{p}_D} = 0. \tag{2}$$

Der Dampfdruck $p_D = \overline{p}_D p_k$ ergibt sich aus der Gleichheit der schraffierten Flächenstücke oberhalb und unterhalb der Geraden A–B im Bild (MAXWELL-Kriterium), oder mit (1)

$$\overline{p}_D(\overline{V}_D - \overline{V}_{Fl}) = \int_{\overline{V}_{Fl}}^{\overline{V}_D} \overline{p}\,\mathrm{d}\overline{V} = \frac{8\overline{T}}{3}\ln\frac{3\overline{V}_D - 1}{3\overline{V}_{Fl} - 1} - 3\left(\frac{1}{\overline{V}_{Fl}} - \frac{1}{\overline{V}_D}\right). \tag{3}$$

Beginnend mit einem Schätzwert $\overline{p}_D < 1$ bestimmt man die kleinste und größte (reelle) Wurzel von (2), die, für $\overline{V}_{Fl}$ bzw. $\overline{V}_D$ in (3) eingesetzt, einen verbesserten Wert für $\overline{p}_D$ liefern; für diesen wird erneut die kubische Gleichung (2) gelöst usw. Mit $\overline{T} = 293{,}15\,\mathrm{K}/370\,\mathrm{K} = 0{,}7923$ und dem Startwert $\overline{p}_D^{(0)} = 0{,}2$ erhält man schon nach wenigen Iterationen $\overline{V}_D = 4{,}366$, $\overline{V}_{Fl} = 0{,}5127$ und $\overline{p}_D = 0{,}3665$. Mit $n = m/M = 11{,}364\,\mathrm{mol}$ und $V_k = 3nR_mT_k/(8p_k) = 3{,}085 \cdot 10^{-3}\,\mathrm{m^3}$ folgt daraus $V_D = \overline{V}_D V_k = 13{,}47\,\mathrm{l}$, $V_{Fl} = \overline{V}_{Fl}V_k = 1{,}58\,\mathrm{l}$ und $p_D = \overline{p}_D p_k = 1{,}558\,\mathrm{MPa}$.

402 a) Mit $\mathrm{d}Q = 0$ (kein Wärmeaustausch) und $\mathrm{d}W = 0$ (keine Arbeitsverrichtung) gilt $\mathrm{d}U = 0$, oder mit der Änderung der inneren Energie (kalorische Zustandsgleichung) des VAN-DER-WAALS-Gases

$$\mathrm{d}U = nC_{\mathrm{m}V}\,\mathrm{d}T + \frac{n^2a}{V^2}\mathrm{d}V = 0. \tag{1}$$

Umgestellt und integriert folgt

$$\Delta T = -\frac{na}{C_{\mathrm{m}V}}\int_{V_1}^{V_2}\frac{\mathrm{d}V}{V^2} = \frac{na}{C_{\mathrm{m}V}}\left(\frac{1}{V_2} - \frac{1}{V_1}\right).$$

Mit den angegebenen Werten erhält man $\Delta T = -21{,}6$ K. b) Mit (1) und der Zustandsgleichung

$$p = \frac{nR_\mathrm{m}T}{V - nb} - \frac{n^2a}{V^2}$$

wird

$$\mathrm{d}Q_\mathrm{rev} = \mathrm{d}U + p\,\mathrm{d}V = nC_{\mathrm{m}V}\,\mathrm{d}T + \frac{nR_\mathrm{m}T}{V - nb}\mathrm{d}V,$$

$$\Delta S = \int_{(1)}^{(2)}\frac{\mathrm{d}Q_\mathrm{rev}}{T} = -nC_{\mathrm{m}V}\ln\frac{T_1}{T_2} + nR_\mathrm{m}\ln\frac{V_2 - nb}{V_1 - nb}.$$

Für $T_1 = 293{,}15$ K und $T_2 = T_1 + \Delta T = 271{,}55$ K erhält man $\Delta S = 1{,}838$ J/K > 0.

403 Aus

$$\Delta S = nC_{\mathrm{m}V}\ln\frac{T_2}{T_1} + nR_\mathrm{m}\ln\frac{V_2 - nb}{V_1 - nb} = 0$$

(vgl. Aufgabe 402 b) folgt mit $\varkappa = (C_{\mathrm{m}V} + R_\mathrm{m})/C_{\mathrm{m}V}$ die Beziehung $T_1(V_1 - nb)^{\varkappa-1} = T_2(V_2 - nb)^{\varkappa-1}$ oder allgemein $T(V - nb)^{\varkappa-1} = \mathrm{const}$. Dies in $p = nR_\mathrm{m}T/(V - nb) - n^2a/V^2$ eingesetzt, ergibt die Adiabatengleichung

$$p = \frac{nR_\mathrm{m}T_1(V_1 - nb)^{\varkappa-1}}{(V - nb)^\varkappa} - \frac{n^2a}{V^2}$$

oder die äquivalenten Gleichungen $(p + n^2a/V^2)(V - nb)^\varkappa = \mathrm{const}$, $T(p + n^2a/V^2)^{\frac{1-\varkappa}{\varkappa}} = \mathrm{const}$.

404 Die Temperaturänderung beim JOULE-THOMSON-Prozess

$$\Delta T = \frac{\Delta p}{C_{\mathrm{m}p}}\left(\frac{2a}{R_\mathrm{m}T} - b\right) = \frac{\Delta p\, V_{\mathrm{m,k}}}{3C_{\mathrm{m}p}}\left(\frac{T_\mathrm{i}}{T} - 1\right) \tag{1}$$

mit dem kritischen Volumen $V_{\mathrm{m,k}} = 3R_\mathrm{m}T_\mathrm{k}/(8p_\mathrm{k}) = 0{,}116$ m³/kmol und der Inversionstemperatur $T_\mathrm{i} = (27/4)T_\mathrm{k} = 6{,}75T_\mathrm{k} = 852{,}5$ K für Stickstoff muss mindestens zu einer Abkühlung unterhalb der kritischen Temperatur $T_\mathrm{k} = 126{,}3$ K führen, d. h., $\Delta T \le T_\mathrm{k} - T$. Die Bedingung $\Delta T = T_\mathrm{k} - T$ in (1) eingesetzt ergibt eine quadratische Gleichung für T, als deren Lösung man mit $A \equiv \Delta p\, V_{\mathrm{m,k}}/(3C_{\mathrm{m}p})$ erhält

$$T = \frac{1}{2}(T_\mathrm{k} + A) + \sqrt{\frac{1}{4}(T_\mathrm{k} + A)^2 - AT_\mathrm{i}}.$$

Mit $\Delta p = 1\cdot 10^5$ Pa $- 300\cdot 10^5$ Pa $= -299\cdot 10^5$ Pa und somit $A = -39{,}8$ K erhält man für die Vorkühltemperatur $T \le 232{,}5$ K $= -40{,}7$ °C.

405 $a = 27R_\mathrm{m}^2T_\mathrm{k}^2/(64p_\mathrm{k}) = 138$ kPa m⁶/kmol²; $b = R_\mathrm{m}T_\mathrm{k}/(8p_\mathrm{k}) = 0{,}0317$ m³/kmol; $v = b/(4N_\mathrm{A}) = 1{,}314\cdot 10^{-29}$ m³; $d = (6v/\pi)^{1/3} = 2{,}93\cdot 10^{-10}$ m.

406 a) $T_2 = T_1 = 400$ K; $V_2 = 2V_1$; $p_2 = nR_\mathrm{m}T_1/(2V_1 - nb) - n^2a/(4V_1^2) = 1{,}608$ MPa $= 0{,}52\,p_1$; $\Delta U = -n^2a(1/V_2 - 1/V_1) = 182{,}5$ J; die innere Energie nimmt mit dem Volumen zu.
b) $T_2 = T_1[(V_1 - nb)^{\varkappa-1}/(V_2 - nb)^{\varkappa-1}]$ ergibt mit $\varkappa = (C_{\mathrm{m}V} + R_\mathrm{m})/C_{\mathrm{m}V} = 1{,}292$: $T_2 = 0{,}812\,T_1 = 324{,}61$ K; $p_2 = 1{,}288$ MPa; $\Delta U = nC_{\mathrm{m}V}(T_2 - T_1) - n^2a(1/V_2 - 1/V_1) = -1966$ J.
c) Aus $\Delta U = 0$ folgt $\Delta T = (na/C_{\mathrm{m}V})(1/V_2 - 1/V_1) = -6{,}56$ K; $T_2 = T_1 + \Delta T = 393{,}44$ K; $p_2 = 1{,}580$ MPa.

407 Mit $K = 1/\varkappa = -V(\mathrm{d}p/\mathrm{d}V) = -p_\mathrm{k}\overline{V}(\mathrm{d}\overline{p}/\mathrm{d}\overline{V}) = p_\mathrm{k}[24\overline{V}\,\overline{T}/(3\overline{V}-1)^2 - 6/\overline{V}^2]$ sowie $\overline{T} = 0{,}796$, $\overline{V}_\mathrm{D} = 4{,}366$, $\overline{V}_\mathrm{Fl} = 0{,}5127$, $p_\mathrm{k} = 4{,}25$ MPa (nach Aufgabe 401) folgt für die Gasphase $K_\mathrm{D} = 1{,}07$ MPa und somit $\varkappa_\mathrm{D} = 1/K_\mathrm{D} = 0{,}932 \cdot 10^{-6}\ \mathrm{Pa}^{-1}$, für die Flüssigphase $K_\mathrm{Fl} = 46{,}1$ MPa und $\varkappa_\mathrm{Fl} = 2{,}17 \cdot 10^{-8}\ \mathrm{Pa}^{-1}$.

408 Mit $\overline{V}_\mathrm{D} = V_\mathrm{D}/V_\mathrm{k}$, $\overline{V}_\mathrm{Fl} = V_\mathrm{Fl}/V_\mathrm{k}$, $\overline{p}_\mathrm{D} = p_\mathrm{D}/p_\mathrm{k}$ und $\overline{T} = T/T_\mathrm{k}$ gilt $\overline{p}_\mathrm{D} = 8\overline{T}/(3\overline{V}_\mathrm{D}-1)-3/\overline{V}_\mathrm{D}^2 = 8\overline{T}/(3\overline{V}_\mathrm{Fl}-1)-3/\overline{V}_\mathrm{Fl}^2$, und nach $\overline{T}$ aufgelöst $\overline{T} = (9/8)(\overline{V}_\mathrm{D}+\overline{V}_\mathrm{Fl})(\overline{V}_\mathrm{D}-1/3)(\overline{V}_\mathrm{Fl}-1/3)/(\overline{V}_\mathrm{D}^2\overline{V}_\mathrm{Fl}^2)$. Mit $M = (4 \cdot 12 + 10 \cdot 1)$ g/mol $= 58$ g/mol, $n = m/M = 1{,}293$ mol, $V_\mathrm{k} = 3nR_\mathrm{m}T_\mathrm{k}/(8p_\mathrm{k}) = 0{,}451$ l ist $\overline{V}_\mathrm{D} = V_\mathrm{D}/V_\mathrm{k} = 7{,}832$ und $\overline{V}_\mathrm{Fl} = V_\mathrm{Fl}/V_\mathrm{k} = 0{,}468$, somit $\overline{T} \approx 0{,}70$ oder $T = \overline{T}\cdot T_\mathrm{k} \approx 298$ K ≈ 25 °C und $\overline{p}_\mathrm{D} \approx 0{,}20$ oder $p_\mathrm{D} = \overline{p}_\mathrm{D} \cdot p_\mathrm{k} \approx 0{,}76$ MPa.

409 a) $\mu_\mathrm{JT} \approx \Delta T/\Delta p = [R_\mathrm{m}T_\mathrm{k}/(8p_\mathrm{k}C_{\mathrm{m}p})][27T_\mathrm{k}/(4T)-1] = 2{,}78$ K/MPa; b) $\Delta T = \mu_\mathrm{JT}\,\Delta p = -55{,}35$ K, also $\vartheta \approx -35$ °C; c) $T \le T_\mathrm{k} = 154{,}8$ K, also $\Delta T \le T_\mathrm{k} - T = -138{,}35$ K, somit $|\Delta p| \ge |\Delta T|/\mu_\mathrm{JT} = 49{,}8$ MPa.

410 (Bild: Abkühlungskurve). a) Während der Haltezeit Δt gilt $\vartheta = \vartheta_\mathrm{S} = \mathrm{const}$ (Haltepunkt). Die Probe gibt in der Zeit Δt die Umwandlungswärme ms ab, die Luft nimmt die Wärme $\dot{q}(\vartheta_\mathrm{S}-\vartheta_0)\,\Delta t$ auf, also $ms = \dot{q}(\vartheta_\mathrm{S}-\vartheta_0)\,\Delta t$ oder

$$\Delta t = \frac{ms}{\dot{q}(\vartheta_\mathrm{S}-\vartheta_0)} = 36{,}2\ \mathrm{min}. \qquad (1)$$

b) Mit $-c_{p,\mathrm{fl}}m\,\mathrm{d}\vartheta/\mathrm{d}t = \dot{q}(\vartheta-\vartheta_0)$ für $0 \le t \le t_1$ bzw. $\vartheta_1 \ge \vartheta \ge \vartheta_\mathrm{S}$ folgt durch Integration

$$\int_{\vartheta_1}^{\vartheta} \frac{\mathrm{d}\vartheta}{\vartheta-\vartheta_0} = -\frac{\dot{q}}{c_{p,\mathrm{fl}}m}\int_0^t \mathrm{d}t \quad \text{oder} \quad \ln\frac{\vartheta-\vartheta_0}{\vartheta_1-\vartheta_0} = -\frac{\dot{q}}{c_{p,\mathrm{fl}}m}t$$

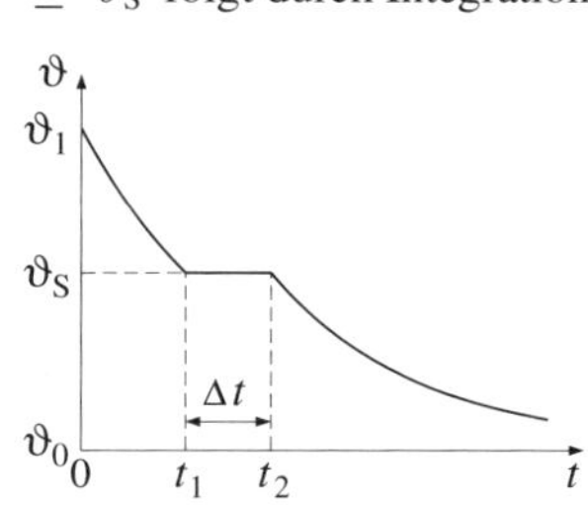

und umgestellt nach ϑ

$$\vartheta = \vartheta_0 + (\vartheta_1-\vartheta_0)\,\mathrm{e}^{-\lambda_\mathrm{fl}t} \qquad (0 \le t \le t_1) \qquad (2)$$

mit der Abkühlungskonstanten $\lambda_\mathrm{fl} = \dot{q}/(c_{p,\mathrm{fl}}m) = 0{,}013\,65\ \mathrm{min}^{-1}$. Für das Halteintervall $t_1 \le t \le t_2 = t_1 + \Delta t$ gilt $\vartheta = \vartheta_\mathrm{S}$; für $t \ge t_2$ bzw. $\vartheta \le \vartheta_\mathrm{S}$ folgt aus $-c_{p,\mathrm{f}}m\,\mathrm{d}\vartheta/\mathrm{d}t = \dot{q}(\vartheta-\vartheta_0)$ analog zu (2)

$$\vartheta = \vartheta_0 + (\vartheta_\mathrm{S}-\vartheta_0)\,\mathrm{e}^{-\lambda_\mathrm{f}(t-t_2)} \qquad (t \ge t_2 = t_1 + \Delta t)$$

mit $\lambda_\mathrm{f} = \dot{q}/(c_{p,\mathrm{f}}m) = 0{,}016\,04\ \mathrm{min}^{-1}$. Der Zeitpunkt des Beginns der Erstarrung t_1 ergibt sich aus (2) mit $\vartheta = \vartheta_\mathrm{S}$ für $t = t_1$ zu $t_1 = (1/\lambda_\mathrm{fl})\ln[(\vartheta_1-\vartheta_0)/(\vartheta_\mathrm{S}-\vartheta_0)] = 44{,}8$ min und somit nach (1) $t_2 = t_1 + \Delta t = 81{,}0$ min.

411 Mit der Zustandsgleichung $V_\mathrm{mD} = R_\mathrm{m}T/p_\mathrm{D}$, der Näherung $V_\mathrm{mFl} \approx 0$ und $r_\mathrm{m} = \mathrm{const}$ folgt aus der CLAUSIUS-CLAPEYRONschen Gleichung

$$\frac{\mathrm{d}p_\mathrm{D}}{p_\mathrm{D}} = \frac{r_\mathrm{m}}{R_\mathrm{m}}\frac{\mathrm{d}T}{T^2}, \qquad \int_{p_\mathrm{D0}}^{p_\mathrm{D}} \frac{\mathrm{d}p_\mathrm{D}}{p_\mathrm{D}} = \frac{r_\mathrm{m}}{R_\mathrm{m}}\int_{T_0}^{T}\frac{\mathrm{d}T}{T^2}, \qquad p_\mathrm{D} = p_\mathrm{D0}\,\mathrm{e}^{-\frac{r_\mathrm{m}}{R_\mathrm{m}}\left(\frac{1}{T}-\frac{1}{T_0}\right)}.$$

Mit $T_0 = 373{,}15$ K, $p_\mathrm{D0} = 1{,}0133 \cdot 10^5$ Pa, $r_\mathrm{m} = 40{,}624$ kJ/mol sowie $R_\mathrm{m} = 8{,}3145$ J/(mol K) ergibt sich der Dampfdruck am Tripelpunkt $T_\mathrm{tr} = 273{,}16$ K zu $p_\mathrm{D} = 0{,}840$ kPa und am kritischen Punkt (K) $T_\mathrm{k} = 647{,}3$ K zu $p_\mathrm{D} = 25{,}95$ MPa. Im Vergleich dazu betragen die genauen Werte nach Dampftabelle (s. Seite 67) 0,611 kPa bzw. 22,12 MPa. Für das p, T-Diagramm ist wegen der starken Größenordnungsunterschiede der Dampfdruckwerte bei niedrigen Temperaturen eine halblogarithmische Darstellung entsprechend

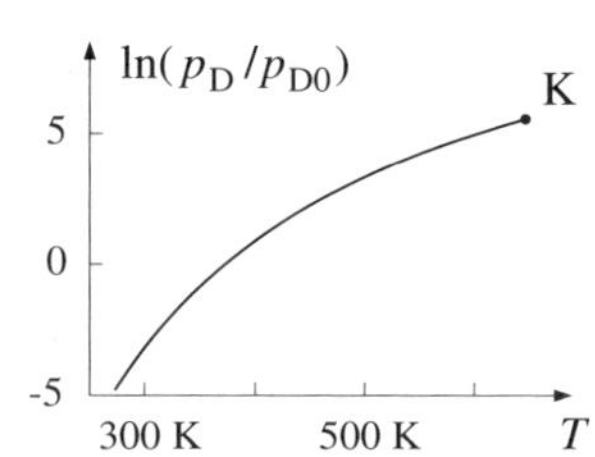

$$\ln\left(\frac{p_\mathrm{D}}{p_\mathrm{D0}}\right) = \frac{r_\mathrm{m}}{R_\mathrm{m}T_0} - \frac{r_\mathrm{m}}{R_\mathrm{m}T}$$

zweckmäßig (Bild).

412 a) Mit $V = V_{Fl1} + V_{D1}$ und $m = m_{Fl1} + m_{D1}$ sowie $V_{Fl1} = m_{Fl1}v_{Fl1}$ und $V_{D1} = m_{D1}v_{D1}$ gilt $V = m_{Fl1}v_{Fl1} + m_{D1}v_{D1} = (m - m_{D1})v_{Fl1} + m_{D1}v_{D1}$ oder

$$m_{D1} = \frac{V - mv_{Fl1}}{v_{D1} - v_{Fl1}} = 108{,}3\,\text{kg};$$

das entspricht einem Dampfgehalt von $x_1 = m_{D1}/m = 0{,}054$ (5,4%). Der Dampf nimmt das Volumen $V_{D1} = m_{D1}v_{D1} = 2{,}344\,\text{m}^3$ ein, die Flüssigkeit $V_{Fl1} = (m - m_{D1})v_{Fl1} = V - V_{D1} = 2{,}656\,\text{m}^3$. b) Der neue Dampfanteil ist $m_{D2} = (V - mv_{Fl2})/(v_{D2} - v_{Fl2}) = 21{,}3\,\text{kg}$, folglich kondensieren $m_{D1} - m_{D2} = 87{,}0\,\text{kg}$ Dampf. Mit $V = \text{const}$ und $W = 0$ (isochore Zustandsänderung) gilt nach dem I. Hauptsatz $Q = \Delta U = U_2 - U_1$, oder mit den Enthalpien $H_1 = U_1 + p_{D1}V$, $H_2 = U_2 + p_{D2}V$:

$$Q = U_2 - U_1 = H_2 - H_1 - (p_{D2} - p_{D1})V. \quad (1)$$

Mit den obigen Werten für m_{D1} und m_{D2} sowie $m_{Fl1} = m - m_{D1} = 1891{,}7\,\text{kg}$ und $m_{Fl2} = m - m_{D2} = 1978{,}7\,\text{kg}$ ist

$$H_1 = m_{Fl1}h_{Fl1} + m_{D1}h_{D1} = 2842{,}2\,\text{MJ}; \qquad H_2 = m_{Fl2}h_{Fl2} + m_{D2}h_{D2} = 1746{,}1\,\text{MJ}.$$

Damit ergibt sich nach (1) $Q = -1096{,}1\,\text{MJ} + 35{,}2\,\text{MJ} = -1060{,}9\,\text{MJ}$ entzogene Wärme.

413 a) Im Koexistenzgebiet von flüssiger und gasförmiger Phase (Nassdampfgebiet) sind isotherme und isobare Zustandsänderung identisch (vgl. Bild zu Aufgabe 401, Lösung). Daher gilt mit $p = p_D = \text{const}$ für die Volumenarbeit

$$W = -\int_{V_1}^{V_2} p\,\text{d}V = -p_D(V_2 - V_1) = -19{,}89\,\text{kJ}.$$

b) Für die Wärmezufuhr folgt mit den Dampfanteilen (vgl. Aufgabe 412)

$$m_{D1} = \frac{V_1 - mv_{Fl}}{v_D - v_{Fl}} = 0{,}0974\,\text{kg}; \qquad m_{D2} = \frac{V_2 - mv_{Fl}}{v_D - v_{Fl}} = 0{,}1998\,\text{kg}$$

und der Verdampfungswärme $r = h_D - h_{Fl} = 1714{,}6\,\text{kJ/kg}$ (nach Dampftabelle S. 67) $Q = (m_{D2} - m_{D1})r = 175{,}72\,\text{kJ}$. Die Änderung der inneren Energie beträgt $\Delta U = Q + W = 175{,}72\,\text{kJ} - 19{,}89\,\text{kJ} = 155{,}83\,\text{kJ}$.

414 Die Flüssigkeit siedet, wenn der Druck der Luft gleich dem Dampfdruck der Flüssigkeit

$$p_D = p_{D0}\,\text{e}^{-\frac{r_m}{R_m}\left(\frac{1}{T} - \frac{1}{T_0}\right)} \quad (1)$$

(vgl. Aufgabe 411) ist. Mit dem Siedepunkt unter Normbedingungen $T_0 = 373{,}15\,\text{K}$, $p_{D0} = 1013{,}25\,\text{hPa}$ als Vergleichszustand und $T = 293{,}15\,\text{K}$ ergibt sich nach (1) ein erforderliches Vakuum von $p_D = 0{,}028\,p_{D0} = 28{,}4\,\text{hPa} = 28{,}4\,\text{mbar}$.

415 Aus der CLAUSIUS-CLAPEYRONschen Gleichung für die Schmelzdruckkurve

$$\frac{\text{d}p_s}{\text{d}T} = \frac{s}{(v_{fl} - v_f)T}$$

folgt mit den angegebenen Werten

$$\frac{\text{d}p_s}{\text{d}T} = -13{,}5\,\text{MPa/K} \qquad \text{oder} \qquad \frac{\text{d}T}{\text{d}p_s} = -7{,}4 \cdot 10^{-8}\,\text{K/Pa}.$$

Für eine Erniedrigung des Schmelzpunktes um $\Delta T = -5\,\text{K}$ beträgt die erforderliche Druckerhöhung $\Delta p \approx (\text{d}p_s/\text{d}T)\,\Delta T = -13{,}5 \cdot 10^6\,\text{Pa}\,\text{K}^{-1} \cdot (-5\,\text{K}) = 67{,}4\,\text{MPa}$; das ist das 665-fache des Normalluftdrucks.

416 a) Bei $K = 2$ Komponenten und $P = 1$ Phase (z. B. wässrige Salzlösung) wird das System durch $f = K + 2 - P = 3$ intensive Zustandsgrößen bestimmt: Druck p, Temperatur T und Verhältnis der Teilchenzahlen (Konzentration c). b) Mit $K = 2$ und $P = 3$ folgt $f = K + 2 - P = 1$ Freiheitsgrad. Gibt man bei dem Beispiel die Konzentration der wässrigen Salzlösung vor, so sind damit Druck und Temperatur festgelegt; der Tripelpunkt des Systems hängt von der Konzentration der Lösung ab. c) Die Anzahl der koexistierenden Phasen $P = K + 2 - f$ wird maximal, wenn die Zahl der Freiheitsgrade

$f = 0$ beträgt; für $K = 2$ gilt somit $P_{max} = K + 2 = 4$. In einem Zweistoffsystem können also maximal vier Phasen im Quadrupelpunkt koexistieren, im Falle des Systems Wasser/Salz z. B. die Phasen Salz, Eis, wässrige Salzlösung, Dampf.

417 a) $p = p_D = 8{,}59$ MPa; b) $m_{Fl} = (mv_D - V)/(v_D - v_{Fl}) = 0{,}575$ kg; c) $m \leq V/v_D = 0{,}462$ kg.

418 Nein; denn der Sättigungsdruck ist unabhängig von der Menge der vorhandenen Flüssigkeit und des gesättigten Dampfes. Man muss die Flasche wiegen und mit dem Taragewicht vergleichen.

419 Mit $m' = m - \Delta m_D = 1000$ kg folgt der neue Dampfanteil $m'_D = (V - m'v_{Fl1})/(v_{D1} - v_{Fl1}) = 177{,}6$ kg, also verdampfen $\Delta m_D + m'_D - m_{D1} = 1069{,}2$ kg Flüssigkeit, somit $Q = (\Delta m_D + m'_D - m_D) \times (h_{D1} - h_{Fl1}) = 1503{,}295$ MJ.

420 Im Nassdampfgebiet sind die Isobaren und Isothermen identisch. Mit der spezifischen Entropie s als Zustandsgröße gilt daher bei einem Umlauf je kg Nassdampf $Q_{zu} = Q_{41} = T_1(s_1 - s_4)$ und $Q_{ab} = Q_{23} = T_2(s_3 - s_2)$. Mit $s_2 = s_1$ und $s_3 = s_4$ wird $Q_{ab} = T_2(s_4 - s_1) = -(T_2/T_1)Q_{zu}$, also $\eta_{th} = (Q_{zu} - |Q_{ab}|)/Q_{zu} = 1 - T_2/T_1$; es handelt sich um einen CARNOT-Prozess. Für $T_1 = (273{,}15 + 350)$ K $= 623{,}15$ K und $T_2 = (273{,}15 + 40)$ K $= 313{,}15$ K nach Dampftabelle (vgl. Aufgabe 411) erhält man $\eta_{th} = 0{,}497$.

421 Es ist $p = p_0\,e^{-\varrho_0 gh/p_0} = 0{,}330\,p_0 = 334{,}7$ hPa. a) Aus $1/T = 1/T_0 - (R_m/r_m)\ln(p_D/p_{D0})$ und $p = p_D$, $p_0 = p_{D0}$ (vgl. Aufgabe 414) folgt (mit $T_0 = 373{,}15$ K) $T = 344{,}0$ K bzw. $\vartheta = 70{,}9$ °C; b) mit $p = p_D$ folgt nach Dampftabelle durch lineare Interpolation $\vartheta = 60\,°C + (80\,°C - 60\,°C)(0{,}3347 - 0{,}1992)/(0{,}4736 - 0{,}1992) = 69{,}9$ °C.

422 Mit $dp_S/dT = -13{,}5$ MPa/K für das System Eis-Wasser (s. Aufgabe 415) und $\Delta T = -10$ K ist $\Delta p \approx (dp_S/dT)\,\Delta T = 135$ MPa; $A = mg/\Delta p = 5{,}1\ mm^2$.

423 Wird das Lösungsgleichgewicht durch Temperaturerhöhung gestört, so sucht das System diesem Zwang auszuweichen, indem Prozesse ablaufen, die mit einer Temperaturerniedrigung verbunden sind: Es findet eine von Wärmeverbrauch und somit Abkühlung begleitete weitere Lösung des Stoffes statt bzw. Stoff wird ausgeschieden, wenn beim Lösungsvorgang Wärme frei wird.

424 a) Mit $n_A = m_A/M_A = 11{,}111$ mol Wasser und $n_B = m_B/M_B = 0{,}292$ mol Zucker ergibt sich ein Molenbruch der gelösten Substanz von $x_B = n_B/(n_A + n_B) = 0{,}0256$. Nach dem RAOULTschen Gesetz der Dampfdruckerniedrigung $\Delta p_D/p_D = -x_B$ folgt daraus ein Dampfdruck der Lösung von $p_{D,L} = p_D + \Delta p_D = (1 - x_B)p_D = 3{,}085$ kPa. b) Nach dem RAOULTschen Gesetz der Siedepunktserhöhung $\Delta T = x_B R_m T_S^2/r_m$ ergibt sich mit $x_B = 0{,}0256$, der Siedetemperatur $T_S = 373{,}15$ K und der molaren Verdampfungswärme $r_m = rM_A = 40{,}626$ kJ/mol von reinem Wasser bei Normdruck für die Lösung ein Siedepunkt von $T_{S,L} = T_S + \Delta T = 373{,}15\ K + 0{,}73\ K = 100{,}73$ °C.

425 Nach dem RAOULTschen Gesetz $\Delta T = x_B R_m T^2/s_m$ erhält man mit der Schmelztemperatur $T = 273{,}15$ K und der molaren Schmelzwärme von reinem Wasser bei Normdruck $s_m = sM_A = (334\ kJ/kg) \cdot (0{,}018\ kg/mol) = 6{,}012$ kJ/mol sowie der Gefrierpunktserniedrigung $\Delta T = 5$ K für den Molenbruch des gelösten Stoffes

$$x_B = \frac{s_m\,\Delta T}{R_m T^2} = 0{,}048.$$

Mit den Molmassen $M_A = 18$ g/mol für H_2O und $M_B = 92$ g/mol für $C_3H_8O_3$ folgt aus $n_A = m_A/M_A$, $n_B = m_B/M_B$ und $x_B = n_B/(n_A + n_B)$ für $m_A = 1000$ g Wasser

$$m_B = \frac{M_B x_B}{M_A(1 - x_B)} m_A = 260{,}3\ g$$

zu lösende Menge Glycerin.

426 Im Gleichgewicht ist die Differenz der Schweredrücke der Lösung $\varrho_L g h_2$ und des Lösungsmittels $\varrho_A g h_1$ gleich dem osmotischen Druck der Lösung $\Pi = n_B R_m T/V$ (VAN'T HOFFsche Gleichung), also

$$\varrho_L g h_2 - \varrho_A g h_1 = \frac{n_B R_m T}{V}. \tag{1}$$

Mit dem Volumen $V = Ah_2$ und der Dichte $\varrho_L \approx \varrho_A + m_B/V$ der Lösung sowie der Stoffmenge der gelösten Substanz $n_B = m_B/M_B = 0{,}002\,92$ mol erhält man aus (1) für h_2 die quadratische Gleichung

$$h_2^2 - \left(h_1 - \frac{m_B}{\varrho_A A}\right) h_2 - \frac{n_B R_m T}{\varrho_A g A} = 0,$$

oder mit den angegebenen Werten $h_2^2 - (0{,}5\ \text{m} - 0{,}01\ \text{m})h_2 - 7{,}26\ \text{m}^2 = 0$. Daraus folgt für die Steighöhe der verdünnten Zuckerlösung $h_2 = 2{,}95$ m.

427 Nach dem RAOULTschen Gesetz erhält man für den Molenbruch der gelösten Substanz $x_B = s_m\,\Delta T/(R_m T^2) = 0{,}003\,673$ und daraus $M_B = m_B(1 - x_B)M_A/(m_A x_B) = 179$ g/mol ($C_6H_{11}O_6$).

428 Mit $M_A = 78$ g/mol für Benzen und $M_B = 154$ g/mol für Biphenyl sowie $n_A = m_A/M_A = 1{,}923$ mol, $n_B = m_B/M_B = 0{,}136$ mol ist $x_B = n_B/(n_A + n_B) = 0{,}066$; folglich erhält man aus $r = x_B R_m T^2/(M_A\,\Delta T)$ mit $T = 353{,}25$ K und $\Delta T = 2{,}23$ K für die spezifische Verdampfungswärme von Benzen $r = 393{,}7$ kJ/kg.

429 Mit $\Pi = 2n_B R_m T/V$ und $n_B = m_B/M_B$ folgt $m_B = M_B V\Pi/(2R_m T) = 8{,}73$ g; $c = n_B/V = 0{,}149$ mol/l.

430 a) Die Anzahl der Moleküle folgt aus der Zustandsgleichung $pV = NkT$ mit der BOLTZMANN-Konstanten $k = R_m/N_A = 1{,}380\,658 \cdot 10^{-23}$ J/K:

$$N = \frac{pV}{kT} = \frac{1\ \text{Pa} \cdot 4 \cdot 10^{-3}\ \text{m}^3}{1{,}380\,658 \cdot 10^{-23}\ \text{J/K} \cdot 293{,}15\ \text{K}} = 9{,}883 \cdot 10^{17}.$$

b) Mit den Molekülmassen μ_1 und μ_2 (für O_2 bzw. N_2) gilt für die Anzahl der O_2- und N_2-Moleküle

$$N_1 = \frac{m_1}{\mu_1} = \frac{m_1}{m}\frac{m}{\mu_1} \qquad \text{bzw.} \qquad N_2 = \frac{m_2}{\mu_2} = \frac{m_2}{m}\frac{m}{\mu_2}$$

oder wegen $\mu_1 = M_{r1}$u und $\mu_2 = M_{r2}$u (u = $1{,}660\,54 \cdot 10^{-27}$ kg, atomare Masseneinheit):

$$\frac{N_1}{N_2} = \frac{m_1/m}{m_2/m}\frac{\mu_2}{\mu_1} = \frac{m_1/m}{m_2/m}\frac{M_{r2}}{M_{r1}}.$$

Mit den relativen Molekülmassen $M_{r1} = 2 \cdot 15{,}995 = 31{,}990$ für O_2 und $M_{r2} = 2 \cdot 14{,}003 = 28{,}006$ für N_2 und den entsprechenden Massenanteilen $m_1/m = 0{,}231$, $m_2/m = 0{,}769$ folgt für das Verhältnis der Teilchenzahlen $N_1/N_2 = 0{,}263$ und damit aus $N = N_1 + N_2$ für die Anzahl der O_2- und N_2-Moleküle

$$N_1 = \frac{N_1/N_2}{1 + N_1/N_2}N = 2{,}058 \cdot 10^{17}; \qquad N_2 = \frac{N}{1 + N_1/N_2} = 7{,}825 \cdot 10^{17}.$$

c) Die Partialdrücke von O_2 und N_2 betragen $p_1 = N_1 kT/V = (N_1/N)p = 0{,}208$ Pa sowie $p_2 = (N_2/N)p = 0{,}792$ Pa.

431 a) Die LOSCHMIDT-Konstante gibt das Verhältnis der Teilchenzahl zum Volumen unter Normbedingungen an, es ist also, bezogen auf 1 mol (d. h. N_A Teilchen) $N_L = N_A/V_{m0}$, womit folgt $V_{m0} = N_A/N_L = 0{,}022\,414\,10\ \text{m}^3$/mol $= 22{,}414\,10$ l/mol. b) Für N Teilchen eines idealen Gases gilt die Zustandsgleichung $pV = NkT$, bezogen auf 1 mol unter Normbedingungen, d. h. bei $p_0 = 1013{,}25$ hPa und $T_0 = 273{,}15$ K, also $p_0 V_{m0} = N_A k T_0$. Daraus folgt die BOLTZMANN-Konstante $k = p_0 V_{m0}/(N_A T_0) = p_0/(N_L T_0) = 1{,}380\,658 \cdot 10^{-23}$ J/K. c) Es gilt $pV_m = R_m T = N_A kT$; somit ist $R_m = N_A k = (N_A/N_L)(p_0/T_0) = 8{,}3145$ J/(mol K).

432 Aus der Grundgleichung der kinetischen Gastheorie $pV = (1/3)N\mu\overline{v^2}$ ($N = nN_A$ Teilchenzahl, N_A molare Teilchenzahl (AVOGADRO-Konstante), n Stoffmenge in mol, μ Teilchenmasse, $\overline{v^2}$ mittleres Geschwindigkeitsquadrat) erhält man mit $N_A\mu = M$ (Molmasse) $pV = (1/3)nM\overline{v^2} = nR_m T$ und daraus für die beiden Gasarten *1* (Argon) und *2* (Helium)

$$\sqrt{\overline{v_1^2}} = \sqrt{3R_m T/M_1} \qquad \text{und} \qquad \sqrt{\overline{v_2^2}} = \sqrt{3R_m T/M_2},$$

woraus für die mittlere quadratische Geschwindigkeit der He-Atome $\sqrt{\overline{v_2^2}} = \sqrt{M_1/M_2}\sqrt{\overline{v_1^2}} = 3{,}16\times$

300 m/s = 949 m/s folgt. Die Partialdrücke von Ar und He betragen

$$p_1 = \frac{n_1 M_1 \overline{v_1^2}}{3V} = 0{,}6\,\text{kPa}; \qquad p_2 = \frac{n_2 M_2 \overline{v_2^2}}{3V} = 2{,}4\,\text{kPa}.$$

Der Gesamtdruck ist $p = p_1 + p_2 = 3{,}0\,\text{kPa}$.

433 Mit der Zahl der Freiheitsgrade $f_1 = 3$ je He-Atom und $f_2 = 3 + 2 = 5$ (3 Freiheitsgrade der Translation plus 2 der Rotation) je O_2-Molekül, der Anzahl der He-Atome $N_1 = n_1 N_A$ und O_2-Moleküle $N_2 = n_2 N_A$ sowie der Energie je Teilchen und Freiheitsgrad $kT/2$ folgt für die innere Energie des Gases

$$U = N_1 f_1 \frac{1}{2} kT + N_2 f_2 \frac{1}{2} kT = \frac{1}{2}(n_1 f_1 + n_2 f_2) R_m T. \tag{1}$$

Aus $\overline{E}_k = f_1 kT/2 = \mu_1 \overline{v_1^2}/2$ ergibt sich mit $\sqrt{\overline{v_1^2}} = 1500$ m/s und $M_1 = 0{,}004$ kg/mol (für He) eine Gastemperatur von $T = \mu_1 \overline{v_1^2}/(kf_1) = N_A \mu_1 \overline{v_1^2}/(N_A k f_1) = M_1 \overline{v_1^2}/(R_m f_1) = 361$ K und somit für die innere Energie (1) $U = 8{,}25$ kJ. Die Molwärme bei konstantem Volumen ist

$$C_{mV} = \frac{1}{n_1 + n_2} \frac{dU}{dT} = \frac{n_1 f_1 + n_2 f_2}{2(n_1 + n_2)} R_m = 17{,}588\ \text{J/(mol K)}$$

und bei konstantem Druck $C_{mp} = C_{mV} + R_m = 25{,}903$ J/(mol K).

434 Nach dem Gleichverteilungssatz beträgt die mittlere kinetische Energie der Torsionsschwingung $kT/2$. Da diese im zeitlichen Mittel gleich der mittleren potentiellen Energie des Torsionsschwingers $D\overline{\varphi^2}/2$ ist (vgl. Aufgabe 219), gilt $(1/2)D\overline{\varphi^2} = (1/2)kT$. Mit $T = 293{,}15$ K und der BOLTZMANN-Konstanten $k = 1{,}3807 \cdot 10^{-23}$ J/K resultiert $\sqrt{\overline{\varphi^2}} = \sqrt{kT/D} = 0{,}002$. Der Spiegel führt also thermische Schwankungsbewegungen in Form fluktuierender Drehschwingungen der mittleren Amplitude $(180°/\pi) \cdot 0{,}002 = 0{,}12°$ aus. Diese begrenzen die Messgenauigkeit von Galvanometern; ihre Registrierung ist eine Methode zur Messung der BOLTZMANN-Konstanten k.

435 a) Aus der MAXWELLschen Geschwindigkeitsverteilung

$$f(v) = \frac{dN_v}{N\,dv} = 4\pi \left(\frac{\mu}{2\pi kT}\right)^{3/2} v^2\, e^{-\frac{\mu v^2}{2kT}} \tag{1}$$

folgt entsprechend der Extremalforderung $df(v)/dv = 0$ die wahrscheinlichste Geschwindigkeit als das Maximum der Verteilung zu $\hat{v} = \sqrt{2kT/\mu}$. Mit der Molmasse $M = 0{,}032$ kg/mol für O_2, $T = 293{,}15$ K, $R_m = 8{,}3145$ J/(mol K) und $k/\mu = (N_A k)/(N_A \mu) = R_m/M$ erhält man $\hat{v} = \sqrt{2R_m T/M} = 390$ m/s. Im Intervall $dv \approx \Delta v = 2 \cdot 50$ m/s $= 100$ m/s um $\hat{v}$ liegen nach (1)

$$\frac{\Delta N}{N} \approx f(\hat{v})\,\Delta v = \frac{4}{\sqrt{\pi}\,\hat{v}}\, e^{-1}\,\Delta v = 0{,}83 \frac{\Delta v}{\hat{v}} = 21{,}3\% \tag{2}$$

der O_2-Moleküle. b) Aus (2) folgt mit $\Delta N/N = 0{,}10$: $\hat{v} = 0{,}83\,\Delta v/(\Delta N/N) = 830$ m/s und somit $T = \mu \hat{v}^2/(2k) = M\hat{v}^2/(2R_m) = 1326\ \text{K} = 1052\,°\text{C}$.

436 Der Ionisierungsenergie entspricht eine Geschwindigkeit der He-Atome von $v_0 = \sqrt{2E_i/\mu}$. Der Anteil der Atome mit $v \geq v_0$ beträgt mit der Substitution $v = (\sqrt{2kT/\mu})x$:

$$\frac{\Delta N}{N} = 4\pi \left(\frac{\mu}{2\pi kT}\right)^{3/2} \int_{v_0}^{\infty} v^2\, e^{-\frac{\mu v^2}{2kT}}\, dv = \frac{4}{\sqrt{\pi}} \int_{x_0}^{\infty} x^2\, e^{-x^2}\, dx. \tag{1}$$

Die Integration muss entweder numerisch durchgeführt werden (z. B. mit einem programmierbaren Taschenrechner), oder man führt (1) mittels Integration durch Substitution ($z = x\,e^{-x^2}$) auf das tabulierte bzw. als Standardfunktion programmierte GAUSSsche Fehlerintegral $\text{erf}(x_0) = (2/\sqrt{\pi}) \int_0^{x_0} e^{-x^2}\,dx$ zurück:

$$\frac{\Delta N}{N} = \frac{2}{\sqrt{\pi}} x_0\, e^{-x_0^2} + 1 - \text{erf}(x_0). \tag{2}$$

Für $x_0 = v_0/\sqrt{2kT/\mu} = \sqrt{E_i/kT} = 0{,}533$ findet man $\text{erf}(x_0) = 0{,}549$, so dass $\Delta N/N = 0{,}453 + 1 - 0{,}549 = 0{,}904$; d. h., 90,4% der He-Atome haben bei dieser Temperatur eine kinetische Energie größer als die Ionisierungsenergie.

437 Die Austrittsrate wird durch diejenigen Atome bestimmt, die eine Geschwindigkeitskomponente senkrecht zur Fläche A der Öffnung haben und zu dieser hinfliegen. Wählt man diese Richtung als positive z-Richtung, so ergibt sich für die Atome mit $v_z > 0$ die mittlere Austrittsgeschwindigkeit mit der Substitution $\zeta = v_z\sqrt{\mu/(2kT)}$ zu

$$\overline{v}_z = \int_0^\infty v_z \frac{\mathrm{d}N_{v_z}}{N_z} = \int_0^\infty v_z \sqrt{\frac{\mu}{2\pi kT}}\,\mathrm{e}^{-\frac{\mu v_z^2}{2kT}}\,\mathrm{d}v_z = \sqrt{\frac{2kT}{\pi\mu}}\int_0^\infty \zeta\,\mathrm{e}^{-\zeta^2}\,\mathrm{d}\zeta = \sqrt{\frac{kT}{2\pi\mu}}.$$

Dieser Wert beträgt gerade 1/4 der mittleren Geschwindigkeit $\overline{v} = \sqrt{8kT/(\pi\mu)}$. Die Anzahl $I = N/t$ der je Zeiteinheit austretenden Teilchen („Stromstärke") erhält man mit der Teilchendichte $\varrho = N/V = nN_\mathrm{A}/V$ und $k/\mu = (N_\mathrm{A}k)/(N_\mathrm{A}\mu) = R_\mathrm{m}/M$ über die Stromdichte $j = I/A = \varrho\overline{v}_z$ zu

$$I = \varrho\overline{v}_z A = \frac{N}{V}\overline{v}_z A = \frac{N}{V}\frac{\overline{v}}{4}A = \frac{nN_\mathrm{A}}{V}\sqrt{\frac{R_\mathrm{m}T}{2\pi M}}A.$$

Mit $N_\mathrm{A} = 6{,}022\,137\cdot 10^{23}\,\mathrm{mol}^{-1}$, $R_\mathrm{m} = 8{,}3145$ J/(mol K) und den angegebenen Werten findet man $I = 8{,}29\cdot 10^{21}$ Teilchen/s.

438 Im stationären Zustand rotiert das Gas mit der Winkelgeschwindigkeit ω der Zentrifuge, wobei auf ein Molekül der Masse μ im Abstand r vom Zentrum die Zentrifugalkraft $F_\mathrm{Z} = \mu\omega^2 r$ wirkt. Dem entspricht eine potentielle Energie des Moleküls in Bezug auf das Zentrum von $E_\mathrm{p} = -\int F_\mathrm{Z}\,\mathrm{d}r = -\mu\omega^2 r^2/2$, so dass nach dem BOLTZMANNschen Verteilungsgesetz für die Abhängigkeit der Gasdichte vom Abstand r gilt

$$\varrho(r) = \varrho(0)\,\mathrm{e}^{-\frac{E_\mathrm{p}}{kT}} = \varrho(0)\,\mathrm{e}^{\frac{\mu\omega^2 r^2}{2kT}} \qquad (1)$$

mit $\varrho(0)$ als der Dichte bei $r = 0$. Setzt man (1) in die Bedingung für die Teilchenzahlerhaltung

$$\int_0^{R_0} \varrho(r)\,2\pi r\,\mathrm{d}r = \varrho_0\pi R_0^2 \qquad \text{(Normierung)}$$

ein, so erhält man nach Ausführung der Integration

$$\varrho(0) = \varrho_0\frac{\mu\omega^2 R_0^2}{2kT}\left(\mathrm{e}^{\frac{\mu\omega^2 R_0^2}{2kT}} - 1\right)^{-1}.$$

Mit $\mu/k = (N_\mathrm{A}\mu)/(N_\mathrm{A}k) = M/R_\mathrm{m}$, $R_\mathrm{m} = 8{,}3145$ J/(mol K) und den angegebenen Zahlenwerten findet man im Zentrum $\varrho(0) = 0{,}473\varrho_0 = 5{,}67\,\mathrm{kg/m^3}$ und damit nach (1) am Rand

$$\varrho(R_0) = \varrho(0)\,\mathrm{e}^{\frac{\mu\omega^2 R_0^2}{2kT}} = \varrho(0)\,\mathrm{e}^{\frac{\omega^2 R_0^2 M}{2R_\mathrm{m}T}} = 3{,}852\varrho(0) = 1{,}823\varrho_0 = 21{,}9\,\mathrm{kg/m^3}.$$

439 Aus $\Lambda = kT/(4\sqrt{2}\pi r_0^2 p)$ folgt mit den Werten für r_0, $p = p_0$ und T: $\Lambda = 6{,}29\cdot 10^{-8}\,\mathrm{m} \approx 333 r_0$. b) Die Zahl der Zusammenstöße beträgt $0{,}2\,\mathrm{m}/\Lambda = 3{,}18\cdot 10^6$. c) Mit $\Lambda = 0{,}2$ m erhält man $p = kT/(4\sqrt{2}\pi r_0^2\Lambda) = 3{,}19\cdot 10^{-2}\,\mathrm{Pa} \approx 3\cdot 10^{-7} p_0$.

440 Beim Übergang der Wärme Q vom kälteren auf den wärmeren Körper nimmt die Entropie des Systems, bestehend aus beiden Körpern, um

$$\Delta S = -\frac{Q}{T_1} + \frac{Q}{T_2} = Q\frac{T_1 - T_2}{T_1 T_2} \approx -10^{-5}\,\mathrm{J/K} \qquad (1)$$

ab. Nach der BOLTZMANN-Gleichung $S = k\ln W$ besteht zwischen der Entropieänderung (1) und dem Verhältnis der thermodynamischen Wahrscheinlichkeiten des neuen zum ursprünglichen Zustand W_2/W_1 der Zusammenhang

$$\Delta S = S_2 - S_1 = k\ln W_2 - k\ln W_1 = k\ln\frac{W_2}{W_1}$$

oder (mit $1/k \approx 7\cdot 10^{22}$ K/J)

$$\frac{W_2}{W_1} = \mathrm{e}^{\frac{\Delta S}{k}} \approx \mathrm{e}^{\frac{-10^{-5}(\mathrm{J/K})}{k}} \approx 1 : \mathrm{e}^{7\cdot 10^{17}} \approx 1 : 10^{3\cdot 10^{17}}. \qquad (2)$$

Mit der Definition der (üblichen) Wahrscheinlichkeit, entsprechend der Wahrscheinlichkeitsrechnung,

$$P_2 = \frac{W_2}{W_1 + W_2} \qquad (3)$$

als der Zahl der günstigen Fälle W_2 (Übergang kalt/warm) zur Zahl der möglichen Fälle $W_1 + W_2$ (kein Übergang + Übergang kalt/warm) erhält man für die Übergangswahrscheinlichkeit den extrem kleinen Wert $P_2 \approx W_2/W_1 \approx 1 : 10^{3\cdot 10^{17}}$. Dieser besagt, dass der Wärmeübergang kalt/warm im Laufe einer Beobachtungszeit von $10^{3\cdot 10^{17}}$ s nur 1 s lang stattfindet! Man bedenke, dass erst seit 10^{17} s Leben auf der Erde existiert. Für die sehr viel kleinere Wärme $Q = 10^{-18}$ J (≈ 6 eV) erhält man hingegen nach (1) mit $\Delta S \approx -10^{-23}$ J/K: $W_2/W_1 \approx 1 : \mathrm{e}^{0,7} \approx 1 : 2$ und somit nach (3)

$$P_2 = \frac{W_2/W_1}{1 + W_2/W_1} \approx \frac{1/2}{1 + 1/2} = \frac{1}{3}.$$

D. h., in durchschnittlich 1 von 3 Fällen der Beobachtung geht diese kleine Wärme entgegen dem Richtungssinn thermodynamischer Vorgänge vom kalten zum warmen Körper über.

441 Mit $M = 0{,}055\,847$ kg/mol und $N_A = 6{,}022\,137 \cdot 10^{23}$ mol^{-1} ist $N = \varrho V N_A/M \approx 8{,}3 \cdot 10^{22}$.

442 Mit $R_1 = R_m/M_1 = 0{,}2598$ kJ/(kg K) und $R_2 = R_m/M_2 = 0{,}2969$ kJ/(kg K) ist $R = (m_1/m)R_1 + (m_2/m)R_2 = 0{,}2884$ kJ/(kg K). Mit $p = p_0 = 1013{,}25$ hPa im Normzustand folgt $p_1 = (m_1/m) \times (R_1/R)p = 210{,}90$ hPa für O_2 und $p_2 = (m_2/m)(R_2/R)p = 802{,}35$ hPa für N_2.

443 Es ist $\hat{v} = \sqrt{2kT/\mu}$ und $\overline{v} = \sqrt{8kT/(\pi\mu)}$. Mit $\mathrm{d}v \approx \Delta v = \overline{v} - \hat{v} = (2/\sqrt{\pi} - 1)\hat{v}$ und $v = (\hat{v} + \overline{v})/2 = (1/\sqrt{\pi} + 1/2)\hat{v}$ ist $\Delta N/N \approx \mathrm{d}N/N = [4v^2/(\sqrt{\pi}\hat{v}^3)]\,\mathrm{e}^{-v^2/\hat{v}^2}\,\mathrm{d}v = 0{,}106 = 10{,}6\%$.

444 Partielle Integration ergibt: $\Delta N/N = (4/\sqrt{\pi})\int_{x_0}^{\infty} x^2\,\mathrm{e}^{-x^2}\,\mathrm{d}x = (2/\sqrt{\pi})(x_0\,\mathrm{e}^{-x_0^2} + \int_{x_0}^{\infty}\mathrm{e}^{-x^2}\,\mathrm{d}x) = (2/\sqrt{\pi})(x_0\,\mathrm{e}^{-x_0^2} + \sqrt{\pi}/2 - \int_0^{x_0}\mathrm{e}^{-x^2}\,\mathrm{d}x) = (2/\sqrt{\pi})x_0\,\mathrm{e}^{-x_0^2} + 1 - \mathrm{erf}(x_0)$. Mit $x_0 = v_0/\sqrt{2kT/\mu} = \sqrt{3/2}\,v_0/\sqrt{\overline{v^2}} = \sqrt{3/2}\cdot 2{,}5 = 3{,}06$ ist $\mathrm{erf}(x_0) \cong 1{,}00$, also $\Delta N/N \approx (2/\sqrt{\pi})x_0\,\mathrm{e}^{-x_0^2} \approx 3 \cdot 10^{-4} = 0{,}03\%$.

445 Mit $I = N/t = N\overline{v}A/(4V) = (nN_A/V)\sqrt{R_mT/(2\pi M)}A$ (vgl. Aufgabe 437), $pV = nR_mT$, $A = N\pi r^2$ folgt $t = \sqrt{2\pi M R_m T}/(pN_A\pi r^2) \approx 16$ min.

446 a) $v_{N_2} = \sqrt{M_{Ne}/M_{N_2}}\,v_{Ne} = 340$ m/s; $T = M_{Ne}v_{Ne}^2/(3R_m) = 129{,}4$ K ≈ -144 °C. b) $U = (3/2)kT(nN_A/2) + (5/2)kT(nN_A/2) = 2nR_mT = 2152$ J; $C_{mV} = 2R_m = 16{,}63$ J/(mol K). c) Mit $C_{mp} = C_{mV} + R_m = 3R_m$ und $\varkappa = C_{mp}/C_{mV}$ wird $\varkappa = 1{,}5$.

447 $f = 2/(\varkappa - 1) \approx 6$; es handelt sich also um ein drei- oder mehratomiges Gas.

448 Mit den Molmassen $M_1 = 0{,}004$ kg/mol für He, $M_2 = 0{,}032$ kg/mol für O_2 und $M = (n_1M_1 + n_2M_2)/(n_1+n_2) = 0{,}021\,23$ kg/mol des Gemisches folgt $c_V = C_{mV}/M = 828$ J/(kg K), $c_p = C_{mp}/M = 1220$ J/(kg K) und $R = c_p - c_V = 392$ J/(kg K).

449 Mit $N_1/N_2 = (0{,}231/0{,}769)(M_2/M_1) = 0{,}263$, $N = N_1 + N_2 = pV/(kT)$, $N_1/N = 0{,}208$, $N_2/N = 0{,}792$ und $\Delta S/k = -[N_1\ln(V/V_1) + N_2\ln(V/V_2)] = N_1\ln(N_1/N) + N_2\ln(N_2/N)$ (s. Aufgabe 385 und 386) folgt a) $N = 2{,}471 \cdot 10^{10}$, $P \approx W_2/W_1 = \mathrm{e}^{\Delta S/k} \approx \mathrm{e}^{-1{,}3\cdot 10^{10}} \approx 1 : 10^{5{,}5\cdot 10^{12}}$; b) $N = 25$, $P \approx W_2/W_1 \approx \mathrm{e}^{-12{,}6} \approx 1 : (3 \cdot 10^5)$.

450 a) Mit $\Delta T = 19$ K ergibt sich der Wärmestrom $\dot{Q} = \lambda_G A\,\Delta T/l = 13{,}775$ kW. b) In diesem Fall ist es zweckmäßig, vom Wärmeleitwiderstand auszugehen, der sich aus der Addition der Wärmeleitwiderstände der einzelnen Schichten $l/(A\lambda_G)$ und $d/(A\lambda_L)$ errechnet zu

$$R_\lambda = \frac{2l}{A\lambda_G} + \frac{d}{A\lambda_L} = 0{,}0028\ \text{K/W} + 0{,}0800\ \text{K/W} = 0{,}0828\ \text{K/W}.$$

Damit folgt für den Wärmestrom $\dot{Q} = \Delta T/R_\lambda = 0{,}229$ kW.

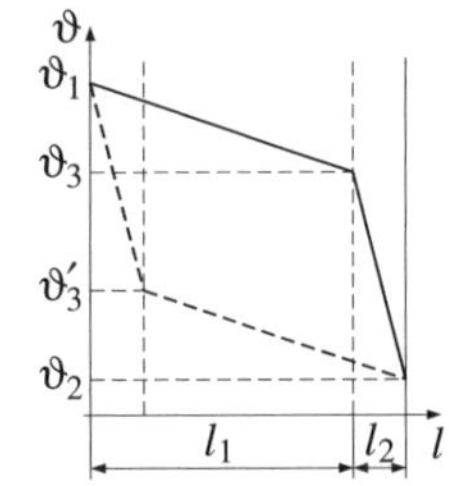

451 (Bild) Der Temperaturverlauf ist innerhalb der einzelnen Schichten linear, wobei der Wärmestrom $\dot{Q}$ für alle Schichten gleich groß ist. Es gilt also

$$\dot{Q} = \lambda_1 \frac{A(\vartheta_1 - \vartheta_3)}{l_1} = \lambda_2 \frac{A(\vartheta_3 - \vartheta_2)}{l_2}, \qquad (1)$$

oder umgestellt nach der Temperatur ϑ_3 an der inneren Grenzfläche,

$$\vartheta_3 = \frac{(\lambda_1/l_1)\vartheta_1 + (\lambda_2/l_2)\vartheta_2}{\lambda_1/l_1 + \lambda_2/l_2} = 9{,}6\,°\mathrm{C}. \qquad (2)$$

(2) in (1) eingesetzt ergibt für die Wärmestromdichte durch die Wand

$$j_\mathrm{W} = \frac{\dot{Q}}{A} = \frac{\vartheta_1 - \vartheta_2}{l_1/\lambda_1 + l_2/\lambda_2} = 23{,}52\,\mathrm{W/m^2}.$$

Bei innen angebrachter Isolierschicht erhält man durch Vertauschen von λ_1/l_1 und λ_2/l_2 in (2) $\vartheta_3' = -1{,}6\,°\mathrm{C}$. Wie aus den Temperaturverläufen im Bild zu ersehen ist, sorgt die Außenisolierung für eine größere Wärmespeicherung in der Wand.

452 Der durch eine konzentrische Kugelfläche $A = 4\pi r^2$ um den Behälter abfließende Wärmestrom ist für beliebige Radien $r \geq R$ gleich groß und beträgt $j_\mathrm{W} A = j_\mathrm{W}\, 4\pi r^2 = \dot{Q}$. Für die Wärmestromdichte j_W beim Radius r gilt das FOURIERsche Wärmeleitungsgesetz $j_\mathrm{W} = -\lambda \mathrm{d}T/\mathrm{d}r$, womit man erhält:

$$-4\pi r^2 \lambda \frac{\mathrm{d}T}{\mathrm{d}r} = \dot{Q} \qquad \text{oder} \qquad \mathrm{d}T = -\frac{\dot{Q}}{4\pi\lambda r^2}\mathrm{d}r.$$

Mit $T = T(r)$ beim Radius r und $T = T_\infty = 293{,}15\,\mathrm{K}$ für $r \to \infty$ erhält man durch Integration

$$\int_{T(r)}^{T_\infty} \mathrm{d}T = -\frac{\dot{Q}}{4\pi\lambda} \int_r^\infty \frac{\mathrm{d}r}{r^2} \qquad \text{bzw.} \qquad T(r) = T_\infty + \frac{\dot{Q}}{4\pi\lambda r}.$$

Die Temperatur an der Behälteroberfläche beträgt somit $T(R) = T_\infty + \dot{Q}/(4\pi\lambda R) = 305{,}88\,\mathrm{K}$(= 32,7 °C) und in $r_1 = 4\,\mathrm{m} + 1{,}5\,\mathrm{m} = 5{,}5\,\mathrm{m}$ Entfernung $T(r_1) = 296{,}62\,\mathrm{K}$(= 23,5 °C).

453 a) Mit $\Delta T = 60\,\mathrm{K}$ folgt $\dot{Q} = \alpha A\,\Delta T = 216\,\mathrm{W}$; b) $\alpha = \dot{Q}/(A\,\Delta T) = 55{,}6\,\mathrm{W/(m^2K)}$.

454 Der Wärmestrom ohne Isolierschicht beträgt $\dot{Q}_1 = k_1 A\,\Delta T$, wobei sich der Wärmedurchgangskoeffizient k_1 aus

$$\frac{1}{k_1} = \frac{1}{\alpha_1} + \frac{l_1}{\lambda_1} + \frac{1}{\alpha_2}$$

zu $k_1 = 1{,}716\,\mathrm{W/(m^2K)}$ ergibt. Entsprechend gilt mit Isolierschicht $\dot{Q}_2 = k_2 A\,\Delta T$, wobei

$$\frac{1}{k_2} = \frac{1}{\alpha_1} + \frac{l_1}{\lambda_1} + \frac{l_2}{\lambda_2} + \frac{1}{\alpha_2} = \frac{1}{k_1} + \frac{l_2}{\lambda_2}$$

oder $k_2 = 1{,}017\,\mathrm{W/(m^2K)}$. Folglich wird der Wärmestrom auf den Bruchteil $\dot{Q}_2/\dot{Q}_1 = k_2/k_1 \approx 0{,}59$, d. h. um 41% reduziert.

455 (Bild) Der Wärmestrom beim Wärmeübergang Wasser/Rohrinnenwand beträgt

$$\dot{Q} = \alpha_\mathrm{W} A(\vartheta_\mathrm{W} - \vartheta_\mathrm{i}) = \alpha_\mathrm{W}\, 2\pi r_\mathrm{i} L(\vartheta_\mathrm{W} - \vartheta_\mathrm{i}),$$

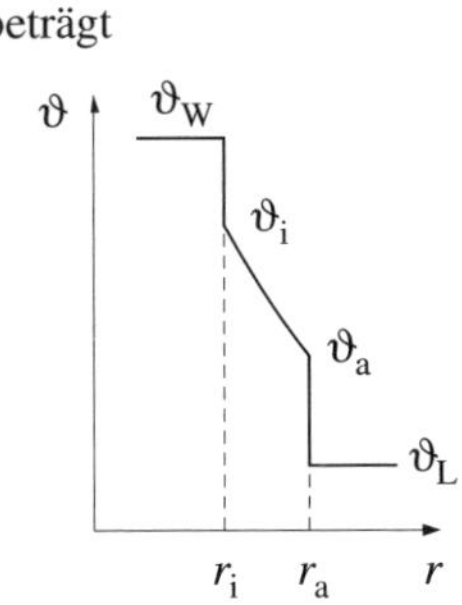

der von der Außenwand zur Luft $\dot{Q} = \alpha_\mathrm{L}\, 2\pi r_\mathrm{a} L(\vartheta_\mathrm{a} - \vartheta_\mathrm{L})$ mit L als Rohrlänge. Für den Wärmestrom durch die Rohrwandung gilt nach dem FOURIERschen Wärmeleitungsgesetz (vgl. Aufgabe 452, Lösung) $\dot{Q} = -\lambda\, 2\pi r L\, \mathrm{d}\vartheta/\mathrm{d}r$, oder umgestellt und integriert in den Grenzen $\vartheta = \vartheta_\mathrm{i}$ für $r = r_\mathrm{i}$ und $\vartheta = \vartheta_\mathrm{a}$ für $r = r_\mathrm{a}$:

$$\int_{\vartheta_\mathrm{i}}^{\vartheta_\mathrm{a}} \mathrm{d}\vartheta = -\frac{\dot{Q}}{\lambda\, 2\pi L} \int_{r_\mathrm{i}}^{r_\mathrm{a}} \frac{\mathrm{d}r}{r} \qquad \text{bzw.} \qquad \vartheta_\mathrm{i} - \vartheta_\mathrm{a} = \frac{\dot{Q}}{\lambda\, 2\pi L} \ln\frac{r_\mathrm{a}}{r_\mathrm{i}}.$$

Aus der Gleichheit aller Wärmeströme

$$\dot{Q} = \alpha_\mathrm{W} 2\pi r_\mathrm{i} L(\vartheta_\mathrm{W} - \vartheta_\mathrm{i}) = \alpha_\mathrm{L} 2\pi r_\mathrm{a} L(\vartheta_\mathrm{a} - \vartheta_\mathrm{L}) = \frac{\lambda 2\pi L(\vartheta_\mathrm{i} - \vartheta_\mathrm{a})}{\ln(r_\mathrm{a}/r_\mathrm{i})} \qquad (1)$$

folgt mit $\Lambda_i = \alpha_W r_i = 25$ W/(m K), $\Lambda_a = \alpha_L r_a = 2{,}4$ W/(m K), $\Lambda_r = \lambda/\ln(r_a/r_i) = 8{,}78$ W/(m K) durch Auflösen nach ϑ_i und ϑ_a:

$$\vartheta_i = \frac{(\Lambda_r + \Lambda_a)\Lambda_i\vartheta_W + \Lambda_r\Lambda_a\vartheta_L}{(\Lambda_r + \Lambda_a)\Lambda_i + \Lambda_r\Lambda_a} = 76{,}14\,°\text{C}, \quad \vartheta_a = \frac{(\Lambda_r + \Lambda_i)\Lambda_a\vartheta_L + \Lambda_r\Lambda_i\vartheta_W}{(\Lambda_r + \Lambda_i)\Lambda_a + \Lambda_r\Lambda_i} = 65{,}16\,°\text{C}.$$

Der Wärmestrom des gesamten Wärmedurchgangs für $L = 1$ m Rohrlänge ergibt sich aus (1) mit dem Wärmeleitwiderstand $R = [(1/\Lambda_i) + (1/\Lambda_r) + (1/\Lambda_a)]/(2\pi L) = 0{,}0908$ K/W zu $\dot{Q} = (\vartheta_W - \vartheta_L)/R = 605{,}6$ W.

456 Der bei der momentanen Behältertemperatur ϑ nach außen abfließende Wärmestrom $\dot{Q} = -kA \times (\vartheta - \vartheta_a)$ ist gleich der Abnahme der inneren Energie des Wassers je Zeiteinheit $cm\,\mathrm{d}\vartheta/\mathrm{d}t = c\varrho V\,\mathrm{d}\vartheta/\mathrm{d}t$, also

$$-kA(\vartheta - \vartheta_a) = c\varrho V\frac{\mathrm{d}\vartheta}{\mathrm{d}t}.$$

Umgestellt nach $\mathrm{d}t$ und beidseitig integriert in den Grenzen $\vartheta = \vartheta_1$ zur Zeit $t = 0$ und $\vartheta = \vartheta_2$ zur Zeit t, ergibt

$$t = \frac{c\varrho V}{kA}\int_{\vartheta_1}^{\vartheta_2}\frac{\mathrm{d}\vartheta}{\vartheta_a - \vartheta} = \frac{c\varrho V}{kA}\ln\frac{\vartheta_1 - \vartheta_a}{\vartheta_2 - \vartheta_a} = 16{,}1\text{ h}.$$

457 a) Für $\Delta T(0, t) = 70$ K nach $t = 60$ s bei $x = 0$ erhält man aus

$$\Delta T(x, t) = \frac{Q}{c\varrho A\sqrt{4\pi a t}}\,\mathrm{e}^{-\frac{x^2}{4at}} \qquad (1)$$

mit $a = \lambda/(c\varrho) = 1{,}12 \cdot 10^{-4}$ m²/s: $Q = c\varrho A\sqrt{4\pi a t}\,\Delta T(0, t) = 1745$ J. b) Aus der Extremalforderung

$$\frac{\mathrm{d}\Delta T(x, t)}{\mathrm{d}t} = \frac{Q}{c\varrho A\sqrt{4\pi a}}\left(-\frac{1}{2}t^{-3/2} + \frac{x^2}{4a}t^{-5/2}\right)\mathrm{e}^{-\frac{x^2}{4at}} = 0$$

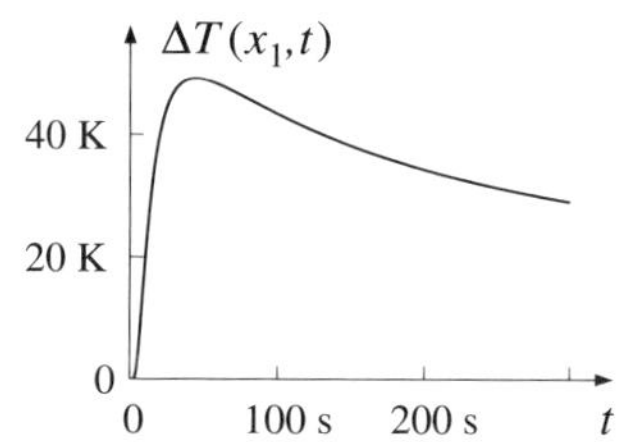

folgt $t = x^2/(2a)$ und damit nach (1) $\Delta T(x)_{\max} = Q/(c\varrho A\sqrt{2\pi\mathrm{e}}\,x)$. An der Stelle $x = x_1 = 0{,}1$ m beträgt die größte Temperaturerhöhung $\Delta T(x_1)_{\max} = 49$ K; diese wird nach $t = x_1^2/(2a) = 45$ s erreicht (Bild).

458 Die zu einem Zeitpunkt t' an der Stelle $x = 0$ eingebrachte Punktwärme $\mathrm{d}Q = \dot{Q}\,\mathrm{d}t'$ erzeugt zu einer späteren Zeit $t > t'$ längs des Stabes die Temperaturverteilung

$$\mathrm{d}T(x, t - t') = \frac{\dot{Q}\,\mathrm{d}t'}{c\varrho A\sqrt{4\pi a(t - t')}}\,\mathrm{e}^{-\frac{x^2}{4a(t-t')}}$$

(vgl. Aufgabe 457). Die Summation aller Beiträge $\mathrm{d}Q$ bzw. $\mathrm{d}T$ im Zeitintervall $0 \le t' \le t$ ergibt daher an der Stelle $x = 0$ zur Zeit t die Temperaturerhöhung

$$\int_{T_0}^{T(x=0,t)}\mathrm{d}T(x, t - t') = T(x{=}0, t) - T_0 \equiv \Delta T(x = 0, t) = \int_0^t \frac{\dot{Q}\,\mathrm{d}t'}{c\varrho A\sqrt{4\pi a(t - t')}} = \frac{\dot{Q}}{c\varrho A}\sqrt{\frac{t}{\pi a}},$$

d. h., mit $c\varrho A = 85{,}8$ J/(m K) und $a = 1{,}12 \cdot 10^{-4}$ m²/s, entsprechend den Angaben in Aufgabe 457, $\Delta T(x = 0, t = 30\text{ s}) = 340$ K.

459 Mit $\Lambda_1 = \lambda_1/l_1 = 2{,}8$ W/(m²K) und $\Lambda_2 = \lambda_2/l_2 = 0{,}48$ W/(m²K) gilt $\vartheta_3 = [(\Lambda_1 + \Lambda_2)\vartheta_1 + \Lambda_2\vartheta_2]/(\Lambda_1 + 2\Lambda_2) = 13{,}8\,°\text{C}$, $\vartheta_4 = [\Lambda_2\vartheta_1 + (\Lambda_1 + \Lambda_2)\vartheta_2]/(\Lambda_1 + 2\Lambda_2) = -10{,}8\,°\text{C}$; $j_w = \Lambda_1(\vartheta_1 - \vartheta_3) = (\vartheta_1 - \vartheta_2)/(2/\Lambda_1 + 1/\Lambda_2) = 11{,}8$ W/m².

460 $k = (1/\alpha_1 + 1/\alpha_2 + l/\lambda)^{-1} = 1{,}31$ W/(m²K); $P = \dot{Q} = kA\,\Delta\vartheta = 1{,}96$ kW.

461 a) $\partial T(x, t)/\partial t = C[-t^{-3/2}/2 + t^{-5/2}x^2/(4a)]\,\mathrm{e}^{-x^2/(4at)}$, $\partial T(x, t)/\partial x = -Ct^{-3/2}[x/(2a)] \times \mathrm{e}^{-x^2/(4at)}$, $\partial^2 T(x, t)/\partial x^2 = C[-t^{-3/2}/(2a) + t^{-5/2}x^2/(4a^2)]\,\mathrm{e}^{-x^2/(4at)}$, also $\partial T(x, t)/\partial t = a\partial^2 T(x, t)/\partial x^2$. b) Aus $Q = \int_{-\infty}^{+\infty} c[T(x, t) - T_0]\,\mathrm{d}m$ mit $\mathrm{d}m = \varrho A\,\mathrm{d}x$ und $\int_0^\infty \mathrm{e}^{-\alpha^2 x^2}\mathrm{d}x = \sqrt{\pi}/(2\alpha)$ mit $\alpha = (4at)^{-1/2}$ folgt $C = Q/(c\varrho A\sqrt{4\pi a})$. Die Zeitunabhängigkeit des Normierungsintegrals ist Ausdruck des hier geltenden Satzes von der Erhaltung der Wärme (Energiesatz).

462 Mit $\Delta T(r,t) = [Q/(c\varrho h)](4\pi a t)^{-1/2} \cdot e^{-x^2/(4at)}(4\pi a t)^{-1/2} \cdot e^{-y^2/(4at)} = [Q/(c\varrho h\, 4\pi a t)] \times e^{-r^2/(4at)}$ und $a = \lambda/(c\varrho) = 9{,}51 \cdot 10^{-5}\,\mathrm{m^2/s}$ folgt aus $\partial \Delta T(r,t)/\partial t = 0$: $t = r^2/(4a) = 9{,}5\,\mathrm{s}$; $\Delta T(r)_{\max} = Q/(c\varrho h \pi r^2\, e) = 20{,}17\,\mathrm{K}$; $\Delta T(r = 0, t = r^2/(4a)) = Q/(c\varrho h \pi r^2) = (20{,}17\,\mathrm{K})\, e \approx 54{,}8\,\mathrm{K}$.

463 a) Aus dem Konzentrationsgefälle auf die Entfernung l, $\Delta c/l = (c_1 - c_2)/l = 750\,\mathrm{kmol/m^4}$, folgt für den Stoffmengenstrom (1. FICKsches Gesetz)

$$I_n = \frac{\mathrm{d}n}{\mathrm{d}t} = DA\frac{\Delta c}{l} = 6{,}75 \cdot 10^{-10}\,\mathrm{kmol/s}.$$

b) Der Mengenverlust nach $t = 24\,\mathrm{h} = 86\,400\,\mathrm{s}$ beträgt $\Delta n = I_n t = 0{,}0583\,\mathrm{mol}$. Mit $pV = nR_\mathrm{m}T$ folgt für den damit verbundenen Druckabfall $\Delta p = \Delta n R_\mathrm{m} T/V = 289\,\mathrm{Pa}$.

464 Für den Stoffmengenstrom $I_n = \mathrm{d}n/\mathrm{d}t$ durch eine zum Kristallmittelpunkt konzentrische Kugelfläche $A = 4\pi r^2$ vom Radius $r \geq R$ ergibt sich mit der Diffusionsstromdichte

$$j_n = -D\frac{\mathrm{d}c(r)}{\mathrm{d}r} \quad \text{(1. FICKsches Gesetz)}: \qquad I_n = Aj_n = -4\pi D r^2 \frac{\mathrm{d}c(r)}{\mathrm{d}r}$$

und hieraus mit $c(r \to \infty) = 0$ für die Konzentrationsverteilung

$$\int_0^{c(r)} \mathrm{d}c(r) = -\frac{I_n}{4\pi D}\int_\infty^r \frac{\mathrm{d}r}{r^2} \qquad \text{oder} \qquad c(r) = \frac{I_n}{4\pi D r}, \quad r \geq R.$$

Mit $c(r = R) = c_0 = 1{,}05 \cdot 10^4\,\mathrm{mol/m^3}$ an der Kristalloberfläche folgt daraus $I_n = 4\pi D R c_0$. Nach dem Massenerhaltungssatz gilt für die Volumenänderungsrate $\dot{V} = -V_\mathrm{m} I_n = -4\pi D V_\mathrm{m} c_0 R$ oder, mit $\dot{V} = \mathrm{d}(4\pi R^3/3)/\mathrm{d}t = 4\pi R^2\,\mathrm{d}R/\mathrm{d}t$, $R\,\mathrm{d}R = -DV_\mathrm{m}c_0\,\mathrm{d}t$. Beidseitig integriert unter Beachtung von $R = R_0 = d/2$ für $t = 0$ erhält man daraus

$$R = R(t) = \sqrt{R_0^2 - 2DV_\mathrm{m}c_0 t}.$$

Die Auflösung des Kristalls ($R = 0$) erfolgt somit in der Zeit $t = R_0^2/(2DV_\mathrm{m}c_0)$, also in a) $t = 7\,\mathrm{min}$; b) $t = 25 \cdot 7\,\mathrm{min} = 2{,}9\,\mathrm{h}$.

465 (Bild) a) Die mittlere Entfernung L ist gleich der Wurzel aus dem mittleren Verschiebungsquadrat $\overline{x^2} = \int_{-\infty}^{+\infty} x^2 f(x,t)\,\mathrm{d}x$ und ergibt sich zu $L = \sqrt{\overline{x^2}} = \sqrt{2Dt}$. Mit $D = D_0\, e^{-E_\mathrm{A}/(R_\mathrm{m}T)} = 7{,}25 \cdot 10^{-21}\,\mathrm{m^2/s}$ für $T = 673{,}15\,\mathrm{K}$ folgt 1) $L = 3{,}5 \cdot 10^{-8}\,\mathrm{m} = 35\,\mathrm{nm}$, mit $D = 7{,}52 \cdot 10^{-15}\,\mathrm{m^2/s}$ für $T = 1073{,}15\,\mathrm{K}$ folgt 2) $L = 3{,}6 \cdot 10^{-5}\,\mathrm{m} = 36\,\mu\mathrm{m}$. b) Die Konzentration in der Entfernung $x = L = \sqrt{2Dt}$ beträgt

$$c(L,t) = \frac{dc_\mathrm{Au}}{\sqrt{4\pi Dt}}\, e^{-\frac{L^2}{4Dt}} = \frac{dc_\mathrm{Au}}{L\sqrt{2\pi e}},$$

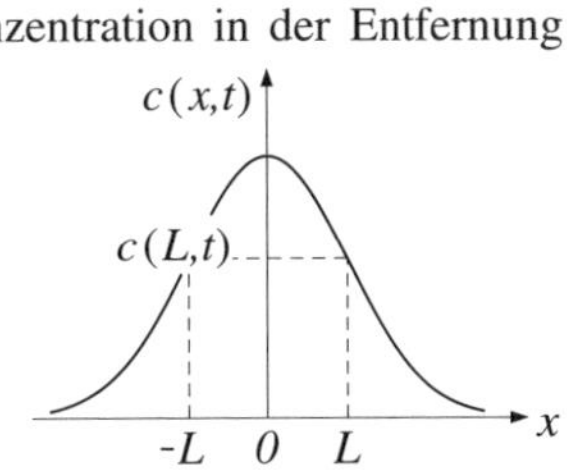

also im Fall 1) $c(L,t) = 4{,}03 \cdot 10^{27}\,\mathrm{m^{-3}} = 0{,}07\,c_\mathrm{Au}$, im Fall 2) $c(L,t) = 3{,}96 \cdot 10^{24}\,\mathrm{m^{-3}} = 7 \times 10^{-5}\,c_\mathrm{Au}$. Es entfällt in dieser Entfernung $N_\mathrm{Au} = 1$ Goldatom auf 1) $N_\mathrm{Cu}/N_\mathrm{Au} = c_\mathrm{Cu}/c(L,t) = 21$ Cu-Atome, 2) $N_\mathrm{Cu}/N_\mathrm{Au} = c_\mathrm{Cu}/c(L,t) = 21\,332$ Cu-Atome.

466 a) Mit der Lösung der eindimensionalen Diffusionsgleichung $f(x_i,t) = (4\pi Dt)^{-1/2}\, e^{-x_i^2/(4Dt)}$ (s. auch Aufgabe 465) in Richtung der kartesischen Koordinaten x_i ($i = 1, 2, 3$) sowie $x_1^2 + x_2^2 + x_3^2 = r^2$ folgt für die räumliche Konzentrationsverteilung der gelösten Substanz zur Zeit t

$$c(r,t) = nf(x_1,t)f(x_2,t)f(x_3,t) = n(4\pi Dt)^{-3/2}\, e^{-\frac{r^2}{4Dt}}. \tag{1}$$

Die mittlere quadratische Verschiebung in jede der drei voneinander unabhängigen Raumrichtungen beträgt $\overline{x_i^2} = \int_{-\infty}^{+\infty} x_i^2 f(x_i,t)\,\mathrm{d}x_i = 2Dt$, somit gilt für die in $t = 15\,\mathrm{min}$ zurückgelegte mittlere Strecke

$$\sqrt{\overline{r^2}} = \sqrt{\overline{x_1^2} + \overline{x_2^2} + \overline{x_3^2}} = \sqrt{6Dt} = 1{,}6\,\mathrm{mm}.$$

b) Aus der Extremalforderung

$$\frac{\mathrm{d}c(r,t)}{\mathrm{d}t} = n(4\pi D)^{-3/2}\left(-\frac{3}{2}t^{-5/2} + \frac{r^2}{4D}t^{-7/2}\right)\mathrm{e}^{-\frac{r^2}{4Dt}} = 0$$

folgt $t = r^2/(6D) = 37\,037$ s $= 10{,}3$ h und somit nach (1) $c(r)_{\max} = [3/(2\pi\,\mathrm{e})]^{3/2} n/r^3 = 736$ mol/m^3.

467 a) Der durch die Schwerkraft $F = -\mu g$ hervorgerufenen Sinkbewegung mit der Driftgeschwindigkeit $v = \beta F = -\beta\mu g$ wirkt der durch das dabei entstehende vertikale Konzentrationsgefälle $\mathrm{d}c/\mathrm{d}z$ bedingte Diffusionsstrom $-D\mathrm{d}c/\mathrm{d}z$ entgegen. Im stationären Zustand gilt für die Gesamtstromdichte

$$j_n = -D\frac{\mathrm{d}c}{\mathrm{d}z} - c\beta\mu g = 0 \qquad \text{oder} \qquad \frac{\mathrm{d}c}{c} = -\frac{\beta\mu g}{D}\,\mathrm{d}z.$$

Beidseitige Integration zwischen den Grenzen $c = c_0$ für $z = 0$ und c in der Höhe z ergibt

$$\ln\frac{c}{c_0} = -\frac{\beta\mu g}{D}z \qquad \text{oder} \qquad c = c_0\,\mathrm{e}^{-\frac{\beta\mu g}{D}z}. \tag{1}$$

Die Konzentration nimmt exponentiell mit der Höhe ab. b) Aus der barometrischen Höhenformel $p = p_0\,\mathrm{e}^{-\varrho_0 g z/p_0}$ folgt mit $c = N/V$ und $p = NkT/V$ sowie $\varrho_0 = N\mu/V_0$ und $p_0 = NkT/V_0 = c_0kT$ die Konzentrationsverteilung

$$c = c_0\,\mathrm{e}^{-\frac{\mu g}{kT}z}. \tag{2}$$

Gleichsetzen der Exponenten von (1) und (2) führt auf $\beta = D/(kT)$.

468 a) 1) $L = \sqrt{2Dt} \approx 1{,}3$ m; 2) $L \approx 4$ mm; 3) $L \approx 40$ nm; b) 1) $L = \sqrt{6Dt} \approx 2{,}3$ m; 2) $L \approx 7$ mm; 3) $L \approx 70$ nm.

469 Mit $v = \beta F = DF/(kT)$ (s. Aufgabe 467) und $F = eE = eU/d$ folgt $v = DeU/(kTd) = 1{,}25 \cdot 10^{-5}$ m/s ≈ 45 mm/h.

470 Aus der Konzentrationsverteilung $c(r) = c(r \to \infty) + I_n/(4\pi Dr)$ (vgl. Aufgabe 464) folgt mit $\Delta c = c(r \to \infty) - c(r = R)$ der Stoffmengenstrom $I_n = -4\pi DR\,\Delta c$, und damit aus $\dot{V} = 4\pi R^2\,\mathrm{d}R/\mathrm{d}t = -V_\mathrm{m} I_n$ das Wachstumsgesetz $R = R(t) = \sqrt{R_0^2 + 2DV_\mathrm{m}\,\Delta c t}$; $t \approx R^2/(2DV_\mathrm{m}\,\Delta c) = 29{,}4$ min für $R = 1$ mm.

Sachwortverzeichnis

Die in Klammern stehenden Zahlen sind **Aufgaben-Nummern**, die Zahlen dahinter **Seiten-Nummern.**

Abkühlungskurve (410) 66
Absolute Temperatur (311, 315) 50, 51
Additionstheorem der Geschwindigkeiten (relativistisches) (104, 107, 111, 112) 23, 24
Adiabatenexponent (366, 447) 59, 72
Ähnlichkeit, hydrodynamische (300, 306) 49, 50
Arbeit (114 ff., 140, 216, 219, 238, 241, 263, 302, 351 ff., 367 ff.) 25, 26, 28, 38, 39, 41, 42, 44, 49, 57–61
ARCHIMEDisches Prinzip, s. Auftrieb
ARRHENIUS-Beziehung (465) 74
Atmosphärendruck, s. Luftdruck
Auflagerkraft (168, 181, 183–185, 196, 237) 32, 34, 36, 41
Auftrieb(skraft) (259 ff., 320) 44, 45, 52
Ausdehnungsarbeit (360) 58
Ausdehnungskoeffizient (321, 325, 326) 52
—, scheinbarer (319) 51
Ausfluss(ström)geschwindigkeit (288, 293, 329) 47, 48, 53
Austrittsrate (eines Gases) (437) 70
AVOGADRO-Konstante (431) 69

Balkenbiegung (229, 230, 236, 237) 40, 41
ballistisches Pendel (154) 29
Ballon(aufstieg) (264, 265, 328) 45, 53
barometrische Höhenformel (250, 251, 421, 467) 43, 68, 75
Benetzung (272, 274, 277, 280) 45, 46
BERNOULLIsche Gleichung (286 ff., 331) 47, 48, 53
Beschleunigung,
—, bei der Kreisbewegung (44 ff.) 14–16
—, bei geradliniger Bewegung (3 ff., 11 ff.) 9, 10
Bewegungsgleichung (59, 64–66) 16–18
—, relativistische (106) 24
Bezugssystem (98 ff.) 22–24
Biegung (elastische), s. Balkenbiegung
Bimetallstreifen (317) 51
BOLTZMANN-Konstante (431) 69
BOLTZMANN-Verteilung (438) 71
BOYLE-MARIOTTEsches Gesetz (248, 249, 251, 265, 326, 330) 43, 45, 52, 53
BROWNsche Molekularbewegung (434) 70

CARNOT-Prozess (367, 372, 376, 383) 59–62
CELSIUS-Temperatur (311–314) 50, 51
CLAUSIUS-CLAPEYRONsche Gleichung (411, 421) 66, 68
CORIOLISkraft (90–92, 97) 21, 22
c_W-Wert, s. Strömungswiderstand

Dampfdruck(kurve) (401, 408, 411, 412, 424) 65, 66, 68
Dampfpunkt (312) 50
Dampftabelle (411) 67
Dehnung (elastische) (225–227, 231, 233, 234, 238, 241, 316) 40–42, 51
—, zulässige (228, 234) 40, 41
Dichte (74, 246, 247, 251, 259, 260, 264, 320, 331, 400, 438) 19, 42–45, 52, 53, 65, 71
DIESEL-Prozess (374) 61
Diffusion(sgleichung) (465, 468) 75
—, instationäre (465, 466) 74, 75
—, stationäre (463, 464) 74
Drehimpuls(erhaltung) (138, 205, 206, 213, 216) 27, 37, 38
Drehmoment (177 ff., 339) 33–35, 55
Drehwinkel-Zeit-Gesetz (48, 49) 15
Drehzahl (41, 46, 54, 203, 218, 223) 14–16, 37, 39
Driftdiffusion (467) 75
Driftgeschwindigkeit (467, 469) 75
Druck (243, 245, 247 ff.) 42–44
—, dynamischer, s. Staudruck
—, in Gasen (327 ff.) 53, 54

Eigenzeit (101, 109) 22, 24
Eispunkt (312) 50
Elastizitätsmodul (225 ff., 233, 234, 242) 40–42
Energie(erhaltung) (120 ff., 130, 138, 140, 151 ff., 160, 162, 214, 217, 222, 285) (Strömung) 25–31, 38, 39, 47, (345) (Wärme) 55
—, kinetische, s. kinetische –
—, potentielle, s. potentielle –
Entmischungsarbeit (386) 63
Entropie(änderung) (382 ff., 390, 402, 440) 62–65, 71
Entropiezunahme (384, 385, 397, 398) 63–65
Expansionsarbeit (352, 365) 57, 59

Fallbeschleunigung (18 ff., 153) 11, 27
Federkonstante (63, 74, 118, 122, 129, 152, 233) 17, 18, 25, 26, 29, 41
Federkraft (63, 129) 17, 26
Festigkeit, s. Reißfestigkeit
Flächenträgheitsmoment (229, 230, 236) 40, 41
Fliehkraft (88, 89, 96, 216) 21, 22, 38
freier Fall (18, 19, 22–24, 26) 11, 12
Freiheitsgrad (416, 433, 447) 67, 70, 72

GALILEI-Transformation (98, 108) 23, 24
Gasgemisch (443, 448) 70, 72
Gaskonstante (431, 442, 448) 69, 71, 72

Gasthermometer (313) 51
GAY-LUSSACsches Gesetz (326) 52
Gefrierpunktserniedrigung (425, 427) 69
Geschwindigkeit,
—, bei geradliniger Bewegung (1 ff., 10 ff.) 9, 10
—, bei der Kreisbewegung (41, 43 ff.) 14–16
Gewicht(skraft) (60, 70, 71, 86–88, 135) 17, 18, 20, 21, 27
GIBBSsche Phasenregel (416) 68
Gleichgewichtsarten (194, 198) 36
Gleichgewicht(sbedingungen) (167, 168, 170, 174, 180–182, 185, 187, 188) 32–35
Gleichverteilungssatz (433, 434, 446) 70, 71
Gravitation(sgesetz) (135 ff.) 27, 28
Grundgesetz der Dynamik (58, 59) 16

Haftspannung, Haftkraft (272, 277) 45, 46
HAGEN-POISEUILLEsches Gesetz (297, 303) 49
I. Hauptsatz (351 ff.) 57 ff.
II. Hauptsatz (382 ff.) 62 ff.
Hebel (182, 188) 35
HOOKEsches Gesetz (225–227, 233–235, 316) 40, 41, 51
Hubarbeit (352) 57
Hydraulik (244) 42

Impuls(erhaltung) (148 ff., 159, 160) 29–31
—, (Strömung) (289) , 47
—, relativistischer (105, 106) 23, 24
Impulsmasse (105, 106, 113) 23, 24
Inertialsystem (98 ff.) 22, 23
innere Energie (351, 357, 360, 364, 402, 406, 413) 57–59, 65–67
irreversibler Prozess (382, 384, 385, 387, 388, 396) 62–64

JOULE-THOMSON-Prozess (404, 409) 65, 66

Kalorimetrie (343–345, 347–350) 55, 56
Kältemaschine (370, 372, 380) 60, 62
Kapillarität (274, 280) 46
KELVIN-Temperatur (315) 51
KEPLERsche Gesetze (136 ff., 142 ff.) 27, 28
kinetische Energie (120–122, 130, 138, 140, 153–155, 214, 216, 217, 220, 221, 436) 25–30, 38, 39, 70
Kompressibilität (240, 246, 407) 41, 42, 66
Kompressionsmodul, s. Kompressibilität
Kompressor (359, 362) 58, 59
Kontinuitätsgleichung (284, 286, 288, 294, 295) 47, 48
Konzentration(sverteilung) (429, 465–467) 69, 75
kosmische Geschwindigkeit (139, 140, 146) 28
Kraft (57 ff., 125, 165 ff., 243) 16–18, 26, 31, 42
Krafteck (167, 168) 32
Kreisbewegung (40 ff.) 14–16
Kreisprozess (367 ff., 379, 380, 383 f.) 59, 61–63
kritische Größen (399, 400, 405) 65, 66

Längenkontraktion (relativistische) (100–102, 109, 110) 23, 24

LE-CHATELIERsches Prinzip (423) 68
Leistung (123, 124, 132, 133, 218, 223, 291) 26, 27, 39, 48
LORENTZ-Transformation (99) 22
LOSCHMIDT-Konstante (431) 69
Lösungen (424, 427, 429) 68, 69
Luftdruck (atmosphärischer) (250, 251, 254 ff., 352 ff.) 43, 44, 57, 58

Masse (86, 87) 20
—, relativistische, s. Impulsmasse
Massenmittelpunkt, s. Schwerpunkt
Massenträgheitsmoment (199–202, 208–210) 36–38
maximale Arbeit (369, 389) 60, 63
MAXWELLsche Geschwindigkeitsverteilung (434, 435) 70
MAXWELL-Kriterium (401) 65
Mischgas (385, 398) 63, 65
Mischungsentropie (385) 63
Mischungstemperatur (343–345, 349) 55, 56
mittlere freie Weglänge (439) 71
mittlere quadratische Geschwindigkeit (432, 433, 446) 70, 71
molares Volumen (431) 69
Molmasse (427) 69
Molwärme (433) 70

NEWTONsche Axiome (57–59) 16
Normalspannung (224, 225) 39, 40
Normzustand (333) 54
Nutzarbeit (355, 358) 57, 58

Oberflächenspannung, -energie (272 ff.) 45, 46
osmotischer Druck (426, 429) 69
OTTO-Prozess (381) 62

Partialdruck (430, 432) 69, 70
Phasen(gleichgewicht)
—, flüssig/dampfförmig (412, 413) 67
—, fest/flüssig (415) 67
POISSONsche Querkontraktionszahl, s. Querkontraktion
potentielle Energie (120–122, 130, 134, 138, 140, 194) 25–28, 36
PRANDTLsches Staurohr, s. Staurohr
Prinzip des kleinsten Zwangs, s. LE-CHATELIERsches Prinzip
Pyknometer (261, 325) 44, 52

Querkontraktion (elastische) (239, 240) 42

Radialbeschleunigung (45, 47) 15
Rakete (157, 158, 164) 30, 31
reduzierte Zustandsgleichung (400) 65
Reibung(skraft) (75 ff., 115, 116, 120, 218) 19, 20, 25, 39
—, in Strömungen (297, 299, 302, 305, 307, 309) 49, 50
Reißfestigkeit (228, 234, 238, 316) 40, 41, 51
Relativbewegung (27, 98 ff.) 12, 22–24
relative Atommasse (441) 71

Relativitätstheorie (99 ff.) 22, 23, 24
Resultierende (166, 171 ff.) 32, 33
REYNOLDS-Zahl (298–300, 303, 306) 49, 50
Rolle (169, 170, 176) 32, 33
Rotationsbewegung (203, 204, 211–213) 37, 38
Rotationsenergie (214, 216, 217, 221, 222) 38, 39
Rückstoß (149) 29

Sättigungsdruck (420) 68
Scherung (elastische) (226, 235) 40, 41
Schmelzdruck(kurve) (415) 67
Schmelzen (388, 415, 422) 63, 67, 68
Schmelzwärme (340, 344) 55, 56
Schubmodul (225, 235, 239, 242) 40–42
Schubspannung (224, 225, 235) 39–41
Schweredruck (247, 253, 254, 256) 43, 44
Schwerkraft (60, 65, 467) 17, 75
Schwerpunkt (190 ff.) 35, 36
Schwingung (harmonische) (66, 74, 328, 330, 337, 338) 18, 19, 53, 54
Seilkraft (70, 87, 93, 94, 204) 18, 20, 21, 37
Sieden (414, 421) 67, 68
Siedepunktserhöhung (424) 68
Sinkgeschwindigkeit (65, 299, 305, 310) 17, 49, 50
Spannung (mechanische) (224, 225, 231 ff.) 40, 41
—, zulässige (228, 232, 234, 238) 40, 41
Spannungskoeffizient (326) 52
Statik (165 ff.) 31
statischer Druck, s. BERNOULLIsche Gleichung
Staudruck (286, 287, 296) 47, 48
Staupunkt (331) 53
Staurohr (296) 48
STIRLING-Prozess (373, 378) 60, 61
Stoffmengenstrom (463, 464, 470) 74, 75
STOKESsches Gesetz (65, 299, 304, 310) 17, 49, 50
Stoß(gesetz) (150 ff., 162 ff.) 29, 30, 31
Stoßzahl (155, 163) 30, 31
Strömung
—, ideale (282 ff.) 47, 48
—, laminare (297–299, 303, 304, 310) 49, 50
—, reale (297 ff.) 49, 50
—, turbulente (298, 299) 49
Strömungsgeschwindigkeit (282, 284 ff., 290 ff., 297, 303, 306) 47–50
Strömungswiderstand (301, 302, 305–309) 49, 50
Superpositionsprinzip (27, 28) 12

Tangentialbeschleunigung (45, 47) 15
technische Arbeit (359) 58
Teilchenstrom (445) 71
Temperaturausgleich (341, 342) 55
—, irreversibler (388–390, 397) 63, 64
—, reversibler (358, 389, 397) 58, 63, 64
Temperaturmessung (311, 313, 341) 50, 51, 55
Temperaturskala (311–315) 50, 51
thermische Ausdehnung (316 ff.) 51, 52
thermodynamisches Gleichgewicht (358, 387) 58, 63
Thermometer (311, 313, 341) 50, 51, 55
Trägheit(skraft) (86 ff.) 20, 21, 22
Trägheitsmoment, s. Massenträgheitsmoment, s. Flächenträgheitsmoment
T,S-Diagramm (383) 62
Überdruck (329, 334, 335) 53, 54
Überlagerung von Bewegungen (27 ff.) 12–14
Umwandlungsenthalpie (410) 66

VAN-DER-WAALS-Gas (403, 406) 65, 66
VAN-DER-WAALS-Gleichung (399 ff.) 65
VAN-DER-WAALS-Konstanten (402, 405) 65, 66
Verdampfungswärme (411, 428) 66, 69
Verflüssigung (der Gase) (401, 404, 408, 409) 65, 66
Viskosität,
—, dynamische (297–299, 303, 304, 310) 49, 50
—, kinematische (304, 306) 49, 50
Volumenstrom(stärke) (282, 283, 286, 288, 290 ff.) 47, 48

Wahrscheinlichkeit (thermodynamische) (440, 449) 71, 72
wahrscheinlichste Geschwindigkeit (435, 443) 70, 71
Wärme (339, 351 ff., 413, 419, 440) 55, 57, 67, 68, 71
Wärmedurchgang (454, 455) 73
Wärmekapazität (339 ff., 363, 446, 448) 55, 56, 59, 72
Wärmekraftmaschine (367, 368, 372, 375, 380) 59–62
Wärmeleitung(sgleichung)
—, stationäre (450–452) 72
—, instationäre (457, 458, 461) 73, 74
Wärmepumpe (371, 376, 377, 380) 60–62
Wärmestrom (371, 376, 450) 60, 61, 72, 73
Wärmeübergang (453) 72
Weg-Zeit-Gesetz (7, 16) 9, 10
Winkelbeschleunigung (46 ff.) 15, 16
Winkelgeschwindigkeit (41 ff.) 14–16
Winkelrichtgröße (219, 434) 39, 70
Wirkungsgrad (352) 57
—, der CARNOT-Maschine (367, 373) 59, 61
—, thermischer (367, 373, 374, 378–381, 420) 59, 61, 62, 68
Wurf
—, senkrechter (20, 23, 24, 26) 11, 12
—, schiefer (29 ff.) 12–14

Zeitdilatation (relativistische) (101, 102, 107, 109) 23, 24
Zentrifugalkraft, s. Fliehkraft
Zustandsänderungen der Gase (326 ff.) 52–54
Zustandsgleichung des idealen Gases (326 ff., 430) 52–54, 69
—, des realen Gases, s. VAN-DER-WAALS-Gleichung
Zweistoffsystem (416) 68